新三导丛书

材料力学导教·导学·导考

（高教·刘鸿文·第五版）

主编　王长连　孟庆东

西北工业大学出版社

【内容简介】 本书是根据现行本科材料力学教学大纲,参考刘鸿文主编、高教社出版的《材料力学Ⅰ》(第5版)全部章节和《材料力学Ⅱ》(第5版)部分章节而编写的教学参考书。全书共13章及附录Ⅰ～Ⅵ,内容包括绪言、绪论、拉伸、压缩、剪切、扭转、弯曲内力、弯曲应力、弯曲变形、应力和应变分析、强度理论、组合变形、压杆稳定、动载荷、交变应力、能量方法、超静定结构和平面图形的几何性质等。每章结构为教学基本要求、教学建议、典型例题、自学指导和习题精选详解五部分。全书典型例题和精选详解习题近300道,可作为"材料力学300题详解"使用。

本书内容丰富、结构新颖、文字简洁、叙述明晰、例题典型、习题精选详解;另外,还有自学指导、考核内容等,可以说是目前市场上少有的教与学的参考书。

鉴于知其教必知其学的道理,读者对象为大学讲授材料力学课程的教师和准备考研的莘莘学子,以及在校本科大学生;对于广大成人高校,大专、高职以及中专力学教师和想进一步提高材料力学水平的科技人员,也有一定的参考价值。

图书在版编目(CIP)数据

材料力学导教·导学·导考/王长连,孟庆东主编.—西安:西北工业大学出版社,2014.7
(新三导丛书)
ISBN 978-7-5612-4048-9

Ⅰ.①材… Ⅱ.①王…②孟… Ⅲ.①材料力学—高等学校—教学参考资料 Ⅳ.①TB301

中国版本图书馆 CIP 数据核字(2014)第 170662 号

出版发行:西北工业大学出版社
通信地址:西安市友谊西路 127 号　　邮编:710072
电　　话:(029)88493844　88491757
网　　址:http://www.nwpup.com
印 刷 者:兴平市博闻印务有限公司
开　　本:787 mm×1 092 mm　　1/16
印　　张:24
字　　数:740 千字
版　　次:2014 年 8 月第 1 版　　2014 年 8 月第 1 次印刷
定　　价:49.00 元

前　言

　　材料力学是现代很多学科和工程技术的基础,也是理工科院校的一门重要的技术基础课,它具有二重性,是成才的重要基础知识之一。

　　浙江大学刘鸿文教授主编的《材料力学》,是一部适合我国国情,深受广大师生热爱的优质教材。1997 年曾获国家级教学成果一等奖,国家科技进步二等奖;普通高等教育"十一五"国家级规划教材,是历届理工科考研命题的主要参考资料之一。30 多年来,一版再版,历经千锤百炼,使之内容更加精炼、结构更加合理、更符合当前我国高等院校教学改革,提高教学质量之精神。为了使读者更好的理解本书内容、扎实掌握本书的重要知识点、便于解题、易于考研,受西北工业大学出版社之约,依据本书第 5 版编写了这本《材料力学导教·导学·导考》。

　　本书共 13 章和 6 个附录,其内容包括绪言、绪论、轴向拉伸与压缩、剪切、扭转、弯曲内力、弯曲应力、弯曲变形、应力状态、强度理论、组合变形、压杆稳定、动载荷、交变应力、能量方法、超静定结构和平面图形的几何性质等。每章内容为教学基本要求、教学建议、典型例题、自学指导和习题精选详解五部分,每部分的编写要求:

　　1.教学基本要求。会本章的内容概述,明确教与学的目的,知三基内容,能掌握重点、难点。

　　2.教学建议。会章节单元划分,能掌握每一单元的主要教学内容,能将难讲的点和不好讲的概念讲清楚,会进行重点内容的考核。

　　3.典型例题。以期终考试或考研题为主,每章列举 6～15 个典型范例,并对所选典型题进行评注。

　　4.自学指导。根据每章的内容特点,指导怎样突破重点、难点,如何进一步深造。

　　5.习题精选详解。每章习题遴选约一半题量和有一定难度的题进行解答,或者提示性解释。附录中还附有课程考试真题 3 套,并附有参考答案。

　　在编写中,我们一直遵循《高等工业学校材料力学课程教学基本要求》,具有通用性,因而也适合于采用其他同类版本的《材料力学》读者。

　　为了方便读者,对应着教材看参考书,除第 13,14 章变为第 12,13 章外,书中章节、次序和习题编号,均与原教材一模一样。

　　总之,本书的特点:一导教份量比较重,重点写了编写教案所需的一切知识点;其实导教知识点,也就是学生学习重点掌握的知识点。这样写一便于青年力学教师备课,二学生知道老师是如何组织教学的,对于导学、导考具有特殊指导意义;二全书典型例题(多为期末及考研题)和精选详解习题近 300 道,可作为《材料力学 300 题详解》使用;三内容丰富、结构新颖、文字简洁、说理明白、例题典型、习题精选详解;另外,还有教学建议、自学指导、考核内容等,可以说是目前市场上少有的教与学的参考书。

鉴于知其教必知其学的道理,读者对象为大学本科青年力学教师、准备考研的莘莘学子、在校本科大学生;其实,对于成人高校、高职高专以及中专力学教师和想进一步提高材力水平的科技人员,也有不错的参考价值。

参加本书编者有王长连(绪言,第 1,7,8,9,10,11,12,13 章与全部附录),孟庆东(第 2,3,4,5,6 章),王蓉(7～13 章例题、习题的电算及插图处理),史筱红(协助主编校对、核算样稿),杨龙飞、闫洋洋(2～6 章插图描绘,习题校对、核算)。在编写过程中,编者之间相互砌磋、校正,后由王长连统稿。王长连、孟庆东教授任主编。

本书在编写过程中,始终得到西北工业大学出版社编辑室付高明主任的指导与邦助;并借鉴、引用了一些同类教材中的例题、图表与资料,其文献名称均在参考文献中一一列出,谨此一并表示衷心的感谢。

由于编者水平有限,加之对刘鸿文教授主编的《材料力学》理解的不甚深透,错误、疏漏之处在所难免,敬请读者批评指正。

目　录

绪　言

0.1　为什么要学习材料力学

人的生存需要多方面的知识,略微有点生活、生产常识的人,或者广大工程技术人员都清楚,要保证工程安全、经济、实用,必须使组成各种工程结构的构件,满足强度、刚度和稳定性的要求;也就是说,保证各种工程安全、经济、使用的条件,在载荷及其他因素作用下,构件不发生破坏,弹性变形应在工程上允许的范围之内,且能维持原有的平衡状态。

那么,材料力学在这当中起什么作用呢？也就是说,为什么要学习材料力学呢？

(1)材料力学是与机械、土建、水利等工程实际紧密联系的一门重要的技术基础学科。它的研究对象是各种构件,它的任务就是在满足构件强度、刚度及稳定性的要求下,以最经济的代价,为构件确定合理的截面形状和尺寸,选择合适的材料,是构件设计必要的理论基础和计算方法。

(2)该课程在其学科的知识结构中,处于连接基础知识和专业知识的重要一环,其中的一些理论和方法不仅是后续课程,如结构力学、弹性力学、机械零件、建筑结构、工程设计、工程施工等课程的必备学习基础,而且能直接用于工程实践;其研究问题、解决问题的方法,在科学研究和工程应用方面亦有代表性。本课程以培养基础扎实,适应性强,具有创新精神和实践能力,素质全面的应用型技术人才为目标;以讲清概念,强化应用为重点的原则来确定本课程的主要教学内容和体系结构,为学生进一步学习和工作打下坚实基础。

(3)材料力学中的选取研究对象、假设用截面分离研究对象的截面法,内力、应力、应变、强度、刚度和稳定性等概念,都已经渗透到广大人们的学习、生活之中,可以这样说,没有一定的材料力学知识,连一些报张、杂志的有关内容都看不懂。也就是说,材料力学不仅是工程技术人员的必修课,而且已是工程技术人员和普通知识大众的一种文化元素,是广大知识分子不可或缺的生产、生活常识。

因此,广大科技人员,工程技术人员,要想在工程上有所造诣,在生活中知识丰富,那就必须学好材料力学。

0.2　怎样教好材料力学

材料力学是一门理论性、实践性都很强的课程,教好它实属不易,现在提9点建议,仅供参考。

(1)首先要对材料力学的基本概念、基本理论、基本方法有深入的理解,熟练掌握所涉及到的公式、概念,以及它们之间的关系;俗话说,要给学生一桶水,自已要有十桶水。即作为一位材料力学老师知识要丰富,不仅要熟练掌握材力知识,还要了解它的相关的工程知识和社会知识,且要有很好的口头表达能力,良好的道德情操,在学生中有较高的威信,学生从心里尊重你,爱戴你,愿意听你的课,把听你的课当成一种享受。

(2)材料力学是一门技术基础课,学习它要有一定的文化基础,如物理、数学和理论力学等知识;对于后续力学课,如结构力学、弹性力学、塑性力学和断裂力学等,也要有所了解,不了解这些力学知识,就很难真正弄懂材料力学;再者对于相应基础课、专业课,如机械零件、机械原理、机械设计基础等也应有所了解,了解了这些课程就知道材料力学知识用在哪些地方,用到什么程度,针对需要去讲授,才能讲深、讲透、讲活、讲得实用,才能真正达到学习材料力学的目的。

(3)根据教学内容、学时、学生接受能力划分教学单元,针对每单元内容主次,怎样突出重点,攻克难点,把教学中的难讲的点、不好讲的概念讲清楚,且要有所创新,主动扫除学生学习中的拦路虎。讲课切忌平铺直叙,讲到那里哪里歇。

(4)经常了解学生听课的反映,及时解决学生的疑难,激发学生的学习兴趣。适当地进行测试、讲评,使学生了解自己的学习情况,做到教者心中有数、有的放矢。

(5)讲课形式要多种多样,可根据不同的讲课内容采用不同的讲课形式,使讲课形式为讲授内容服务。多采用启发式、讨论式,能用课件的尽量用课件。要做到讲课民主,学生自主,学生敢于随时随地的发表自己的不同见解,努力培养创新人才。

(6)要脚踏实地亲自解答300道左右的习题,掌握解题的思路、规律。合理地布置作业,知道哪些概念、哪些公式、用哪些习题去练习合适;并认真地批改作业,及时讲评作业情况。

(7)要善于自学,要明确读书的目的,要多学对自己教学有用的东西。当今世界书刊文献浩如烟海,使人目不暇接,读不胜读。如果不加选择,乱读一气,只会苦了自己,难有收获。再说书有好坏、优劣之分,在同类书中有精品也有次货。读书要读好书,以便用有限的时间,读最有价值的书,获得最大的读书效益。俄国文艺评论家别林斯基说过"阅读一本不适合自己的书,比不读书还坏。"所以老师要教好书,必须读些精典力学,不但中国的要读,外国的也要读,使自己见多识广,最大限度地满足教学的需要。

(8)要养成有条有理的工作习惯,要对自己做题的准确性有正确的认识。大科学家钱学森曾说过"科学教育工作者必须养成有条有理进行工作的习惯,要加强理论工作基本技巧的锻炼。力学从数学方法和演算技巧都是很讲究的。力学计算不仅要求在一般原理原则上会论证推演,而且还要能算出正确的结果"。作为一名力学教师必须做到这一点,如果在讲课中经常出计算错误,连你自己都不知算的准不准,那么学生还相信你讲的正确与否吗? 如这样,你讲得再好在学生中也就没有多大威信了。所以说,老师学的知识一定要准确、严谨,经得起学生推敲、追问。总之,打铁必须砧子硬。

(9)教师的服务对象是学生,要想教好书,必须了解学生的学习心态和学习方式、方法,要学点心理学。关于学生怎样学好材料力学,任课老师要有所了解;若要想了解这方面情况,请详看下面0.3节。

0.3 怎样学好材料力学

材料力学是一门技术基础课,所以学习它要有一定的文化基础,如物理、数学和理论力学等知识。然而,即使具备了上述基础知识,学好它也是有一定难度的。那么,怎样才能学好材料力学呢? 现在提4点建议,仅供参考。

1. 认真理解、掌握材料力学的每一个重要概念

材料力学课内容具有很强的连续性,前面学习的内容就是后面内容学习的基础,前面学不会,后面很难学,比如,构件的内力分析是构件强度、刚度计算的基础,如果构件的内力分析没有学好的话,那么后面的内容就很难学了。也可以这样说,只要按步就班地学好前面的重点知识,那么后面的知识也才能好学。因此,在学习每部分知识时,都要扎扎实实,循循渐近,弄懂每一个重要概念和定理,并且学到后面内容时,根据学习需要,随时随地复习前面的相关知识。

再者,要学会抓重点、难点。所谓重点系指在所述问题中,起决定作用的知识和理论。写的比较好的教科书,对于重点或者是既重点又是难点的内容或章节,一般表述的都较详尽。对于这样章节要重点看、详细看,若弄不懂这些章节的重点内容,那么就很难继续学下去了。

2. 认真做一定数量的习题

材料力学还有一个特点,那就是各种各样的计算比较多。所以学习材料力学时,理论学了后一定要认真独立地做一定数量的习题,如果学了理论不会解题,或者一做就错,那是没有意义的,甚至将来在实际工程中可能会出事故,只有会动手解题,才能更好地掌握理论。尽管题型是多种多样的,受力情况也是千变万化,但计算原理是相同的,只要多看、多做练习题,就会对常见形式的题目进行计算,而且也能举一反三,触类旁通。

建议读者每章都要认真做5~8道习题,弄懂题目中所涉及到的理论、概念,只要坚持这样做,那么全书的基本概念、基本理论也就自然掌握了。这一法宝已被广大力学工作者所证明,望同学们认真遵循这一规则。伟大科学家钱学森说过"做习题需要算得"又快又好",而算得"又快又好",没有别的办法,只能多算题,熟能生巧。"巧"又必须先记熟许多基本数学关系,而且还要会熟练应用。有人不赞成熟记公式,主张用的时候去查

笔记或手册,那就不妨算一算,一生工作中浪费在反复查阅笔记的时间有多少,就知道比较便宜的办法还是花些时间把它们记在脑子里。"

也就是说,要想学好材料力学,不认真做一定数量的习题是永远学不好的。

关于做习题的事再多说几句。做题练习,是学习工程计算学科的重要环节;不做一定数量的习题,就很难对基本概念和方法有深入的理解,也很难培养较好的计算能力。但是做题也要避免各种盲目性。

(1)不看书,不复习,埋头做题,这是一种盲目性。应当在理解的基础上做题,通过做题来巩固和加深理解。

(2)贪多求快,不求甚解,这是另一种盲目性。有的习题要精做,一道题用几种方法做,往往比用一种方法做几道题更有收获。

(3)只会对答数,不会自己校核和判断,这也是一种盲目性。要养成校核习惯,学会自行校核的本领。在实际工作中,计算人员要对自己交出来的计算结果负责。这种负责精神应当尽早培养。

(3)做错了题不改正,不会从中吸取教训,这又是一种盲目性。做错了题不改正,就是轻率地扔掉了一个良好的学习机会。特别不要放过一个似是而非的模糊概念,因为认识真理的主要障碍不是明显的谬误,而是似是而非的"真理"。错了,也要错个明白。

3.在学习中要善问

(1)多问出智慧。学习中要多问,多打几个问号"?",问号"?"像一把钥匙,一把开启心扉和科学迷宫的钥匙。

学习中提不出问题是学习中最大的问题。从学生提出的问题可以了解他学习的深浅。发现了问题是好事,抓住了隐藏的问题是学习深化的表现。知惑才能解惑。学习和研究就是困惑和解惑的过程。正确敏锐地提出科学问题,是创新的开始。

(2)追问与问自己。重要的问题要抓住不放,要层层剥笋,穷追紧逼,把深藏的核心问题解决了,才能达到"柳暗花明"的境界。溯河追源,剥笋至心。追到核心处,豁然得贯通。

问老师、问别人,更要问自己。

好老师注意启发性,引导思考,为学生留出思考的空间。学习时更要勤于思考,善于思考,为自己开辟思考的空间。

(3)学问与学答。应试型教育,只强调"学答"(对已有答案的问题,背诵并重述其答案)。创新型教育,要学更要问(包括尚无答案的问题)。

"做学问,需学、问。只学答,非学问"(李政道语)。

4.要学会校核

计算的结果要经过校核。"校核"是"计算"中应有之义,没有校核过的计算结果是未完成的计算结果。

出错是难免的,重要的是要会判断、抓错和改错。判断是对计算结果的真伪性和合理性作出鉴定。抓错是分析错误根源,指明错在何处,"鬼"在哪里,把"鬼"抓出来。改错是提出改正对策,得出正确结果。改错不易,判断、抓错更难。

关于判断和校核,还可分为三个层次:另法细校、行估粗算和定性判断。

另法细校:细校是指详细的定量的校核。细校不是重算一遍,而是提倡用另外的方法来核算。这就要求校核者了解多种方法,掌握十八般武器,并能灵活地运用,选用最优的方法。

毛估粗算:粗算是指采用简略的算法对计算结果进行毛估,确定其合理范围。这就要求粗算者能分清主次,抓大放小,对大事不糊涂。毛估粗算有多种做法:选取简化计算模型,在公式中忽略次要的项,检查典型特例,考虑问题的极限情况等。

定性判断:定性判断是根据基本概念来判断结果的合理性,而不进行定量计算。试举力学中常用的几个例子:

(1)采用量纲分析,判断所列方程是否有误。

(2)根据物理概念,看答案的数量级和正负号是否正确。

三导

(3)根据误差理论,估计误差的范围。

不细算而能断是非,断案如神,既快又准,这是工程师应具备的看家本领,也是每个工程师和有心人应尽早学会的本领。这个"神"不是来自天上,而是来源于扎实的理论和经验积累。

计算机引入力学后,增强了进行大型计算、分析大型结构的能力。在大型计算中,如果不会定性判断,不会抓错、改错,那是很危险的。计算机并不排斥力学理论,而是要求我们更深更活地掌握力学理论。

总之,要学好材料力学,必须认真理解每一个重要概念,认真做一定数量的习题,还要善问、会校核、注意创新;作学问,要既学又问,问是学习的一把钥匙;学和用要结合,在学中用,在用中学,用是学的继续、检验和深化;在学习中要有创新意识,有所创新;对于核心内容要熟练掌握,对于重点难点一定要设法搞懂,因为它们是力学的重要内容,又是拦路虎,不弄懂它们就达不到学习材料力学的目的;至于采用什么方法解决,因难点的困难程度而异,有的可以采用攻坚战,有的可以使用迂回战,反正不管难点有多么难,一定要想法搞懂。对于次要内容只作一般了解就是了,千万不要眉毛胡子一把抓。

第1章　绪　论

1.1　教学基本要求

1.1.1　内容概述

材料力学是固体力学的一个重要分支,它研究的对象为构件,主要研究构件的强度、刚度和稳定性问题。它的任务就是在满足强度、刚度和稳定性的要求下,为设计既经济又安全的构件,提供必要的理论基础和计算方法。研究构件的强度、刚度和稳定性时,应了解材料在外力作用下表现出的变形和破坏等方面的性能,即材料的力学性能。对固体变形的研究还应作下列假设:均匀连续性假设和各向同性假设。本章为绪论部分,应着重理解相关概念。

1.1.2　目的要求

(1)了解材料力学的研究对象和任务;
(2)理解强度、刚度和稳定性的概念;
(3)了解变形固体及其基本假设;
(4)了解内力、截面法与应力;
(5)了解变形、位移与应变的概念;
(6)了解杆件变形的基本形式。

1.1.3　三基

(1)基本概念:外力、内力、截面法、应力,弹性与塑性,强度、刚度和稳定性,位移、变形及应变,杆件变形的基本形式。

(2)基本理论:胡克定律,材料的均匀连续、各向同性假设,弹性、塑性与小变形理论。

(3)基本方法:材料力学有一套成熟的分析方法,若有意识地掌握这些分析方法,将在学习力学中会得到事半功倍的成效。其主要基本分析方法有下述几种:

1)受力分析法。它是指分析结构或构件受哪些力,哪些是已知力,哪些是未知力,已知力与未知力间有什么关系,通过什么途径计算出所需未知力。在力学中,将这一分析过程称为结构的受力分析。实践证实,能否熟练掌握这一分析方法,是能否学好材料学的关键。

2)截面法。它是指当要求某一杆件某截面上的内力时,假想的用一截面将其截开,取其中任一部分(哪部分方便取哪部分)为研究对象,画出分离体、受力图,利用平衡条件求出所需内力。它是四种基本变形,乃至组合变形求内力的通用方法,一定要重点掌握。

3)变形连续、各向同性假设分析法。变形固体,在变形前或变形后是否都连续呢?不见得。为了计算简单,为了能用数学公式,而是不管它连续或是不连续,一律假设成均匀连续,各向同性,这就给各种计算带来很多方便,且也能满足一般工程需要。若要进行精确计算,只有采用《断裂力学》的处理方法了。

4)物理关系分析法。在弹性范围内,力与变形成正比,这就是力与变形的物理关系,利用这一关系,可方便地解决变形与内力间的一些问题。

5)小变形分析法。小变形是指,结构或构件在变形前后,尺寸相比相差很小,在变形计算中可以用原尺寸,可用叠加原理计算内力和变形。

6)刚化分析法。在研究变形固体的平衡条件时,为了分析简便,可将变形固体视为刚体,并认为此刚体仍处于平衡状态。

7)实验法。它是力学研究中的一个重要方法,它能将力学涉及到的材料力学性质,各种材料间的应力—应变关系等用实验来解决。

1.1.4　重点难点

重点:变形固体的基本假设、外力、内力、应力、位移、应变、弹塑性、小变形、强度、刚度和稳定性的概念。
难点:变形固体的基本假设、应力与应变、强度、刚度和稳定性概念的建立。

1.2　教学建议

1.2.1　教学单元划分

绪言 1 学时,本章 3 学时,两者合并分为 2 个教学单元。

第一单元,先讲为什么要学习材料力学和怎样学好材料力学,然后再讲材料力学的任务,变形固体的基本假设,外力及其分类、内力与截面法。

第二单元,讲授应力、变形、应变、杆件变形的基本形式,小结。

1.2.2　各单元教学重点内容建议

1. 第一单元讲授重点内容

(1)为什么要学习材料力学和怎样学好材料力学。这些内容绪言中都有详细的讲述,照讲就行了。

(2)材料力学的任务。构件是组成机械和结构的零部件统称,它必须有足够的承载荷的能力(简称承载能力)。材料力学就是研究构件承载能力的一门科学。构件承载能力分为三方面:①构件抵抗破坏的能力称为构件的强度。②构件抵抗变形的能力称为构件的刚度。③构件保持原有平衡形式的能力称为构件的稳定性。

总之,材料力学的任务是为构件提供强度、刚度、稳定性的计算理论和方法,从而选用适宜的材料,选择合理的截面尺寸,确定许用载荷,达到既安全又经济的目的。

(3)变形固体及基本假设。材料力学研究的对象为构件,而构件都是变形固体。变形固体有两个基本假设:均匀连续和各向同性假设。

弹性与塑性:

1)当外力不超过一定值时,去除外力后能恢复原有形状和尺寸,材料的这种性质称为弹性,去除外力后能消失的变形称为弹性变形。材料力学主要研弹性范围内的小变形。

2)当外力超过一定值时,外力去除后,变形只能部分恢复而残留下一部分不能消失的变形,材料的这种性质称为塑性,不能恢复而残留下来的变形称为塑性变形(或称残余变形)。

(4)外力。外力是指施加在构件上的外部载荷(包括支座反力)。按其作用方式可分为体积力(场力)和表面力(接触力)。体积力是连续分布在构件内部各点处的力,表面力是直接作用于构件表面的分布力或集中力。载荷按随时间变化的情况,又分为静载荷和动载荷,而动载荷又可分为交变载荷和冲击载荷。材料力学以分析静载荷问题为基础。

(5)内力与截面法。材料力学中的内力,是指在外力作用下,物体内部各部分之间因外力而引起的附加相互作用力,即"附加内力"。其附加内力是分布于截面上的一个分布力系,我们把这个分布力系在截面上某一点简化后得到的主矢和主矩,称为该截面上的内力。内力在外力作用下随着外力的增加而增加。内力是成对出现的,大小相等,方向相反,分别作用在构件的两部分上。求内力的基本方法是截面法。所谓截面法,是用一截面假想地把构件分成两部分,以显示并确定内力的方法。用截面法求内力的四步曲为截、取、代、平。

需要强调指出,截面法截开欲求内力面使构件一分为二;取与弃的原则是弃掉较复杂部分,而取较简单部分进行研究;一般说来,在空间问题中,内力应有 6 个内力分量,合力的作用点为截面形心;平衡是力的平衡,并非应力的平衡,这在材料力学中贯穿始终。

2. 第二单元教学重点内容

(1)应力、正应力和切应力。在外力作用下,根据连续性假设,物体任一截面的内力是连续分布的,截面上任一点内力的密集程度(内力集度),称为该点的应力。应力是一个矢量。一点处的应力可以分解为两个应力分量。垂直于截面的分量称为正应力,用符号 σ 表示,规定和截面外法线方向一致的应力为正,反之为负;和截面相切的应力称为切应力,用符号 τ 表示,对物体内任一点取矩,产生顺时针方向力矩的切应力规定为正,反之为负。应力单位为 Pa(帕斯卡),$1\ \text{MPa}=10^6\ \text{Pa}$,$1\ \text{GPa}=10^9\ \text{Pa}$,$1\ \text{Pa}=1\ \text{N/m}^2$。应当注意:应力的量纲和压强的量纲相同,但是两者的物理概念是不同的,压强是单位面积上的外力,而应力是单位面积上的内力;两个应力分量分别和材料的两大类断裂现象(拉断和剪切错动)相对应。

(2)变形、位移、线应变和切应变。变形是指受力物体形状和大小的变化,位移是反映物体一点的变形情况,它可以归结为长度的改变和角度的改变,即线变形和角变形。单位长度线段的伸长或缩短定义为线应变。切应变是指给定平面内两条正交线段变形后其直角的改变量,即线应变和切应变是度量一点处变形程度的两个基本量。

通常以 ε_m 表示单位长度内的伸长或缩短,即平均线应变;以 ε 表示线段沿某一方向趋近于一点时的线应变,线应变规定伸长为正,缩短为负。

通常以 γ 表示切应变或角应变,切应变与给定点及所定义的坐标轴有关。通常当直角变形后小于 $\pi/2$,定义 γ 为正;反之,当直角变形后大于 $\pi/2$,则 γ 为负。在小变形问题中,切应变近似地表示为 $\gamma \approx \tan\gamma$。

在此强调:

①线应变 ε 和切应变 γ 是度量构件变形程度的两个基本量,不同方向的线应变是不同的,不同平面的切应变也是不同的,它们都是坐标的函数。因此,在描述物体的线应变和切应变时,应明确发生在哪一点,沿哪一个方向或在哪一个平面。

②线应变和切应变都没有量纲,切应变一般用 rad(弧度)表示。

③两种应变虽然与点及方向有关,但都不是矢量,不能像位移那样按矢量处理。

④根据弹性理论,在线弹性小变形范围内,线应变 ε 只与正应力 σ 有关,而与切应力 τ 无关;而切应变 γ 只与切应力 τ 有关,与正应力 σ 无关。

(3)杆件的基本变形。凡是在一个方向的尺寸远大于其他两个相互垂直方向尺寸的构件称为杆件。材料力学主要研究等截面直杆(等直杆)。杆件在任意受力情况下的变形比较复杂,仔细分析可视为 4 种基本变形。表 1-1 中列出 4 种基本变形、受力特点和变形特点。

表 1-1　4 种基本变形受力特点和变形特点

受力及变形图	受力特点	变形特点
(a)	一对大小相等,方向相反,作用线沿杆件轴线的外力	拉伸(压缩)时杆轴向尺寸伸长(缩短),横向尺寸减小(增大)
(b)	一对大小相等,方向相反,作用线垂直于轴线且相距很近的力	受力处杆的横截面沿横向力方向发生相对错动

续 表

受力及变形图	受力特点	变形特点
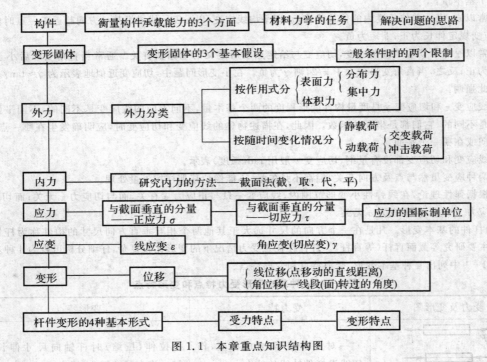(c)	一对大小相等,方向相反,作用面垂直于杆的轴线的力偶矩	杆件的任意两个横截面将发生绕轴线的相对转动
(d)	一对大小相等,方向相反,作用于杆纵截面内的力偶矩或垂直于杆件轴线的横向力	杆的轴线在力(偶)作用下发生弯曲,直杆变成曲杆,横截面发生相对转动

（4）小结。绪论概念很多,也较杂乱,为了便于读者学习,讲课结束前应小结一下,本绪论重点知识结构图见图 1.1。

图 1.1　本章重点知识结构图

1.2.3　考核内容

绪论仅向读者展示该门课堂的总体概貌,就一些基本术语作一般介绍,建立一些基本概念,习题一般围绕巩固基本概念展开。考试时偶尔有些基本概念的问答题或选择题,但正确概念的确定,基本方法的正确使用,分析习题思路的建立,对后续学习却是十分重要的。据此,主要考核下述内容。

（1）变形固体。材料力学研究的对象是变形固体,而理论力学研究的对象是刚体,因此在引用理论力学中的一些原理时应注意应用时的注意事项。

（2）小变形。材料力学把实际构件看作均匀连续和各向同性的变形固体,并主要研究弹性范围内的小变形情况。由于构件的变形和构件的原始尺寸相比非常微小,通常在研究构件的平衡时,仍按构件的原始尺寸进行计算。

（3）外力。外力包括作用在构件上的载荷和支反力。

（4）内力与应力。①材料力学研究的是外力引起的内力,内力与构件的强度、刚度密切相关。②截面法是材料力学的最基本的方法。③应力反映内力的分布集度。在研究平衡时,不能把应力直接代入平衡方程中,而应先求出其合力(即把应力乘以其作用面的面积),再代入平衡方程。

（5）位移与应变。①材料力学研究的是变形引起的位移。②应变反映一点附近的变形情况。线应变和切应变是度量一点处变形程度的两个基本量。

1.3　典型例题

1.3.1　解题方法

本章新概念、新理论较多,故其重点是深入了解这些概念和理论。因此本章解题方法分为客观题和计算题两种。

客观题答题方法是本处客观题主要形式为是非判断题。其判断方法是,先看课文,弄懂重点,再进行判断。判断中要细审题目,看懂题目的真正含义再作答,避免所答非所问。

计算题解题方法是所解题目分两大类,一是利用平衡条件求内力,二是利用变形概念求位移与应变。此处解题不是为解题而解题,而是通过解题加深对概念、理论的理解,所以本处解题重点放在理解概念和理论上,至于解题步骤此处就不写了,如需要请看例1.2评注。

1.3.2　典型例题

1.典型是非判断题(对的打√,错的打×)

1－1　材料力学是研究构件承载能力的一门学科。　　　　　　　　　　　　　　　　　　　　（　　）

1－2　材料力学的任务是尽可能使构件安全地工作。　　　　　　　　　　　　　　　　　　　（　　）

1－3　材料力学主要研究弹性范围内的小变形情况。　　　　　　　　　　　　　　　　　　　（　　）

1－4　因为构件是变形固体,在研究构件的平衡时,应按变形后的尺寸进行计算。　　　　　　（　　）

1－5　外力就是构件所承受的载荷。　　　　　　　　　　　　　　　　　　　　　　　　　　（　　）

1－6　材料力学研究的内力是构件各部分间的相互作用力。　　　　　　　　　　　　　　　　（　　）

1－7　用截面法求内力时,可以保留截开后构件的任一部分进行平衡计算。　　　　　　　　　（　　）

1－8　压强是构件表面的正应力。　　　　　　　　　　　　　　　　　　　　　　　　　　　（　　）

1－9　应力是横截面上的平均内力。　　　　　　　　　　　　　　　　　　　　　　　　　　（　　）

1－10　材料力学只研究因构件变形引起的位移。　　　　　　　　　　　　　　　　　　　　（　　）

1－11　线应变是构件中单位长度的变形量。　　　　　　　　　　　　　　　　　　　　　　（　　）

1－12　构件内一点处各方向线应变均相等。　　　　　　　　　　　　　　　　　　　　　　（　　）

1－13　切应变是变形后构件中任意两根微线段夹角角度的变化量。　　　　　　　　　　　　（　　）

1－14　材料力学只限于研究等截面直杆。　　　　　　　　　　　　　　　　　　　　　　　（　　）

1－15　杆件的基本变形只是拉(压)、剪、扭和弯4种,如果还有另一种变形,必定是这4种变形的某种组合。　　　　　　　　　　　　　　　　　　　　　　　　　　　　　　　　　　　　　　　（　　）

答案:1－1√,1－2×,1－3√,1－4×,1－5×,1－6×,1－7√,1－8×,1－9×,1－10√,1－11×,1－12×,1－13×,1－14×,1－15√。

2.典型计算题

例1.1　图1.2～图1.4中图(a)所示3种构件受力情况,可否平移至图(b)所示情况? 为什么?

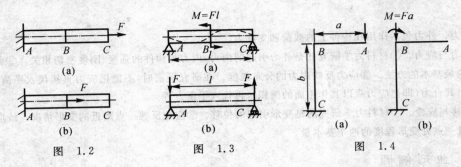

图 1.2　　　　　图 1.3　　　　　图 1.4

解　图 1.2 所示受拉杆,当把研究对象视为刚体时,力作用在截面 B 和 C,都不影响杆件整体的平衡,力可以沿着杆件轴线任意平移。但如果把杆件作为变形固体,截面 C 作用拉力 F(见图1.1(a)),整个杆件都将受力并变形;而在 B 截面处作用拉力 F(见图1.1(b)),仅仅 AB 段受力,发生变形;这两种情况是不同的,当且仅当讨论支座反力、AB 段内力及变形时可以平移。因此,研究变形时力不可沿着轴线任意平移,即要注意力的作用面(点)。

同样,在研究构件变形时,力偶矩也是不能任意平移的。图 1.2 所示两种情况,支座反力是相同的。对"变形固体"来讲,图 1.3(a)所示的简支梁将产生虚线所示的变形,而图 1.3(b)虽然一对力 F 仍然构成力偶 $M = Fl$,但因 F 力恰好作用在支座上,简支梁不会发生变形。

若力平移简化以后,并不影响所研究部分的受力与变形,则是许可的。图 1.4 所示为平面刚架,如果只研究 BC 段的受力与变形,允许将力 F 从 A 点移到 B 点,这时在 B 点作用一集中力 F 和集中力偶 $M = Fa$(见图1.4(b));对于 BC 段来讲,它和在 A 点施加一集中力 F 时的效应是相同的;当讨论 AB 段的应力及变形时,此种平移是不允许的,即平移原则是保证力和变形两者等效前提下进行的。

【评注】力的平移定理是有条件的,只有研究刚体和物体的平衡时才能无条件应用。当研究物体的变形时一般是不能应用平移定理的,但研究结构中某一杆件的变形时,其他杆件上的外力是可以平移的,只是杆件本身上的外力是不可平移的。由此知,研究材料力学离不开外力,也就是说研究材料力学需要一定的理论力学方面的知识。

例 1.2　图 1.5(a)所示圆轴在皮带力作用下等速转动,试求:紧靠 B 轮左侧截面和右侧截面上圆轴的内力分量。

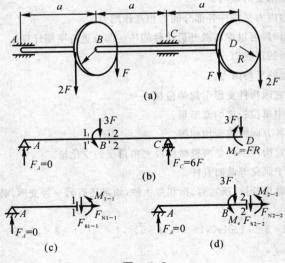

图 1.5

解 先将皮带力向轴线简化,取其力学模型如图 1.5(b)示,并求出支反力 F_A,F_C。欲求靠近 B 轮左、右两侧截面上的内力分量,分别令其为 1—1,2—2 截面。另外,所截截面上的内力一般采用设正法,故取 F_N(拉为正),F_S(顺时针方向转动趋势力正),M(产生下凸的变形为正),T(矢量与截面外法线方向一致为正)均为正。如图 1.5(c)(d) 所示。

对 1—1 截面,分别取 $\Sigma F_x = 0$,$\Sigma F_y = 0$,$\Sigma M_A = 0$,得

$$F_{N1-1} = 0, \quad F_{S1-1} = 0, \quad M_{1-1} = 0$$

对 2—2 截面,分别取 $\Sigma F_x = 0$,$\Sigma F_y = 0$,$\Sigma M_A = 0$,$\Sigma T = 0$,得

$$F_{N2-2} = 0, \quad F_{S2-2} = -3F, \quad M_{2-2} = 0, \quad T_{2-2} = -FR$$

负号表示所设内力方向与实际内力方向相反。设正为以后作内力图带来方便,使得作图时正负一目了然。当然熟练掌握后,也不是一成不变,可以直接画出截面上的实际内力方向。

【评注】求解内力一般用截面法,可将其归纳为以下 3 个步骤:① 欲求某一截面上的内力,就沿该截面假想地把构件分成两部分,任意地留下一部分作为研究对象,并弃去另两部分。② 用作用于截面上的内力代替弃去部分对留下部分的作用。③ 建立留下部分的平衡方程,确定未知的内力。

例 1.3 矩形平板变形后为图 1.6 所示的平行四边形,水平轴线在四边形 AC 边保持不变。求:(1)沿 AB 边的平均线应变;(2)平板 A 点的切应变。

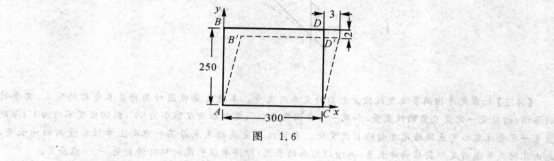

图 1.6

解 (1)变形前 $\overline{AB} = 250$,变形后 $\overline{AB'} = \sqrt{(250-2)^2 + 3^2} = 248.018$

由定义知 AB 边的平均线应变为

$$\varepsilon_m = \frac{\overline{AB} - \overline{AB'}}{\overline{AB}} = \frac{250 - 248.018}{250} = 7.93 \times 10^{-3}$$

(2)由图知 $\angle BAB'$ 即为所求角应变

$$\tan \angle BAB' = \frac{3}{250-2} = 0.012\,1$$

由于该角度非常微小,显然有

$$\gamma \approx \tan\gamma = \tan\angle BAB' = 0.012\,1 \text{ rad}$$

【评注】本例考查平均线应变和切应变。线应变是指弹性体变形时一点沿某一方向微小线段的相对改变量,平均线应变公式为 $\varepsilon_m = \dfrac{\Delta S}{\Delta x}$。切应变是指弹性体变形某点处一对互相正交的微线段所夹直角的改变量,公式为 $\gamma = \lim\limits_{\substack{\Delta x \to 0 \\ \Delta y \to 0}} \left(\dfrac{\pi}{2} - \alpha\right)$,式中仅指变形后原来的二正交线段间的夹角,亦可直接由几何关系求解。

例 1.4 (考研题)三角形平板沿底边固定,顶点 A 的水平位移为 5 mm(见图 1.7)。

求:(1)顶点 A 的切应变 γ_{xy};(2)沿 x 轴的平均线应变 ε_x;(3)沿算 x' 轴的平均线应变。

解 (1)依照切应变的定义,切应变指给定平面内两条正交线段变形后直角的改变量。

γ_{xy} 即 $\angle BAC$ 的改变量为

$$\gamma_{xy} = \left\{ 45° - \arccos\left[(400\sqrt{2} + 5) / \left[(400\sqrt{2} + 5)^2 + (400\sqrt{2})^2 \right] \times \frac{1}{2} \right] \right\} \times 2 =$$

$$0.504° = 8.80 \times 10^{-3} \text{ rad}$$

（2）线应变是指某点沿某一方向上单位长度内的伸长量，A 点沿 x 轴平板边长为 $l_0 = 800$ mm，变形后伸长为 $l_1 = \left[(400\sqrt{2} + 5)^2 + (400\sqrt{2})^2 \right]^{\frac{1}{2}}$。

根据平均线应变的定义，有 $\varepsilon_x = \dfrac{\Delta l}{l} = \dfrac{l_1 - l_0}{l_0} = 4.43 \times 10^{-3}$

（3）沿 x' 轴，变形前长为 $l_0 = 400\sqrt{2}$，变形后长为 $l_1 = 400\sqrt{2} + 5$

故 $$\varepsilon'_x = \frac{5}{400\sqrt{2}} = 8.84 \times 10^{-3}$$

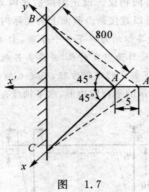

图 1.7

【评注】切应变是指两条正交线段变形后的直角改变量。本题主要巩固对两种基本变形的定义，需要特别强调，切应变一定是直角的改变量，如果一个平面角为 60°，变形后角度缩小为 59°，则切应变不应为 1°；而线应变一定要注意给定点沿给定方向的长度变化。平均线应变是指某点沿某一方向上单位长度内的伸长量，先由几何关系求出变形前后的伸长量，再除以原来的长度，即得单位长度的相对伸长量——线应变。

1.4　自学指导

所谓绪论，是指简略地叙述全书的编写思路、研究对象、研究任务、学习方法及一些重要名词、概念等，为全书的逐步展开描绘出一个大致的轮廓，为下面分章学习奠定必要的学习情境。在自学中特建议注意下述 3 点。

1.注意材料力学与理论力学的区别

学习了理论力学之后，初学材料力学读者，极易把理论力学中接受的概念和处理问题的方法移植过来，造成错误。这些容易混淆的概念主要有下述三方面。

（1）以牛顿三大定律为基础的理论力学中，把物体抽象为质点或刚体，研究它们的平衡、运动规律等。而材料力学则把所研究构件看作变形固体，一般在 3 个假设、两个限制下研究外力作用下构件的变形及破坏规律。

（2）力的等效平移应包含力的等效和变形等效两个方面，在此前提下方可平移，否则，将改变构件的受力效果，因此，力的可传递原理要有一定前提条件。

（3）讨论问题的基本方法，理论力学以节点法为基础，而材料力学则用截面法，直接把所研究杆件的内力暴露出来。

2.了解小变形条件在解决材料力学问题中的应用

材料力学所研究的问题一般限于小变形情况。无论是变形或因变形引起的位移，其大小都远小于构件的最小尺寸。利用小变形概念，可使问题简化。一些重要的公式，也是在小变形前提下推导出来的。具体内容包括下述几方面。

（1）在研究构件的平衡时，往往忽略构件的变形，仍可用构件变形前的原始尺寸（长度）和形状（角度）进行分析计算。使用原始尺寸原理，使计算得到很大的简化。

（2）小变形分析，在研究弹性变形时，假定在物体中产生的变形几乎是无穷小量，这种假设通常被称为小应变分析。对于两种应变或位移，当出现幂次大于 1 的情况时，常常出现一些附加的高次项，使问题非线性化，给求解带来困难；如果用小变形分析，略去高次项，使问题按线性对待。这种处理方法，在材料力学课程中经常遇到，这些近似包括，$\sin A_0 \approx A_0, \cos A_0 \approx 1, \tan \Delta\theta_0 \approx \Delta\theta, (1+\Delta)^n \approx 1+n\Delta$ 等。

3. 认真学习和做几道关于内力、应力和应变方面的例题和习题

一般讲，材料力学绪论没有例题和习题，而刘鸿文教授主编的《材料力学》就打破了这一界限，其目的在于通过学习几道例题和做几道习题，加深对内力、应力和应变等概念的理解。建议自学者认真学习本章关于求内力、位移及应力方面的例题，另外选做几道关于这方面的习题。

1.5　习题精选详解

1.2　试求题 1.2 图（a）所示结构 $m-m$ 和 $n-n$ 两截面上的内力，并指出 AB 和 BC 两杆的变形属于何类基本变形。

解　取题 1.2 图（a）所示截面 $m-m$ 以右部分为研究对象，受力图如题 1.2 图（b）所示。

由静力平衡条件，有

$$\Sigma M_O = 0, \quad F_N \times 2 - 3 \times 1 - M = 0 \quad\quad ①$$
$$\Sigma F_y = 0, \quad F_S + F_N - 3 = 0 \quad\quad ②$$

解 ①② 联立方程，得内力 $F_S = 1\ \text{kN}, M = 1\ \text{kN}\cdot\text{m}$，可见 AB 杆属于弯曲变形。

取截面 $n-n$ 以下部分为研究对象，受力图如题 1.2 图（c）所示，由静力平衡条件，有

$$\Sigma M_A = 0, F_N \times 3 - 3 \times 2 = 0$$

解得 $F_N = 2\ \text{kN}$，可见 BC 杆属于拉伸变形。

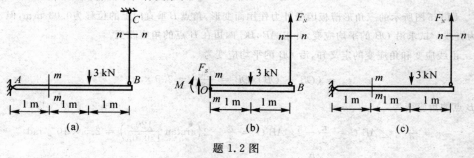

题 1.2 图

1.3　在题 1.3 图（a）所示简易吊车的横梁上，F 力可以左右移动。试求截面 1-1 和 2-2 上的内力及其最大值。

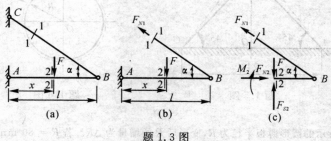

题 1.3 图

解　取截面 1-1 以右部分为研究对象，受力图如题 1.3 图（b）所示。由静力平衡条件：

$$\Sigma M_A = 0, \quad F_{N1}\sin 2 \times l - Fx = 0$$

解之得
$$F_{N1} = \frac{Fx}{l\sin\alpha}$$

取截面 1-1 和 2-2 以右部分为研究对象,受力图如题 1.3 图(c)示。由静力平衡条件:

$$\Sigma F_x = 0, \quad F_{N2} - F_{N1}\cos\alpha = 0 \qquad ①$$
$$\sum F_y = 0, \quad F_{S2} - F + F_{N1}\sin\alpha = 0 \qquad ②$$
$$\Sigma M_O = 0, \quad F_{N1}\sin\alpha(l-x) - M_2 = 0 \qquad ③$$

解之得
$$F_{N2} = \frac{Fx\cos\alpha}{l}, \quad F_{S2} = \frac{(l-x)F}{l}, \quad M_2 = \frac{Fx(l-x)}{l}$$

因为 F 力可以左右移动,所以

当 $x = l$ 时,$F_{N1max} = \dfrac{F}{\sin\alpha}$;当 $x = l$ 时,$F_{N2max} = F\cot\alpha$;当 $x = 0$ 时,$F_{S2max} = F$;当 $x = \dfrac{l}{2}$

时. $M_{2max} = \dfrac{Fl}{4}$。

1.4 如题 1.4 图所示,拉伸试样上 A,B 两点的距离 L 称为标距。受拉力作用后,用变形仪量出两点距离的增量为 $\Delta L = 5 \times 10^{-2}$ mm。若 L 的原长为 $L = 100$ mm,试求 A,B 两点的平均应变 ε_m。

题 1.4 图

解 杆 AB 的平均应变为

$$\varepsilon_m = \frac{\Delta L}{L} = \frac{5 \times 10^{-2}}{100} = 5 \times 10^{-4}$$

1.5 题 1.5 图所示的三角形薄板因受外力作用而变形,角点 B 垂直向上的位移为 0.03 mm,但 AB 和 BC 仍保持为直线。试求沿 OB 的平均应变,并求 AB,BC 两边在 B 点的角度改变。

解 由线应变和角应变的定义知,沿 OB 的平均应变为

$$\varepsilon_m = (OB' - OB)/OB = \frac{0.03}{120} = 2.5 \times 10^{-4}$$

在 B 点的角应变为

$$r = \frac{\pi}{2} - \angle AB'C = \frac{\pi}{2} - 2\angle AB'O = \frac{\pi}{2} - 2\left(\arctan\frac{120}{120.03}\right) = 2.5 \times 10^{-4} \text{ rad}$$

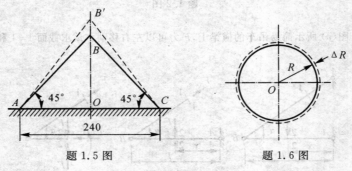

题 1.5 图   题 1.6 图

1.6 题 1.6 图所示的圆形薄板半径为 R,变形后 R 的增量为 ΔR。若 $R = 80$ mm,$\Delta R = 3 \times 10^{-3}$ mm,试求沿半径方向和外圆圆周方向的平均应变。

解 沿半径方向的平均应变为

$$\varepsilon_R = \frac{\Delta R}{R} = \frac{3 \times 10^{-3}}{80} = 3.75 \times 10^{-5}$$

沿圆周方向的平均应变为

$$\varepsilon_t = \frac{2\pi(R + \Delta R) - 2\pi R}{2\pi R} = \frac{2\pi \Delta R}{2\pi R} = \frac{3 \times 10^{-3}}{80} = 3.75 \times 10^{-5}$$

由计算知,沿半径方向的平均应变与沿圆周方向的平均应变相等。

第2章 拉伸、压缩与剪切

2.1 教学基本要求

2.1.1 内容概述

本章主要讨论杆件4种基本变形中的两种,即轴向拉伸(或压缩)与剪切。将在试验的基础上研究轴向拉伸(或压缩)杆件的力学性能,以此得出杆件的强度条件。轴向拉伸(压缩)变形是基本变形中最简单的,也是材料力学中最基本、最典型的一种。读者不仅要掌握拉(压)变形的强度和刚度计算,还要掌握材料的基本力学性质。虽然拉(压)变形的基本公式较简单,但它的分析方法、解题思路却是各种基本变形通用的,而且本章许多基本概念和分析是材料力学所特有的方法,将贯穿于全部课程的始终。

剪切和挤压的实用计算与轴向拉伸或压缩并无实质上的联系,附在本章之末,只是因为它们在工程中常常同时出现,且两种实用计算方法在形式上与拉伸也有些相似。

2.1.2 目的要求

(1)了解轴向拉伸与压缩的受力特点与变形特点;了解应力应变、泊松比、许用应力、安全因数、应力集中等有关概念。

(2)了解材料在拉伸与压缩时的力学性能,并牢记相关的主要参数。

(3)掌握杆件受轴向拉伸与压缩时横截面上应力计算及强度计算的方法。了解斜截面上应力。

(4)深刻理解胡克定律,掌握轴向拉压时变形的计算。

(5)了解拉伸与压缩、拉(压)超静定的概念,掌握简单的超静定问题的计算。

(6)掌握杆件受剪切与挤压变形时的应力计算及强度计算的方法。

2.1.3 三基

(1)基本概念:轴力与轴力图,拉压时横截面上的应力,斜截面上的应力,材料力学性能,强度条件,变形能,拉(压)刚度,应力集中,拉(压)超静定问题,剪切与挤压变形。

(2)基本理论:圣维南原理、胡克定理、能量原理。

(3)基本方法:截面法、平衡条件。

2.1.4 重点难点

重点:轴力与轴力图,材料力学性能,轴向拉压的应力、强度计算与变形计算,拉压超静定问题,剪切、挤压应力的强度计算。

难点:杆系的位移计算,拉压超静定问题协调条件的确定,剪切面和挤压面的确定及计算;求结构的允许载荷问题。

2.2 教学建议

2.2.1 单元划分

本章共10学时,划分5个教学单元。

第一单元讲授轴向拉伸与压缩的概念和实例,直杆轴向拉伸或压缩时横截面上的内力和应力,直杆轴向拉伸或压缩时斜截面上的应力。

第二单元讲授材料拉伸时的力学性能,材料压缩时的力学性能,温度和时间对材料力学性能的影响。

第三单元讲授失效、安全因数和强度计算,轴向拉伸或压缩时的变形,轴向拉伸或压缩时的应变能。

第四单元讲授拉压杆件超静定、温度应力、装配应力问题。应力集中等概念与应用。

第五单元讲授剪切和挤压的实用计算。

2.2.2 各单元教学重点内容建议

1.第一单元。重点教学内容

(1)杆件轴向拉伸与压缩变形的概念。作用在杆件上外力合力的作用线与杆件轴线重合,使杆件产生沿轴线方向的伸长或缩短,称为拉压变形。

(2)轴向拉压杆的内力。轴向拉压杆的内力称为轴力,用符号 F_N 表示,且规定 F_N 的方向拉伸为正,压缩为负。求轴力采用截面法。用横坐标 x 表示横截面的位置,用纵坐标 F_N 表示相应截面上的轴力,称这种图为轴力图。

(3)轴向拉压截面上的应力。

1)横截面上的应力。对于均质杆,在承受拉压时,根据"横截面保持平面"的假设,可知内力在横截面上均匀分布,面上各点正应力相同,即

$$\sigma = \frac{F_N}{A} \tag{2.1}$$

这里要指明该公式应用限制——圣维南原理。

2)斜截面上的应力。斜截面上既有正应力也有切应力,即

$$\sigma_\alpha = \frac{\sigma}{2}(1 + \cos 2\alpha) = \sigma \cos^2 \alpha \tag{2.2}$$

$$\tau_\alpha = \frac{\sigma}{2}\sin 2\alpha \tag{2.3}$$

式中,α 为从横截面外法线转到斜截面外法线的夹角。

当 $\alpha = 0°$ 时,$(\sigma_\alpha)_{max} = \sigma$

当 $\alpha = 45°$ 时,$(\tau_\alpha)_{max} = \dfrac{\sigma}{2}$

结论:轴向拉压杆横截面上正应力最大,$\sigma_{max} = \sigma$;而切应力 $\tau = 0$。

2.第二单元。重点教学内容

(1)材料的力学性质。它是指材料在外力作用下表现出的变形与破坏的特征。

在常温静载条件下低碳钢拉伸时,以 $\sigma = F_N/A$ 为纵坐标,以 $\varepsilon = \triangle l/l$ 为横坐标可以得到应力应变曲线如图 2.1 所示。

从图中可以看出,有明显的 4 个阶段,即弹性阶段、屈服阶段、强化阶段、局部颈缩阶段。有四个极限应力:比例极限 σ_p,弹性极限 σ_e,屈服极限 σ_s,强度极限 σ_b。其中屈服极限 σ_s 表示材料出现塑性变形,强度极限 σ_b 表示材料失去承载能力,故 σ_s 和 σ_b 是衡量材料强度的两个重要指标。

在弹性范围内应力和应变是成正比的,即 $\sigma = E\varepsilon$。式中 E 为材料的弹性模量,该式称为胡克定律。

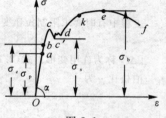

图 2.1

试件拉断后可测出两个塑性指标:

延伸率 $$\delta = \frac{l_1 - l}{l} \times 100\% \tag{2.4}$$

断面收缩率

$$\psi = \frac{A - A_1}{A} \times 100\%$$ (2.5)

此外,对于某些没有屈服阶段的塑性材料来讲,可将产生 0.2% 塑性应变时的应力作为屈服指标,用 $\sigma_{0.2}$ 表示。材料压缩时,塑性材料压缩时的力学性能与拉伸时的基本无异,脆性材料则有很大的差别。

(2)塑性、脆性材料的比较见表 2-1。

表 2-1 塑性、脆性材料的比较

材料名称 性能	塑性材料	脆性材料
塑性指标	破坏前有明显塑性变形,塑性好,延伸率 $\delta \geqslant 5\%$	破坏前无明显塑性变形,塑性差,$\delta < 5\%$
强度指标	σ_S, σ_b	σ_b
极限应力 σ^0	σ_S	σ_b
抗拉压强度	$[\sigma_+] = [\sigma_-]$	$[\sigma_+] < [\sigma_-]$

3. 第三单元。重点教学内容

(1)轴向拉压杆的强度计算:

1)失效。把断裂和出现塑性变形称为失效。受压杆的被压溃、压扁也是失效。

2)安全因数与许用应力:

对于塑性材料

$$[\sigma] = \frac{\sigma_s}{n_s}$$ (2.6)

对于脆性材料

$$[\sigma] = \frac{\sigma_b}{n_b}$$ (2.7)

式中,n_s 或 n_b 称为安因系数,其值大于 1,$[\sigma]$ 为许用应力。

3)轴向拉压杆的强度条件为

$$\sigma = \frac{F_N}{A} \leqslant [\sigma]$$ (2.8)

(2)轴向拉伸或压缩时的变形计算:

1)轴向拉压杆的变形。利用胡克定律求横向变形,即

$$\Delta l = \frac{F_N l}{EA}$$ (2.9)

式中,EA 称为杆件的抗拉压刚度,是表征杆件抵抗拉压弹性变形能力的量。

在应用式(2.9)时,注意应力在比例极限内。当轴向力 $F_N(x)$ 和横截面面积 $A(x)$ 沿轴线方向变化时,应采用微元法处理,此时

$$d(\Delta l) = \frac{F_N(x)dx}{EA(x)}, \quad \Delta l = \int_0^l \frac{F_N(x)dx}{EA(x)}$$

工程中有时要求限制拉压变形量 Δl,即

$$\Delta l \leqslant [\Delta l]$$ (2.10)

$[\Delta l]$ 称为许用变形。式(2.10)称为拉压杆刚度条件。

泊松比 μ 为

$$\mu = \left| \frac{\varepsilon'}{\varepsilon} \right|$$

其中,$\varepsilon, \varepsilon'$ 分别为纵向线应变和和横向线应变。

(3)轴向拉伸与压缩时的变形能计算:

定义 杆件在外力作用下因变形而储存的能量称为变形能。

线弹性范围内,杆件轴向拉伸或压缩时的变形能为

$$V = \frac{1}{2}F\Delta l = \frac{F^2 \Delta l}{2EA}$$

（2.11）

变形比能,指杆件单位体积内储存的变形能。轴向拉压时的弹性变形比能为

$$u = \frac{1}{2}\sigma\varepsilon$$

（2.12）

4. 第四单元口重点教学内容

（1）超静定结构的特点及解超静定问题的一般步骤。超静定结构的特点是结构内部或外部存在多余约束,未知力的数比能列出的平衡方程的数目要多,求解时要列出静力平衡方程、变形协调方程和物理方程联立求解。解超静定问题的一般步骤为

1）确定超静定次数。

2）列出平衡方程。

3）解除多余约束,使结构变为静定结构,列出变形协调方程。

4）将物理关系代入变形协调方程,得到补充方程。联立各方程,求出未知力。

（2）温度应力、装配应力问题的解法。计算温度应力时应注意构件的变形是外力（载荷及反力）引起的变形和温度引起的变形之和。装配应力解题时应分析装配过程中结构各部分之间变形的关系。

5. 第五单元重点教学内容

（1）剪切的特点。作用于构件某一截面两侧的外力,大小相等,方向相反,且相互平行。

（2.）挤压的特点。挤压应力仅在两相接触构杆的表面处。

（3）剪切与挤压的强度条件为

$$\tau = F_s/A \leqslant [\tau]$$

（2.13）

$$\sigma_{bs} = F_b/A_{bs} \leqslant [\sigma_{bs}]$$

（2.14）

挤压强度计算的关键是确定构件的危险挤压面及此挤压面上相应的挤压力。挤压面面积的确定也是本章的一个难点。根据接触面情况不同,一般有以下两种情况（见图 2.2）。

平面接触时（如平键）,挤压面积等于实际承压面积（见图 2.2(a) 中阴影部分）:

$$A_{bs} = \frac{hl}{2}$$

式中,h 为平键高度;l 为平键长度。

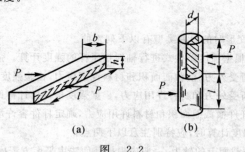

(a)　　　　(b)

图　2.2

柱面接触时（如铆钉、销轴等）,挤压面积为实际面积在其直径平面上的投影面积,即（见图2.2(b) 阴影部分面积）

$$A_b = dl$$

式中,d 为铆钉或销轴直径;l 为接触柱面的长度。

2.2.3 · 考核内容建议

拉伸、压缩与剪切是材料力学中最基本的一章,一般试卷中作为基础知识来考查,首先是结构的强度计

算问题。当然强度问题自然包括强度校核、载荷估计及截面设计问题。其次是由拉伸(压缩)的变形引起结构某点(或节点)的位移。本章中较多地采用"以切代弧"的方法。对于后续要学习能量法的读者,这里仅是一种寻求变形几何关系的方法。能量法的学习将使问题大大简化。第三,拉(压)静不定问题(包括温度应力和装配应力)是本章的难点和重点。在不包括能量法的考卷中,有可能将此类问题作为一套试卷中的难题,但一般仅考查一次静不定问题。第四,一般测试包括一些基本概念题或四选一题,屈服极限的确定、典型材料低碳钢及铸铁拉压过程中破坏现象的解释、静不定次数的判定、剪切及挤压面积的确定等常被涉及。具体考试范围为下述几方面。

1. 轴向拉伸与压缩的应力

直杆所有截面中,横截面上的正应力最大;在与轴线成45°的斜截面上切应力最大,是横截面上正应力的一半。直杆纵向截面上应力等于零。

2. 材料的力学性质

根据材料的应力—应变曲线,了解材料的一些重要的力学性质,了解塑性材料与脆性材料的特性和差别、试件的断口分析、弹性模量、胡克定律及其应用。

3. 静定杆的强度、变形计算

(1)主要是应用强度条件求解强度问题中的三类问题,注意求杆系或结构物的许用载荷时容易出错的问题。

(2)计算变形量、节点位移。

4. 超静定杆系求解问题

解超静定问题的关键在于建立变形协调条件。求解时要注意:假定的杆件的未知内力的方向必须和假定的杆件变形方向一致,否则会引起计算结果的错误。会求解一次超静定问题。

5. 剪切挤压的强度计算

应用剪切挤压的强度条件求解强度问题中的三类问题。会综合运用拉压、剪切和挤压强度条件对连接件进行强度计算。

2.3 典型例题

2.3.1 解题方法

杆件受拉、压、剪和挤压变形时的习题类型有以下列4种。

(1)拉压杆的强度计算。根据强度条件式进行轴向拉压杆的强度计算。强度计算有以下三类问题:

1)校核强度。已知杆件所受外力、横截面面积和材料许用应力,检验强度条件是否满足。

2)截面设计。已知杆件所受外力和材料许用应力,根据强度条件设计杆件横截面尺寸。

3)确定许用载荷。已知杆件横截面面积和材料许用应力,确定杆件容许承受的外力。

根据强度式进行拉压杆强度计算时,应特别注意以下两点:

① 式中的 F_N 为拉压杆横截面上的轴力,一般应根据截面法由平衡方程确定。

② 应综合根据拉压杆的轴力图和其截面的削弱情况来判断危险截面,并对可能的危险截面逐一进行强度计算。

(2)轴向拉压杆的变形计算。根据变形计算式 $\Delta l = \dfrac{F_N l}{EA}$ 计算拉压杆的轴向变形时,应注意以下几点:

1)若拉压杆的轴力、横截面面积或弹性模量沿杆的轴线为分段常数,则应分段应用式(2.9),然后叠加,即有

$$\Delta l = \sum_{i=1}^{n} \left(\frac{F_N l}{EA} \right)_i$$

2) 若拉压杆的轴力、横截面面积沿杆的轴线为连续函数,则应根据微分元素法,化变为常,先在微段出上应用式(2.9),然后积分,即有

$$\Delta l = \int_l \frac{F_N(x)}{EA(x)}\,\mathrm{d}x$$

3) 计算中要考虑轴力 F_N 的正负号。若计算最终结果 $\triangle l$ 为正,则表明杆件伸长;若 $\triangle l$ 为负,则表明杆件缩短。

(3) 胡克定律的应用。

1) 应用胡克定律计算杆件的变形时,内力应以代数值代入。

2) 求解结构上节点的位移时,设想交于该节点的各杆,沿各自的杆轴线自由伸长或缩短,从变形后各杆的终点作各杆轴线的垂线,这些垂线的交点即为节点新的位置。

(4) 求解简单拉压超静定问题。

1) 运用变形比较法求解简单拉压超静定问题的基本步骤:

① 列平衡方程;

② 建立变形协调方程;

③ 通过物理关系,将变形协调方程改写为关于未知力的补充方程;

④ 联立补充方程和平衡方程,求解未知力。

求解拉压超静定问题的关键在于变形协调方程的建立。在建立变形协调方程时,一定要作出结构的变形图,并注意利用小变形假设,"以切线代弧线""以直代曲",使问题得到简化。

2) 温度应力解法。超静定结构中,由于温度的变化,构件会产生变温应力(温度应力),计算时应注意构件的变形是外力(载荷及反力)引起的变形和温度引起的变形之和。

3) 装配应力解法。由于构杆制造时免不了存在误差,结构在装配过程中会产生装配应力。解题时应仔细分析装配过程中结构各部分之间变形的关系。

(5) 剪切和挤压强度强度计算及对连接件(受到剪、挤和拉或压) 条件进行强度计算,要清楚连接件剪切面和挤压面的判定方法。

2.3.2　典型例题

例 2.1　试求图 2.3 所示各杆 1-1,2-2,3-3 截面上的轴力,并作轴力图。

解　(1) 用截面法计算指定截面轴力:取左段分别计算 1-1,2-2,3-3 轴力为

$$F_{N1-1} = F, \quad F_{N2-2} = 2F, \quad F_{N3-3} = -F(\text{压})$$

(2) 用截面法计算指定截面轴力:取右段分别计算 1-1,2-2 轴力为

$$F_{N1-1} = -2F(\text{压}), \quad F_{N2-2} = F$$

(3) 用截面法计算指定截面轴力:取右段分别计算 1-1,2-2,3-3 轴力为

$$F_{N1-1} = 10\ \text{kN}, \quad F_{N2-2} = -10\ \text{kN}(\text{压}), \quad F_{N3-3} = -10\ \text{kN}(\text{压})$$

图 2.3(a)(b)(c) 各杆的轴力图分别如图 2.3(a′)(b′)(c′) 所示。

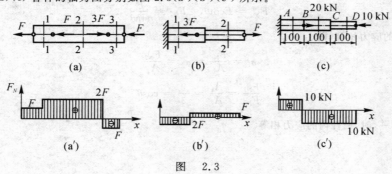

图　2.3

例 2.2 （河海大学考研题）图 2.4 所示为胶合而成的等截面轴向拉杆,杆的强度由胶缝控制,已知胶的许用切应力 $[\tau]$ 为许用正应力 $[\sigma]$ 的 $\frac{1}{2}$。问 α 为何值时,胶缝处的切应力和正应力同时达到各自的许用应力。

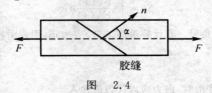

图 2.4

解 杆件横截面上的正应力为

$$\sigma = \frac{F_N}{A} = \frac{F}{A}$$

斜截面上的应力为

$$\sigma_\alpha = \frac{F}{A}\cos^2\alpha, \quad \tau_2 = \frac{F}{A}\sin\alpha \times \cos\alpha$$

强度条件为

$$\tau_\alpha = \frac{F}{A}\cos^2\alpha \leqslant [\sigma]$$

得

$$F \leqslant \frac{[\sigma]A}{\cos^2\alpha}$$

$$\tau_2 = \frac{F}{A}\sin\alpha \times \cos\alpha \leqslant [\tau] \leqslant \frac{1}{2}[\sigma]$$

得

$$F \leqslant \frac{[\sigma]A}{2\sin\alpha\cos\alpha}$$

当胶缝处的切应力和正应力同时达到各自的许用应力时,有

$$\frac{[\sigma]A}{\cos^2\alpha} = \frac{[\sigma]A}{2\sin\alpha\cos\alpha}$$

$$\tan\alpha = \frac{1}{2}, \quad \alpha = 26.6°$$

【评注】 要熟悉杆件受轴向拉伸(压缩)时,横截面上应力与斜截面上应力的关系。

例 2.3 （东南大学考研题）图 2.5 所示支架中,已知两杆材料相同,其横截面面积之比为 $A_1/A_2 = 2/3$,承受载荷为 F。试求:(1) 两杆内的应力相等的夹角 θ;(2) 若 $F = 10$ kN,$A_1 = 100$ mm^2 时的杆内应力。

解 (1) 设 AB 杆、BC 杆的内力分别为 F_{N1},F_{N2},结点 B 的受力如图(b)所示。由静力平衡方程

$$\sum F_x = 0, \quad -F_{N1} + F_{N2}\cos\theta = 0 \qquad \qquad ①$$

$$\sum F_y = 0, \quad F_{N2}\sin\theta - F = 0 \qquad \qquad ②$$

解之得

$$F_{N1} = F\cot\theta, \quad F_{N2} = \frac{F}{\sin\theta} \qquad \qquad ③$$

如果两杆内的应力相等,则

$$\sigma_1 = \frac{F_{N1}}{A_1} = \sigma_2 = \frac{F_{N2}}{A_2}$$

$$\frac{F_{N1}}{F_{N2}} = \frac{A_1}{A_2} = \frac{2}{3} = \cos\theta$$

故,当 $\theta = \arccos\frac{2}{3}$ 时,两杆内的应力相等。

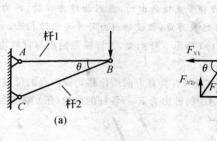

图 2.5

（2）由式 ③ 得

$$F_{N1} = 10\cot\theta \ (\text{kN}), \quad F_{N2} = \frac{10}{\sin\theta} \ (\text{kN})$$

故

$$\sigma_1 = \frac{F_{N1}}{A_1} = \frac{10 \times 10^3}{100 \times 10}\cot\theta = 100\cot\theta \ (\text{MPa})$$

$$\sigma_2 = \frac{F_{N2}}{A_2} = \frac{10 \times 10^3}{\frac{3}{2} \times 100 \times 10^{-6}} \frac{1}{\sin\theta} = \frac{66.7}{\sin\theta} \ (\text{MPa})$$

例 2.4 （南京航空航天大学考研题）图 2.6（a）所示，刚性梁 AB 由 3 根材料相同，截面积均为 A 的杆悬挂，求 F 力作用下 3 杆的轴力和变形。

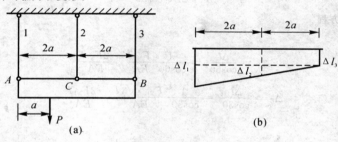

图 2.6

解 设杆 1，2，3 的轴力分别为 F_{N1}，F_{N2}，F_{N3}，均为拉力，由梁 AB 的平衡条件

$$\sum F_y = 0, \quad F_{N1} + F_{N2} + F_{N3} - F = 0 \qquad ①$$

$$\sum M_A = 0, \quad F_{N2} \times 2a + F_{N1} \times 4a - F \times a = 0 \qquad ②$$

此结构为一次超静定问题，需补充一个方程，在 F 作用下，各杆的位移情况如例 2.6（b）所示。

由几何关系得

$$\Delta l_1 + \Delta l_3 = 2\Delta l_2 \qquad ③$$

由胡克定律有

$$\Delta l_1 = \frac{F_{N1} l_1}{EA}, \quad \Delta l_2 = \frac{F_{N2} l_2}{EA}, \quad \Delta l_3 = \frac{F_{N3} l_3}{EA}$$

$$2F_{N2} = F_{N1} + F_{N3} \qquad ④$$

由式 ①②③④ 解得

$$F_{N1} = \frac{7}{12}F, \quad F_{N2} = \frac{1}{3}F, \quad F_{N3} = \frac{1}{12}F$$

$$\Delta l_1 = \frac{7Fl}{12EA}, \quad \Delta l_2 = \frac{Fl}{3EA}, \quad \Delta l_3 = \frac{Fl}{12EA}$$

【评注】变形图是根据假设的各杆内力符号直接画出的,在列物理方程时,内力应用绝对值,如计算的结果为正,假设的内力符号是正确的;若计算结果为负,假设的内力符号与实际相反。

例2.5 (吉林大学考研题)如图2.7(a)所示5杆桁架,各杆横截面积与材料均相同,试求出在载荷 F 作用下各杆轴力。

解 根据结构,荷载的对称性,A,B 两点只有垂直方向的位移。设两点的位移分别为 Δ_A,Δ_B,杆 CB,DB 的轴力 F_{N1},杆 CA,DA 的轴力为 F_{N2},杆 AB 的轴力为 F_{N3},各杆的抗拉(压)刚度为 EA。

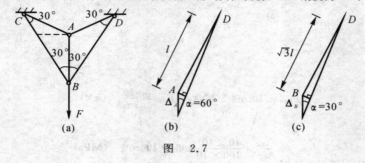

图 2.7

节点 A 的平衡方程为

$$-F_{N3} + 2F_{N2}\cos 60° = 0 \qquad ①$$

节点 B 的平衡方程为

$$F_{N3} - F + 2F_{N1}\cos 30° = 0 \qquad ②$$

一次超静定,补充方程
由图(b),(c)可得

$$\Delta_A = \frac{\Delta l_2}{\cos 60°} = \frac{1}{\cos 60°}\frac{F_{N2}l}{EA} = \frac{2F_{N2}l}{EA} \qquad ③$$

$$\Delta_B = \frac{\Delta l_1}{\cos 30°} = \frac{1}{\cos 30°}\frac{F_{N1}\cdot\sqrt{3}l}{EA} = \frac{2F_{N1}l}{EA} \qquad ④$$

则

$$\Delta_B - \Delta_A = \Delta l_3 = \frac{F_{N3}l}{EA} \qquad ⑤$$

将式③,④代入⑤,得

$$F_{N1} - F_{N2} = \frac{1}{2}F_{N3} \qquad ⑥$$

解①,②,⑥组成的联立方程,得

$$F_{N1} = \frac{3(3\sqrt{3}-2)}{23}F, \quad F_{N2} = \frac{2(3\sqrt{3}-2)}{23}F, \quad F_{N3} = \frac{3(3\sqrt{3}-2)}{23}F$$

【评注】利用结构、载荷的对称性可降低未知量的个数,简化解题的过程。

例2.6 (同济大学考研题)结构如图2.8(a)所示,$l_1 = l_3 = l$,$l_2 = 2l$,3杆材料相同,$E = 2\times10^5$ MPa,横截面积 A 相同,$A = 100$ mm^2。

求(1)若测出杆1,杆2的线应变分别为 ε_1,ε_2,计算 ε_3;

(2)当 $\varepsilon_1 = 300\times10^{-6}$,$\varepsilon_2 = 400\times10^{-6}$ 时,计算力 F 值及 F 与垂直线夹角 θ。

解 (1)设 F_{N1},F_{N2},F_{N3} 分别为杆①②③的轴力,均为拉力,由节点 D 的静力平衡如图(b)所示,即

$$F_{N3} + F_{N2}\cos 30° - F\cos\theta = 0 \qquad ①$$

$$F\sin\theta - F_{N1} - F_{N2}\sin 30° = 0 \qquad ②$$

设 Δl_1,Δl_2,Δl_3 分别为杆1,2和3的伸长量,如图(c)所示,有

$$\cos 30° = \frac{DD_2}{DE} = \frac{DD_2}{DD_3 + D_3E} = \frac{\Delta l_2}{\Delta l_3 + D_3E}$$

$$\tan 30° = \frac{D_3E}{D'D_3} = \frac{D_3E}{DD_1} = \frac{D_3E}{\Delta l_1}$$

由以上两式,可得变形协调条件为

$$\Delta l_2 = \Delta l_3 \cos 30° + \Delta l_1 \sin 30° \qquad ③$$

式 ③ 左右两边均除以 l,得

$$\frac{\Delta l_2}{l} = \frac{\Delta l_2}{l} \cos 30° + \frac{\Delta l_1}{l} \sin 30°$$

故

$$2\varepsilon_2 = \frac{\sqrt{3}}{2}\varepsilon_3 + \frac{1}{2}\varepsilon_1$$

则

$$\varepsilon_3 = \frac{4\sqrt{3}}{2}\varepsilon_2 - \frac{1}{2}\varepsilon_1$$

(2) 将 $\varepsilon_1 = 300 \times 10^{-6}$,$\varepsilon_2 = 400 \times 10^{-6}$

代入上式,得

$$\varepsilon_3 = 750 \times 10^{-6}$$
$$F_{N1} = \varepsilon_1 EA = 300 \times 10^{-6} EA$$
$$F_{N2} = \varepsilon_2 EA = 400 \times 10^{-6} EA$$
$$F_{N3} = \varepsilon_3 EA = 750 \times 10^{-6} EA$$

代入式 ①,② 有

$$\tan\theta = 0.456, \quad \theta = 24.5°$$

得

$$F = \frac{F_{N1} + F_{N2}\sin 30°}{\sin\theta} = \frac{(300 \times 10^{-6})EA + \left(\frac{1}{2} \times 400 \times 10^{-6}\right) \times EA}{\sin 24.5°} =$$

$$\frac{500 \times 10^{-6} \times 2 \times 10^5 \times 10^6 \times 100 \times 10}{\sin 24.5°} = 24.1 \text{ kN}$$

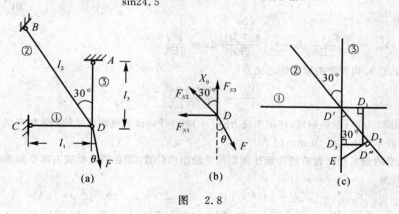

图 2.8

【评注】本题的关键是找出变形协调方程,在画 D 点的位移图(c)时,必须与 D 点的受力图相符,如受力图中 1,2,3 杆受拉力,则位移图中各杆的变形 Δl_1,Δl_2,Δl_3 均是伸长的。

例 2.7 如图 2.9 所示的阶梯形黄铜杆,受轴向载荷作用,若各段横截面尺寸分别为 $d_{AB} = 15$ mm,$d_{BC} = 40$ mm 和 $d_{CD} = 10$ mm,试求 A 端相对于 D 端的位移,已知 $E_铜 = 105$ GPa。

解 (1)用截面法求各段轴的轴力,其中:

AB 段,$F_{N1} = 10$ kN(拉);BC 段,$F_{N2} = 30$ kN(拉);CD 段,$F_{N2} = 40$ kN(拉)

(2)求 A 端相对于 D 端的位移 即求 AB,BC 和 CD 段的变形的代数和,则

$$\Delta l_{AB} = \frac{F_{N1} l_{AB}}{EA_{AB}} = \frac{10 \times 10^3 \times 2 \times 4}{105 \times 10^9 \times 3.14 \times 15^2 \times 10^{-6}} = 1.078 \times 10^{-3} \text{ m}$$

BC 段变形为

$$\Delta l_{BC} = \frac{F_{N2} l_{BC}}{EA_{BC}} = \frac{30 \times 10^3 \times 5 \times 4}{105 \times 10^4 \times 3.14 \times 40^2 \times 10^{-6}} \text{ m} = 1.137 \times 10^{-3} \text{ m}$$

CD 段变形为

$$\Delta l_{CD} = \frac{F_{N3} l_{CD}}{EA_{CD}} = \frac{40 \times 10^3 \times 1.5 \times 4}{105 \times 10^9 \times 3.14 \times 10^2 \times 10^{-6}} \text{ m} = 7.279 \times 10^{-3} \text{ m}$$

A 端相对于 D 端的位移为三者之和为 9.494×10^{-3} m。

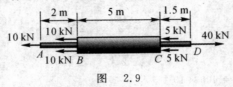

图　2.9

例 2.8　如图 2.10 所示,两根杆 $A_1 B_1$ 和 $A_2 B_2$ 的材料相同,其长度和横截面面积也相同。杆 $A_1 B_1$ 承受作用在端点的集中荷载 F;杆 $A_2 B_2$ 承受沿杆长均匀分布的荷载,其集度为,$f = F/l$。试比较这两根杆内积蓄的应变能。

解　(1) 计算杆 $A_1 B_1$ 的应变能(见图(a))。因杆的轴力是常数,$F_N = F$,则应变能为

$$V_{\epsilon_1} = \frac{F_N^2 l}{2EA} = \frac{F^2 l}{2EA}$$

(2) 计算杆 $A_2 B_2$ 内的应变能(见图(b))。杆 $A_2 B_2$ 任意横截面上的轴力不再是常数,如图(c)所示,它是截面位置坐标 x 的函数

$$F_N(x) = xf = \frac{xF}{l}$$

故应变能为

$$V_{\epsilon_2} = \int_0^l \frac{F_N^2(x)}{2EA} dx = \int_0^l \frac{(xF/l)^2}{2EA} dx = \frac{F^2 l}{6EA}$$

杆 $A_1 B_1$ 和 $A_2 B_2$ 内积蓄的应变能之比为

$$\frac{V_{\epsilon_1}}{V_{\epsilon_2}} = \frac{F^2 l/(2EA)}{F^2 l/(6EA)} = 3$$

图　2.10

例 2.9　如图 2.11 所示的钢杆,许用正应力 $[\sigma] = 120$ MPa,试求板能承受的最大轴向载荷。暂不考虑应力集中的影响(即不考虑 $r = 10$ mm)。

解　能承受的最大轴向载荷的位置在截面尺寸最小的位置,即在圆孔处或右端小矩形截面处所能承受的最大轴向载荷为

$$F_{N圆孔} = [\sigma] A = [120 \times 10^6 \times (40 - 20) \times 5 \times 10^{-6}] \text{ N} = 12 \text{ kN}$$

$$F_{N右} = [\sigma] A = [120 \times 10^6 \times 20 \times 5 \times 10^{-6}] \text{ N} = 12 \text{ kN}$$

故板能承受的最大轴向载荷为 12 kN。

例 2.10　如图 2.12 所示的链条由两层钢板组成,销轴直径 $d = 20$ mm 每层钢板厚度 $t = 4.5$ mm,宽度 $H = 65$ mm,$h = 40$ mm,钢板材料许用应力 $[\sigma] = 80$ MPa,若链条的拉力 $F = 25$ kN,试校核它的拉伸强度。

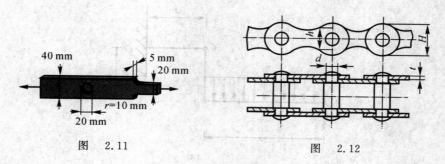

图　2.11　　　　　　　　　　图　2.12

解　每层钢板内的轴力 $F_N = F/2$，比较钢板的铆孔部分和腰部的面积，可知腰部面积小，故危险截面应该在链板腰部面积 $h \times t$ 部分，校核其强度：

$$\sigma = \frac{\dfrac{F_N}{2}}{A} = \frac{\dfrac{F}{2}}{h \times t} = \frac{\dfrac{25 \times 10^3}{2}}{40 \times 10^{-3} \times 4.5 \times 10^{-3}} \text{ Pa} = 69.4 \text{ MPa} < [\sigma]$$

故链板是安全的。

例 2.11　图 2.13(a) 为一双立柱式手动压力机，在物体 C 上所加最大压力为 150 kN，已知手动压力机的立柱 A 和螺杆 B 所用材料为 Q235 钢，许用应力 $[\sigma] = 160$ MPa。

(1) 试按强度要求设计立柱 A 的直径 D。

(2) 若螺杆 B 的内径 $d = 40$ mm，试校核其强度。

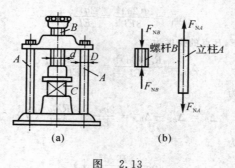

图　2.13

解　(1) 对立柱进行受力分析如图 2.13(b) 所示，两立柱 A 各受拉力 $F_{NA} = 150/2 = 75$ kN，由强度条件：

$$\sigma = \frac{F_{NA}}{A_A} = \frac{4 F_{NA}}{\pi D^2} \leqslant [\sigma]$$

得

$$D \geqslant \sqrt{\frac{F_{NA}}{[\sigma]} \times \frac{4}{\pi}} = \sqrt{\frac{75 \times 10^3}{160} \times \frac{4}{\pi}} \text{ mm} = 24.4 \text{ mm}$$

取

$$D = 24.5 \text{ mm}$$

(2) 校核螺杆强度。

$$\sigma = \frac{F_{NB}}{A_B} = \frac{150 \times 10^3 \times 4}{\pi \times 40^2 \times 10^{-6}} = 119.4 \text{ MPa} < [\sigma]$$

故螺杆 B 安全。

例 2.12　(吉林大学考研题) 如图 2.14(a) 所示悬臂梁 AB，CD 经杆 CB 连接。已知二梁的惯性矩均为 I，杆的横截面面积是 A，且三者材料相同。若 I, A, q, a 为已知，试求杆 CB 的内力。

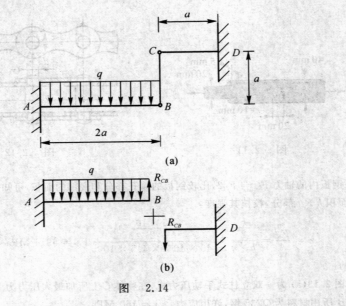

图　2.14

解　对于一次超静定结构,解除杆 CB 的约束,代之如图 2.14(b) 图示。

悬臂梁 AB 在均布载荷 q 的作用下,B 点的挠度为

$$\Delta_{B_1} = \frac{q(2a)^4}{8EI} = \frac{2qa^4}{EI}(\downarrow)$$

悬臂梁 AB 在 R_{CB} 的作用下,B 点的挠度为

$$\Delta_{B_2} = \frac{R_{CB}(2a)^3}{3EI} = \frac{8R_{CB}a^3}{3EI}(\uparrow)$$

悬臂梁 AB 上 B 点的挠度为

$$\Delta_B = \Delta_{B_1} - \Delta_{B_2} = \frac{2qa^4}{EI} - \frac{8R_{CB}a^3}{3EI}(\downarrow) \qquad ①$$

悬臂梁 CD 上 C 点的挠度为

$$\Delta_C = \frac{R_{CB}a^3}{3EI}(\downarrow) \qquad ②$$

而由变形协调知:

$$\Delta_B - \Delta_C = \Delta_{CB} \qquad ③$$

且物理条件:

$$\Delta_{CB} = \frac{R_{CB}a}{EA} \qquad ④$$

联合式 ①②③④ 解之得

$$R_{CB} = \frac{2qAa^4}{aI + 3Aa^3}(拉力)$$

[评注] 这是一道基础题,抓住变形协调条件 $\Delta_B - \Delta_C = \Delta_{CB}$。问题便一目了然。

例 2.13 (浙江大学考研题)试求图 2.15 所示静不定梁的全部反力。

解　由对称性知铰支座反力为 P,结构化如图 2.15 所示。在 P 作用下,$\Delta_{C_P} = \frac{Pa^3}{3EI}$,

在 F_s 作用下,$\Delta_{C_Q} = \frac{7Qa^3}{12EI}$。

变形协调:

$$\Delta_{C_P} = \Delta_{C_Q}$$

则
$$Q = \frac{4P}{7}$$

故
$$F_{NA} = \frac{3P}{7} \quad (\text{向上}), \qquad M_A = \frac{Pa}{7} \quad (\text{顺时针})$$

图　2.15

例 2.14　结构如图 2.16(a) 所示，AB 为刚性梁，杆 1 和杆 2 的横截面面积和弹性模量间的关系分别为 $A_2 = 10A_1$，$E_2 = E_1/2$，试求各杆的轴力和端点 B 的铅垂位移。

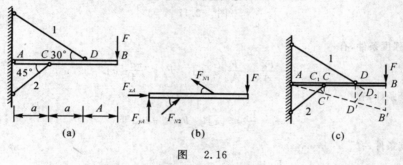

图　2.16

解　这是一次超静定问题。

(1) 静力平衡方程。绘梁 AB 的受力图（见图 2.16(b)），平衡条件为
$$\sum M_A = 0, \quad F_{N1} \sin 30° \times 2a + F_{N2} \sin 45° \times a - F \times 3a = 0$$

化简后得
$$F_{N1} + \frac{\sqrt{2}}{2} F_{N2} = 3F \tag{①}$$

(2) 画梁 AB 的位移图。根据内力和变形一致的原则，杆 1 发生伸长变形，杆 2 发生缩短变形。由于梁 AB 不发生变形，因此位移后 AB' 仍保持为一条直线。过 C' 点作杆 2 的垂线得 C_1 点，过 D' 点作杆 1 延长线的垂线得 D_1 点。显然 $DD_1 = \triangle l_1$，$CC_1 = \triangle l_2$。位移图如图 2.16(c) 所示。

(3) 建立变形方程。由几何关系 $\overline{DD'} = 2\,\overline{CC'}$，即 $\dfrac{\triangle l_1}{\sin 30°} = 2\,\dfrac{\triangle l_2}{\sin 45°}$

得
$$\triangle l_1 = \sqrt{2}\,\triangle l_2$$

(4) 建立补充方程

由胡克定律，有
$$\triangle l_1 = \frac{F_{N1} l_1}{E_1 A_1} = \frac{F_{N1} \dfrac{2a}{\cos 30°}}{E_1 A_1} = \frac{4 F_{N1} a}{\sqrt{3} E_1 A_1}$$

$$\triangle l_2 = \frac{F_{N2} l_2}{E_2 A_2} = \frac{F_{N2} \dfrac{a}{\cos 45°}}{\dfrac{E_1}{2} \times 10 A_1} = \frac{\sqrt{2} F_{N2} a}{5 E_1 A_1}$$

代入变形方程即得补充方程为

$$F_{N1} = \frac{\sqrt{3}}{10}F_{N2} \qquad ②$$

联立方程 ①② 解得各杆轴力分别为

$$F_{N1} = \frac{3 \times (5\sqrt{6} - 3)}{47}F(拉), \quad F_{N2} = \frac{30 \times (5\sqrt{2} - \sqrt{3})}{47}F(压)$$

（5）B 点的铅垂位移。由 AB 梁的位移图可得

$$\delta_{B_y} = \overline{BB'} = 3\,\overline{CC'} = 3\sqrt{2}\,\frac{F_{N2}\,l_2}{E_2 A_2} = \frac{180 \times (5\sqrt{2} - \sqrt{3})}{47} \times \frac{Fa}{E_2 A_2}$$

例 2.15　某连接如图 2.17 所示，其中 D,t,d 均已知，材料的许用应力分别为 $[\sigma],[\tau],[\sigma_{bs}]$。试确定许用载荷。

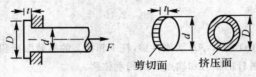

剪切面　　挤压面

图　2.17

提示　由强度条件，有

$$\sigma = \frac{F_N}{A} = \frac{F}{A} \leqslant [\sigma], \quad F_1 \leqslant \frac{\pi d^2}{4}[\sigma]$$

由剪切强度条件，有

$$\tau = \frac{F_S}{A} \leqslant [\tau], \quad F_2 \leqslant \pi d t [\tau]$$

由挤压强度条件，有

$$\sigma_{bs} = \frac{F}{A_{bs}} \leqslant [\sigma_{bs}], \quad F_3 \leqslant \frac{\pi}{4}(D^2 - d^2)[\sigma_{bs}]$$

许用载荷为 3 个力中较小者，即　$[F] = \min\{F_1, F_2, F_3\}$

2.4　自学指导

　　轴向拉压与剪切变形是四种基本变形中最简单的两种，其中拉压变形显得更为简单，但请读者不要轻视这一章的学习。拉压变形是材料力学中最基本、最典型的一种变形，它的基本概念、强度和刚度的分析方法、解题思路以及材料的基本力学性质等，都是其他基本变形通用的，而且将贯穿于材料力学课程的始终。剪切和挤压的实用计算本与轴向拉伸或压缩无实质上的联系，但它们在工程应用中常常处于同一问题中，将它们放在一起，能便于解决实际问题。建议读者初学这一章时，一定将各种第一次出现的概念、定理、定义学好它、记住它，为以后各章学习奠定扎实地基础。为此，特建议读者着重掌握下述问题。

　　1. 轴向拉压的应力、强度计算及变形计算

　　强度计算是本章的重点内容，它能够解决三类工程问题；而胡克定律是联系力与变形的基本定律，应重点掌握。

　　解析方法：（1）对等截面直杆，横截面上的正应力最大。强度计算时必须明确在哪个截面进行强度计算；而纵向截面上的应力等于零。

　　（2）应用胡克定律计算变形时，内力应以代数值代入。求解结构上结点的位移时，设想交于该结点的各杆沿各自的轴线自由伸缩，从变形后各杆的终点作各杆轴线的垂线，这些垂线的交点即为结点新的位置。

　　2. 拉压的超静定问题

　　解超静定问题的关键是列出正确的变形几何关系。在列变形几何关系时，注意假设的变形应是杆件可能的变形。

解析方法：

① 列静力平衡方程；② 根据变形协调关系列出变形的几何关系；

③ 列出力与变形之间的物理关系；④ 联立解方程组求出未知力。

3.材料在拉压时的力学性能

力学性能是材料在外力作用下表现出的变形、破坏等方面的特性，是通过实验研究的方法来实现的，这种方法对工程设计有一定的指导作用。应理解力学性质中涉及的几个强度指标及塑性指标。

4.剪切和挤压的强度计算

连接件的强度计算，关键在于正确判断剪切面和挤压面。剪切面积为受剪面的实际面积，当挤压面为半圆柱面时，一般取圆柱的直径平面面积为挤压面面积，以简化运算。

请根据上述内容认真看懂相应典型例题 5 ～ 7，认真仔细做相应习题 10 ～ 13，亲自总结出解题的规律与技巧。

2.5 习题精选详解

2.2 作用于题2.2图示零件上的拉力 $F = 40$ kN，试问零件内哪个截面上的拉应力最大？其值为多少。

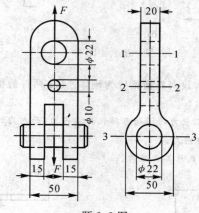

题 2.2 图

[提示] ① 求最大正应力即求一截面使得轴力大、横截面积小。② 横截面上各点处的正应力 σ 均为 $\sigma = \dfrac{F_N}{A}$，式中，F_N 为轴力；A 为杆件横截面的面积。

解 由图可见，从 1-1 截面到 3-3 截面，整个杆件所受内力均为 F_N，故应力最大值发生在最小截面处，由图可见，$A_1 < A_2$，而

$$A_1 = 50 \times 20 - 22 \times 20 = 560 \text{ mm}^2$$
$$A_2 = (50 - 22) \times 15 \times 2 = 840 \text{ mm}^2 > A_1$$

因此，$\sigma_{\max}$ 发生在 1-1 截面上，

$$\sigma_{\max} = \frac{F_N}{A_1} = \frac{40 \times 10^3}{560} \text{ MPa} = 71.4 \text{ MPa}$$

2.4 在题2.4(a)图所示结构中，BC 连接的 1 和 2 两部分均为刚体。若钢拉杆 BC 横截面为圆，其直径 12 mm，设已知力 $F = 7.5$ kN 作用于 G 点，试求拉杆横截面上的应力。

[提示] 首先，利用静力学对钢拉杆 BC 进行受力分析和计算，然后按材料力学计算拉杆应力

解 取刚体 1 为研究对象，进行受力分析，画受力图如题 2.4 图(b)所示，平衡条件为

$$\sum M_A = 0, \quad F_N \times 1.5 + F_1 \times 4.5 - F \times 3 = 0 \qquad\qquad ①$$

再取刚体 2 为研究对象，进行受力分析，画受力图如题 2.4 图(c)所示，有

$$\sum M_E = 0, \quad F_1 \times 1.5 - F_N \times 0.75 = 0 \qquad ②$$

联立 ①② 两式求得 BC 杆的内力为 $F_N = 6\ \text{kN}$

故求出 BC 杆内的应力为

$$\sigma = \frac{F_N}{A} = \frac{6 \times 10^3}{\frac{\pi}{4} \times (12 \times 10^{-3})^2} = 53.1\ \text{MPa}$$

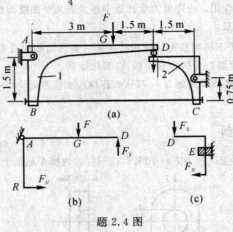

题 2.4 图

2.5　题 2.5 图(a)所示结构中,设两根横梁皆为刚体。1,2 两杆的横截面为圆,其直径为 15 mm 和 20 mm,试求两杆横截面上的应力。

[提示]　① 对于已知截面面积求应力的问题可转化为求内力,而内力的求法采用截面法,本题更需要学会怎样用结构分离法列平衡方程求出内力。

② 按拉、压杆横截面上的应力公式计算正应力。

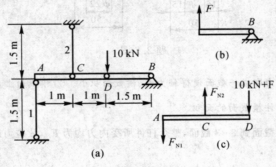

题 2.5 图

解　设杆 1,2 所受的内力为 F_{N1},F_{N2},将 D 处铰截开,受力如题 2.5 图(b)(c)所示。

由平衡条件:

$$\sum M_C = 0, \quad F_{N1} \times 1 - (10 + 0) \times 1 = 0$$

$$\sum M_B = 0, \quad F = 0$$

$$\sum M_A = 0, \quad F_{N2} \times 1 - (10 + 0) \times 2 = 0$$

解之得

$$F_{N2} = 10\ \text{kN}, \quad F_{N2} = 20\ \text{kN}$$

拉杆应力 1,2 杆的应力分别为

$$\sigma_1 = \frac{F_{N1}}{A_1} = \frac{4 \times 10 \times 10^3}{\pi(15 \times 10^{-3})^2} \text{ Pa} = 56.6 \text{ MPa}$$

$$\sigma_2 = \frac{F_{N2}}{A_2} = \frac{4 \times 20 \times 10^3}{\pi \times (20 \times 10^{-3})^2} \text{ Pa} = 63.7 \text{ MPa}$$

2.10　题 2.10 图(a)所示的双杠杆夹紧机构,需产生一对 24 kN 的夹紧力,试求水平杆 AB 及二斜杆 BC 和 BD 的横截面直径。已知:该 3 杆的材料相同,$[\sigma] = 100$ MPa,$\alpha = 30°$。

[提示]　这是由强度条件确定拉压杆横截面积的问题,首先要求出 3 杆的轴力,从而计算出三杆的工作应力,再根据强度条件,确定它们的直径。

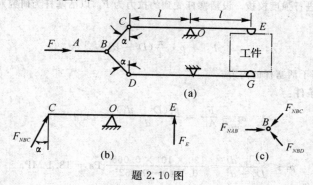

题 2.10 图

解　因 AB,BC,BD 3 杆都是二力杆,所以 3 杆都只受轴向力,取 CE 杆为受力体,受力图如题 2.10 图(b)所示,由平衡条件,有

$$\sum M_O = 0, \quad F_{NBC} l \cos\alpha = F_E l$$

于是得

$$F_{NBC} = \frac{F_E}{\cos\alpha} = \frac{24 \text{ kN}}{\cos 30°} = 27.7 \text{ kN}$$

由强度条件可得 BC 杆的工作应力满足:

$$\sigma_{BC} = \frac{F_{NBC}}{A_{BC}} = \frac{4F_{NBC}}{\pi d_{BC}^2} \leqslant [\sigma]$$

由此可确定 BC 杆的直径满足条件为

$$d_{BC} \geqslant \sqrt{\frac{4F_{NBC}}{\pi[\sigma]}} = \sqrt{\frac{4 \times 27.7 \times 10^3}{\pi \times 100 \times 10^6}} \text{ m} = 18.8 \text{ mm}$$

由对称性得 $d_{BD} \geqslant 18.8$ mm

取 B 节点为研究对象,其受力如题 2.10 图(b)所示,由平衡条件易得

$$F_{NAB} = F_{NBC} = F_{NBD} = 27.7 \text{ kN}$$

同理,由于许用应力$[\sigma]$相同,故 AB 杆的直径同样满足条件为

$$d_{AB} \geqslant 18.8 \text{ mm}$$

2.11　题 2.11 图(a)所示卧式拉床的油缸内径 $D = 186$ mm,活塞杆直径 $d_1 = 65$ mm,材料为 20Cr 并经过热处理,$[\sigma]_{杆} = 130$ MPa。缸盖由 6 个 M20 的螺栓与缸体连接,M20 螺栓的内径 $d = 17.3$ mm,材料为 35 钢,经热处理后 $[\sigma]_{螺} = 115$ MPa。试按活塞杆和螺栓强度确定最大油压 p。

[提示]　通过对活塞杆和螺栓进行强度校核,分别求出两个油压 P,选取较小的油压作为满足以上两个强度校核的最大油压。

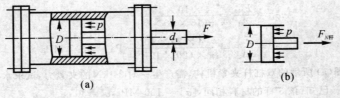

题 2.11 图

解 （1）对活塞杆进行强度校核。设活塞杆受到的拉力为 F_1，以活塞杆为研究对象进行受力分析，并列出平衡方程为

$$F_1 = p \cdot \frac{\pi}{4}(D^2 - d_1^2)$$

由题意可知 F_1 即等于活塞杆的内力。

故由活塞杆的强度条件：

$$\sigma_1 = \frac{F_1}{A_{杆}} = \frac{p_1(D^2 - d_1^2)}{d} \leqslant [\sigma]_{杆}$$

解这得

$$p_1 \leqslant \frac{[\sigma]_{杆} d^2}{D^2 - d_1^2} = \frac{130 \times 10^6 \times 0.065^2}{0.186^2 - 0.062^2} \text{ Pa} = 18.1 \text{ MPa}$$

（2）对螺栓进行强度校核。设每个螺栓所承受的轴力为 F_2，以缸盖为研究对象进行受力分析，有

$$\sigma F_2 = p \times \frac{\pi}{4}(D^2 - d_1^2)$$

求得螺栓轴力为

$$F_2 = \frac{\pi}{24} p(D^2 - d_1^2)$$

由螺栓的强度条件：

$$\sigma_2 = \frac{F_2}{A_{螺}} = \frac{p_2(D^2 - d_1^2)}{6d^2} \leqslant [\sigma]_{螺}$$

解之得

$$p_2 \leqslant \frac{6[\sigma]_{螺} d^2}{D^2 - d_1^2} = \frac{6 \times 115 \times 10^6 \times 0.017\,3^2}{0.186^2 - 0.065^2} \text{ Pa} = 6.80 \text{ MPa}$$

由以上两个强度校核联立可求得最大油压为

$$p = \min(p_1, p_2) = 6.80 \text{ MPa}$$

2.13 某拉伸试验机的结构示意图如题 2.13 图所示。设试验机的 CD 杆与试件 AB 的材料同为低碳钢，其 $\sigma_P = 200$ MPa，$\sigma_S = 240$ MPa，$\sigma_b = 400$ MPa。试验机最大拉力为 100 kN。（1）用这一试验机作拉断试验时，试样直径最大可达多大？（2）若设计时取试验机的安全系数 $n = 2$，则 CD 杆的横截面面积为多少？（3）若试件直径 $d = 10$ mm，今欲测弹性模量 E，则所加载荷最大不能超过多少？

[提示] 此题主要考查塑性材料在拉伸时的力学性能，在弹性阶段 σ_p 为比例极限，在强化阶段 σ_s 为强度极限，也是材料所能承受的最大应力。塑性材料拉断条件为 $\sigma \geqslant \sigma_b$，正常安全工作条件为弹性变形范围条件为 $\sigma \leqslant \sigma_p$。

$$\sigma \leqslant [\sigma] = \frac{\sigma_s}{n}$$

题 2.13 图

解 （1）利用塑性材料拉断条件，材料被拉断的最小应力

$$\sigma = \frac{F}{\frac{\pi}{4}d^2} \geqslant \sigma_b$$

工作状态下，CD 杆和试件 AB 承受相同的轴向拉力，其最大值为 $F_N = 100$ kN。在作拉断试验时，为确保试件断裂，CD 杆能安全工作，则要求试件内的应力应先于 CD 杆达到强度极限，因此试件的直径不能过大，否则有可能试件尚未断裂，CD 杆先断裂，设试件的直径为 d，根据强度条件，试件的最大应力应满足：

$$\sigma_1 = F_N \Big/ \left(\frac{\pi}{4} d^2 \right) \geqslant [\sigma_b]$$

解上式得试件的最大直径为

$$d_{max} \leqslant \sqrt{\frac{4 F_N}{\pi [\sigma_b]}} = \sqrt{\frac{4 \times 100 \times 10^3}{\pi \times 400 \times 10^6}} \text{ m} = 17.8 \text{ mm}$$

(2) CD 杆的强度条件为

$$\sigma_2 = \frac{F_N}{A_{CD}} \leqslant \frac{[\sigma_s]}{n}$$

解上式得 CD 杆的横截面面积为

$$A_{CD} \geqslant \frac{n F_N}{[\sigma_s]} = \frac{2 \times 100 \times 10^3}{240 \times 10^6} \text{ m}^2 = 833 \text{ mm}^2$$

(3) 测弹性模量时，试件最大应力不应超过其弹性极限 σ_P，即

$$\sigma_3 = F \Big/ \left(\frac{\pi}{4} d^2 \right) \leqslant [\sigma_P]$$

解上式，得 $\quad F \leqslant [\sigma_P] \dfrac{\pi}{4} d^2 = 200 \times 10^6 \times \dfrac{\pi}{4} \times 0.01^2 \text{ N} = 15.7 \text{ kN}$

故测弹性模量时，所加载荷最大不应超过 15.7 kN。

2.15　如题 2.15 图(a)所示在压力 F 作用下的杆件，如再考虑其自重影响，并要求任一横截面上的应力皆等于许用应力 $[\sigma]$，设材料单位体积的质量为 ρ。试确定横截面面积沿轴线的变化规律，并计算杆件的总轴向变形。

解　在杆件中取出长为 dx 的微段为研究对象，设微段的上下截面积分别为 $A(x)$ 和 $A(x) + dA(x)$，由题知该微体上下表面的应力都为 $[\sigma]$，自重为 $\rho g A(x) d(x)$，如题 2.15 图所示，由受力平衡得

$$\sum F_x = 0, \quad [\sigma] A(x) + \rho g A(x) dx - [\sigma] [A(x) + dA(x)] = 0$$

整理并积分，得

$$\frac{dA(x)}{A(x)} = \frac{\rho g}{[\sigma]} dx$$

$$\ln A(x) = \frac{\rho g}{[\sigma]} x + C$$

边界条件，当 $x = 0$ 时，$A(0) = \dfrac{F}{[\sigma]}$ 代入式，可得

$$C = \ln A(0) = \ln \frac{F}{[\sigma]}$$

于是有

$$\ln A(x) - \ln A(0) = \frac{\rho g}{[\sigma]} x$$

也即

$$\frac{A(x)}{A(0)} = e^{\frac{\rho g}{[\sigma]} x}$$

$$A(x) = A(0) e^{\frac{\rho g}{[\sigma]} x} = \frac{F}{[\sigma]} e^{\frac{\rho g}{[\sigma]} x}$$

此即为由上至下沿轴线的横截面面积 $A(x)$ 的方程。

杆件在任一横截面上应力均为许用应力，因而在任一横截面处的应变也应该相等，且都等于

$$\varepsilon = \frac{-[\sigma]}{E}$$

由于杆件受压，应变为负，E 为杆的弹性模量。

故整个杆桥的总的变形量为

$$\frac{[\sigma]l}{E}$$

即整个杆件缩短量为

$$\Delta l = \varepsilon l = -\frac{[\sigma]l}{E}$$

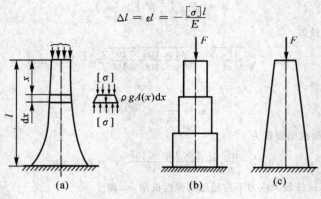

题 2.15 图

2.16 在题 2.16 图(a)所示杆系中，BC 和 BD 两杆的材料相同，且抗拉和抗压许用应力相等，同为 $[\sigma]$。为使杆系使用的材料最省，试求夹角 θ 的值。

[提示] 这是实际工程中所谓的求最值问题。一般方法是求出所求最量与变量之间的函数关系式，再用数学方法来求解最值问题。对于本题，可以利用强度条件求得截面面积(以夹角 θ 的函数关系式)，而使用的材料最少即为体积最小，由此就可以通过已知条件列出体积与夹角 θ 之间的函数关系式，最后用数学方法来求解最值。

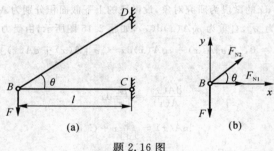

题 2.16 图

解 设杆 BC 和 BD 所受内力分别为 F_{N1} 和 F_{N2}，以铰链 B 为研究对象进行受力分析，其受力简图如题 2.16 图(b)所示，列平衡方程，则

$$\sum F_x = 0, \quad F_{N2}\cos\theta + F_{N1} = 0$$
$$\sum F_y = 0, \quad F_{N2}\sin\theta - F = 0$$

解之得

$$F_{N2} = \frac{F}{\sin\theta}, \quad F_{N1} = -F\cot\theta \quad (压力)$$

利用强度条件，对于压杆，有

$$\sigma_1 = \frac{F_{N1}}{A_1} = \frac{F\cot\theta}{A_1} \leqslant [\sigma]$$

即

$$A_1 \geqslant \frac{F\cot\theta}{[\sigma]}$$

BD 杆利用强度条件,有

$$\sigma_2 = \frac{F_{N2}}{A_2} = \frac{F}{A_2 \sin\theta} \leqslant [\sigma]$$

即

$$A_2 \geqslant \frac{F}{[\sigma]\sin\theta}$$

设两杆体积之和为 V,则

$$V = A_1 l + A_2 l/\cos\theta \geqslant \frac{Fl}{[\sigma]\sin\theta\cos\theta} + \frac{Fl\cos\theta}{[\sigma]\sin\theta} = \frac{Fl}{[\sigma]}\left(\frac{1}{\sin\theta\cos\theta} + \frac{\cos\theta}{\sin\theta}\right)$$

故当 $\frac{dV}{d\theta} = 0$ 时,V 最小,即材料最省,有

$$\tan^2\theta = 2$$

得夹角 $\theta = \arctan\sqrt{2} = 54.7°$

2.18   为了改进万吨水压机的设计,在 4 根立柱的小型水压机上进行模型实验,测得立柱的轴向伸长出 $\triangle l = 0.4$ mm。立柱的横截面为圆,其直径 $d = 80$ mm,长度 $l = 1\,350$ mm。材料的 $E = 210$ GPa。试问每一立柱受到的轴向力有多大?水压机的中心载荷 F 等于多少?

[提示]   由轴向拉压杆件的变形公式 $\Delta l = \frac{F_N l}{EA}$ 变形可得 $F_N = \frac{EA\Delta l}{l}$ 再利用平衡方程可得出荷 F 与 F_w 之间的关系。

解   由题意可知 4 根立柱平均承担水压机的中心载荷,并产生相同的变形量。

由胡克定律 $\Delta l = \frac{F_N l}{EA}$ 得每个立柱受到的轴向力为

$$F_N = \frac{EA\Delta l}{l} = \frac{210 \times 10^9 \times \frac{\pi}{4} \times 0.08^2 \times 0.000\,4}{1.35} = 312.8 \text{ kN}$$

则水压机的中心载荷为

$$F = 4F_N = 4 \times 312.8 \text{ kN} = 1\,251 \text{ kN}$$

2.19   题 2.19 图(a)所示的结构,设 CG 为刚体(即 CG 的弯曲变形可以省略),BC 为铜杆,DG 为钢杆,两杆的横截面面积分别为 A_1 和 A_2,弹性模量分别为 E_1 和 E_2。如果要求 CG 在 F 力作用下始终保持水平位置,试求 x。

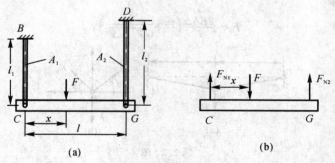

题 2.19 图

[提示]   从本题的问题出发要求 CG 终保持水平位置,即要求 BC 和 DG 杆的伸缩量相等,同时利用轴向拉压杆件的变形公式分别求得各杆的变形量即可。

解   设 BC 杆和 DG 杆所受内力分别为 F_{N1} 和 F_{N2},要使 CG 始终保持水平位置,则必须满足:

$$\Delta l_1 = \Delta l_2$$

$$\frac{F_{N1} l_1}{E_1 A_1} = \frac{F_{N2} l_2}{E_2 A_2}$$

①

再对 CG 杆作受力分析并列出平衡方程为

$$\sum M_C = 0, \quad F_x = F_{N2} l \qquad ②$$

$$\sum F_y = 0, \quad F_{N1} + F_{N2} = F \qquad ③$$

联立式 ①②③,解之得

$$x = \frac{l E_2 A_2}{l_1 E_2 A_2 + l_2 E_1 A_1}$$

*2.20 如题 2.20 图(a)所示,BC,BD 两杆原在水平位置。在 F 力作用下,两杆变形,B 点的铅垂位移为 Δ。若两杆的抗拉刚度同为 EA,试求 Δ 与 F 的关系。

[提示] 本题主要是考查力与位移的关系,首先利用胡克定律 $\Delta l = \dfrac{F_N l}{EA}$ 再由力学关系求出 F 与 F_N 之间的关系,由三角几何关系求出 Δ 与 $\triangle l$ 的关系,再代入公式求之。

解 设 BC 杆和 BD 杆所受内力分别为 F_{N1} 和 F_{N2},对铰链 B 作受力分析如题 2.20 图(b)所示。

列平衡方程,得

$$\sum F_x = 0, \quad F_{N2} \cos\alpha - F_{N1} \cos\alpha = 0$$

$$\sum F_y = 0, \quad (F_{N1} - F_{N2}) \sin\alpha - F = 0$$

求得

$$F_{N1} = F_{N2} = \frac{F}{2\sin\alpha}$$

由变形后的三角几何关系,有

$$\sin\alpha = \frac{A}{\sqrt{l^2 + \Delta^2}}$$

故

$$F_{N1} = F_{N2} = \frac{F \sqrt{l^2 + \Delta^2}}{2\Delta} \qquad ①$$

而杆的伸长量为

$$\Delta l = \sqrt{l^2 + \Delta^2} - l \qquad ②$$

向拉压杆件的变形公式为

$$\Delta l = \frac{F_N l}{EA} \qquad ③$$

联立式 ①②③,解之得

$$F = \frac{2EA\Delta}{l} \left(1 - \frac{1}{\sqrt{l^2 + \Delta^2}}\right)$$

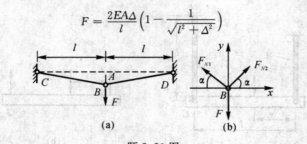

题 2.20 图

2.22 铸铁柱尺寸如题 2.22 图(a)所示,轴向压力 $F = 30\ \text{kN}$,若不计自重,设 $E = 120\ \text{GPa}$,试求柱的变形。

解 设距柱体底面 x 高度处的正方形横截面的边为 a,面积为 $A(x)$,则由几何关系可得

$$\frac{a - 28}{40 - 28} = \frac{360 - x}{360}$$

解之得

$$a = 40 - \frac{x}{30}$$

于是有
$$A(x) = a^2 = \left(40 - \frac{x}{30}\right)^2$$

柱体内的轴力恒为
$$F_N = -F = -30 \text{ kN}$$

则柱体的总变形为
$$\Delta l = \int_0^l dl = \int_0^l \frac{F_N dx}{EA(x)} = \left[\int_0^{0.36} \frac{-30 \times 10^3}{120 \times 10^9 \times \left(40 - \frac{x}{30}\right)^2 \times 10^{-6}} dx\right] \text{m} = -0.080\ 4 \text{ mm}$$

负号表示柱体被压缩了 0.080 4 mm.

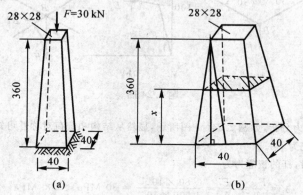

题 2.22 图

2.23　如题 2.23 图所示 AD 和 BE 两根铸铁柱的尺寸与题 2.22 中的铸铁柱相同。若设横梁 AB 为刚体，$F = 50$ kN，试求 F 作用点 C 的铅垂位移.

[提示]　因为 AB 为刚体，故可视其为不变形体，所以 C 点位移是由横梁两端 A 点和 B 点的变形量确定的，故可先求得 A 点和 B 点的位移，而 A 点和 B 点的位移可由 AD 和 BE 的变形求得.

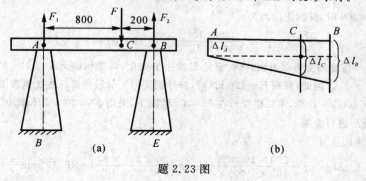

题 2.23 图

解　设铸铁柱 AD 和 BE 所受的轴向压力分别为 F_1，F_2。对 AB 作受力分析并列平衡方程为
$$\sum F_y = 0, \quad F_1 + F_2 - F = 0$$
$$\sum M_A = 0, \quad F_2 \times 1\ 000 - F \times 800 = 0$$

解之得
$$F_1 = 10 \text{ kN}, \quad F_2 = 40 \text{ kN}$$

则 AD 杆的压缩量即 A 点位移为
$$\Delta l_A = \int_0^{0.36} \frac{F_1}{EA(x)} dx = \int_0^{0.36} \frac{10 \times 10^3}{120 \times 10^8 \times (28 + x/30)^2 \times 10^{-6}} dx = 0.026\ 8 \text{ mm}$$

同理可求得 BE 杆的压缩量即 B 点的位移为
$$\Delta l_B = \int_0^{0.36} \frac{F_2 dx}{EA(x)} = 4\Delta l_A = 0.107\ 2 \text{ mm}$$

由如题 2.23(b) 图所示的几何关系可知 C 点的位移量为

$$\Delta l_C = \Delta l_A + \frac{4}{5}(\Delta l_B - \Delta l_A) = \frac{1}{5}\Delta l_A + \frac{4}{5}\Delta l_B = \frac{1}{5} \times 0.026\ 8 + \frac{4}{5} \times 0.107\ 2 = 0.091\ 1\ \text{mm}$$

2.24　如题 2.24 图(a) 所示的简单杆系,其两杆的长度均为 $l = 3$ m,横截面面积均为 $A = 1\ 000\ \text{mm}^2$。两杆材料相同,其应力—应变关系如图(b)所示。$E_1 = 70$ GPa,$E_2 = 10$ GPa。试分别计算当 $F = 80$ kN 和 $F = 120$ kN 时,节点 B 的铅垂位移。

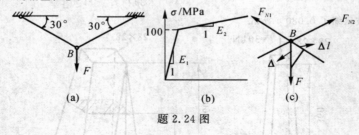

题 2.24 图

解　对铰链 B 作受力分析,如题 2.24(c) 图所示,显然从结构和载荷对称性可知,两杆的内力、伸缩量相同,即 $F_{N1} = F_{N2} = F$,记为 F_N。

(1) 当 $F = 80$ kN 时,杆的正应力为

$$\sigma = \frac{F_N}{A} = \frac{F}{A} = \frac{80 \times 10^3}{1\ 000 \times 10^{-6}} = 80\ \text{MPa} < 100\ \text{MPa}$$

所以直接计算各杆件的伸长量

$$\Delta l = \frac{F_N l}{EA} = \frac{\sigma l}{E} = \frac{80 \times 10^6 \times 3}{70 \times 1\ 000 \times 10^4} = 3.43\ \text{mm}$$

由题 2.24 图(a) 所示几何关系可知 B 点位移为

$$\Delta = \frac{\Delta l}{\cos 60°} = 6.86\ \text{mm}$$

(2) 当 $F = 120$ kN 时,杆的正应力为

$$\sigma = \frac{F_N}{A} = \frac{F}{A} = \frac{120 \times 10^3}{1\ 000 \times 10^{-6}}\ \text{Pa} = 120\ \text{MPa} > 100\ \text{MPa}$$

从教材的应力—应变图上可以看出,弹性模量 E 发生了变化,当工作应力 $\sigma \leqslant 100$ MPa 时,$E = E_1$;当 $\sigma > 100$ MPa 时,$E = E_2$。因此,载荷 $F = 120$ kN 时,杆件的变形要分段计算。在比例极限范围内对应于 $\sigma = 100$ MPa,采用 $F = 100$ kN 计算,第二段变形在 $E = E_2$ 情况下,采用 $F = 20$ kN 计算,因两段均在弹性范围内,可用叠加法对变形进行叠加。

因此各杆件的伸长量为

$$\Delta l = \frac{100 \times 10^3 \times 3}{70 \times 10^9 \times 1\ 000 \times 10^{-6}} + \frac{20 \times 10^3 \times 3}{10 \times 10^3 \times 10^{-4}} = 10.29\ \text{mm}$$

利用变形后的几何关系可知 B 点的位移为

$$\Delta = \frac{\Delta l}{\cos 60°} = 20.58\ \text{mm}$$

2.27　长度为 l 的杆件,抗拉刚度为 EA。若在杆件两端沿轴线先作用拉力 F_1,再作用 F_2,在作用 F_2 的过程中,应变能的增量是否为 $\Delta V_\varepsilon = \frac{F_2^2 l}{2EA}$?

[提示]　本题可以用两种方法来求解。第一种是利用应变能计算公式,当 F_1 单独使用和 $(F_2 + F_1)$ 作用时的应变能的增量即为两者差值;第二种是从功能转化角度来考虑,按做功与能量的关系来求解。

解　当 F_1 单独作用时,利用应变能公式可得

$$V_{\varepsilon 1} = \frac{F_1^2 l}{2EA}$$

当 $(F_2 + F_1)$ 同时作用时,应变能变为

$$V_{\varepsilon 2} = \frac{(F_1 + F_2)^2 l}{2EA}$$

故应变的增量即为

$$\Delta V_{\varepsilon} = V_{\varepsilon 2} - V_{\varepsilon 1} = \frac{(F_1 + F_2)^2 l}{2EA} - \frac{F_1^2 l}{2EA} = \frac{(F_2 + 2F_1)F_2 l}{2EA}$$

2.28　如题 2.28 图(a)所示设横梁 $ABCD$ 为刚体。横截面面积为 76.36 mm² 的钢索绕过无摩擦的滑轮。钢索的 $E = 177$ GPa。设 $F = 18$ kN,试求钢索内的应力和 C 点的垂直位移。

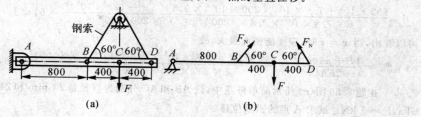

钢索

题 2.28 图

[提示]　钢索内的应力计算只须求得内力,而内力采用截面法利用平衡方程可求得。对于 C 点的垂直位移,由于 C 点是拉力 F 的作用点,而横梁 $ABCD$ 为刚体,故 C 点垂直位移即对拉力 F 的作用位移可用功与能量的关系求解,即外力 F 作的功全部转化为钢索的应变能。

解　取横梁 $ABCD$ 为研究对象作受力分析,如题 2.28 图(b)所示。

列平衡方程为

$$\sum M_A = 0, \quad F_N \sin 60° \times 800 + F_N \sin 60° \times 1\,600 - F \times 1\,200 = 0$$

解之得

$$F_N = \frac{\sqrt{3}}{3}F = 10.39 \text{ kN}$$

则求得钢索内的应力为

$$\sigma = \frac{F_N}{A} = \frac{10.39 \times 10^3}{76.36 \times 10^{-6}} = 136 \text{ MPa}$$

钢索的变形能为

$$V_{\varepsilon} = \frac{F_N^2 l}{2EA} = \frac{(\sqrt{3}F/3)^2}{2EA} = \frac{F^2 l}{6EA}$$

利用功与能量的关系得

$$V_{\varepsilon} = \frac{1}{2}F\Delta c = \frac{F^2 l}{6EA}$$

解之得

$$\Delta c = \frac{Fl}{3EA} = \frac{18 \times 10^3 \times 1.6}{3 \times 177 \times 10^9 \times 76.36 \times 10^{-6}} = 0.710 \text{ mm}$$

2.29　钢制受拉杆件如题 2.29 图所示,横截面面积 $A = 200$ mm²。$l = 5$ m,单位体积的质量为 7.8×10^3 kg/m³,$E = 200$ GPa,如不计自重,试计算杆件的应变能 V_{ε} 和应变能密度 v_{ε};如考虑自重影响,试计算杆件的应变能,并求应变能密度的最大值。

[提示]　当不考虑自重时,杆件的内力 F_N 为常数,可直接代入公式 $V_{\varepsilon} = \frac{F_N^2 l}{2EA}$ 求得;

当考虑自重时,由于重力沿轴线分布,故杆件的内力也随轴线变化,即可对其进行积分运算 $V_{\varepsilon} = \int_l \frac{F_N(x)^2}{2EA}\mathrm{d}x$,$V_{\varepsilon} = \frac{\mathrm{d}V_{\varepsilon}}{\mathrm{d}V}$。

解　(1) 当不考虑自重时,有

$$V_\epsilon = \frac{F_N^2 l}{2EA} = \frac{F^2 l}{2EA} = \frac{(32\times10^3)^2\times5}{2\times200\times10^9\times200\times10^{-6}} = 64 \text{ J}$$

$$v_\epsilon = \frac{V_\epsilon}{V} = \frac{F_N^2}{2EA^2} = \frac{F^2}{2EA^2} = \frac{(32\times10^3)^2}{2\times200\times10^9\times(200\times10^{-6})^2} = 6.4\times10^4 \text{ J/m}^3$$

(2) 当考虑自重时,有

$$F_N(x) = F + \rho Agx$$

$$V_\epsilon = \int_l \frac{F_N^2(x)}{2EA}dx = \int_0^l \frac{(F+\rho Agx)^2}{2EA}dx = \frac{1}{6\rho gA^2E}[(F+\rho Agl)^3 - F^9] =$$

$$\frac{(32\times10^3 + 7.8\times10^3\times200\times10^{-6}\times9.8\times5)^3 - (32\times10^3)^3}{6\times7.8\times10^3\times9.8\times(200\times10^{-6})^2\times200\times10^9} = 64.2 \text{ J}$$

可以看出,当 $x = l$ 时,应变能密度最大,故

$$v_{\epsilon max} = \frac{(F+\rho Agl)^2}{2EA^2} = \frac{(32\times10^3 + 7.8\times10^3\times200\times10^{-6}\times9.8\times5)^2}{2\times200\times10^9\times(200\times10^{-6})^2} = 64.3\times10^3 \text{ J/m}^3$$

2.30 在题 2.30 图(a)所示简单杆系中,设 AB 和 AC 分别为直径是 20 mm 和 24 mm 的圆截面杆,$E = 200$ GPa,$F = 5$ kN。试求 A 点的铅垂位移。

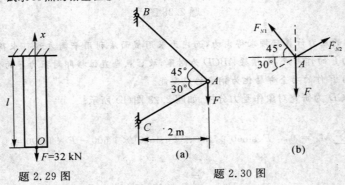

题 2.29 图　　　　题 2.30 图

[提示] 由于 A 点的垂直位移正是作用力 F 的作用位移,我们便很自然地想起功的计算公式 $V = F\triangle A/2$,利用能量法即可求得 A 点位移,而应变能的计算可利用胡克定律求得。

解 对铰链 A 作受力分析,如题 2.30 图(b)所示,列平衡方程,得

$$\sum F_x = 0, \quad F_{N2}\cos30° - F_{N1}\cos45° = 0$$

$$\sum F_y = 0, \quad F_{N1}\sin45° + F_{N2}\sin30° - F = 0$$

解之得

$$F_{N1} = \frac{\sqrt6}{1+\sqrt3}F, F_{N2} = \frac{2}{1+\sqrt3}F$$

利用功能转化关系,得

$$V = \frac{1}{2}F\delta_A = \frac{F_{N1}^2 l_1}{2EA_1} + \frac{F_{N2}^2 l_2}{2EA_2}$$

故

$$\delta_A = \frac{1}{F}\left(\frac{F_{N1}^2 l_1}{2EA_1} + \frac{F_{N2}^2 l_2}{2EA_2}\right) = \frac{5\times10^3}{(4+2\sqrt3)\times200\times10^9}\left(\frac{48\sqrt2}{\pi\times0.02^2} + \frac{32}{\pi\times0.024^2\cos30°}\right) = 0.249 \text{ mm}$$

2.31 由 5 根钢杆组成的杆系如题 2.31 图(a)所示。各杆横截面面积均为 500 mm²,$E = 200$ GPa。设沿对角线 AC 方向作用一对 20 kN 的力,试求 A,C 两点的距离改变。

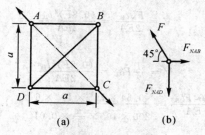

题 2.31 图

[提示]　功与能量的关系为

$$V = \frac{1}{2}F\delta = \sum \frac{F_N^2 l_i}{EA}$$

因此只需计算各杆的内力即可。但注意因本题结构比较特殊,载荷与结构均对称,故可简化内力的计算。

解　对铰链 A 作受力分析如题 2.31 图(b)所示。由载荷和结构的对称性及平衡条件,得

$$F_{NAB} = F_{NAD} = F_{NBC} = F_{NCD} = \frac{\sqrt{2}}{2}F$$

$$F_{NBD} = -F$$

利用功能转化关系,得

$$V = \frac{1}{2}F\delta_{AC} = 4 \times \frac{F_{NAB}^2 l_{AB}}{2EA} + \frac{F_{NBD}^2 l_{BD}}{2EA}$$

故

$$\delta_{AC} = \frac{Fa}{EA}(2+\sqrt{2}) = \frac{20 \times 10^3 \times a \times (2+\sqrt{2})}{200 \times 10^9 \times 500 \times 10^{-6}} = 6.83 \times 10^{-4}a$$

2.32　在题 2.30 图中,若 AB 和 AC 两杆的直径并未给出,但要求 F 力作用点 A 无水平位移,求两杆直径之比。

[提示]　(1)利用变形的几何条件来确定截面比。

(2)若使 A 点无水平位移,则因 A 点同时受杆 1 和杆 2 影响,如题 2.32 图所示,则 A 点无水平位移的条件为

$$\frac{\Delta l_2}{\sin 30°} = \frac{\Delta l_1}{\sin 45°}$$

再用胡克定律求解。

解　由题 2.32 图可知 A 点无水平位移的条件为

$$\frac{\Delta l_2}{\sin 30°} = \frac{\Delta l_1}{\sin 45°}　　　　①$$

由胡克定律可知

$$\Delta l_1 = \frac{F_{N1} l_1}{EA_1}, \quad \Delta l_2 = \frac{F_{N2} l_2}{EA_2}　　②$$

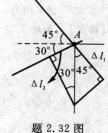

题 2.32 图

联立式①②,解之得

$$\frac{A_1}{A_2} = \frac{F_{N1}\sin 30°\cos 30°}{F_{N2}\sin 45°\cos 45°} = \frac{4.48 \times 0.5 \times 0.866}{3.66 \times 0.707 \times 0.707} = 1.06$$

所以直径之比 $\dfrac{D_1}{D_2} = \dfrac{\sqrt{A_1}}{\sqrt{A_2}} = \sqrt{1.06} = 1.03$

2.34　试分别用两种不同的方法,求题 2.34 中力作用点 G 的铅垂位移。设 $E = 200$ GPa。

解　(1)能量法。BC 杆的内力 $F_N = 0.8F$,对杆系的总应变能为

$$V = \frac{F_N^2 l_{BC}}{2EA} = \frac{(0.8F)^2 l_{BC}}{2EA}$$

利用功与能量之间的关系,得

$$V = \frac{1}{2} F \delta_G = \frac{(0.8F)^2 l_{BC}}{2EA}$$

所以

$$\delta_G = \frac{0.64 F l_{BC}}{EA} = \frac{0.64 \times 7.5 \times 10^3 \times 6}{200 \times 10^9 \times \frac{\pi}{4} \times 0.01^2} = 1.84 \text{ mm}$$

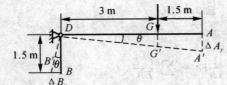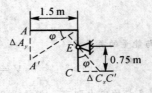

题 2.34 图

(2) 几何法(细线表示变形后的位置)。如题 2.34 图所示,对于左边部分,有

$$\delta_H = \frac{3 + 1.5}{15} \delta_{l_1}$$

对于右边部分,有

$$\delta_H = \frac{1.5}{0.75} \delta_{l_2}$$

联立,得

$$\frac{4.5}{1.5} \delta_{l_1} = \frac{1.5}{0.7} \delta_{l_2}$$

则

$$\delta_{l_2} = 1.5 \delta_{l_1}$$

故杆的变形量为

$$\delta_l = \delta_{l_1} + \delta_{l_2} = 2.5 \delta_{l_1}$$

而又有

$$\frac{\delta_G}{\delta_H} = \frac{3}{4.5}$$

故

$$\delta_G = \frac{3}{4.5} \delta_H = \frac{2}{3} \delta_H = \frac{2}{3} \times \frac{(3+1.5)}{1.5} \delta_{l_1} = 2 \delta_{l_1} = \frac{2}{2.5} \delta_l = \frac{2}{2.5} \times \frac{F_N l_{BC}}{EA} = \frac{2\sigma l}{2.5E} =$$

$$\frac{2 \times 76.4 \times 10^6 \times 6}{2.5 \times 200 \times 10^9} = 1.83 \text{ mm}$$

*2.35 试采用另一种解法重解题 2.28。

[提示] 如题 2.34 所述,可采用几何法来计算作用点沿作用力方向的位移。

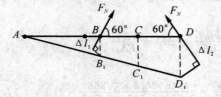

题 2.35 图

解 如题 2.35 图所示可知钢索变形后的几何关系,很容易看出

$$\overline{CC_1} = \frac{1}{2} (\overline{BB_1} + \overline{DD_1})$$

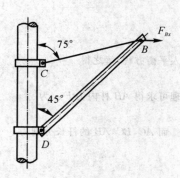

即求出 $\overline{BB_1}$ 和 $\overline{DD_1}$ 的长度即可。

而钢索左右段伸长量分别为

$$\delta_{l_1} = \overline{BB_1}\sin 60°$$

$$\delta_{l_2} = \overline{DD_1}\sin 60°$$

则钢索总变形量为

$$\delta_l = \delta_{l_1} + \delta_{l_2} = \frac{F_N l}{EA} = \frac{10.39 \times 10^3 \times 2 \times 800 \times 10^{-3}}{177 \times 10^9 \times 76.36 \times 10^{-6}} = 1.230 \text{ mm}$$

即

$$\delta_l = \delta_{l_1} + \delta_{l_2} = (\overline{BB_1} + \overline{DD_1})\sin 60° = 2\overline{CC_1}\sin 60°$$

故

$$\overline{CC_1} = \frac{\delta_l}{2\sin 60°} = \frac{1.230}{2 \times \sin 60°} = 0.710 \text{ mm}$$

2.36 试用能量法求教材例 2.9 中简易起重机 B 点的水平位移.

解 在 P 力作用下,分别以 δ_{By} 和 δ_{Bx} 表示 B 点的垂直和水平位移,F_{N1} 和 F_{N2} 表示 BC 和 BD 的轴力,W_p 表示 P 力完成的功. 在教材例 2.9 中,根据外力作功等于杆系变形能的原则,已经求得

$$W_P = \frac{P\delta_{By}}{2} = \frac{F_{N1}^2 l_1}{2E_1 A_1} + \frac{F_{N2}^2 l}{2EA} \quad ①$$

为了求出 δ_{Bx},设想在作用 P 之前,先在 B 点作用水平力 F_{Bx}(见题 2.36 图),BC 和 BD 因 F_{Bx} 引起的轴力分别是(由静力平衡条件可求得)

$$F_{N1Bx} = 1.41F_{Bx}(拉), \quad F_{N2Bx} = 0.518F_{Bx}(压) \quad ②$$

以 W_{Bx} 表示 F_{Bx} 作的功,则 W_{Bx} 应等于在 F_{BB} 作用下杆系的应变能,即

题 2.36 图

$$W_{Bx} = \frac{F_{N1Bx}^2 l}{2E_1 A_1} + \frac{F_{N2Bx}^2 l}{2EA} \quad ③$$

在已经作用 F_{Bx} 以后,现在要作用 P。这样,外力所完成的功除 $(W_{Bx} + W_p)$ 外,还因 B 点已先有水平力 F_{Bx},它在 P 引起的位移 δ_{Bx} 上,又完成了数量为 $F_{Bx}\delta_{Bx}$ 的功. 这里没有系数 1/2,是因为在发生位移融的过程中,F_{Bx} 的大小始终未变. 于是外力作功为

$$W = W_{Bx} + W_P + F_{Bx}\delta_{Bx}$$

它应等于杆系的应变能。注意到这时两根构件的轴力分别是 $(F_{N1} + F_{N1Bx})$ 和 $(F_{N2} + F_{N2Bx})$,因而

$$V_\epsilon = \frac{(F_{N1} + F_{N1Bx})^2 l_1}{2E_1 A_1} + \frac{(F_{N2} + F_{N2Bx})^2 l}{2EA}$$

令 $W = V_\epsilon$,得

$$W_{Bx} + W_P + F_{Bx}\delta_{Bx} = \frac{(F_{N1} + F_{N1Bx})^2 l_1}{2E_1 A_1} + \frac{(F_{N2} + F_{N2Bx})^2 l}{2EA}$$

从上式中减去式 ①、③ 得

$$F_{Bx}\delta_{Bx} = \frac{F_{N1} F_{N1Bx} l_1}{E_1 A_1} + \frac{F_{N2} F_{N2Bx} l}{EA}$$

将式 ② 中的 F_{N1Bx},F_{N2Bx} 和教材例 2.9 中的 F_{N1},F_{N2},$E_1 A_1$、EA,l_1,l 等代入上式,即可。

求出 $\delta_{Bx} = 2.78 \times 10^{-3}$ m $= 2.78$ mm

2.37 简单桁架的 3 根杆件均为钢材制成,横截面面积均为 300 mm²,$E = 200$ GPa. 若 $F = 5$ kN,试求 C 点的水平及铅垂位移。

[提示] 因为 C 点的垂直位移与力 F 的作用力方向相同,所以可以用能量法求得,而 C 点的水平位移可采用几何法。

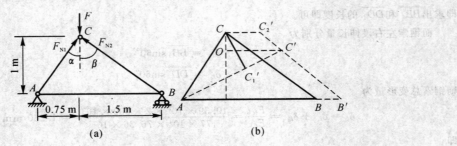

题 2.37 图

解　对铰链作受力分析如题 2.37 图(a)所示,列平衡方程。由题图可求得 α,β 值

$$\tan\alpha = \frac{0.75}{1} = 0.75, \quad \alpha = 36.87°$$

$$\tan\beta = \frac{1.5}{1} = 1.5, \quad \beta = 56.36°$$

代入平衡方程,解之得

$$F_{N1} = 0.832F, \quad F_{N2} = 0.6F$$

同理可求得 AB 杆内力 F_{N3} 为

$$F_{N3} = F_{N2}\sin\beta = 0.5F$$

而 AC,BC,AB 的杆长分别为

$$l_1 = \sqrt{1^2 + 0.75^2} = 1.25 \text{ m}$$
$$l_2 = \sqrt{1^2 + 1.5^2} = 1.8 \text{ m}$$
$$l_3 = 1.5 + 0.75 = 2.25 \text{ m}$$

从而可得总应变能为

$$V_\epsilon = V_{\epsilon 1} + V_{\epsilon 2} + V_{\epsilon 3} = \frac{1}{2EA}(F_{N1}^2 l_1 + F_{N2}^2 l_2 + F_{N3}^2 l_3)$$

由 $\frac{1}{2}F\delta_C = V_C$,有

$$\delta_C = \frac{1}{FEA}(F_{N1}^2 l_1 + F_{N2}^2 l_2 + F_{N3}^2 l_3) = \frac{5 \times 10^3}{200 \times 10^9 \times 300 \times 10^{-6}}$$

$$(0.832^2 \times 1.25 + 0.6^2 \times 1.8 + 0.5^2 \times 2.25) = 0.173 \text{ mm}$$

求 C 点的水平位移可用几何法,如题 2.38 图(b)即为杆件变形后的几何关系为

$$\delta_{l_1} = \overline{C_1'C'} = \overline{AC}\cos\alpha - \overline{CC'}\sin\alpha$$
$$\delta_{l_2} = \overline{CC_2'} = \overline{AC}\cos\beta - \overline{CC_2'}\sin\beta$$
$$\delta_{l_3} = \overline{BB'} = \overline{OC'} - \overline{CC_2'}$$

联立解之得

$$\delta_{C'} = \overline{OC'} = \frac{1}{\tan\alpha + \tan\beta}\left(\frac{\delta_{l_2}}{\cos\beta} + \frac{\delta_{l_1}}{\cos\alpha} + \delta_{l_3}\tan\beta\right)$$

代入数据,得
$$\delta_C = 0.86 \times 10^{-4} \text{ m} = 0.086 \text{ mm}$$

2.38　木制短柱的四角用 4 个 40 mm×40 mm×4 mm 的等边角钢加固。已知角钢的许用应力 $[\sigma]$ 钢 = 160 MPa,$E_{钢}$ = 200 GPa 木材的许用应力 $[\sigma]_木$ = 12 MPa,$E_木$ = 10 GPa,试求许可载荷 F。

[**提示**]　这是静不定问题求许可载荷。

解　首先可看出这是一个静不定问题。

如题 2.38 图所示,木柱和角钢的受力图列出静力平衡方程得

$$F = F_{N钢} + F_{N木}$$ ①

由分析可知木柱和角钢的变形协调方程为

$$\Delta l_{钢} = \Delta l_{木}$$

应用轴向拉压杆变形公式,有

$$\Delta l_{钢} = \frac{F_{N钢} l}{E_{钢} A_{钢}} = \Delta l_{木} = \frac{F_{N木} l}{E_{木} A_{木}}$$

查表得 $A_{钢} = 308.6 \text{ mm}^1$ 代入上式,得

$$\frac{F_{N钢} \times 1}{200 \times 10^9 \times 4 \times 308.6 \times 10^{-6}} = \frac{F_{N木} \times 1}{10 \times 10^9 \times 0.25^2}$$

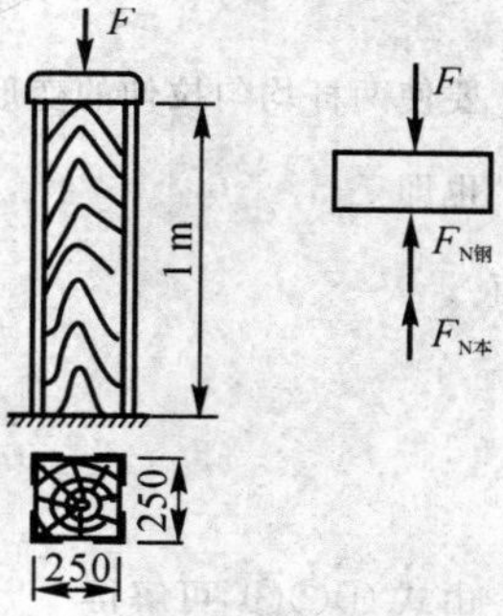

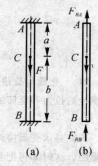

题 2.38 图

联立式①②,解得

$$F_{N钢} = 0.283F, \quad F_{N木} = 0.717F$$

由木柱的强度条件,有

$$\sigma_{木} = \frac{F_{N木}}{A_{木}} = \frac{0.717F}{0.25^2} \leqslant 12 \text{ MPa}$$

得

$$F \leqslant 1\ 046 \text{ kN}$$

由角钢的强度条件,有

$$\sigma_{钢} = \frac{F_{N钢}}{A_{钢}} = \frac{0.283F}{4 \times 308.6 \times 10^{-6}} \leqslant 160 \text{ MPa}$$

$$F \leqslant 698 \text{ kN}$$

故联合求得许可载荷为

$$F = 698 \text{ kN}$$

2.39 在两端固定的杆件截面 C 上,沿轴线作用 F 力(见题图 2.39(a))。试求两端的约束力。

解 这是个一次静不定问题,杆的受力图如题 2.39 图(b)所示,平衡条件为

$$\sum F_y = 0, \quad F_{RA} + F_{RB} - F = 0 \qquad ①$$

由变形协调方程,有

$$(a + \Delta l_a) + (b - \Delta l_b) = a + b \qquad ②$$

得

$$\Delta l_a = \Delta l_b$$

由胡克定律,有

$$\Delta l_a = \frac{F_{RA} a}{EA}, \quad \Delta l_b = \frac{F_{RB} b}{EA}$$

代入式②,得

$$\frac{F_{RA} a}{EA} = \frac{F_{RB} b}{EA} \qquad ③$$

题 2.39 图

(a) (b)

联立式①③,解之得

$$F_{RA} = \frac{Fb}{a+b}, \quad F_{AB} = \frac{Fa}{a+b}$$

2.40 两根材料不同但横截面尺寸相同的杆件,同时固定连接于两端的刚性板上,且 $E_1 > E_2$。要使两杆的伸长量相等,试求拉力 F 的偏心距 e。

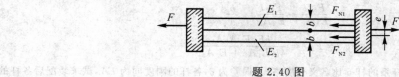

题 2.40 图

[提示] 对于静不定问题,主要是找出变形协调方程为出,$\Delta l_1 = \Delta l_2$。

解 对刚性板作受力分析,如题 2.40 图所示,有

$$F_{N1} + F_{N2} = F \qquad ①$$

要使两杆均匀拉伸的变形协调条件为 $\Delta l_1 = \Delta l_1$

也即

$$\frac{F_{N1} l}{E_1 A} = \frac{F_{N2} l}{E_2 A}$$

则有

$$\frac{F_{N1}}{E_1} = \frac{F_{N2}}{E_2} \qquad ②$$

$$\sum M_0 = 0, \quad (F_{N_1} - F_{N_2}) \frac{b}{2} = Fe \qquad ③$$

由式①②③,可解得

$$e = \frac{E_1 - E_2}{E_1 + E_2} \cdot \frac{b}{2}$$

2.45 为了说明用螺栓将机器各部分紧固连接的强度问题,以题 2.45 图示在铸铁套筒中穿过钢螺栓的情况为例。若螺母贴住垫片后再旋进 1/4 圈,求螺栓与套筒间的预紧力。

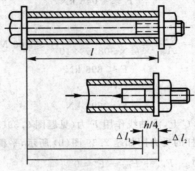

题 2.45 图

解 把螺母旋进 1/4 圈,必然会使螺栓受拉而套筒受压。如将螺栓及套筒切开,并以 F_{N1} 和 F_{N2} 分别表示螺栓的拉力和套筒的压力,容易写出平衡方程为

$$F_{N1} - F_{N2} = 0 \qquad ①$$

现在寻求变形协调方程。设想把螺栓和套筒拆开,当螺母旋进 1/4 圈时,螺母前进的距离为 $h/4$,这里 h 为螺距。这时如再把套筒装上去,就必须把螺栓拉长 Δl_1,而把套筒压短 Δl_2,这样两者才能配合在一起。设两者最后在 $s-t$ 所表示的位置上取得协调,则变形之间的关系应为

$$\Delta l_1 + \Delta l_2 = \frac{h}{4} \qquad ②$$

式中,Δl_1 和 Δl_2 皆为绝对值。若钢螺旋的抗拉钢度为 $E_1 A_1$,铸铁套筒的抗压刚度为 $E_2 A_2$,由胡克定律,有

$$\Delta l_1 = \frac{F_{N1} l}{E_1 A_1}, \quad \Delta l_2 = \frac{F_{N2} l}{E_2 A_2}$$

于是式②化为

$$\frac{F_{N1} l}{E_1 A_1} + \frac{F_{N2} l}{E_2 A_2} = \frac{h}{4} \qquad ③$$

从式①③解出

$$F_{N1} = F_{N2} = \frac{h E_1 E_2 A_1 A_2}{4l(E_1 A_1 + E_2 A_2)}$$

2.49 如题 2.49 图所示杆系的杆 6 比名义长度略短,误差为 δ,各杆的刚度同为 EA,试求装配后各杆的轴力。

[提示] 拆除杆 6,并将它的内力 F_{N6} 作用于 A 和 C 两节点。借用题 2.32 的方法,求出 A,C 两点的位移 u_A 和 u_C。若以 Δl_6 表示杆 6 的伸长,则变形协调方程应为 $u_A + u_C + \Delta l_6 = \delta$。

解 如题2.49图(b)所示对铰链 A 作受力分析,列平衡方程,有

$$\sum F_x = 0, \quad F_6 \cos 45° - F_2 = 0$$

得

$$F_2 = \frac{\sqrt{2}}{2} F_6$$

$$\sum F_y = 0, \quad F_1 - F_6 \sin 45° = 0$$

得

$$F_1 = \frac{\sqrt{2}}{2} F_6$$

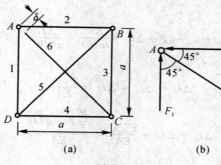

题 2.49 图

由结构的对称性,得

$$F_1 = F_2 = F_3 = F_4 = \frac{\sqrt{2}}{2} F_6, \quad F_5 = F_6$$

则有

$$V_\varepsilon = 4 \times \frac{F_1^2 a}{2EA} + 2 \times \frac{F_6^2 a}{2EA \cos 45°} = \frac{(1+\sqrt{2}) F_6^2 a}{EA}$$

而

$$\frac{1}{2} F_6 \delta = V_\varepsilon = \frac{(1+\sqrt{2}) F_6^2 a}{EA}$$

解之得

$$F_6 = 0.207 EA\delta/a$$

故

$$F_1 = F_2 = F_3 = F_4 = \frac{\sqrt{2}}{2} F_6 = 0.146 EA\delta/a (\text{压})$$

$$F_5 = F_6 = 0.207 EA\delta/a$$

2.50 在题2.50图示杆系中,AB 杆比名义长度略短,误差为 δ。若各杆材料相同,横截面面积相等,试求装配后各杆的轴力。

[提示] 对于这类一次静不定问题,一般情况下是由3个方程联立求解,最关键是变形协调方程,通过分析本题,误差 δ 是靠五根杆的变形来弥补的。装配后,A 点向下移以,B 点向上移 δ_B,从而可知1,2杆向下拉伸,而4,5杆被压缩,3杆同样被压缩,所以,其变形协调条件 $\Delta l_3 + \delta_A + \delta_B = \delta$。

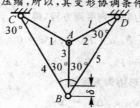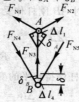

题 2.50 图

解　如题 2.50 图所示对 AB 杆作受力分析,列平衡方程,由于其对称性,显然有

$$F_{N1} = F_{N2} = F_{N3}, \quad F_{N4} = F_{N5}$$

对于 A 点的位移为

$$\delta_A = \frac{\Delta l_1}{\cos 60°}$$

对于 B 点的位移为

$$\delta_B = \frac{\Delta l_4}{\cos 30°}$$

变形协调条件为

$$\Delta l_3 + \delta_A + \delta_B = \Delta l_3 + \frac{\Delta l_1}{\cos 60°} + \frac{\Delta l_4}{\cos 30°} = \delta \qquad ①$$

利用轴向拉压杆变形公式,得

$$\Delta l_1 = \Delta l_2 = \Delta l_3 = \frac{F_{N1} l_1}{EA}$$

$$\Delta l_4 = \Delta l_3 = \frac{F_{N4} l_4}{EA} = \frac{\frac{\sqrt{3}}{3} F_{N1}(\sqrt{3} l)}{EA}$$

将上以各式代入式 ①,得

$$\frac{F_{N1} l}{EA} \times \frac{F_{N1} l}{EA \cos 60°} + \frac{F_{N1} l}{EA \cos 30°} = \delta$$

解之得

$$F_{N1} = F_{N2} = F_{N3} = \frac{EA\delta}{(3+2\sqrt{3})l} = 0.241 \frac{EA\delta}{l}$$

$$F_{N4} = F_{N5} = \frac{\sqrt{3}}{3} F_{N1} = 0.139 \frac{EA\delta}{l}(压)$$

2.51　在题 2.51 图所示结构中,杆 1 为钢杆,$E_1 = 210$ GPa $\geqslant \alpha_{l1} = 12.5 \times 10^{-6}/℃$,$A_1 = 3\,000$ mm²。杆 2 为铜杆,$E_2 = 105$ GPa,$\alpha_{l2} = 19 \times 10^{-6}/℃$,$A_2 = 3\,000$ mm²。载荷 $F = 50$ kN。若 AB 为刚杆,且始终保持水平,试问温度是升高还是降低? 并求温度的改变量 A_T。

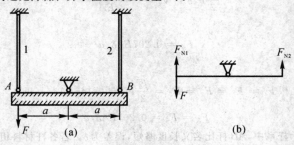

题 2.51 图

[提示]　因钢杆 1 受到 F 作用力,而为了保持 A 点不动,需要降低温度来抵消拉力而使钢杆 1 伸长的变形。

解　如题 2.51 图(b)所示对 AB 刚杆作受力分析列平衡方程,得

$$\sum M_O = 0, \quad F_{N2} a + Fa - F_{N1} a = 0$$

则

$$F = F_{N1} - F_{N2} \qquad ①$$

设温度降低 ΔT,故可得 AB 杆保持水平的变形协调方程为

$$\Delta l_1 = \Delta l_{1T}, \quad \Delta l_2 = \Delta l_{2T} \qquad ②$$

利用轴向拉压杆件变形公式,得

$$\Delta l_1 = \frac{F_{N1} l_1}{E_1 A_1}, \quad \Delta l_2 = \frac{F_{N2} l_2}{E_2 A_2}$$

②

联立式①②③④,解之得

$$\Delta T = \frac{F}{E_1 A_1 \alpha_1 - E_2 A_2 \alpha_2} =$$

$$\frac{50 \times 10^3}{210 \times 10^9 \times 30 \times 10^{-4} \times 12.5 \times 10^{-6} - 105 \times 10^9 \times 30 \times 10^{-4} \times 19 \times 10^{-6}} = 26.5 ℃$$

即若使 AB 杆始终保持水平,将温度降低 26.5℃。

*2.53　两端固定的杆件,横截面面积 $A = 1\,200 \text{ mm}^2$,$a = 300 \text{ mm}$。材料的应力-应变关系见 2-24。试分别求 $F = 60 \text{ kN}$ 和 $F = 210 \text{ kN}$ 时,杆件横截面上的应力。

[提示]　由力的平衡关系和变形协调关系进行求解。

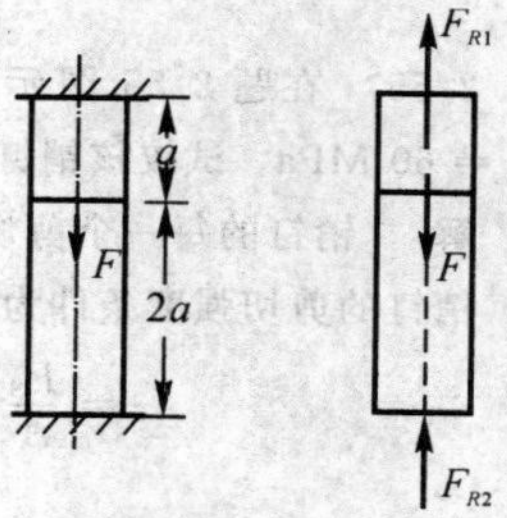

解　如题 2.53 图所示,由平衡条件,得 $F = F_{R1} + F_{R2}$

由于两端固定,得出,$\Delta l_1 = \Delta l_2$

即

$$\frac{F_{R1} a}{EA} = \frac{2 F_{R2} a}{EA}$$

于是有

$$F_{R1} = 2 F_{R2}$$

故

$$F_{R1} = \frac{2}{3} F, \quad F_{R2} = \frac{F}{3}$$

当 $F = 210 \text{ kN}$ 时,有

$$\sigma_1 = \frac{F_{R1}}{A} = \frac{2F}{3A} = \frac{2 \times 60 \times 10^3}{3 \times 12 \times 10^{-4}} \text{ Pa} = 33.3 \text{ MPa}$$

$$\sigma_2 = \frac{F_{R2}}{A} = \frac{F}{3A} = 16.7 \text{ MPa(压)}$$

当 $F = 210 \text{ kN}$ 时

$$\sigma_1 = \frac{2F}{3A} = \frac{2 \times 210 \times 10^3}{3 \times 12 \times 10^{-4}} = 116.7 \text{ MPa} > 100 \text{ MPa}$$

题 2.53 图

故其物理关系另行考虑,则

$$\Delta l_1 = \frac{\sigma_0}{E_1} a + \frac{\sigma_1 - \sigma_0}{E_2} a = \left(\frac{1}{E_1} - \frac{1}{E_2} \right) \sigma_0 a + \frac{F_{R1} a}{E_2 A}$$

$$\Delta l_2 = \frac{2 F_{R2} a}{E_1 A}$$

由

$$\frac{F_{R1} a}{E_2 A} = \frac{2 F_{R2} a}{E_1 A} + \left(\frac{1}{E_1} - \frac{1}{E_2} \right) \sigma_0 a$$

再由

$$F = F_{R1} + F_{R2}$$

可解得

$$F_{R1} = 126.7 \text{ kN}, \quad F_{R2} = 83.3 \text{ kN}$$

$$\sigma_1 = \frac{F_{R1}}{A} = \frac{126.7 \times 10^3}{12 \times 10^{-4}} = 105.6 \text{ MPa}$$

$$\sigma_2 = \frac{F_{R2}}{A} = \frac{83.3 \times 10^3}{12 \times 10^{-4}} = 69.5 \text{ MPa}$$

2.54　试确定题 2.54 图示连接或接头中的剪切面和挤压面。

解　在题 2.54 图(a)中,AB,CD,BC 面为剪切面;BB',CC',DD' 面为挤压面。

在题 2.54 图(b)中,AB 面为剪切面,BC 面为挤压面。

在题 2.54 图(c)中,AB,CD 面为剪切面,E 面为挤压面。

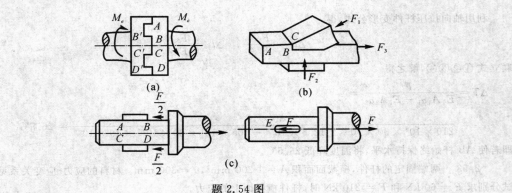

题 2.54 图

2.55 在题 2.55 图示销钉连接中已知 $F = 95$ kN，销钉直径 $d = 30$ mm，材料的许用切应力 $[\tau] = 60$ MPa。试校核销钉的剪切强度。若强度不够，应改用多大直径的销钉？

解 销钉的每一个剪切面所承受的剪力（题 2.55 图(b)）均为 $F_s = F/2$。

销钉的剪切强度条件为

$$\tau = \frac{F_s}{A} = \frac{F}{2A} = \frac{95 \times 10^3}{2 \times \frac{\pi}{4} \times 0.03^3} \text{ Pa} = 67.2 \text{ MPa} > [\tau] = 60 \text{ MPa}$$

故不能安全工作，欲满足强度要求，应有

$$\tau = \frac{F_s}{A} = \frac{F}{\frac{\pi}{4}d^2} \leqslant [\tau]$$

即

$$\frac{\pi}{4}d^2 \geqslant \frac{F}{2[\tau]}$$

解上式得

$$d \geqslant \sqrt{\frac{2F}{\pi[\tau]}} = \sqrt{\frac{2 \times 95 \times 10^3}{60 \times 10^6 \times \pi}} \text{ m} = 31.8 \text{ mm}$$

应改用 $d = 32$ mm 的销钉。

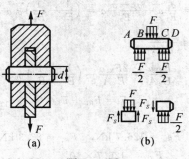

题 2.55 图

2.56 测定材料剪切强度的剪切器的示意图如题 2.56 图所示。设圆试样的直径 $d = 15$ mm，当压力 $F = 31.5$ kN 时，试样被剪断，试求材料的名义剪切极限应力。若取剪切许用应力为 $[\tau] = 80$ MPa，试问安全因数是多大？

解 如题 2.56 图所示，可以看出试件横截面受剪力 $F_s = F/2$，则

$$\tau_u = \frac{F_s}{A} = \frac{F}{2A} = \frac{31.5 \times 10^3}{2 \times \frac{\pi}{4} \times 0.015^2} \text{Pa} = 89.1 \text{ MPa}$$

根据许用应力的定义,有

$$[\tau] = \tau_u/n$$

故安全因数为

$$n = \frac{\tau_u}{[\tau]} = \frac{89.1}{80} = 1.1$$

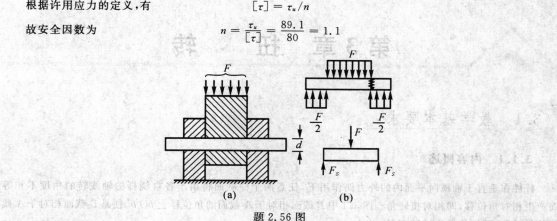

题 2.56 图

2.57 图示凸缘联轴节传递的力偶矩为 $M_e = 240 \text{ N} \cdot \text{m}$,凸缘之间用 4 个螺栓连接,螺栓内径 $d \approx$ 10 mm,对称地分布在 $D_0 = 80$ mm 的圆周上。如螺栓的剪切许用应力 $[\tau] = 60$ MPa,试校核螺栓的剪切强度。

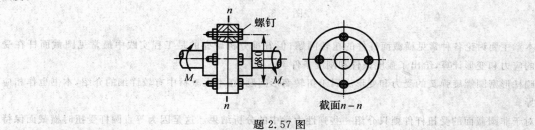

题 2.57 图

[提示] 由题意知道本题主要是计算剪切力。利用平衡方程,4 个螺钉所受剪力对联轴节轴线的力矩之和与联轴节所传递的力偶矩 M_e 保持平衡。

解 假设每只螺栓所承受的剪力相同,都为 F。4 个螺栓所受力对联轴节轴线的力矩之和与联轴节所传递的力偶矩 M_e,列平衡方程,得

$$M_e = 4F \cdot \frac{D_0}{2}$$

则

$$F = \frac{M}{2F} = \frac{240}{2 \times 80 \times 10^{-3}} \text{ N} = 1.5 \text{ kN}$$

利用剪切强度条件,有

$$\tau = \frac{F}{A} = \frac{4F}{\pi d^2} = \frac{4 \times 1\,500}{\pi \times 0.012} \text{ Pa} = 19.1 \text{ MPa} < [\tau] = 60 \text{ MPa}$$

因此螺栓能安全工作。

第3章 扭 转

3.1 教学基本要求

3.1.1 内容概述

杆件在垂直于轴横向平面内的外力偶作用下,任意两个横截面将由于各自绕杆的轴线转的角度不相等而产生相对角位移,即相对扭转角。图3.1中B截面相对于A截面的角位移$\angle bO'b'$便是B截面相对于A截面的扭转角,即杆件发生扭转变形。

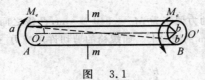

图 3.1

本章主要讨论各种常见横截面杆件的扭转问题;但着重分析研究的是工程实践中最常见圆截面杆在受扭时的应力和变形计算,给出了强度条件和刚度条件。

圆柱形密圈螺旋弹簧的受力和变形亦属于扭转变形问题,在本主教材中有较详细的介绍,本书也作相应的辅导。

对于非圆截面的受扭杆件则只介绍一些弹性力学中的分析结果。这是因为等直圆杆受扭时横截面保持为平面,求解比较简单;而非圆截面杆受扭时,即使是等截面的直杆,横截面亦不再保持为平面而发生翘曲,情况要复杂得多,主要研究了有关矩形截面杆扭转时横截面上切应力分布规律的主要结论及其强度和刚度的计算方法。

3.1.2 目的要求

(1)了解扭转的概念及变形特点。

(2)熟练掌握扭矩的计算和扭矩图的绘制方法。

(3)明确纯剪切的相关概念,深刻理解切应力互等定理和剪切胡克定律。

(4)明确圆轴扭转时的应力分析,明确平截面假设的意义和作用。

(4)熟练掌握扭转圆轴的切应力公式和强度的计算方法。

(5)掌握圆轴扭转变形的计算方法和刚度的计算方法。

(6)掌握圆柱形密圈螺旋弹簧的概念,会对弹簧进行相关的计算。

(7)了解有关矩形截面杆扭转时横截面上切应力分布规律的主要结论,掌握其强度计算的方法。

(8)了解开口和闭口薄壁截面杆扭转的概念。

3.1.3 三基

(1)基本概念:扭转变形的概念、外力偶矩、扭矩、纯剪切、切应力、切应变、扭转应力、扭转角、抗扭刚度、单位长度扭转角、许用扭转角,剪力流。

(2)基本理论:小变形假设,切应力互等定理,剪切胡克定律。

(3) 基本方法：截面法、平衡条件。

3.1.4　重点与难点

重点：扭转内力与扭矩图，圆轴扭转时的强度与刚度计算，切应力互等定律，简单扭转的超静定问题。
难点：扭转切应力公式推导过程，扭转截面的几何性质，非圆截面杆的扭转，简单扭转超静定问题。

3.2　教学建议

3.2.1　单元划分

本章共 6 学时，划分 3 个教学单元。
第一教学单元讲授扭转概念和实例，外力偶矩的计算，扭矩和扭矩图，纯剪切。
第二教学单元讲授圆轴扭转时的应力，圆轴扭转时的变形。
第三教学单元讲授圆柱形密圈螺旋弹簧的应力和变形，非圆截面杆扭转的概述，薄壁杆件的自由扭转。

3.2.2　各单元重点教学内容建议

第一单元重点讲授内容
(1) 扭转概念。扭转变形是指杆件受到大小相等，方向相反且作用平面垂直于杆件轴线的力偶作用，使杆件的横截面绕轴线产生转动。受扭转变形杆件通常为轴类零件，其横截面大都是圆形的。
(2) 传动轴的外力偶矩。工程中常用的传动轴，如果知道它所传递的功率 $P(\mathrm{kW})$ 和转速 $n(\mathrm{r/min})$，则使轴发生扭转的外力偶矩为

$$|M_e|_{\mathrm{N \cdot m}} = 9.55 \times 10^3 \frac{|P|}{|n|} \quad (\mathrm{N \cdot m}) \tag{3.1}$$

(3) 轴扭转时截面的内力是外力偶矩。如图 3.1 所示，由截面法可知，扭转轴任一截面上的内力，就是作用在该截面上的力偶，该内力偶矩称为扭矩，用 T 表示。它是作用在该截面上的分布内力系的合力偶矩。
截面法求扭矩，有

$$\sum M_x = 0, \quad T - M = 0, \quad T = M$$

扭矩的矢量方向垂直于横截面。当其矢量方向与截面的外法线方向一致时，扭矩为正反之为负。
第二单元重点讲授内容

1. 圆轴扭转时的应力及强度条件
圆杆扭转时，横截面上切应力沿半径线性分布，并垂直于半径，最大切应力在外表面处。
(1) $\tau_\rho = \dfrac{T_\rho}{I_\rho}$，$\tau_{\max} = \dfrac{TR}{I_P} = \dfrac{T}{W_t}$，其中 $W_t = \dfrac{I_\rho}{R}$ 称为抗扭截面系数。
(2) 低碳钢材料圆杆扭转破坏时，将沿横截面被剪断。铸铁材料圆杆扭转破坏时，将沿着与轴线成 45° 的斜截面断裂破坏。
(3) 圆轴扭转时的强度条件

$$\tau_{\max} = \frac{T_{\max}}{W_P} \leqslant [\tau] \tag{3.2}$$

2. 圆轴扭转时的变形及刚度条件
(1) 扭转角 φ 和单位长度扭转角 φ'。两个截面间绕轴线的相对转角，叫做扭转角 φ。即

$$\varphi = Tl/GI_P$$

由上式算出的扭转角 φ 与轴的长度 l 有关，为消除长度的影响，将 φ 除以 l，称为单位长度扭转角 φ'。即

$$\varphi' = \varphi/l = T/GI_P$$

用此式计算得到的 φ'，其单位是 rad/m。

（2）刚度条件。通常规定受扭圆轴的最大单位长度扭转角不得超过规定的许用单位扭转角 $[\varphi']$，通常，工程上给定的 $[\varphi']$ 的单位为度／米或者 $(°)/m$。因此，也将 φ' 的单位换算成为度／米或者 $(°)/m$。故刚度条件写为

$$\varphi' = \frac{T}{GI_p}\frac{180}{\pi} \leqslant [\varphi'] \tag{3.3}$$

① 薄壁圆筒扭转时的切应力为

$$\tau = \frac{M_e}{2\pi r^2 \delta} \quad \text{其中，} \delta \text{为壁厚} \tag{3.4}$$

② 切应力互等定理。在相互垂直的两个平面上，切应力必然成对存在，且数值相等，两者都垂直于两个平面的交线，方向则共同指向或共同背离这一交线（见图 3.2），即

$$\tau = \tau' \tag{3.5}$$

③ 切应变、剪切胡克定律。圆轴扭转时，当切应力 τ 不超过材料剪切比例极限 τ_p 时，切应力 τ 与切应变 γ 成正比，即 $\tau = G\gamma$，此即是剪切虎克定律的表达式（见图 3.3）。式中，G 为材料剪切弹性模量，单位为 Pa。

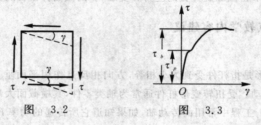

图　3.2　　　　　　　　图　3.3

④ 等直圆杆扭转时的应变能。当圆杆扭转时，杆内将积蓄应变能。对于杆内应变能的计算，应先求出纯切应力状态的应变能密度，然后再计算全杆内所积蓄的应变能。

⑤ 应变能的密度：在应力小于剪切比例极限时，单位体积的剪切变形能 u 为

$$u = \frac{1}{2}\tau\gamma = \frac{\tau^2}{2G} \tag{3.6}$$

第三单元重点讲授内容

圆柱形密圈螺旋弹簧也是属于圆截面扭转问题，如图 3.4 所示。弹簧圈平均直径为 D，弹簧钢丝直径为 d，有效圈数为 n，螺旋角为 $\alpha(\alpha < 5°)$，钢丝材料的切变模量为 G，设弹簧在受压力 F 时变形量为 λ。

弹簧丝中的内力　当螺旋角不大时，可以认为钢丝横截面上只有扭矩和剪力 F_s，且

$$T = \frac{FD}{2}$$

弹簧丝横截面的应力　当 $D/d \geqslant 10$ 时，可以认为钢丝横截面上只有扭矩引起的扭转切应力，即

$$\tau_{max} = \frac{8FD}{\pi d^3}$$

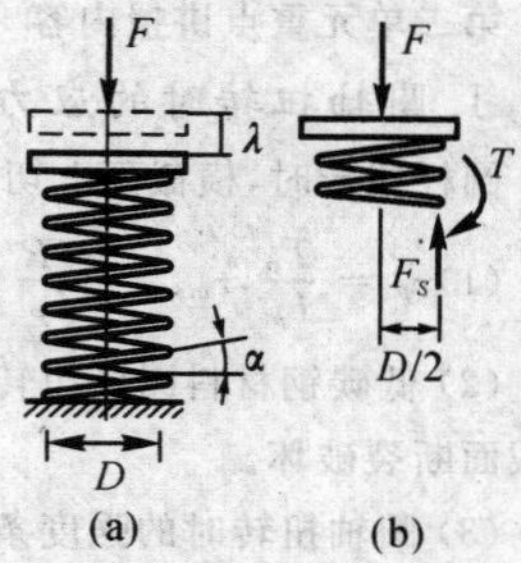

弹簧的变形：略去剪力对变形的影响，注意外力功等于弹簧的应变能，由此可得到：

$$\lambda = \frac{8FD^3 n}{Gd^4}$$

弹簧的刚度：刚度是产生单位变形所需的力为

$$C = \frac{Gd^4}{8D^3 n}$$

图　3.4

（a）　　（b）

工程上受扭转的杆件除常见的圆轴外,还有其他形状的截面。

(1) 矩形截面杆的扭转属非圆截面扭转问题。重要特点是横截面产生"翘曲",圆轴分析中的"平面假设"不再成立。扭转时,若各横截面翘曲是自由的,不受约束,此时相邻横截面的翘曲处处相同,杆件沿轴向纤维的长度无变化,因而横截面上,只有切应力没有正应力,这种扭转称为自由扭转。此时横截面上切应力规律如下:

① 边缘各点的切应力与周边相切,沿周边方向形成切流。

② τ_{max} 发生在矩形长边中点处,大小为

$$\tau_{max} = \frac{T}{W_k}, \quad W_k = ahb^2 \tag{3.7}$$

短边上的最大切应力大小为 $\tau_1 = v\tau_{max}$

4 个角点处切应力 $\tau = 0$

③ 矩形截面杆两端相对扭转角 φ,即

$$\varphi = \frac{Tl}{GI_k}, \quad I_k = \beta hb^2 \tag{3.8}$$

其中,系数 α, β, ν 与 $\frac{h}{b}$ 有关,可查相关手册。

当 $\frac{h}{b} > 10$ 时,截面成为狭长矩形,此时 $\alpha = \beta \approx \frac{1}{3}$,若以 δ 表示狭长矩形的短边长度,则由上式化为

$$\tau_{max} = \frac{T}{W_k}, \quad \varphi = \frac{Tl}{GI_k} \tag{3.9}$$

其中,$W_k = \frac{1}{3}h\delta^2$,$I_k = \frac{1}{3}h\delta^3$。

(2) 开口和闭口薄壁截面杆自由扭转时的应力和变形。薄壁杆件:杆件的壁厚远小于横截面的其他两个尺寸(高和宽)。若杆件截面壁厚中线是一条不封闭的折线或曲线,称为开口薄壁杆件若为封闭的则称为闭口薄壁杆件。

① 开口薄壁截面杆。自由扭转时横截面上最大的切应力为

$$\tau_{max} = \frac{T}{I_t}\delta_{max} = \frac{T\delta_{max}}{\frac{1}{3}\sum_{i=1}^{n}h_i\delta_i^3}$$

式中,h_i 和 δ_i 分别为每一组成部分 i 的狭长矩形的宽度和厚度。截面的极惯性矩为

$$I_i = \frac{1}{3}\sum_{i=1}^{n}h_i\delta_i^3$$

该组合截面上的最大切应力发生在厚度为 δ_{max} 的组成部分的长边处。

② 闭口薄壁截面杆。横截面上最大的切应力

$$\tau = \frac{T}{2A_0\delta} \tag{3.10}$$

式中,A_0 为中线所围的面积。显然,横截面上的最大切应力发生壁厚 δ 最薄处,即

$$\tau_{max} = \frac{T}{2A_0\delta_{min}} \tag{3.11}$$

3.2.3 考核内容建议

扭转作为基本变形之一,特别是圆轴的扭转,常常作为基本内容的掌握情况而被考察。考察的内容包括:填空题和四选一题目,以基本概念为主,即纯剪切,切应力互等定理,剪切胡克定律,圆轴扭转时切应力分布规律,圆轴扭转时的变形,扭转破坏现象及其原因分析,实心圆轴和空心圆轴的极惯性矩和抗扭截面系数,矩形截面杆扭转时应力分布规律,最大切应力所在点等。圆轴扭转时的强度和刚度条件的应用是本章的重

点。一般需作出扭矩图,判断危险截面,然后进行强度和刚度的校核,截面设计或载荷估计,此类题目要注意两个条件的并用。难点是扭转静不定问题,关键是找出变形协调关系。一般每套试题中都会包含扭转的内容,尤其以强度和刚度条件所涉及的 3 个方面为主,偶尔涉及扭转静不定问题。扭转问题的另一考点在组合变形中的圆轴弯扭组合中。归纳一下,主要有下述考点。

(1)熟练掌握扭矩的计算、画扭矩图和变形计算;强度和刚度条件的应用。

(2)切应力互等定理、切应变和剪切胡克定律的概念。

(3)圆柱形密圈螺旋弹簧,簧丝的最大应力计算。

(4)非圆截面扭转的概念和应力计算结果的主要结论。

(5)圆截面超静定杆扭转时的求解。

(6)扭转与拉(压)剪切、挤压、弯曲的综合求解。

3.3 典型例题

3.3.1 解题方法

1.强度计算、解题步骤及注意事项

解题时一般是先作出扭矩图,判断危险截面,然后进行强度和刚度的校核、截面设计及载荷估计。应注意:

(1)根据轴的传递功率和转速,正确计算外力偶矩。

(2)作出扭矩图,判断危险截面。

(3)理解并熟记 W_p,I_p 计算式,应注意利用空心圆截面的极惯性矩及抗扭截面模量来正确计算空心轴的扭转问题。空心圆轴与实心圆轴相比,在保持重力不变的情况下,取得较大的 I_p 值,从而获得较大的抗扭刚度.现代工程中得到广泛应用。如飞机、轮船上的某些机构。但若直径较小的轴采用空心轴时,其制造工艺复杂,反而会增加成本。另外,空心轴还具有体积大、如果壁太薄时稳定性差等缺点。在工程运用中须综合考虑。

2.计算扭转角注意事项

在计算圆轴两截面间的相对扭转角时,应注意以下几点。

(1)在计算圆轴两截面间的相对扭转角时,应考虑扭矩的正负号,即扭转角 φ 的正负号规定与扭矩 T 的正负号规定保持一致。

(2)若圆轴横截面上的扭矩、横截面尺寸或切变模量沿轴线为分段常数,则应分段计算各段的扭转角,然后再求其代数和,即

$$\varphi = \sum_{i=1}^{n} \left(\frac{Tl}{GI_p}\right)_i$$

3.解题技巧

(1)根据切应力分布规律图,来确定切应力的数值。

(2)用右手螺旋法则确定扭矩的正负时,拇指指向截面外法:可类似于轴向拉力方向,为正;若指向截面可类似于轴向压力方向为负。

(3)圆轴的扭转变形是相对扭转角,其单位是弧度,注意与角的换算。

(4)闭口薄壁杆件扭转时,通常利用截面上各点的"剪力流"等于常量这一概念求解。

3.3.2 典型例题

例 3.1 试作图 3.5 所示各轴的扭矩图。

解 图 3.5(a)(b) 所示各杆的扭矩图分别如图 3.5(c)(d) 所示。

例 3.2 内、外直径分别为 d 和 D 的空心轴,其横截面的极惯性矩为 $I_P = \frac{1}{32}\pi D^4 - \frac{1}{32}\pi d^4$,抗扭截面系数为 $W = \frac{1}{16}\pi D^3 - \frac{1}{16}\pi d^3$,以上算式是否正确?何故?

解 空心轴横截面的极惯性矩公式:

$$I_P = \frac{\pi}{32}(D^4 - d^4)$$

是正确的,但抗扭截面系数公式:

$$W_t = \frac{1}{16}\pi D^3 - \frac{1}{16}\pi d^3 \tag{1}$$

是错误的。因为根据抗扭截面系数的定义可知

$$W_t = \frac{I_P}{D/2} = \frac{\pi D^3}{16}(1 - \alpha^4) \tag{2}$$

式中,$\alpha = d/D$
故式(2)才是正确的。

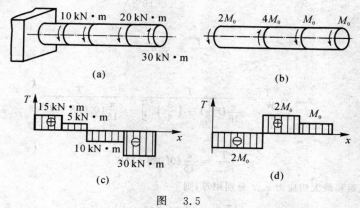

(a)   (b)

(c)   (d)

图 3.5

例 3.3 图 3.6 所示为圆杆横截面上的扭矩,试画出截面上与 T 对应的切应力分布图。

解 由圆轴扭转横截面上任意一点的切应力公式,$\tau = T\rho/I_P$,可知一点切应力的大小与这一点距圆心的距离成正比,故横截面任意一条半径上各点的切应力分别如题图(a)′,(b)′,(c)′所示。

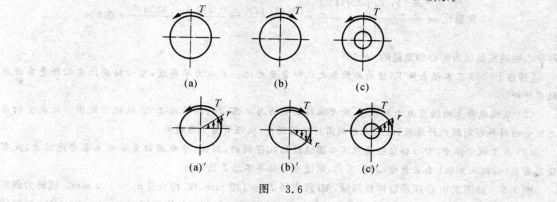

(a)   (b)   (c)

(a)′   (b)′   (c)′

图 3.6

例 3.4 图 3.7 所示,设有一实心圆轴与一内外径比为 3/4 的空心圆轴,两轴材料及长度都相同。承受转矩均为 M,已知两轴的最大切应力相等,试比较两轴的重量。

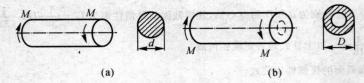

图 3.7

解 设实心轴的直径为 d,如图 3.7(a) 示,空心轴的外径为 D,如图 3.7(b) 示。

(1) 实心轴直径 d 与空心轴外径 D 之间的关系。两轴各横截面上的扭矩相同,均为

$$T = M$$

由最大切应力公式,可得

实心轴

$$\tau_{\max} = \frac{T}{W_t} = \frac{T}{\frac{\pi}{16}d^3}$$

则

$$\frac{T}{\tau_{\max}} = \frac{\pi}{16}d^3$$

空心轴

$$\tau_{\max} = \frac{T}{W_t} = \frac{T}{\frac{\pi}{16}D^3\left[1-\left(\frac{3}{4}\right)^4\right]} = \frac{T}{\frac{\pi}{16}(0.068\ 4)D^3}$$

则

$$\frac{T}{\tau_{\max}} = \frac{\pi}{16}(0.068\ 4)D^3$$

由于两轴得扭矩和最大切应力 $\tau_{\max}$ 分别相等,则

$$\frac{\pi}{16}d^3 = \frac{\pi}{16}(0.068\ 4)D^3$$

故得 $D = 1.135d$

(2) 两轴的重量比

$$重量比 = \frac{\frac{\pi}{4}\left[D^2-\left(\frac{3}{4}D\right)^2\right]}{\frac{\pi}{4}d^2} = \frac{0.437\ 5D^2}{d^2} = \frac{0.437\ 5(1.135d)^2}{d^2} = 0.564$$

即空心轴的重量仅为实心轴重量的 56.4%。

[评注] (1) 在本题条件下,横截面面积之比即重量之比。单从力学角度,空心轴要比实心轴更有效地利用材料。

(2) 从横截面上的切应力分布分析,由于扭转切应力与离圆心的距离成正比,故把靠近圆心处承受切应力较小的材料移到轴的外缘处,就能充分利用材料的强度,从而节省了原材料。

(3) 在工程实际中,空心轴往往是用实心圆通过钻孔得到的,因此,除非减轻重量为主要考虑因素,或有使用要求(如机床主轴)要采用空心轴,否则,制造空心轴并不总是值得的。

例 3.5 如图 3.8(a) 所示阶梯状圆轴,AB 段直径 $d_1 = 120$ mm,BC 段直径 $d_2 = 100$ mm。扭转力偶矩分别为 $M_A = 22$ kN·m,$M_B = 36$ kN·m,$M_C = 14$ kN·m。已知材料的许用切应力 $[\tau] = 80$ MPa,试校核该轴的强度。

解 用截面法求得 AB,BC 段的扭矩分别为

$$T_1 = 22 \text{ kN·m}, \quad T_2 = -14 \text{ kN·m}$$

据此绘出扭矩图如图 3.8(b) 示。

从扭矩图可见 AB 段之扭矩比 BC 段之扭矩大，但因两轴的直径不同，因此需要分别校核两段轴的强度。由公式 $\tau_{max} \leqslant [\tau]$ 和 $\tau_{max} = T/W_t$ 得

AB 段内，有

$$\tau_{1max} = \frac{T}{W_{t1}} = \frac{22 \times 10^3}{\frac{\pi}{16}(0.12)^3} = 64.84 \text{ MPa} < [\tau]$$

BC 段内，有

$$\tau_{2max} = \frac{T_2}{W_{t2}} = \frac{14 \times 10^3}{\frac{\pi}{16}(0.1)^3} = 71.3 \text{ MPa} < [\tau]$$

因此，该轴满足强度的要求。

[评注] 圆轴扭转时危险点的切应力，即 τ_{max} 取决于该面的扭矩 T 与抗扭截面系数 W_t。对于等截面圆轴，τ_{max} 发生在 T_{max} 面上；对于阶梯圆轴，还可能发生在 W_t (或轴径 D) 较小的面上。本题的 τ_{max} 就发生在 BC 段。

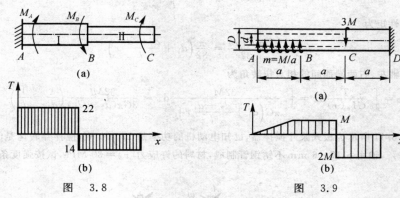

图 3.8   图 3.9

例 3.6 扭转圆轴如图 3.9(a) 所示，已知外径 D，孔径 $d = D/2$，尺寸 a，力偶矩 M，材料的切变模量 G。(1) 作轴的扭矩图；(2) 求 A 截面相对于 D 截面的扭转角；(3) 求轴内的最大切应力。

解 (1) 作轴的扭矩图。由截面法，作出轴的扭矩图如图 3.9(b) 所示。

(2) 计算扭转角。分段计算各段的扭转角，其中 AB 段扭矩 T_1 沿轴线辫连续变化 (见图(b))，故其扭转角 φ_{AB} 的计算公式有

$$\varphi_{AB} = \int_l \frac{T(x)}{GI_p} dx = \int_0^a \frac{\frac{M}{a}x}{G\frac{\pi}{32}(D^4 - d^4)} dx = \frac{5.432Ma}{GD^4}$$

φ_{BC} 的计算公式有

$$\varphi_{BC} = \frac{T_{BC}l_{BC}}{GI_p} = \frac{Ma}{G\frac{\pi}{32}(D^4 - d^4)} = \frac{10.865Ma}{GD^4}$$

φ_{CD} 的计算公式有

$$\varphi_{CD} = \frac{T_{CD}l_{CD}}{GI_p} = \frac{-2Ma}{G\frac{\pi}{32}D^4} = -\frac{20.372Ma}{GD^4}$$

故，A 截面相对于 D 截面的扭转角

$$\varphi_{AD} = \varphi_{AB} + \varphi_{BC} + \varphi_{CD} = \frac{Ma}{GD^4}(5.432 + 10.865 - 20.372) = -\frac{4.075Ma}{GD^4}$$

三导

（3）计算轴内的最大切应力。不难判断,轴内的最大切应力发生在 CD 段任一截面周边各点处,由式得

$$\tau_{\max} = \frac{|T|_{\max}}{W_t} = \frac{2M}{\frac{\pi}{16}D^3} = \frac{10.186M}{D^3}$$

例 3.7 如图 3.10 所示,圆锥形轴的两端承受扭力偶矩 M 作用。已知轴长为 l,左、右端面的直径分别为 d_1, d_2,材料的切变模量为 G。试计算该轴左、右两端面间的相对扭转角。

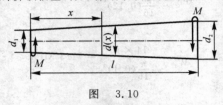

图   3.10

解 设其任一 x 截面的直径为 $d(x)$,则有

$$d(x) = d_1 + \frac{d_2 - d_1}{l}x$$

故 x 截面的极惯性矩为

$$l_P(x) = \frac{\pi d^4(x)}{32} = \frac{\pi}{32}\Big(d_1 + \frac{d_2 - d_1}{l}x\Big)^4$$

由式即得该轴左、右两端面间的相对扭转角为

$$\varphi = \int_0^l \frac{T}{GI_p(x)}dx = \int_0^l \frac{32M}{\pi G\Big(d_1 + \frac{d_2 - d_1}{l}x\Big)^4}dx = \frac{32Ml}{3G\pi(d_2 - d_1)}\Big(\frac{1}{d_1^3} - \frac{1}{d_2^3}\Big)$$

例 3.8 图 3.11 所示为板式桨叶搅拌器,已知电动机的功率是 17 000 W,搅拌器转速是 60 r/min,机械传动的效率是 90%,轴用 $\varphi117\times6$ mm 不锈钢管制成,材料的许应力 $[\tau] = 30$ MPa,试按强度条件校核搅拌轴是否安全。

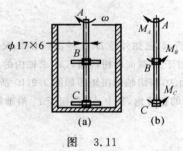

图   3.11

[提示]   该题是化工窗口设计中的实际工程问题,要考虑腐蚀问题,即腐蚀裕度。详见化工设备设计等参考文献。

解 首先计算作用在搅拌轴上的扭力偶矩。因为机械传动的效率是 90%,所以实际功率是 17 000 × 90% = 15 300 W。则电动机作用于轴上的主动扭力偶矩为

$$M_A = 9\,549 \times \frac{15.3}{60} = 2\,435 \text{ N} \cdot \text{m}$$

作用在上下两层桨叶上的阻力偶与主动力偶相平衡,故轴内最大扭矩在 AB 段内,为

$$T_{\max} = M_A = 2\,435 \text{ N} \cdot \text{m}$$

因为轴在腐蚀介质中工作,在强度校核时,应将轴的外径尺寸减去腐蚀裕度 $c = 1$ mm,则轴的外径 $D = 115$ mm,内径 $d = 105$ mm,该轴的平均半径 $R_0 = 55$ mm,壁厚 $d = 5$ mm,属于薄壁圆管,则其切应力为

$$\tau = \frac{T_{\max}}{2\pi R_0^2 \delta} = \frac{2\,435}{2\pi(55 \times 10^{-3})^2 \times (5 \times 10^{-3})} \approx 2.56 \times 10^7 \text{ Pa} = 25.6 \text{ MPa} < [\tau]$$

因此,搅拌轴的强度是安全的。段的最大切应力不变。

例 3.9 图 3.12(a)所示长度为 $l = 2$ m 圆截面杆 AB 左端固定,承受均布力偶作用,其力偶矩集度(单位长度上的力偶矩)为 $m = 20$ N·m/m。已知直径 $D = 20$ mm,材料的 $G = 80$ GPa,$[\tau] = 30$ MPa,单位长度的许用扭转角 $[\varphi] = 2°/\text{m}$。试进行强度和刚度校核。

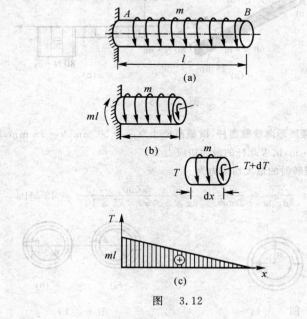

图 3.12

解 (1)绘杆的扭矩图。截取长为 x 的隔离体,利用平衡条件求得扭矩方程(见图 3.12(b))

$$T(x) = ml - mx$$

绘出扭矩图如图 3.12(c)所示。杆内最大扭矩在固定端,其值为

$$T_{\max} = ml = 2 \times 20 = 40 \text{ N·m}$$

(2)作强度校核。危险点在固定端的 A,最大切应力为

$$\tau_{\max} = \frac{T_{\max}}{W_t} = \frac{16 \times 40}{\pi \times 0.02^3} = 25.5 \text{ MPa} < [\tau]$$

故满足强度要求。

(3)作刚度校核。

$$\left(\frac{\mathrm{d}\varphi}{\mathrm{d}x}\right)_{\max} = \left(\frac{T}{GI_p}\right) = \frac{32 \times 40}{80 \times 10^9 \times \pi \times 0.02^4} = 3.18 \times 10^{-2} \text{ rad/m} = 1.82 °/\text{m} < [\varphi]$$

故满足刚度要求。

例 3.10 图 3.13(a)所示铝棒截面为 25 mm×25 mm 的正方形,长为 2 m,试求图示扭矩作用下棒上的最大切应力,以及一端相对于另一端的扭转角。已知 $G = 26$ GPa。

解 (1)画扭矩图(见图 3.13(b)),则

$$T_{\max} = |T_{AB}| = 80 \text{ N·m}$$

(2)经查主教材表 3.2,得

$$\alpha = 0.208$$

$$\tau_{\max} = \frac{T_{\max}}{\alpha \cdot 0.025^3} = \frac{30}{0.208 \times 0.025^3} = 24.6 \text{ MPa}$$

$$\theta_{BC} = \frac{-T_{BC} \cdot l_{BC}}{G \cdot \beta \cdot 0.025^4} = \frac{-20 \times 1.5}{26 \times 10^9 \times 0.141 \times 0.025^4} = -20.95 \times 10^{-3} \text{ rad}$$

（3）两端的扭转角

$$\theta_{AC} = \theta_{AB} + \theta_{BC} = (-27.93 \times 10^{-3} - 20.95 \times 10^{-3}) \text{rad} = -48.88 \text{ rad}$$

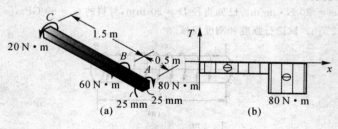

图 3.13

例 3.11　图 3.14 所示椭圆形薄壁截面杆，横截面尺寸为：$a = 50$ mm，$b = 75$ mm，厚度 $t = 5$ mm，杆两端受扭转力偶 $T = 5\ 000$ N·m，试求此杆的最大切应力

解　闭口薄壁杆自由扭转时的最大切应力为

$$\tau_{max} = \frac{T}{2\delta_{min}\omega} = \frac{T}{2t\pi ab} = \frac{5\ 000}{2\pi \times 5 \times 50 \times 75 \times 10^{-9}} = 42 \text{ MPa}$$

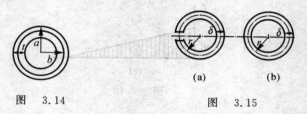

图 3.14　　　　　　　　　　　图 3.15

例 3.12　图 3.15 所示为开口与闭口圆环薄壁杆件，试比较二者的自由扭转切剪和扭角。设两杆材料相同，并具有相同的长度 l，平均半径 r 和壁厚 δ。

解　图(a)　开口有

$$\tau_1 = \frac{T}{\frac{1}{3}h\delta^2} = \frac{T}{\frac{1}{3}2\pi r\delta^2}$$

$$h = 2\pi r$$

$$\varphi_1 = \frac{Tl}{G\frac{1}{3}h\delta^3} = \frac{3Tl}{G2\pi r\delta^3}$$

图(b)闭口，有

$$\tau_2 = \frac{T}{2\omega\delta} = \frac{T}{2\pi r^2\delta} \quad (\omega = \pi r^2)$$

$$\varphi_2 = \frac{Tls}{4G\omega^2\delta} = \frac{Tl2\pi r}{4G\pi^2 r^4\delta} = \frac{Tl}{2G\pi r^3\delta} \quad (s = 2\pi r)$$

两者比较，有

$$\frac{\tau_1}{\tau_2} = 3\left(\frac{r}{\delta}\right), \quad \frac{\varphi_1}{\varphi_2} = 3\left(\frac{r}{\delta}\right)^2$$

可见开口薄壁杆件的应力和变形都远大于同样情况下的闭口薄壁杆件。

3.4　自学指导

在杆件的两端,作用两个大小相等、方向相反、且作用平面垂直于杆件轴线的力偶,致使杆件的任意两个横截面都发生绕轴线的相对转动的变形,称为扭转变形,它普遍存在于工程中。本章主要研究圆截面等直杆的扭转,它是工程中最常见的情况,又是扭转中最简单的问题。对非圆截面的扭转,只作简单介绍。一般讲,初学者感到学习扭转这一章有点难,主要在于对扭转问题感性认识少,对扭转问题生疏,只要弄懂下列问题,也就不觉得难了。

1.何谓扭转变形? 它的受力与变形各有什么特点?

所谓转扭变形,是指在杆件的两端作用两个大小相等、方向相反、且作用平面垂直于杆件轴线的力偶,致使杆件的任意两个横截面都发生绕轴线的相对转动,其受力特点是,外力偶作用于垂直轴线的平面内力;变形特点是圆轴扭转时,横截面上切应力位于该截面内,垂直于半径并沿半径线性分布,最大切应力在外表面处,各点均处于纯剪切应力状态。用两截面之间的相对扭转角来表示扭转变形的程度,据此可建立圆轴扭转的强度条件和刚度条件。

2.圆轴扭转时的强度计算及刚度计算

圆轴扭转的强度条件和刚度条件,是本章的重点内容,应熟练掌握。

解析方法:

(1)强度计算和刚度计算包括三方面:校核、设计截面尺寸及确定许可载荷。以设计圆轴截面尺寸为例,应同时考虑强度条件和刚度条件,可先按强度条件设计截面尺寸,然后校核刚度条件是否满足;也可以先按刚度条件设计截面尺寸,然后校核强度条件是否满足;或者,同时按强度和刚度条件设计截面尺寸,最后选择两种情形下所得尺寸中之较大者。一般情况下,对于圆轴其刚度条件更为重要。

(2)在强度和刚度计算中,必须根据扭矩图判断何处扭矩最大,同时还要根据轴的直径和材料性能判断何处截面最弱或刚度最小。将两者加以综合考虑,尽可能找到最危险位置进行计算。当有几个可能危险位置时,应同时进行计算,最后加以比较。在强度条件中的最大切应力 τ_{max} 及刚度条件中最大的单位长度扭转角 θ_{max},分别为整个轴内 τ 与 θ 的最大值。

(3)圆轴的扭转变形量是相对扭转角,刚度条件用单位长度扭转角表示,计算时应注意这两个概念的区别,还应注意刚度条件中许用单位长度扭转角的单位是(°)/m。空心圆轴扭转的强度条件中,抗扭截面系数为 $W_t = \frac{\pi D^3}{16}(1-\alpha^4)$。

3.切应力互等定理

在两个相互垂直的平面上,切应力必然成对出现且数值相等,两者都垂直于两个平面的交线,方向则共同指向或共同背离两个平面的交线。这是本章的难点内容,注意理解并能熟练应用。

4.简单扭转超静定问题

此类问题与拉压超静定问题求解方法相同,即列出静力平衡方程、变形几何关系及物理关系联立求解。

解析方法:关键是列变形几何关系,一般为某一截面的扭转角(或两截面的相对扭转角)等于零。

请根据上述内容认真看懂相应典型例题 4 至 5 道,认真仔细做相应习题 8 至 10 道,亲自总结出解题的规律与技巧。

3.5　习题精选详解

3.1　作题 3.1 图示各杆的扭矩图。

[提示]　应用截面法求出各截面上的扭矩 T,即可得出扭矩图。

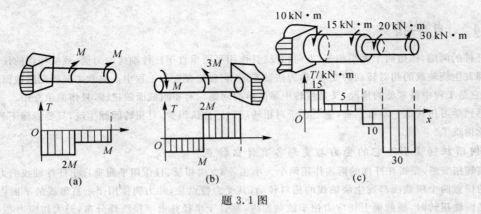

题 3.1 图

3.4　题 3.4 图示 AB 轴的转速 $n = 120$ r/min，从 B 轮输入功 $P = 44.13$ kW，功率的一半通过锥形齿轮传给垂直轴 Ⅱ，另一半由水平轴 Ⅰ 输出。已知 $D_1 = 600$ mm，$D_2 = 240$ mm，$d_1 = 100$ mm，$d_2 = 80$ mm，$d_3 = 60$ mm，$[\tau] = 20$ MPa。试对各轴进行强度校核。

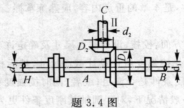

题 3.4 图

解　由外力偶矩计算公式，得

$$M_{eB} = 9\,549\,\frac{P}{n} = 9\,549 \times \frac{44.13}{120} = 3\,510 \text{ N·m}$$

B 轮与 H 轴转速相同，H 轴输出功率为 B 轮输入功率的一半，则

$$M_{eH} = \frac{1}{2} M_{eB} = 1\,755 \text{ N·m}$$

由传动关系可得

$$\frac{\frac{1}{2} M_{eB}}{D_1} = \frac{M_{eC}}{D_2}$$

故得

$$M_{eC} = \frac{D_2}{2D_1} M_{eB} = \frac{240}{2 \times 600} \times 3\,510 = 702 \text{ N·m}$$

对 AB 轴，有

$$\tau_{AB\max} = \frac{T}{W_t} = \frac{16 M_{eB}}{\pi d_1^3} = \frac{16 \times 3\,510}{\pi \times 0.1^3} = 17.9 \times 10^6 = 17.9 \text{ MPa} < [\tau] = 20 \text{ MPa}$$

对 Ⅰ 轴，有

$$\tau_{H\max} = \frac{T}{W_t} = \frac{16 M_{eH}}{\pi d_2^3} = \frac{16 \times 1\,755}{\pi \times 0.08^3} = 17.5 \times 10^6 = 17.5 \text{ MPa} < [\tau] = 20 \text{ MPa}$$

对 Ⅱ 轴，有

$$\tau_{C\max} = \frac{T}{W_t} = \frac{16 M_{eC}}{\pi d_3^3} = \frac{16 \times 702}{\pi \times 0.06^3} = 16.6 \times 10^6 = 16.6 \text{ MPa} < [\tau] = 20 \text{ MPa}$$

因此，各轴强度均满足。

3.7　机床变速箱第 Ⅱ 轴如题 3.7 图所示，轴所传递的功率为 $P = 5.5$ kW。转速 $n = 200$ r/min，材料

为 45 号钢，$[\tau] = 40$ MPa。试按强度条件初步设计轴的直径。

[提示] 本题是根据轴的强度条件来确定轴的直径，即由 $\tau_{max} = \dfrac{T}{W_t} = \dfrac{16T}{\pi d^3} \leqslant [\tau]$，来选定 d 的值。

解 $T = 9\,549\dfrac{P}{n} \times \dfrac{5.5}{200} = 262.6$ N·m

由
$$\tau_{max} = \frac{T}{W_t} = \frac{16T}{\pi d^3} \leqslant [\tau]$$

得
$$d \geqslant \sqrt[3]{\frac{16F}{\pi[\tau]}} = \sqrt[3]{\frac{16 \times 262.6 \times 10^3}{\pi \times 40}} = 32.2 \text{ mm}$$

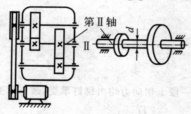 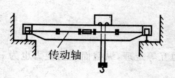

题 3.7 图　　　　　　　　题 3.10 图

3.10　桥式起重机如题 3.10 图所示。若传动轴传递的力偶矩 $M = 1.08$ kN·m，材料的许用应力$[\tau] = 40$ MPa，$G = 80$ GPa，同时规定$[\varphi'] = 0.5(°)/\text{m}$。试设计轴的直径。

解　先求轴内最大扭矩 $T = 1.08 \times 10^3$ N·m

考虑强度条件，则有
$$\tau_{max} = \frac{T}{W_t} = \frac{16T}{\pi d_1^3} \leqslant [\tau]$$

$$d_1 \geqslant \sqrt[3]{\frac{16T}{\pi[\tau]}} = \sqrt[3]{\frac{16 \times 1.08 \times 10^3}{\pi \times 40 \times 10^6}} = 5.16 \times 10^{-2} \text{ m} = 51.6 \text{ mm}$$

考虑刚度条件，可知
$$\varphi = \frac{T}{GI_p} \times \frac{180°}{\pi} = \frac{32T}{G\pi d_2^4} \times \frac{180°}{\pi} \leqslant [\varphi]$$

$$d_2 \geqslant \sqrt[4]{\frac{32T \times 180°}{G\pi^2[\varphi]}} = \sqrt[4]{\frac{32 \times 1.08 \times 10^3 \times 180°}{80 \times 10^9 \times \pi^2 \times 0.5°}} = 6.3 \times 10^{-2} \text{ m} = 63 \text{ mm}$$

故得，轴的直径为 $d = d_2 = 63$ mm

*3.13　如题 3.13 图所示，用横截面 ABE，CDF 和包含轴线的纵向面 $ABCD$ 从受扭圆轴(a) 图中截出一部分，如(b) 图所示。根据切应力互等定理，纵向截面上的切应力 τ' 已表示于图中。这一纵向截面上的内力力系最终将组成一个力偶。试问它与这一截出部分上的什么内力平衡？

[提示] 分布切应力组成的内力系的平衡问题。应用分布切应力组成的力或力矩的平衡即可得出结论。

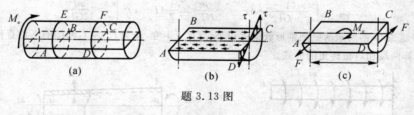

题 3.13 图

解　取出 $ABCD$ 块，可以看到其上的切应力分布情况，如题 3.13 图(b) 所示，$ABCD$ 面上的切应力 τ'，由于对称性，可知其组成一个力偶矩 M_e，而在轴截面上，由于切应力沿半径线分布，由于对称性，其切应力 r 可组成为一个如题 3.13 图(c)示的力 F,所以力矩 M_e 与力偶矩 Fl 相平衡。

3.14　由厚度 $\delta = 8$ mm 的钢板卷制成的圆筒,平均直径为 $D = 200$ mm。接缝处用铆钉铆接(见题 3.14 图)。若铆钉直径 $d = 20$ mm,许用切应力 $[\tau] = 60$ MPa,许用挤压应力 $[\sigma_{bs}] = 160$ MPa,筒的两端扭转力偶矩 $M_e = 30$ kN·m 作用,试确定铆钉的间距 s。

题 3.14 图

解　横截面上切应力 τ_1 为

$$\tau_1 = \frac{T}{\pi D t \dfrac{D}{2}} = \frac{2T}{\pi D^2 t}$$

按切应力互等定理,纵截面上切应力也为 τ_1。在 s 长一段上切向力均由铆钉承受,铆钉承受力 F_s 为

$$F_s = \tau_1 s t = \frac{2T}{\pi D^2 t} s t = \frac{2Ts}{\pi D^2}$$

由铆钉剪切强度条件:

$$\tau = \frac{F_s}{A} = \frac{4F_s}{\pi d^2} = \frac{8Ts}{\pi^2 D^2 d^2} \leqslant [\tau]$$

于是有

$$s \leqslant \frac{[\tau]\pi^2 D^2 d^2}{8T} = \frac{60 \times 10^6 \times \pi^2 \times 0.2^2 \times 0.02^2}{8 \times 30 \times 10^3} = 3.95 \times 10^{-2}\ \text{m} = 39.5\ \text{mm}$$

由铆钉挤压强度条件:

$$\sigma_{bs} = \frac{F_s}{dt} = \frac{2Ts}{\pi D^2 dt} \leqslant [\sigma_{bs}]$$

$$s \leqslant \frac{[\sigma_{bs}]\pi D^2 dt}{2T} = \frac{160 \times 10^6 \times \pi \times 0.2^2 \times 0.02 \times 0.008}{2 \times 30 \times 10^3} = 5.36 \times 10^{-3}\ \text{m} = 53.6\ \text{mm}$$

故,取铆钉间距 $s = 39.5$ mm。

3.16　如题 3.16 图示等直圆轴 AB 的左端固定,承受一集度为 m 的均布力偶的作用。试导出计算截面 B 的扭转角的公式。

解　建立如图坐标系,在距 A 端 x 处,取出微段,扭矩为

$$T = m(1-x)$$

dx 长度的相对扭转角为

$$d\varphi = \frac{m(1-x)}{GI_P}dx$$

B 截面扭转角为

$$\varphi_B = \int_0^l \frac{m(1-x)}{GI_p}dx = -\frac{m}{GI_p} \times \frac{1}{2}(l-x)^2 \Big|_0^l = \frac{ml^2}{2GI_p}$$

3.17　如题 3.17 图所示薄壁圆锥形管锥度很小,厚度 δ 不变,长为 l。左右两端的平均直径分别为 d_1 和 d_2。试导出计算两端相对扭转角的公式。

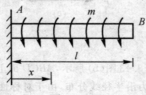

题 3.16 图

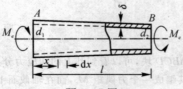

题 3.17 图

解 设距 A 端 x 处直径为 d_x,则

$$d_x = d_1 - \frac{d_1 - d_2}{l}x$$

极惯性矩

$$I_p = \frac{\pi}{32}[d_x^4 - (d_x - 2\delta)^4] \approx \frac{\pi}{4}d_x^3\delta$$

因锥度很小,仍可采用圆截面等直杆公式。

dx 长度内相对扭转角为

$$\mathrm{d}\varphi = \frac{T\mathrm{d}x}{GI_p} = \frac{4M_e\mathrm{d}x}{G\delta\pi d_x^3}$$

杆两端相对扭转角为

$$\varphi = \int_e \mathrm{d}\varphi = \frac{4M_e}{G\delta\pi}\int_0^l \frac{\mathrm{d}x}{\left[d_1 - \dfrac{d_1 - d_2}{l}x\right]^3} = \frac{l}{d_1 - d_2}\cdot\frac{2M_e}{G\delta\pi}\left(\frac{1}{d_2^2} - \frac{1}{d_1^2}\right) = \frac{2M_e l(d_1 + d_2)}{G\pi\delta d_1^2 \cdot d_2^2}$$

3.19 如题 3.19 图示钻头横截面直径为 20 mm,在切削部位受均匀分布的、集度为 m(单位为 N·m/m)、阻抗力偶的作用,许用切应力 $[\tau] = 70$ MPa。

(1) 试求许可的扭转力偶 M_e 的力偶矩值。

(2) 若 $G = 80$ GPa,求上端对下端的相对扭转角。

解 (1) 由强度条件,有

$$\tau_{\max} = \frac{M_e}{W_t} = \frac{16M_e}{\pi d^3} \leqslant [\tau]$$

得

$$M_e \leqslant \frac{\pi[\tau]d^3}{16} = \frac{\pi \times 70 \times 10^6 \times 0.02^3}{16} = 110 \text{ N·m}$$

(2) BC 段相对转角可用题 3.16 的结果。

$$\varphi_{AC} = \varphi_{AB} + \varphi_{BC} = \frac{Tl_1}{GI_P} + \frac{ml_2^2}{2GI_P}$$

$$m = M_e/l_2 = 110/0.1 = 1\ 100 \text{ N·m/m}$$

$$\varphi_{AC} = \frac{1}{GI_p}\left[M_e l_1 + \frac{1}{2}ml_2^2\right] = \frac{32}{\pi d^4 G}\left[M_e l_1 + \frac{1}{2}ml_2^2\right] =$$

$$\frac{32}{\pi \times 0.02^4 \times 80 \times 10^9}\left[110 \times 0.2 + \frac{1}{2} \times 100 \times 0.1^2\right] = 0.022 \text{ rad} = 1.25°$$

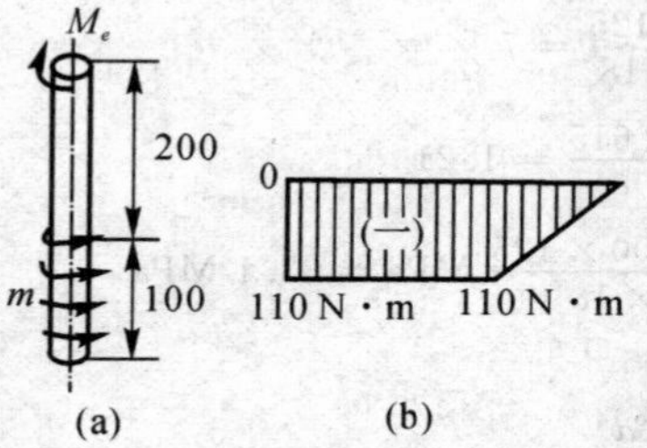

题 3.19 图    题 3.20 图

3.20 如题 3.20 图示两端固定的圆轴 AB,在截面 C 上受矩为 M_e 的扭转力偶的作用。试求两固定端 A 的约束反偶之矩 M_A 和 M_B。

[提示] (1) 轴的受力图如图所示。若以 φ_{AC} 表示截面 C 对 A 端的转角,φ_{CB} 表示 B 端对 C 截面 C 的转角,则 B 对 A 的转角 φ_{AB} 应是 φ_{AC} 和 φ_{CB} 的代数和。但因 B,A 两端皆是固定端,故 φ_{AB} 等于零。于是得变形协调方程 $\varphi_{AC} - \varphi_{CB} = O$。

(2) 由于圆轴两端固定,故可知其相对扭转角 $\varphi_{AB} = O$,以此作为变形协调方程,即可求解的两端力偶矩 M_A 和 M_B。

解　由平衡条件得

$$M_e = M_A + M_B \qquad\qquad ①$$

由于 AB 两端面固定，可知两端相对扭转角 $\varphi_{AB} = 0$，即

$$\varphi_{AB} = \frac{M_A a}{G I_p} = \frac{M_B b}{G I_p} = 0$$

得

$$M_A a - M_B b = 0 \qquad\qquad ②$$

联立式①②，解之得

$$M_A = \frac{M_e b}{a+b}, \quad M_B = \frac{M_e a}{a+b}$$

3.22　如题 3.22 图所示，AB 和 CD 两杆的尺寸相同。AB 为钢杆，CD 为铝杆，两种材料的切变模量之比为 3:1。若不计 BE 和 ED 两杆的变形，试问 F 力的影响将以怎样的比例分配于 AB 和 CD 两杆？

[**提示**]　两轴受扭时，应使 E 点产生的位移相同，利用这个变形协调条件，可求解 F 力的分配。

解　假设 1，2 两杆承受的力分别为 F_1，F_2，

$$\frac{F_1 a l}{G_1 I_p} = \frac{F_2 a l}{G_2 I_p} a$$

得

$$\frac{F_1}{F_2} = \frac{G_1}{G_2} = 3$$

故得

$$F_1 = \frac{3}{4} F, \quad F_2 = \frac{F}{4}$$

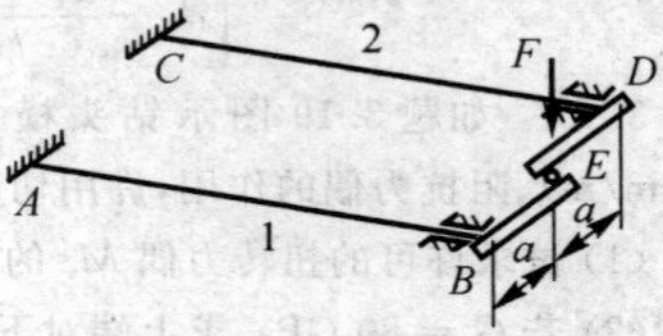

题 3.22 图

3.23　圆柱形密圈螺旋弹簧，簧丝横截面直径 $d = 18\ \text{mm}$，弹簧平均直径 $D = 125\ \text{mm}$，弹簧材料的 $G = 80\ \text{GPa}$。如弹簧所受拉力 $F = 500\ \text{N}$，试求：

(1) 簧丝的最大切应力。

(2) 弹簧要几圈才能使它的伸长等于 6 mm。

[**提示**]　按照教材中式(3.22)

$$\tau_{\max} = k \frac{8FD}{\pi d^3}$$

可求得弹簧最大切应力，弹簧刚度为

$$C = \frac{G d^4}{8 D^3 n}$$

解　(1) 对于弹簧，有

$$c = \frac{D}{d} = \frac{125}{18} = 7$$

$$k = \frac{4c-1}{4c-4} + \frac{0.615}{c} = 1.21$$

而

$$\tau_{\max} = k \frac{8FD}{\pi d^3} = 1.21 \times \frac{8 \times 500 \times 125}{\pi \times 18^3}\ \text{MPa} = 33.1\ \text{MPa}$$

(2) 弹簧的刚度系数为

$$C = \frac{G d^4}{8 D^3 n}$$

$$\lambda = \frac{F}{C} = \frac{8 F D^3 n}{G d^4}$$

得

$$n = \frac{\lambda d^4 l}{8 F D^3} = \frac{80 \times 10^3 \times 18^4 \times 6}{8 \times 500 \times 125^3} = 6.08$$

3.28　在题 3.28 图所示机构中，除了 1，2 两根弹簧外，其余构件都可假设为刚体。若两根弹簧完全相同，簧圈半径 $R = 100\ \text{mm}$，$[\tau] = 300\ \text{MPa}$，试确定弹簧丝的横截面直径，并求出每一弹簧所受的力。

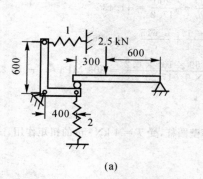

题 3.28 图

解 分析右段梁如题 3.28 图(b)示,由平衡关系得:$F = \dfrac{2.5 \times 600}{900} = 1.67$ kN

分析左段梁如题 3.28 图(c)示,由平衡关系,有

$$5 \times 10^3 \times 0.6 = F_1 \times 0.6 + F_2 \times 0.4 + F \times 0.4$$

$$6F_1 + 4F_2 = 5 \times 10^3 \times 6 - 1.67 \times 10^3 \times 4 = 23.3 \times 10^3 \text{ N}$$

由几何关系得

$$\frac{\lambda_1}{600} = \frac{\lambda_2}{400}$$

$$\lambda_1 = 1.5\lambda_2$$

因为弹簧受力与变形成正比,则

$$F_1 = 1.5F_2$$

代入左段平衡方程,得

$$F_2 = \frac{23.3}{13} \times 10^3 = 1.79 \times 10^3 \text{ N} = 1.79 \text{ kN}$$

$$F_1 = 1.5F_2 = 2.69 \text{ kN}$$

由于 $F_1 > F_2$,用 F_1 来设计。由于 k, d 均未知,须用试算法。

设 $k = 1$,代入强度条件,有

$$\tau_{\max} = \frac{16F_1 R}{\pi d^2} \leqslant [\tau]$$

解得

$$d \geqslant \sqrt{\frac{16F_1 R}{\pi [\tau]}} = \sqrt{\frac{16 \times 2.69 \times 10^3 \times 0.1}{\pi \times 300 \times 10^6}} = 1.66 \times 10^{-2} \text{ m} = 16.6 \text{ mm}$$

此时

$$c = \frac{D}{d} = \frac{2R}{d} = \frac{2 \times 0.1}{1.66 \times 10^{-2}} = 12$$

$$k = \frac{4c - 1}{4c - 4} + \frac{0.515}{c} = \frac{4 \times 12 - 1}{4 \times 12 - 1} + \frac{0.615}{12} = 1.12$$

弹簧最大切应力:$\tau_{\max} = k \dfrac{8F_1 D}{\pi d^3} = 1.12 \times \dfrac{8 \times 2.69 \times 10^3 \times 0}{\pi \times 0.016\ 6^3} = 335 \times 10^6 = 335 \text{ MPa} > [\tau] = 300 \text{ MPa}$,

且超过 5%,不合格。

设 $k = 1.12$,代入强度条件求得:

$$d = 17.2 \text{ mm}$$

此时

$$C = \frac{D}{d} = \frac{200}{17.2} = 11.43$$

$$k = \frac{4c-1}{4c-4} + \frac{0.615}{c} = 1.126$$

$$\tau_{max} = k\frac{8F_1D}{\pi d^3} = 1.126 \times \frac{8 \times 2.69 \times 10^7 \times 0.2}{\pi \times 0.017\ 23} = 303\ \text{MPa} \approx [\tau] \approx 300\ \text{MPa}$$

误差在 5% 以内。

选弹簧直径为 $d = 17.2$ mm。

3.33 外径为 120 mm、厚度为 5 mm 的薄壁圆杆,受 $T = 4$ kN·m 的扭矩作用,试按下列两种方式计算切应力:

(1) 按闭口薄壁杆件扭转的近似理论计算。

(2) 按空心圆截面杆扭转的精确理论计算。

解 $(1)\tau = \frac{T}{2\omega\delta} = \frac{T}{2r^2\delta}$

r 为平均半径,即

$$r = \frac{120-5}{2} = 57.5\ \text{mm}$$

$$\tau = \frac{4 \times 10^6}{2\pi \times 57.5^2 \times 5}\ \text{MPa} = 38.5\ \text{MPa}$$

$(2)\tau_{max} = \frac{T}{W_t} = \frac{16T}{\pi D^3(1-\alpha^4)}$

其中 $\alpha = \frac{d}{D} = \frac{120-2 \times 5}{120} = 0.917$

$$\tau_{max} = \frac{16 \times 4 \times 10^6}{\pi \times 120^3 \times (1-0.917^4)}\ \text{MPa} = 40.1\ \text{MPa}$$

*3.34 有一截面为矩形的闭口薄壁杆件,如题 3.34 图所示其截面面积 A 和厚度 δ 保持不变,而比值 $\beta = a/b$ 可以改变。在扭矩作用下,试证明切应力 τ 正比于 $\frac{(1+\beta)^2}{\beta}$ 若将上述闭口薄壁杆件改为开口薄壁杆件,在纯扭转下,改变比值 $\beta = a/b$,但 $a+b$ 不变,会不会引起切应力的变化?

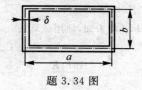

题 3.34 图

解 截面面积为

$$A = 2(a+b)\delta = 2b(1+\beta)\delta$$

解之得

$$b = \frac{A}{2(1+\beta)\delta}$$

由闭口薄壁杆计算公式,得

$$\tau_{max} = \frac{T}{2\omega\delta} = \frac{T}{2ab\delta} = \frac{T}{2\beta\delta b^2} = \frac{2\delta T(1+\beta)^2}{A^2\beta}$$

命题得证。

若改为开口薄壁杆 $\tau = \frac{T\delta}{I_t}$

而 $I_t = \frac{1}{3}2(a+b)\delta^3 = \frac{1}{3}A\delta^2$,与 β 无关。

因此,τ 与 β 无关,改变 β 不会引起切应力的变化。

第4章 弯曲内力

4.1 教学基本要求

4.1.1 内容概述

梁弯曲问题是材料力学中最基本、最重要的内容之一。内容非常丰富,弯曲变形的外力、内力、应力、变形、强度和刚度的分析和计算都比较复杂,因此对弯曲变形问题分三章进行讨论。本章主要讲授弯曲的基本概念、受弯杆件的简化、弯曲内力分析、剪力图和弯矩图等问题。

本章重点是直梁平面弯曲时横截面上的内力的计算以及梁的弯矩图的绘制。

4.1.2 目的要求

(1) 了解梁弯曲的概念,掌握平面弯曲产生的条件。

(2) 掌握用截面法求指定截面上 F_s,M 值。

(3) 利用截面一侧的已知外力或外力偶直接求该截面上的剪力值和弯矩值。

(4) 掌握根据梁的支座和载荷情况分段列出剪力方程 $F_s(x)$ 和弯矩方程 $M(x)$,并由此作出 F_s,M 图,同时利用 q,F_s,M 间的微分关系校核 F_s 图,M 图。

(5) 会不列方程而直接利用微分关系作梁的 F_s,M 图的方法与步骤,并应用于载荷较复杂、带中间铰链梁等情况。

(6) 能正确地判断常见的梁中最大弯矩所在位置,并熟练地用截面法计算其数值。

(7) 会叠加法求梁的 $|M|_{max}$。

(8) 掌握刚架 M 图的绘制,学会曲杆内力图的绘制。

4.1.3 三基

(1) 基本概念:平面弯曲,简支梁,外伸梁,悬臂梁,剪力,剪力方程,剪力图,弯矩,弯矩方程,弯矩图。

以上概念是进行弯曲强度计算及变形计算的基础,应准确掌握和理解。

(2) 基本理论:q,F_s,M 三者之间的微分关系。

(3) 基本方法:截面法、平衡法与叠加法。

4.1.4 重点难点

重点:用截面法求指定截面上剪力值和弯矩值,列梁的剪力方程和弯矩方程,作剪力图和弯矩图确定剪力、弯矩的最大值。

难点:F_s,M 正负号的规定,利用 q,F_s,M 间的微分关系作或校核 F_s 图、M 图。

4.2 教学建议

4.2.1 单元划分

本章共 6 个学时,划分 3 个教学单元。

三导

第一教学单元讲授弯曲的概念和实例,受弯杆件的简化,剪力和弯矩,剪力方程和弯矩方程。

第二教学讲授用剪力方程和弯矩方程作剪力图和弯矩图。

第三单元讲授载荷集度、剪力和弯矩间的微分关系,平面曲杆的弯曲内力。

4.2.2 各单元重点教学内容建议

第一单元重点教学内容

1. 梁的载荷与形式

(1) 支座的几种基本形式有 3 种:① 活动铰支座;② 固定铰支座;③ 固定端。

(2) 载荷的简化有 3 种:① 集中力;② 均布载荷;③ 集中力偶。

(3) 静定梁的基本形式有三种:① 简支梁;② 外伸梁;③ 悬臂梁。

2. 弯曲内力及其符号

梁的弯曲内力分量包括剪力 F_S 和弯矩 M。其基本方法仍采用截面法确定其值的大小。

内力分量符号的规定:剪力,以对梁内任一点力矩为顺时针转向时,该剪力为正,反之为负弯矩。对截面来说,它在左侧的向上外力,或右侧的向下外力,将产生正的剪力。对于弯矩,当梁水平放置时,向上的外力产生正的弯矩,向下的外力产生负的弯矩。

3. 梁的剪力方程和弯矩方程

梁横截面上的剪力和弯矩是随横截面的位置而变化的。设横截面沿梁轴线的位置用坐标 x 表示,则梁各个横截面上的剪力和弯矩可以表示为坐标 x 的函数,即

$$F_S = F_S(x) \quad \text{和} \quad M = M(x)$$

并分别称为剪力方程和弯矩方程。通常以梁的左端为 x 坐标原点。

第二单元重点教学内容

1. 作剪力图和弯矩图

绘制正确的剪力图和弯矩图是本章的重点内容,同时也是分析弯曲变形形式的基础,对于工程类专业非常重要,应重点掌握。

绘制剪力图和弯矩图的基本方法仍然是用截面法建立梁的剪力方程和弯矩方程,按方程作剪力图和弯矩图,也可以根据微分关系来作剪力图和弯矩图。有时还用叠加法。

2. 关于建立梁的剪力方程和弯矩方程的讨论

(1) 建立方程时要分段。在建立剪力和弯矩方程时要注意分段。分段的原则是在同一梁段内的剪力和弯矩都具有同一的函数表达式。一般情况下,由于作用在梁上的外力发生突变时,剪力和弯矩也会发生变化,因此在集中力作用处、分布载荷集度有突变处是列剪力方程的分段点;在集中力作用处、分布载荷集度有突变处、集中力偶作用处是列弯矩方程的分段点。

(2) 注意剪力和弯矩的符号。在用静力平衡方程求梁上任意截面的剪力和弯矩

时,建议使用"设正法",即假设该截面的剪力和弯矩都为正值,计算结果的正、负号即为剪力和弯矩的真实符号。应熟练掌握这种方法。

3. 关于画剪力和弯矩图

确定画出图形曲线所需的控制点,用正确的曲线(注意形状、凹凸、变化趋势)将这些控制点连接起来。正值的剪力和弯矩画在 x 轴上侧。

第三单元重点授课内容

1. 关于载荷、剪力图、弯矩图的关系

(1) 对于一段梁内,若无载荷作用,即 $q(x) = 0$,则在这段梁内剪力 $F_S(x) = $ 常数,剪力图是平等 x 轴的

直线,由 $\dfrac{\mathrm{d}^2 M(x)}{\mathrm{d}x^2} = q(x) = 0$,知 $M(x)$ 是一次函数,弯矩图是斜直线。

(2) 对于一段梁,若作用均布载荷,即 $q(x) =$ 常数,则 $\dfrac{d^2 M(x)}{dx^2} = \dfrac{dF_S}{dx} = q(x) =$ 常数,在这段梁内 $F_S(x)$ 是一次函数,$M(x)$ 是二次函数,故剪力图是斜直线,弯矩图是抛物线。

(3) 对一段梁,若 $F_S(x) = \dfrac{dM(x)}{dx} = 0$,则在这一截面上弯矩有一极小值或极大值,即弯矩的极值发生在剪力为零的截面上。

(4) 利用微分关系,可以方便地校核所画出的剪力图和弯矩图的正确性。并且可以利用微分关系,画出剪力图和弯矩图。

　2. 内力图变化的特殊值

(1) 集中力作用处,剪力图有突变,突变值等于集中力的数值;弯矩图出现尖点。

(2) 集中力偶作用处,剪力图无变化;弯矩图有突变,突变值等于集中力偶的数值。

(3) 均布载荷作用处,剪力图为斜直线,弯矩图为抛物线;剪力为零处弯矩出现极值。

(4) 梁的端点处:无集中力作用时,剪力为零;有集中力作用时,剪力等于集中力的数值;无集中力偶作用时,弯矩为零;有集中力偶作用时,弯矩等于集中力偶的数值。

利用上述的关系可以直观地判断所画内力图的正确性。

　3. 平面曲杆的弯曲内力图

曲杆在平面问题一般有 3 个内力:轴向力、剪力和弯矩。轴向力和剪力的正负号同前面各章规定,弯矩的正负可灵活的定在受拉或受压一侧为正。刚架的内力一般有 3 种:轴力、剪力和弯矩。但一般只作弯矩图。弯矩的正、负不作规定,通常将弯矩图画在杆件受压一侧。

4.2.3　考核内容建议

弯曲内力分析是解决梁的强度与刚度问题的基础,亦是几种基本变形中最复杂、最重要的一种,通常每套试题中涉及到该部分内容较多,主要有下述考点。

(1) 作内力图,少学时以简单静定梁为主,多学时考试题中还包括含有中间铰的静定梁、平面刚架乃至平面曲杆等。

(2) 检验外载、剪力、弯矩间的微分关系和突变关系掌握情况,由剪力图(或弯矩图)推作弯矩图(或剪力图)和结构受力图,判断内力图的正误。

(3) 弯曲应力一章中,由弯曲内力图判断 F_{Smax},M_{max} 所在面,从而确定危险截面。

(4) 组合变形中,画出各内力分量图,综合判断危险截面及该面危险点的应力状态。

(5) 能量法及能量法解静不定问题中,图乘法是以内力图为基础的一种较为简便的求位移的方法,通常要求非常熟悉且准确地作出内力图。

本章所列范例及考研题一般仅到作出内力图为止。据统计,考研题一般不单独考作梁或刚架的内力图,而是与其他问题综合考核。

4.3　典型例题

4.3.1　解题方法

　1. 求指定截面上的剪力和弯矩

(1) 用截面法求梁指定截面上的剪力和弯矩解题步骤:

① 计算梁的支座反力。

② 在指定截面处将梁截开,取其中的任一段为研究对象,并作其受力图。

③ 由平衡方程 $\sum F_x = 0$,求出剪力 F_S。

④ 以指定截面的形心 C 为矩心，由平衡方程 $\sum M = 0$，求出弯矩 M。

注意点：

① 如果所截取的梁段上不含支座反力（如悬臂梁的自由端一侧），则步骤 ① 可以省略。

② 注意剪力和弯矩的符号，在用静力平衡方程求梁上任意截面的剪力和弯矩时，建议使用"设正法"，即"假设该截面的剪力和弯矩都为正值"，计算结果的正、负号即为剪力和弯矩的真实符号。这种"内力设正法"简单可靠，不易出错，应熟练掌握这种方法。

在画梁段的受力图时，应假设横截面上的剪力、弯矩均为正。这样，计算结果的正负号即为剪力、弯矩的真实正负号。

（2）用简便方法求梁指定截面上的剪力和弯矩解题步骤：

① 剪力 F_S 等于截面一侧梁段上与截面平行的所有外力的代数和。其中，若对截面左侧所有外力求和，则外力以向上为正；若是对截面右侧所有外力求和，则外力以向下为正。即"左上右下为正，反之为负"。

② 弯矩 M 等于截面一侧梁段上所有外力对该截面形心的力矩的代数和。其中，对于外力，无论是位于截面左侧还是右侧，只要向上，对截面形心的矩都取正值；对于外力偶，若位于截面左侧，则以顺时针为正；若在右侧，则以逆时针为正。即"对于外力，上正下负"；"对于外力偶，左顺右逆为正，反之为负"。

注意点：

① 简便方法中所指外力，既包含外载荷，又包含支座反力。因此，在用简便方法计算剪力、弯矩之前，一定要判断所取截面一侧是否有支座？若有，首先求出支座反力。

② 在用简便方法求剪力、弯矩时，不必将梁截开后作受力图，也无需列平衡方程，可以大大简化计算过程。读者应反复练习，熟练掌握。

③ 上述求截面剪力和弯矩简便方法，实际上是在对求截面剪力和弯矩方法基本方法 —— 截面法所得结果做的总结上分析出的"利用截面一侧梁段上有外力（或外力偶）直接求截面剪力和弯矩方法"。因此，从严格意义讲，并不是另一种独立方法。

2. 绘制剪力图和弯矩图

（1）根据剪力方程和弯矩方程绘制剪力图和弯矩图解题步骤：

① 计算梁的支座反力。

② 根据梁上的外力情况，分段建立梁的剪力方程和弯矩方程。

③ 根据梁的剪力方程和弯矩方程，分段描点绘制梁的剪力图和弯矩图。

注意点：

① 在建立梁的剪力方程和弯矩方程时，应首先在图中标出沿梁轴线表示横截面位置坐标 x。通常以梁的左端为坐标 x 的原点，以向右为坐标 x 的正方向。

② 在建立梁的剪力方程和弯矩方程时，既可以用截面法，也可以用简便方法。

③ 在画剪力图时，规定以 x 轴的上侧为正。

④ 在画弯矩图时，对于机械类，规定以 x 轴的上侧为正，即将弯矩图画在梁的受压一侧；对于土木类，则规定以 x 轴的下侧为正，即将弯矩图画在梁的受拉一侧。本书遵循机械类的规定。

⑤ 剪力图和弯矩图中的分段点、极值点、转折点等特殊点的剪力值和弯矩值必须标示在相应的图中。

（2）根据剪力图和弯矩图规律快速绘制剪力图和弯矩图解题步骤：

① 反力。计算梁的支座反力。

② 分段。根据梁上的外力情况分段。

③ 定点。根据剪力图和弯矩图的图形规律，确定各段梁的控制截面及其上的剪力值和弯矩值，即定出绘制各段梁的剪力图和弯矩图的控制点。

④ 连线。将各段梁的剪力图和弯矩图的控制点连线成图，画出剪力图和弯矩图。

注意点：

① 若某段梁的剪力图或弯矩图为平行于梁轴线的水平直线,则只需要 1 个控制点即可作图,此时可取该段梁的任一截面为控制截面;若某段梁的剪力图或弯矩图为斜直线,则作图需要 2 个控制点,此时一般应选取该段梁的两个端面为控制截面;若某段梁的剪力图或弯矩图为抛物线,则至少需要 3 个控制点才能作图,此时一般应选取该段梁的两个端面和极值所在截面为控制截面。

② 在计算控制截面上的剪力和弯矩时,为了提高速度,一般应采用简便方法。

③ 在各段梁的交界处,应特别注意剪力图或弯矩图是否有突变。如果没有突变,则图线一定连续。

④ 在梁的端面以及铰链所在截面,如果没有集中外力偶作用,则其弯矩一定为零。

(3) 用微分关系检验所画出梁的剪力图和弯矩图的正确性步骤:

① 分段。在载荷不连续处,将梁分段。

② 定形状。根据微分关系,由载荷集度 q 确定每段内力图的大致形状。

③ 定点。确定每段起点和终点处的剪力和弯矩值。

④ 连线。将上步定出的剪力和弯矩值依次连接起来,即得剪力图和弯矩图。

3. 作内力图规律

(1) 分布载荷、剪力和弯矩之间微分关系的应用——简易法作 F_s,M 图。梁上无分布力时,F_s 图为水平线,M 图为斜直线;当梁段上 $q(x)$ 为常量时,F_s 图为斜线,M 图为抛物线;$q(x)$ 指向下弯矩图为上凸抛物线,$q(x)$ 指向上时为下凸抛物线。

集中力作用处,F_s 图突变,突变量等于集中力的值,向上的集中力引起向上的突变(从左向右看),向下的集中力引起向下的突变,M 图有尖点,尖点两边斜率不同;

集中力偶作用时,F_s 图无变化,M 图有突变,突变量等于集中力偶值;

用简易法作 F_s,M 图时,应沿全跨将梁分段,先求出各个代表截面的内力值,然后作图。

(2) F_s 图上剪力为零处,M 图有极值。

4.3.2 典型例题

例 4.1　如图 4.1(a)所示外伸梁上受均布载荷 q 和集中力偶 $M = qa^2$ 作用。其中 q,a 等均为已知。试求:$1-1$,$2-2$,$3-3$,$4-4$ 截面上的剪力和弯矩。

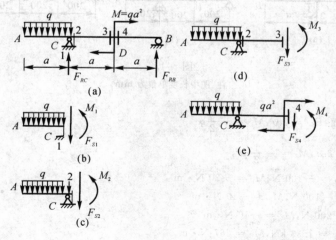

图　4.1

解　(1)先求约束反力。考虑整体平衡,利用

$$\sum M_B = 0, \quad \sum M_C = 0$$

可求得

$$F_{RC} = \frac{3qa}{4}, \quad F_{RB} = \frac{qa}{4}$$

方向如图（a）所示。

（2）截面法求内力。将梁分别从 $1-1,2-2,3-3$ 和 $4-4$ 截面处截开，考虑截面左侧部分平衡，并假设截面上剪力和弯矩均为正，所得各部分的隔离体受力图分别如图 4.1（b）（c）（d）（e）所示。利用平衡方程 $\sum F_y = 0, \sum M_C = 0$，即可求得 $1-1,2-2$ 截面上的剪力和弯矩为

$$F_{S1} = -qa, \quad M_1 = -\frac{qa^2}{2}$$

$$F_{S2} = -\frac{qa}{4}, \quad M_2 = -\frac{qa^2}{2}$$

利用平衡方程：

$$\sum F_y = 0, \quad \sum M_D = 0$$

即可求得 $3-3$ 和 $4-4$ 截面上的剪力和弯矩为

$$F_{S3} = -\frac{qa}{4}, \quad M_3 = -\frac{3qa^2}{4}$$

$$F_{S4} = -\frac{qa}{4}, \quad M_4 = \frac{qa^2}{4}$$

负号表示实际方向与图中所设正方向相反。

（3）结果校核。校核的方法多种多样。可以从 $1-1$ 和 $2-2$ 截面之间截取一小段作为平衡对象，根据 $1-1$ 和 $2-2$ 截面上剪力和弯矩的实际方向，如果所求的结果是正确的，那么这一段也必然是平衡的。同样，还可以截取 $3-3$ 和 $4-4$ 截面之间的小段作为平衡对象，以此来校核这两个截面上的剪力和弯矩是否正确。读者不妨试一试。

例 4.2　试计算图 4.2 所示各梁 $1,2,3$ 截面的剪力与弯矩（$1,2,3$ 截面无限接近于 C 或 D）。

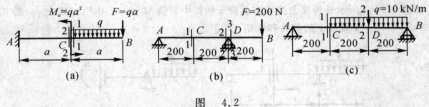

图　4.2

注：图中长度单位为 mm

解　（1）$1-1$ 截面：$F_{S1} = 2qa$，$M_1 = -\frac{3}{2}qa^2$

$2-2$ 截面：$F_{S2} = 2qa$，$M_2 = -\frac{1}{2}qa^2$

（2）$1-1$ 截面：$F_{S1} = -100 \text{ N}$，$M_1 = -20 \text{ N·m}$

$2-2$ 截面：$F_{S2} = -100 \text{ N}$，$M_2 = -40 \text{ N·m}$

$3-3$ 截面：$F_{S3} = 200 \text{ N}$，$M_3 = -40 \text{ N·m}$

（3）$1-1$ 截面：$F_{S1} = 1.33 \text{ kN}$，$M_1 = 267 \text{ N·m}$

$2-2$ 截面：$F_{S2} = -0.667 \text{ kN}$，$M_2 = 333 \text{ N·m}$

例 4.3　图 4.3 所示中（a）图中，$AB = 2l, BC = l$；（b）中 $AC = BC = l$。试建立各梁的剪力方程和弯矩方程，绘制剪力图和弯矩图，并确定 $|F_s|_{max}$ 及 $|M|_{max}$。

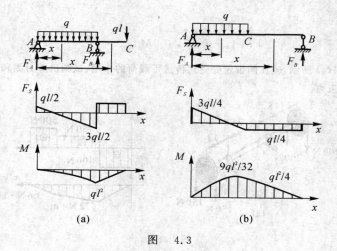

图 4.3

解 (1)已知梁如图(a)的上面图所示,先取外伸梁 AC 为研究对象,由平衡方程求出其支座反力有

$$F_A = \frac{ql}{2}(\uparrow), \quad F_B = \frac{5ql}{2}(\uparrow)$$

根据梁上外力情况,需分 AB,BC 两段建立其剪力方程和弯方方程。在距梁左端 A 为 x 处任取一截面,由简便方法,列出其剪力方程、弯矩方程分别为

AB 段:

$$F_S(x) = \frac{ql}{2} - qx \quad (0 < x < 2l)$$

$$M(x) = \frac{ql}{2}x - \frac{qx^2}{2} \quad (0 \leqslant x \leqslant 2l)$$

BC 段:

$$F_S(x) = ql \quad (2l < x < 3l)$$

$$M(x) = -ql \cdot (3l - x) \quad (2l \leqslant x \leqslant 3l)$$

根据剪力方程、弯矩方程,分段作出该简支梁的剪力图和弯矩图如图(a)的中间图和下面图所示。

由图可得

$$|F_S|_{max} = \frac{3ql}{2}, \quad |M|_{max} = ql^2$$

(2)已知梁如图(b)的上面图所示,先取简支梁 AB 为研究对象,由平衡方程求出其支座反力,有

$$F_A = \frac{3ql}{4}(\uparrow), \quad F_B = \frac{ql}{4}(\uparrow)$$

根据梁上外力情况,需分 AC,CB 两段建立其剪力方程和弯矩方程。在距梁左端 A 为 x 处任取一截面,由简便方法,列出其剪力方程、弯矩方程分别为

AC 段:

$$F_S(x) = \frac{3ql}{4} - qx \quad (0 < x \leqslant l)$$

$$M(x) = \frac{3ql}{4}x - \frac{qx^2}{2} \quad (0 \leqslant x \leqslant l)$$

CB 段:

$$F_S(x) = -F_B = -\frac{ql}{4} \quad (l \leqslant x < 2l)$$

$$M(x) = F_B(2l - x) = \frac{ql^2}{2} - \frac{ql}{4}x \quad (l \leqslant x < 2l)$$

根据剪力方程、弯矩方程,分段作出该简支梁的剪力图和弯矩图如如图(b)之中间图和下面图所示。由

三导

图可得

$$|F_S|_{max} = \frac{3ql}{4}, \quad |M|_{max} = \frac{9ql^2}{32}$$

例4.4　如图4.4(a)所示,轴在两带轮处受到传送带载荷的作用,试画出剪力图和弯矩图。假设轴承 A 和 B 处仅施加竖向约束力。

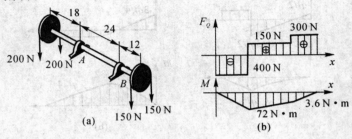

图　4.4

解　(1)根据轴所受的外力,由平衡方程:

$$\sum M_a = 0, \quad 400 \times 0.018 + F_B \times 0.024 - 300 \times 0.036 = 0$$

$$\sum F_y = 0, \quad -400 - 300 + F_A + F_B = 0$$

解得　　　　　　　　　　　　$F_B = 150 \text{ N}; \quad F_A = 550 \text{ N}$

(2)剪力图与弯矩图如图(b)所示。

例4.5　如图4.5(a)所示悬臂梁,试用剪力、弯矩与载荷集度间的微分关系绘制梁的剪力图和弯矩图。

解　因该梁为悬臂梁,其 A 端为自由端,故可以不求支座反力,直接计算剪力和弯矩。

(1)计算控制截面的剪力和弯矩。根据载荷情况,将梁划分为 AB,BC 两段,利用简便方法,求得各段梁的始点和终点截面的剪力和弯矩分别为

A 右侧截面:　　　　　　　　　　$F_{SA右} = 0, \quad M_{A右} = 0$

B 左、右两侧截面:$F_{SB右} = F_{SB左} = -qa, \quad M_{B左} = -\frac{1}{2}qa^2, \quad M_{a右} = \frac{1}{2}qa^2$

C 左侧截面:　　　　　　　　　$F_{SC右} = -qa, \quad M_{C右} = -\frac{1}{2}qa^3$

(2)判断剪力图和弯矩图形状。由于 BC 梁段上无分布载荷作用,故此段梁的剪力图为水平直线,弯矩图为斜直线。由 AB 段梁上有向下的均布载荷作用,故此段梁的剪力图为斜直线,弯矩图为开口向下的抛物线。

(3)画剪力图和弯矩图:根据上述结论,分段作出剪力图、弯矩图,分别如图(b)(c)所示。

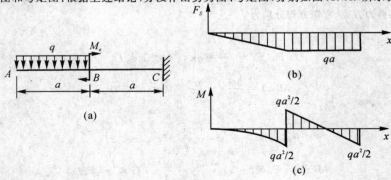

图　4.5

例 4.6　图 4.6 所示各梁,试利用弯矩、剪力和载荷集度间的关系,作作出梁的剪力图和弯矩图。

解　(1) 图(a) 所示为外伸梁,先取外伸梁 AC 为研究对象,由平衡方程求出其支座反力,有

$$F_A = \frac{1}{2}ql(\uparrow), \quad F_B = \frac{3}{2}ql(\uparrow)$$

根据梁上外力情况,作图时应分为 AB, BC 两段。利用弯矩、剪力和载荷集度间的关系,作出其剪力图和弯矩图如图(a) 之下两图所示。

(2) 图 4.7(b) 所示,先取简支梁 AB 为研究对象,由平衡方程求出其支座反力,有

$$F_A = \frac{1}{4}ql(\uparrow), \quad F_B = \frac{3}{4}ql(\uparrow)$$

根据梁上外力情况,作图时应分为 AC、BC 两段。利用弯矩、剪力和载荷集度间的关系,作出其剪力图和弯矩图如图(b) 之下两图所示。

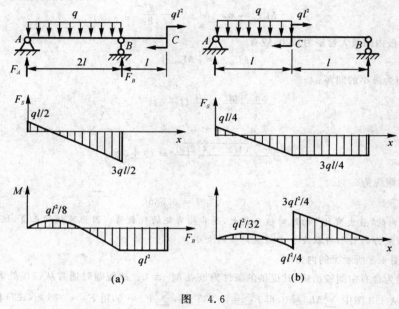

图　4.6

例 4.7　长度为 l 的书架由一块对称地放置在两个支架上的木板构成,如图 4.7(a) 所示。设书的重量可视为均布载荷 q,为使木板内的最大弯矩为最小,试求两支架的间距 a。

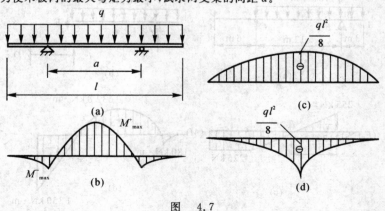

图　4.7

解　(1) 最大弯矩为最小的条件。设两支座的间距为 a,则木板的弯矩图如图(b) 所示。木板内的

最大正弯矩和大负弯矩分别为

$$M_{max}^+ = \frac{ql}{2} \cdot \frac{\alpha}{2} - \frac{ql^2}{8}$$

$$M_{max}^- = -\frac{ql}{2}\left(\frac{l-a}{2}\right)^2$$

当间距 a 逐渐增大,则 M_{max}^+ 随之增大,而 M_{max}^- 随之减小。在 $a \to l$ 的极限情况,其弯矩如图4.7(c)所示,即

$$M_{max}^+ \to \frac{ql^2}{8}, \qquad M_{max}^- \to 0$$

反之,当间距 a 逐渐减小,则 M_{max}^+ 随之减小,而 M_{max}^- 随之增大。在 $a \to 0$ 的极限情况,其弯矩图如图(d)所示,即

$$M_{max}^+ \to 0, \qquad M_{max}^- \to -\frac{ql^2}{8}$$

可见,为使木板内的最大弯矩为最小,应有

$$|M_{max}^+| = |M_{max}^-|$$

(2) 最大弯矩为最小的间距:

$$\frac{qla}{4} - \frac{ql^2}{8} = \frac{l}{8}(l-a)^2$$

$$a^2 - 4al + 2l^2 = 0$$

$$a = \frac{4l \pm \sqrt{(4l)^2 - 4(2l^2)}}{2} = (2 \pm \sqrt{2})l$$

故,两支座间距应为

$$a = (2-\sqrt{2})l = 0.586l$$

【评注】木板内的"最大弯矩"的绝对值为最大,并非指弯矩的代数值。因为弯矩的正负,仅影响弯曲正应力的正负,而弯曲应力的大小将取决于弯矩绝对值的大小。

例 4.8 作图 4.8 所示梁的内力图。

解 图示梁为含有中间铰结构,其提供的条件为该点 $M_C \equiv 0$。故解题时通常从铰接处解开,求出铰链所承受的剪力。从 4.8 图中 $\sum M_B = 0$,得 $F_{SC} = -225$ kN,$\sum F_y = 0$,得 $F_B = 375$ kN;CD 段,相当于在 C 面作用一个向下 225 kN 的集中力,分别作出两内力图再连接即可。但要注意,作力图后铰接点如无集中力作用,该点 $M = 0$。

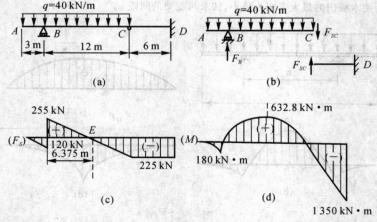

图 4.8

根据载荷,力和弯矩的微分关系,可以写出其三者间的积分关系,即

$$F_S(b) = F_S(a) + \int_a^b q(x)\mathrm{d}x$$

$$M(b) = M(a) + \int_a^b F_S(x)\mathrm{d}x$$

该式表明 b 截面剪力等于 a 截面集中力与 ab 间分布载荷的面和之和,b 截面弯矩等 a 截面弯矩与 ab 间剪力图面积之和。因此

AB 段:$F_S(B) = 0 + \int_0^3 -q\mathrm{d}x = -40 \times 3 = 120\ \mathrm{kN}$

$M(B) = 0 + \int_0^3 F_S(x)\mathrm{d}x = -\frac{1}{2} \times 3 \times 120 = -180\ \mathrm{kN \cdot m}$

根据微分关系 $\dfrac{\mathrm{d}F_S}{\mathrm{d}x} = q$ 且向下为负,$\dfrac{\mathrm{d}M}{\mathrm{d}x} = F_S(x)$ 知 M 图为二次线,且斜率为负。而 $\dfrac{\mathrm{d}^2 M}{\mathrm{d}x^2} = q$ 为负,该段有极大值,曲线上凸。

BC 段:$F_S(C) = F_S^R(B) + \int_0^{12} -q\mathrm{d}x = 255 - 40 \times 12 = -225\ \mathrm{kN}$(其中 $F_S^R(B)$ 是 B 右截面剪力)。

剪力从正 255 kN 变化到 -225 kN,中间必有 $F_S = 0$ 的面,该面(E 面)距 B 支座为 $x = \dfrac{255}{40} = 6.375\ \mathrm{m}$。

$$M(E) = M(B) + \int_0^{6.375} F_S(x)\mathrm{d}x = -180 + \frac{1}{2} \times 6.375 \times 255 = 633\ \mathrm{kN \cdot m}$$

$$M(C) = M(E) + \int_0^{5.625} F_S(x)\mathrm{d}x = 633 - \frac{1}{2} \times 5.625 \times 225 = 0$$

（满足中间铰内力条件）

由突变关系知（B 右侧面）B^R 截面 $F_S^R(B) = 225kN$,C 截面 $F_S(C) = 255kN$。由微分关系知该段为直线,连接两点即得剪力图。注意 BC 段是从 B 截面右侧算起,故 $F_S(B)$ 应取 $F_S^R(B)$。剪力图该段从正到负的变化,必经过剪力为零截面,而该截面即为弯矩的极值面,故得出 $M(E)$。再由 F_S 图知,BC 段内 M 图左侧斜率为正,右侧斜率为负,$\dfrac{\mathrm{d}^2 M}{\mathrm{d}x^2} = q$ 为负,为一个上凸曲线。CD 段为

$$F_S(D) = F_S(C) + \int_0^6 q\mathrm{d}x = -255 + 0 = -225\ \mathrm{kN}$$

$$M(D) = M(C) + \int_0^6 F_S(x)\mathrm{d}x = 0 - 255 \times 6 = 1\ 350\ \mathrm{kN}$$

已知 C,D 面的剪力和弯矩值,且 $\dfrac{\mathrm{d}F_S}{\mathrm{d}x} = 0$,$C$,$D$ 间为水平线。$\dfrac{\mathrm{d}M}{\mathrm{d}x}F_S = -225$ kN 为常数,M 图中斜直线,连接两点,即得该段内力图完整的内图如图(b)(c) 所示。

例 4.9 试绘制图 4.9(a) 所示带中间铰的多跨静定梁 F_S 图和 M 图。

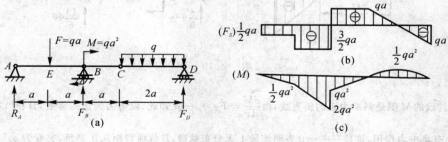

图 4.9

解 1.求支座反力

对于 CD 梁部分,由 $\sum M_C = 0, F_D = qa$

对于整体,有

$$\sum M_B = 0, \quad F_A = -\frac{1}{2}qa, \quad \sum M_A = 0, \quad F_B = \frac{5}{2}qa$$

2.绘制剪图图

(1)A 截面有向下的支座反力 F_A,因此 A 截面的剪力有突变,突变值为

$$F_{SA} = -\frac{1}{2}qa$$

上突变,突变值为 M,在 B 截面稍右的弯矩为

$$M_{B右} = -2qa^2 + M_e = -qa^2$$

(2)BC 段无载荷作用,F_S 为正值常量,故 $M(x)$ 是 x 的一次数,弯矩图应是正斜率斜直线。

(3)C 截面上的弯矩为

$$M_C = F_A \times 3a - p \cdot 2a + F_B \times a + M_e = 0$$

(4)CD 段上有向下的均布载荷 q,剪力图为负斜率斜直线,变图为上凸的抛物线。

(5)CD 段中间截面的弯矩(取右段分析)为

$$M = F_D \times a - qa \times \frac{a}{2} = \frac{1}{2}qa^2$$

(6)铰端支座 D 处无集中力偶作用,得

$$M_D = 0$$

弯矩图如例 4.10(c) 图所示,由弯矩图可知,在 B 截面处

$$|M|_{max} = 2qa^2$$

例 4.10 已知静定梁的弯矩图如图 4.10(a) 所示,试绘出该梁的剪力图、载荷图和支座图,图中曲线均为二次曲线(D 点为 M 图线与梁轴相切点)。

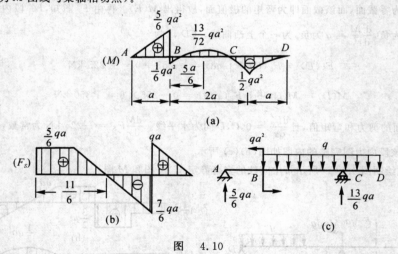

图 4.10

解 AB 段的 M 图是斜率为正的斜直线,由 $\dfrac{\mathrm{d}M}{\mathrm{d}x} = F_s = \dfrac{5}{6}qa$ 知此、段剪力为正的常数,且在 A 截面突变,表明 A 面上有集中力作用,该段 $\dfrac{\mathrm{d}F_s}{\mathrm{d}x} = 0$ 表明该段上无分布载荷,B 截面弯矩从正到负,突变为 qa^2,表明该面作用有逆时针向集中力偶 $M = qa^2$ 作用。

CD 段为上凸的二次曲线,即 M 有极大值,$\dfrac{\mathrm{d}^2 M}{\mathrm{d}x^2}$ 为负,分布载荷方向向下。D 点为 M 曲线与梁轴线相切

点,即该点剪力为零,而 C 面的 $\dfrac{\mathrm{d}M}{\mathrm{d}x}=qa$,即 C 截面右侧 C^R 截面剪力等于 qa。

BC 段,C 截面处 M 图斜率不连续,该面一定是外力(约束力)作用面,BC 段 M 图为上凸的二次曲线,由例 4.12(a) 图知该段上一定作用同 CD 段等值的向下分布载荷 $\dfrac{5}{6}qa-2qa=-\dfrac{7}{6}qa$,即 C 截面左侧 C^L 面上剪力为 $-\dfrac{7}{6}qa$。连接 BC 段,得 F_S 图。C 面突变值为 $\left(\dfrac{7}{6}+1\right)qa=\dfrac{13}{6}qa$,故 C 点集中向上为 $F_C=\dfrac{13}{6}qa$。作 F_S 图及荷图如例 4.12(b),(c) 图所示。由于 BC,CD 段 q 相等,故两段剪力图斜线平等,即 $\dfrac{\mathrm{d}F_S}{\mathrm{d}V}=q$。

一般在该梁上作用的外力完全满足静力平衡条件下,梁可有多种静定支座形式。如在 A,B 处为铰支座;也可为在 A,C 处为铰支座;同样也可以 A 面处是固定端等等。图 4.10(c) 仅给出一种

例 4.11 绘出图 4.11(a) 所示梁的剪力图及弯矩图。

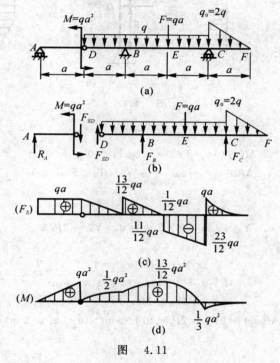

图 4.11

解 将梁从铰链处拆开,成为图(b)所示的两部分,注意集中力偶作用在中间铰的左侧。根据部分平衡条件 $\sum M_D=0$ 求得 $F_A=\dfrac{M}{a}=qa$,由 $\sum F_y=0$,得 $F_{SD}=F_A=qa$。又根据右部平衡

$\sum M_C=0$,求得

$$F_B=\frac{3qa\times\frac{3}{2}a+qa\times a-\frac{1}{2}\times 2qa\times\frac{a}{3}-qa\times 3a}{2a}=\frac{13}{12}qa$$

$\sum M_B=0$,求得

$$F_C=\frac{3qa\times\frac{1}{2}a+qa\times a+\frac{1}{2}\times 2qa\times\frac{7}{3}a+qa\times a}{2a}=\frac{35}{12}qa$$

用 $\sum F_y=0$ 校核有 $F_B+F_C+F_{SD}-5qa=0$,计算无误。绘剪力图及弯矩图如例 4.11(c)(d)图所示。

可用突变关系及微分关系来检验内力图的正确性,并注意中间铰处如无集中力偶作用,其弯矩值恒等于零,其左或右侧作用集中力偶,则发生突变。F_s 图中由于 DBC 段 q 为常数,$\dfrac{\mathrm{d}F_s}{\mathrm{d}x} = q(\downarrow)$ 为负,故 DB,BE,EC 段应为平行线。CF 段 q 为负的递减,即 $\dfrac{\mathrm{d}q}{\mathrm{d}x} > 0$,$\dfrac{\mathrm{d}^2 F_s}{\mathrm{d}x^2} > 0$,该段下凸的二次曲线,在 F 点 $q = 0$。即 F 点为极值点,曲线在该点与轴线相切。M 图 DF 中四段均为上凸曲线,各段斜对应的 F_s 图看出。

例 4.12　试作图 4.12 所示各刚架的弯矩图。

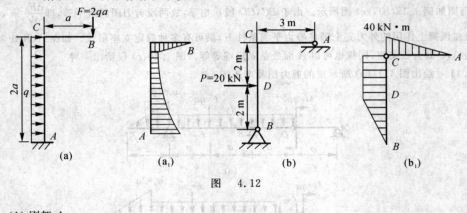

图　4.12

解　(1)刚架 A:

$$M(x_1) = -Fx_1 = -2qax_1 \quad (0 \leqslant x_1 \leqslant a)$$
$$M(x_2) = -2qa^2 - qx_2^2/2 \quad (0 < x_2 < 2a)$$

画出弯矩图如图(a_1)所示。

(2)刚架 B:

求支座约束力 $\sum M_B = 0$,　$Y_A \times 3\ \text{m} - P \times 2\ \text{m} = 0$,　$Y_A = 2P/3$

分 3 段列弯矩方程:

AC 段:
$$Y_A x_1 - M(x_1) = 0$$
$$M(x_1) = 2Px_1/3 \quad (0 \leqslant x_1 \leqslant 3\ \text{m})$$

CD 段:
$$3Y_A - M(x_2) = 0$$
$$M(x_2) = 3Y_A = 2P = 40\ \text{kN} \cdot \text{m} \quad (0 < x_1 \leqslant 2\ \text{m})$$

画出弯矩图如图(b_1)所示。

4.4　自学指导

所谓弯曲变形是指作用于杆件上的外力垂直于杆件的轴线,使原为直线的轴线变形后变成为曲线,这种以弯曲变形为主的杆件习惯上称为梁。当作用于杆件上的所有外力都在纵向对称面内时,弯曲变形后的轴线也将是位于这个对称面内的一条曲线。这种对称弯曲是弯曲问题中最常见的情况,称为平面弯曲。本章仅讨论平面弯曲杆件横截面上的内力。学生应主要搞懂下述问题。

1.列梁的剪力方程和弯矩方程

首先应根据梁上载荷的具体情况,把梁分为若干段,分别列各段的剪力方程和弯矩方程。基本方法是截面法,即由截面任意一侧梁上的外力计算该截面的剪力和弯矩,应特别注意外力的方向及其相应的剪力和弯矩的符号。对列出的剪力方程和弯矩方程可以用微分关系校核。

解析方法:

注意剪力和弯矩的符号,在用静力平衡方程求梁上任意截面的剪力和弯矩时,建议使用"设正法",即假设该截面的剪力和弯矩都为正值,计算结果的正、负号即为剪力和弯矩的真实符号。应熟练掌握这种方法。

2.作剪力图和弯矩图

绘制正确的剪力图和弯矩图是本章的重点内容,同时也是分析弯曲变形形式的基础,对于工程类专业非常重要,应重点掌握。

作剪力图和弯矩图应分段进行,对于每一段可以直接根据剪力方程和弯矩方程作剪力图和弯矩图,也可以根据微分关系来作剪力图和弯矩图。在熟练的基础上建议使用后一种方法。

解析方法:

(1)注意载荷作用特点与剪力图、弯矩图的关系:

① 集中力作用处,剪力图有突变,突变值等于集中力的数值;弯矩图出现尖点。

② 集中力偶作用处,剪力图无变化;弯矩图有突变,突变值等于集中力偶的数值。

③ 均布载荷作用处,剪力图为斜直线;弯矩图为抛物线,剪力为零处弯矩出现极值。

(2)梁的端点处:无集中力作用时,剪力为零;有集中力作用时,剪力等于集中力的数值;无集中力偶作用时,弯矩为零;有集中力偶作用时,弯矩等于集中力偶的数值。

利用微分关系,可以方便地画出梁的剪力图和弯矩图,也可校核所画出的剪力图和弯矩图。建议在熟练的基础上多使用这种方法。

建议根据上述内容认真看懂相应典型例题6至8道,认真仔细做相应习题8至11道,亲自总结出解题的规律与技巧。

4.5 习题精选详解

4.1 如题4.1图(a)(b)(c)(d)(e)(f)(g)所示各梁中截面1—1,2—2,3—3上的剪力和弯矩,这些截面都无限接近于截面 C 或 D 设均为已知。

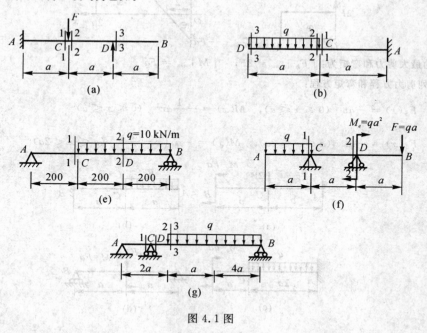

图 4.1 图

解 (a)1—1截面:$F_{S1} = 0$,$M_1 = Fa$

2—2截面:$F_{S2} = -F$,$M_2 = Fa$

3—3截面:$F_{S3} = 0$,$M_3 = 0$

(b)1—1截面:$F_{S1} = -qa$,$M_1 = -\dfrac{qa^2}{2}$

2－2 截面：$F_{S2} = -qa$，$M_2 = -\dfrac{qa^2}{2}$

3－3 截面：$F_{S3} = 0$，$M_3 = 0$

（e）1－1 截面：$F_{S1} = 1.33$ kN，$M_1 = 267$ N·m

2－2 截面：$F_{S2} = -0.667$ kN，$M_2 = 333$ N·m

（f）1－1 截面：$F_{S1} = -qa$，$M_1 = -\dfrac{1}{2}qa^2$

2－2 截面：$F_{S2} = -\dfrac{3}{2}qa$，$M_2 = -2qa^2$

（g）1－1 截面：$F_{S1} = -qa$，$M_1 = -2qa^2$

2－2 截面：$F_{S2} = 2qa$，$M_2 = -2qa^2$

3－3 截面：$F_{S3} = 2qa$，$M_3 = 0$

4.2 设已知题 4.2 图（a）（b）（c）（d）（i）（k）（l）所示各梁的载荷 F, q, M 和尺寸 a。（1）试列出梁的剪力方程和弯矩方程；（2）作剪力图和弯矩图；（3）确定 $|F_S|_{max}$ 及 $|M|_{max}$。

解 以下解答均以右侧为 x 轴正方向（与轴长对应）。

图（a）（1）列剪力方程与弯矩方程：

AC 段：$F_S(x) = 2F$ $(0 < x < a)$，$M(x) = F(2x - a)$ $(0 < x \leq a)$

CB 段：$F_S(x) = 0$ $(a \leq x \leq 2a)$，$M(x) = Fa$ $(a \leq x \leq 2a)$

（2）作剪力图，弯矩图为

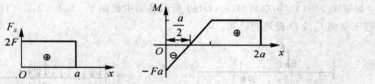

（3）梁的最大剪力和弯矩为：$|F_S|_{max} = 2F$，$|M|_{max} = Fa$

（b）（1）列剪力方程和弯矩方程：

AC 段：$F_S(x) = -qx$ $(0 \leq x \leq a)$，$M(x) = -\dfrac{1}{2}qx^2$ $(0 \leq x \leq a)$

CB 段：$F_S(x) = -qa$ $(a \leq x \leq 2a)$，$M(x) = -qa\left(x - \dfrac{a}{2}\right)$ $(a \leq x < 2a)$

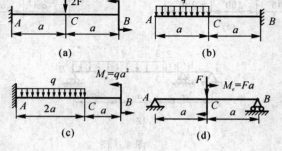

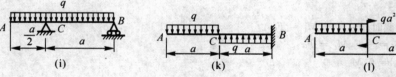

题 4.2 图

（2）作剪力图，弯矩图为

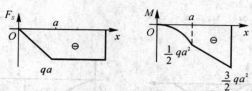

（3）梁的最大剪力和弯矩分别为 $|F_S|_{max} = qa$，$|M|_{max} = qa^2$。

图（c）（1）列剪力方程和弯矩方程：

CB 段： $F_S(x) = 0$ （$2a \leqslant x \leqslant 3a$）， $M(x) = qa^2$ （$2a \leqslant x \leqslant 3a$）

AC 段： $F_S(x) = -q(2a-x)$ （$0 < x \leqslant 2a$）

$$M(x) = -\frac{1}{2}q(2a-x)^2 + qa^2$$

（2）作剪力图，弯矩图为

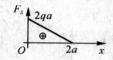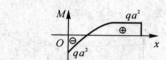

（3）梁的最大剪力和弯矩分别为 $|F_S|_{max} = 2qa$， $|M|_{max} = \frac{3}{2}qa^2$

图（d）（1）列剪力方程和弯矩方程：

AC 段： $F_S(x) = 0$ （$0 \leqslant x < a$）， $M(x) = 0$ （$0 \leqslant x < a$）

CB 段： $F_S(x) = -F$ （$a < x < 2a$）， $M(x) = F(2a-x)$ （$a < x \leqslant 2a$）

（2）作剪力图，弯矩图为

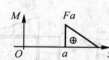

（3）梁的最大剪力和弯矩为 $|F_S|_{max} = F$， $|M|_{max} = Fa$。

图（e）（1）列剪力和弯矩方程：

AC 段： $F_S(x) = -qx$ （$0 \leqslant x \leqslant \frac{a}{2}$）， $M(x) = -\frac{1}{2}qa^2$ （$0 \leqslant x \leqslant \frac{a}{2}$）

CB 段： $F_S(x) = -qx + \frac{9}{8}qa$ （$\frac{a}{2} < x < \frac{3}{2}a$）

$M(x) = -\frac{1}{2}qx^2 + \frac{9}{8}qax - \frac{9}{16}qa^2$ （$\frac{a}{2} \leqslant x \leqslant \frac{3a}{2}$）

（2）作剪力图，弯矩图为

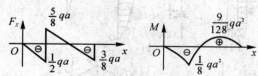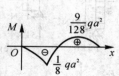

（3）梁内最大剪力和弯矩为

$$|F_S|_{max} = \frac{5}{8}qa, \quad |M|_{max} = \frac{qa^2}{8}$$

（f）（1）列剪力方程和弯矩方程：

AC 段： $F_S(x) = -qx$ （$0 \leqslant x \leqslant a$）， $M(x) = -\frac{1}{2}qx^2$ （$0 \leqslant x \leqslant a$）

CB 段：$F_S(x) = q(x - 2a)$　$(a \leqslant x \leqslant 2a)$

$M(x) = \dfrac{1}{2}qx^2 - 2qax + qa^2$　$(a \leqslant x < 2a)$

（2）作剪力图，弯矩图为

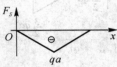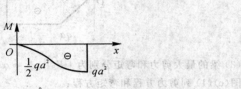

（3）梁的最大剪力和弯矩为：$|F_S|_{max} = qa$，$|M|_{max} = qa^2$

图（g）（1）列剪力方程和弯矩方程：

AC 段：$F_S(x) = -qx$　$(0 \leqslant x \leqslant a)$　$M(x) = -\dfrac{1}{2}qx^2$　$(0 \leqslant x < a)$

CB 段：$F_S(x) = -qa$　$(a \leqslant x < 2a)$，　$M(x) = -qa\left(x - \dfrac{a}{2}\right) + qa^2$　$(a < x < 2a)$

（2）作剪力图，弯矩图为

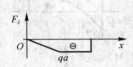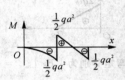

（3）梁的最大剪力和弯矩为 $|F_S|_{max} = qa$，　$|M|_{max} = \dfrac{1}{2}qa^2$

4.5　试作题 4.5 图示刚架的弯矩图。

解　刚架的弯矩图如题 4.5 图所示。

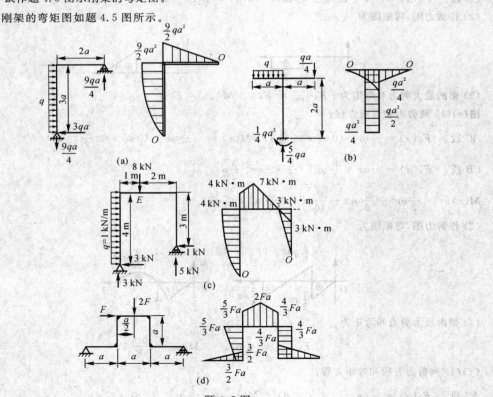

题 4.5 图

4.6 题4.6图示桥式起重机大梁上，小车的每个轮子对大梁的压力均为F，小车的轮距为d，大梁的跨度为l，试问小车在什么位置时梁内的弯矩为最大？其最大弯矩等于多少？最大弯矩的作用截面在何处？

解 如题4.6图(a)示，设左轮距离左端为x，则可求得

$$F_1 = F\left(1 - \frac{x}{l}\right) + F\left(1 - \frac{x}{l} - \frac{d}{l}\right) = F\left(2 - \frac{2x+d}{l}\right)$$

(1) 当$F_1 > F$时，即$x < \frac{l-d}{2}$，此时梁的剪力图大致为题4.6图(b)。可看出此时梁的最大弯矩为

$$M = F_1 x + (F_1 - F)d = F\left(2 - \frac{2x+d}{l}\right)x + F\left(1 - \frac{2x+d}{l}\right)d = \frac{F}{l}\left[(2l-3d)x - 2x^2 + dl - d^2\right]$$

由$\frac{\mathrm{d}M}{\mathrm{d}x} = 0$，得

$$2l - 3d - 4x = 0, \quad x = \frac{2l-3d}{4} < \frac{l-d}{2}$$

故符合假设条件，此时

$$x = \frac{2l-3d}{4} = \frac{l}{2} - \frac{3}{4}d$$

$$M_{\max} = \frac{F}{2}(l-d) + \frac{Fd^2}{8l}$$

最大弯矩的作用截面在右轮处。

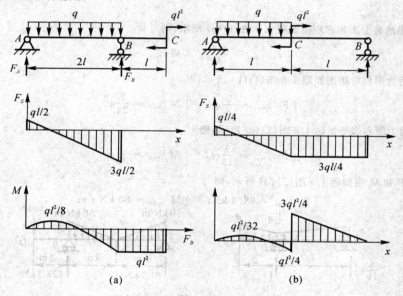

题 4.6 图

(2) 当$F_1 < F$时，即$x > \frac{l-d}{2}$，此时梁的剪力图大致为题4.6图(c)，可看出此时梁的最大弯矩为

$$M = F_1 x = F\left(2 - \frac{2x+d}{l}\right)x = \frac{F}{l}\left[(2l-d)x - 2x^2\right]$$

由$\mathrm{d}M/\mathrm{d}r = 0$，得

$$2l - d - 4x = 0, \quad x = \frac{2l-d}{4} > \frac{l-d}{2}$$

故符合假设条件，此时

$$x = \frac{2l-d}{4} = \frac{l}{2} - \frac{d}{4}$$

$$M_{max} = \frac{F}{2}(l-d) + \frac{Fd^2}{8l}$$

最大弯矩的作用截面在左轮处。

4.8 试作题4.8图示各梁的剪力图和弯矩图。求出最大剪力和最大弯矩。

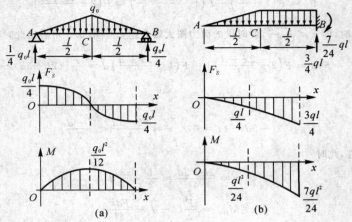

题 4.8 图(1)

解 (a)梁的剪力图和弯矩图如题4.8图(1)(a)所示,则

$$|F_S|_{max} = \frac{q_0 l}{4}, \quad |M|_{max} = \frac{q_0 l^2}{12}$$

(b)梁的剪力图和弯矩图如题4.8图(1)(b)所示,则

$$|F_S|_{max} = \frac{3}{4}ql, \quad |M|_{max} = \frac{7}{24}ql^2$$

(c)梁的剪力图和弯矩如题4.8图(2)(c)所示,则

$$|F_S|_{max} = \frac{7}{16}ql, \quad |M|_{max} = \frac{5}{48}ql^2$$

(d)梁的 F 和 M 图如题4.8图(2)(d)所示,则

$$|F_S|_{max} = 88.3 \text{ kN}, \quad |M|_{max} = 80 \text{ kN} \cdot \text{m}$$

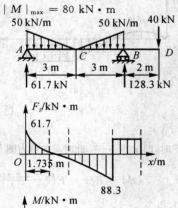

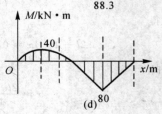

题 4.8 图(2)

˙4.10 某简支梁上作用有 n 个间距相等的集中力,其总载荷为 F,每个载荷等于 F/n。梁的跨度为 l,载荷的间距则为 $\dfrac{l}{n+1}$,如题 4.10 图所示。

(1) 试导出梁中最大弯矩的一般公式。

(2) 将(1)的答案与承受均布载荷 q 的简支梁的最大弯矩相比较。设 $ql=F$。

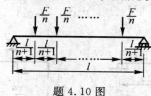

题 4.10 图

解 (1) 由对称条件可知,梁中最大弯矩发生在跨度中点 $l/2$ 处。

① 当 n 为偶数时,则

$$M_{max} = \frac{Fl}{4} - \frac{F}{n}\left(\frac{l}{2} - \frac{l}{n+1}\right) - \frac{F}{n}\left(\frac{l}{2} - 2 \times \frac{l}{n+1}\right) - \cdots - \frac{F}{n}\left(\frac{l}{2} - \frac{n}{2} \times \frac{l}{n+1}\right) =$$

$$\frac{Fl}{4} - \frac{F}{n}\left(\frac{n}{2} \times \frac{l}{2}\right) + \frac{F}{n} \times \frac{l}{n+1}\left(1 + 2 + 3 + \cdots + \frac{n}{2}\right) = \frac{Fl(n+2)}{8(n+1)}$$

② 当 n 为奇数时,则

$$M_{max} = \frac{Fl}{4} - \frac{F}{n}\left(\frac{l}{2} - \frac{l}{n+1}\right) - \frac{F}{n}\left(\frac{l}{2} - 2 \times \frac{l}{n+1}\right) - \cdots - \frac{F}{n}\left(\frac{l}{2} - \frac{n-1}{2} \times \frac{l}{n+1}\right) =$$

$$\frac{Fl}{4} - \frac{F}{n}\left(\frac{l}{2} - \frac{n-1}{2}\right) + \frac{F}{n} \times \frac{l}{n+1}\left(1 + 2 + 3 + \cdots + \frac{n-1}{2}\right) = \frac{Fl(n+2)}{8n}$$

③ 当 $n \to \infty$,$\dfrac{F}{n}$ 即为均布载荷,则

当 n 为偶数时,$\lim\limits_{n \to \infty} \dfrac{Fl(n+2)}{8(n+1)} = \dfrac{Fl}{8}$

当 n 为奇数时,$\lim\limits_{n \to \infty} \dfrac{Fl(n+1)}{8n} = \dfrac{Fl}{8}$

(2) 承受均布载荷为 q 的简支梁,梁内最大弯矩在跨度中点处,其值为 $M_{max} = \dfrac{1}{8}ql^2$,而 $ql=F$,故 $M_{max} = \dfrac{Fl}{8}$,与所导出的结果完全相同。

4.11 试根据弯矩、剪力和载荷集度间的导数关系,改正题 4.11 图所示各剪力图和弯矩图中的错误。

解 图(a)根据平衡条件,求出支座反力并标示在题 4.11 图(a_1)中,正确的剪力图和弯矩图也画在题 4.11 图(a_1)中。

图(b)根据平衡条件,求出支座反力并标示在题 4.11 图(b_1)中,正确的剪力图和弯矩图也画在题 4.11 图(b_1)中。

4.13 设沿梁的轴线作用集度为 $m(x)$ 的分布弯曲力偶和集度为 $q(x)$ 的分布力,如题 4.13 图(a)所示。试导出 $q(x)$,$m(x)$,$F_S(x)$ 和 $M(x)$ 间的导数关系。

解 取 dx 微段如图,则

$$\sum F_y = 0$$

$$F_S(x) - q(x)dx - (F_S(x) + dF_S(x)) = 0$$

得 $\dfrac{dF_S(x)}{dx} = -q(x)$

$$\sum M_C = 0$$

$$M(x) + dM(x) + \frac{1}{2}q(x)\cdot(dx)^2 - F_s(x)dx - M(x) - m(x)dx = 0$$

$$\frac{dM(x)}{dx} = F_s(x) + m(x) - \frac{1}{2}q(x)dx$$

略去高阶微量后,得

$$\frac{dM(x)}{dx} = F_s(x) + m(x)$$

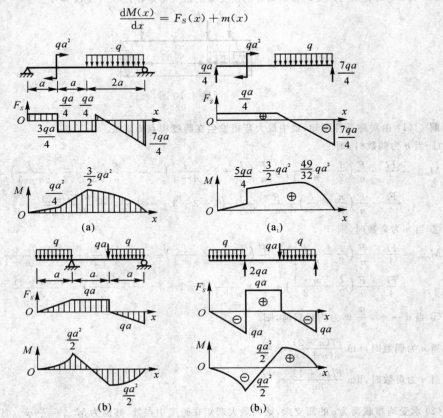

题 4.11 图

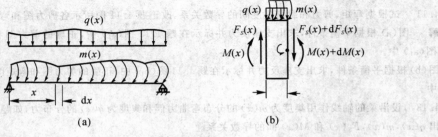

题 4.13 图

4.14 设梁的剪力图如题 4.14 图所示,试作梁的弯矩图及载荷图。已知梁上没有作用集中力偶。

解 梁的弯矩图和载荷图如图示。

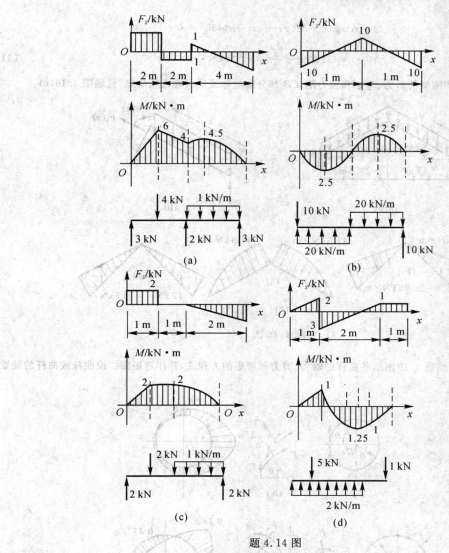

題 4.14 图

4.16　如图 4.16 图所示,设沿刚架斜杆轴线作用 $g = 6$ kN/m 的均布载荷。试作刚架的剪力、弯矩和轴力图。

解　设斜杆长度为
$$l_1 = \frac{2\sqrt{3}}{\cos 30°} = 4 \text{ m}$$

支座反力为
$$F_A = F_B = 6 \times 4 = 24 \text{ kN}$$

取脱离体如图(b)示,沿 AC 方向力平衡:
$$F_N(x) + 24\sin 30° - qx\sin 30° = 0$$
$$F_N(x) = 3x - 12 \quad (\text{kN}) \tag{1}$$

垂直 AC 方向力平衡:
$$F_S(x) + qx\cos 30° - 24\cos 30° = 0$$
$$F_S(x) = 12\sqrt{3} - 3\sqrt{3}x (\text{kN}) \tag{2}$$

力矩平衡:

三导

$$24 \cdot x\cos30° - M(x) - qx\frac{x}{2}\cos30° = 0$$

$$M(x) = 12\sqrt{3}\,x - \frac{3}{2}\sqrt{3}\,x^2 \quad (kN \cdot m) \tag{3}$$

由式(1)(2)(3)作刚架的剪力、弯矩和轴力图,CB 部分由对称或反对称性质绘出,见题图 4.16(c)。

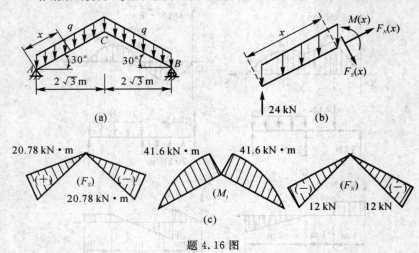

题 4.16 图

4.19 试写出题 4.19 图示各曲杆的轴力、剪力和弯矩的方程式,并作弯矩图。设曲杆或曲杆的轴线为圆形或半圆形。

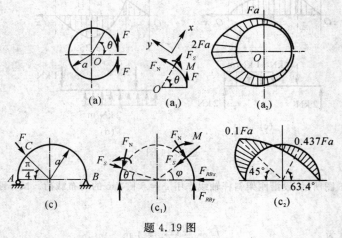

题 4.19 图

解 图(a): 应用平衡条件列轴力、剪力和弯矩方程(见题 4.19 图(a₁)),有

$$\sum F_y = 0, \quad F_N + F\cos\theta = 0, \quad F_N(\theta) = -F\cos\theta \quad (0 \leqslant \theta \leqslant 2\pi)$$

$$\sum F_x = 0, \quad F_S + F\sin\theta = 0, \quad F_S(\theta) = -F\sin\theta \quad (0 \leqslant \theta \leqslant 2\pi)$$

$$\sum M_C = 0, \quad M(\theta) = Fa - Fa\cos\theta \quad (0 \leqslant \theta \leqslant 2\pi)$$

曲杆的弯矩图可根据它的弯矩方程作出,如题 4-19 图(a₂)所示。

图(c)由平衡条件求得曲杆的约束反力(见题 4-19 图(c₁)),有

$$F_{RBx} = \frac{\sqrt{2}}{2}F, \quad F_{RA} = F_{RBy} = \frac{\sqrt{2}}{4}F$$

AC 段的轴力、剪力和弯矩方程(见题 4 – 19 图(c₂)),有

$$F_N(\theta) = -F_{RA}\cos\theta = -\frac{\sqrt{2}}{4}F\cos\theta \quad \left(0 \leqslant \theta \leqslant \frac{\pi}{4}\right)$$

$$F_S(\theta) = F_{RA}\sin\theta = \frac{\sqrt{2}}{4}F\sin\theta \quad \left(0 \leqslant \theta \leqslant \frac{\pi}{4}\right)$$

$$M(\theta) = -F_{RA}a(1-\cos\theta) = -\frac{\sqrt{2}}{4}Fa(1-\cos\theta) \quad \left(0 \leqslant \theta \leqslant \frac{\pi}{4}\right)$$

CB 段的轴力、剪力和弯矩方程(见题 4 – 19 图(c₂)),有

$$F_N(\varphi) = -(F_{RBy}\cos\varphi + F_{RBx}\sin\varphi) = -\left(\frac{\sqrt{2}}{4}F\cos\varphi + \frac{\sqrt{2}}{2}F\sin\varphi\right)$$

$$F_S(\varphi) = -(F_{RBy}\sin\varphi + F_{RBx}\cos\varphi) = -\left(-\frac{\sqrt{2}}{4}F\sin\varphi + \frac{\sqrt{2}}{2}F\cos\varphi\right)$$

曲杆的弯矩图可根据它的弯矩方程作出,如题 4 – 19 图(c₂)) 所示。

第5章 弯曲应力

5.1 教学基本要求

5.1.1 内容概述

本章主要讲授梁在弹性范围内平面弯曲情况下的应力分析和强度计算问题。从平面假设出发,并设梁内各纵向线之间无相互挤压,从几何关系、物理关系和静力学关系三方面入手导出纯弯曲时梁横截面上任一点的正应力公式,并将其推广到横力弯曲。

梁的横截面上一般既有正应力又有切应力。本章还将介绍矩形、工字形、圆形和薄壁环形截面上切应力的分布规律以及最大切应力的计算公式。

在得到梁横截面上的正应力和切应力计算公式的基础上,将建立梁的正应力强度条件和切应力强度条件,并依据强度条件进行强度计算。

为了降低梁的最大正应力,从而提高梁的抗弯能力,将从合理选择截面形状、采用变截面梁、合理配置梁的载荷和支座三方面来探讨梁的合理强度设计。

5.1.2 目的要求

(1)明确平面弯曲、纯弯典和横力弯曲的概念与定义。

(2)明确由内力求应力是超静定性质的问题,求弯曲正应力需综合应用变形条件、物理条件和平衡条件;掌握弯曲正应力公式中每项字符的含义及应用。

(3)熟练掌握弯曲强度计算的各个步骤。会利用强度条件进行计算(校核、设计与求许可载荷)。

(4)了解弯曲切应力公式的推导过程。掌握常见截面梁横截面上最大切应力的计算和弯曲切应力强度的校核方法。

(5)了解应从哪几方面考虑提高梁的抗弯能力,有哪些措施。

5.1.3 三基

(1)基本概念:纯弯曲、横力弯曲、中性层、中性轴、弯曲正应力、惯性矩、抗弯截面系数、弯曲切应力、弯曲强度。

(2)基本理论:弯曲理论的基本假设、中性轴通过截面的形心的结论。

(3)基本方法:截面法与平衡法。

5.1.4 重点与难点

重点:弯曲正应力的计算,梁的弯曲强度计算,提高梁强度的主要措施。

难点:组合面截面的几何性质,梁的强度计算。

5.2 教学建议

5.2.1 单元划分

本章共6学时,划分3个教学单元。

第一教学单元讲授纯弯曲,纯弯曲时的正应力,横力弯曲时的正应力;

第二单元讲授弯曲切应力,关于弯曲理论的基本假设;

第三单元讲授提高弯曲强度的措施及弯曲应力和梁的强度计算习题课。

5.2.2 各单元重点教学内容建议

第一单元重点教学内容

1. 纯弯曲和横力弯曲

梁的载荷作用在纵向对称平面内,并与梁轴线垂直,梁弯曲时其轴线将在对称平面内弯成平面曲线,这种弯曲称为平面弯曲。 在梁的某一段上各横截面的内力仅有弯矩且为常数,而无剪力,梁段的这种受力状态称为纯弯曲。在梁的某一段上各横截面上的内力除弯矩外,尚有剪力,梁段的这种受力状态称为横力弯曲或剪切弯曲。

2. 关于中性层和中性轴

(1)梁弯曲变形时,沿轴线方向既不伸长又不缩短的一层,称为中性层。

(2)中性层和横截面的交线,即横截面上正应力为零的各点的连线,称为中性轴。

(3)中性轴的位置。当平面弯曲时,直梁的中性轴通过横截面的形心且垂直于荷载作用面。曲杆的中性轴不通过横截面的形心,而是向曲杆的曲率中心移动但垂直于荷载作用面。

3. 横截面上的正应力

(1)弯曲正应力分布规律。横截面上任一点处的正应力大小,与该点至中性轴的一侧为拉应力,另一侧为压应力,如图5.1所示。

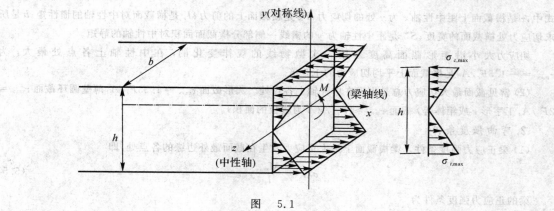

图 5.1

(2)弯曲正应力公式。在平面截面假设的前提下,设想梁是由无数层纵向纤维组成,弯曲变形后,梁的一侧纤维伸长,另一侧纤维缩短,其中必有一层纤维既不伸长也不缩短,这一层称为中性层,中性层和横截面的交线称为中性轴。中性轴通过截面的形心。

以中性轴为 z 轴,截面铅垂对称轴为 y 轴且向下为正,并设中性层的曲率半径为 ρ。则纵向纤维的线应变为

$$\varepsilon = \frac{y}{\rho} \tag{5.1}$$

弯曲正应力为

$$\sigma = E\frac{y}{\rho} \tag{5.2}$$

弯曲正应力公式

$$\sigma = \frac{My}{I_x} \tag{5.3}$$

（3）正应力公式的特征：

① 公式使用于均匀连续、材料各向同性，应力小于比例极限、小变形条件下的等截面直杆。

② 在纯弯曲或 $l/h \geqslant 5$（h 为梁的高度，l 为跨度）的剪切弯曲（此种情况下，其相对误差 $\leqslant 2\%$）。

③ M 为所求截面上的弯矩；I_z 为截面对中性轴 z 的惯性矩（形心主惯性矩）。

④ 若中性轴为截面的对称轴，则 $\sigma_{c,\max} = \sigma_{t,\max}$。若不是对称轴，则 $\sigma_{c,\max} \neq \sigma_{t,\max}$ 如图5.2示。

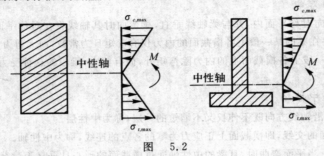

图　5.2

第二单元重点教学内容

1. 弯曲切应力

（1）矩形截面切应力公式为

$$\tau = \frac{F_s S^*}{b I_z} \tag{5.4}$$

式中，τ 是横截面上距中性轴 z 为 y 处的切应力；F_s 是横截面上的剪力；I_z 是横截面对中性轴的惯性矩；b 是所求切应力处横截面的宽度；S^* 是距中性轴为 y 的横线一侧部分横截面面积对中性轴的静矩。

切应力大小沿矩形截面高度是按二次抛物线的规律变化的，在中性轴上各点处最大，为 $\tau_{\max} = -1.5 F_s/A$，是横截面上平均切应力的 1.5 倍。

（2）常见截面最大切应力总是出现在中性轴上各点处。圆形截面 $\tau_{\max} = 1.33 F_s/A$，薄壁圆环截面 $\tau_{\max} = 2F_s/A$，工字形 e 或箱体等）截面 $\tau_{\max} \approx F_s/A$（$A$ 为腹板的面积）。

2. 弯曲强度条件

（1）梁正应力强度条件。梁横截面上最大正应力发生在截面最外边缘的各点处，即

$$\sigma_{\max} = \frac{M_{\max}}{I_z} y_{\max} \tag{5.5}$$

梁的正应力强度条件为

$$\sigma_{\max} = \frac{M_{\max}}{W_z} \leqslant [\sigma] \tag{5.6}$$

式中，$W_z = I_z/y_{\max}$ 称为横截面的抗弯截面系数。对于塑性材料，其抗拉和抗压能力相等，通常将梁设计为与中性轴对称的形状。

对于脆性材料，其抗压能力远超过抗拉能力。通常将梁设计为与中性轴不对称的形状（T 形），使中性轴偏向受拉一侧。强度条件为

$$\sigma_{t\max} = \frac{M_{\max} y_1}{I_z} \leqslant [\sigma_t] \tag{5.7}$$

$$\sigma_{c\max} = \frac{M_{\max} y_2}{I_z} \leqslant [\sigma_t] \tag{5.8}$$

第三单元重点教学内容

1. 弯曲切应力

（1）梁的弯曲切应力分布规律。切应力方向与剪力平行，大小沿截面宽度为均匀分布，沿高度呈抛物线

变化,如图 5.3(a)所示。

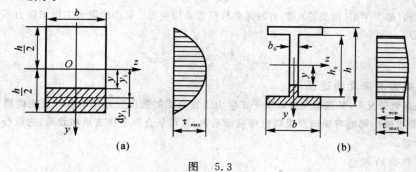

图　5.3

(2) 切应力公式:

① 矩形截面切应力公式。弯曲切应力公式的推导不是按照变形几何关系、物理关系、平衡关系三方面进行的,而是根据分析对弯曲切应力的分布规律作出假定 —— 平行于剪力 F_s 且沿截面厚度均匀分布,然后利用平衡关系直接导出矩形截面切应力公式,即任一点切应力为

$$\tau = \frac{F_s}{2I_x}\left(\frac{h^2}{4} - y^2\right)$$ (5.9)

最大切应力发生在中性轴上各点处,有

$$\tau_{max} = \frac{3}{2} \cdot \frac{F_s}{bh}$$ (5.10)

② 工字形截面梁的切应力分布规律及最大切应力公式。截面上铅垂直方向的剪力主要由腹板承受(约占 $95\% \sim 97\%$),腹板上的切应力分布规律与矩形截面相同(即方向与剪力平行,大小沿宽度为均布、沿高度呈抛物线变化)。如图 5.3(b)所示。翼缘部分的切应力主要为沿翼缘宽度的水平切应力。

最大切应力发生在中性轴 z 的各点处,有

$$\tau_{max} = \frac{F_s S_{z,max}^*}{d I_x} \approx \frac{F_s}{dh}$$ (5.11)

③ 圆形截面梁的分布规律及最大切应力公式。截面上等高各点的切应力汇交于一点,切应力沿铅垂直方向的分量沿截面均匀分布,沿高度呈抛物线变化。圆环、椭圆形等截面上切应力分布与其相同,如图 5.4 所示。

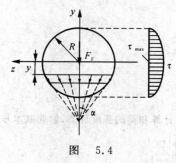

图　5.4

最大切应力 $\tau_{max} = \frac{4}{3} \times \frac{F_s}{\pi R^2}$ 发生在中性轴上各点处。

2. 切应力强度条件

对于截面高而跨度短的梁、薄壁截面梁以及承受剪力较大和抗剪强度差的梁,瘟进符切应方强度校核,对于截面为圆形、矩形等实心细长梁(梁长比截面高度爽得多鹅切鹰力)和其弯曲正应力相比可以忽略不计。梁的切应力强度条件为

$$\tau_{max} \leqslant [\tau] \qquad\qquad (5.12)$$

对薄壁截面（如工字型、槽型等）梁，有时需要校核弯曲切应力。梁内的最大工作切应力不得超过材料的许用切应力，即

$$\tau_{max} = \frac{F_{S,max} S_{z,max}^*}{b I_x} \leqslant [\tau] \qquad\qquad (5.13)$$

3. 提高梁弯曲强度的途径

细长梁在多数情况下，其强度主要取决于正应力。提高梁的强度就是采取各种可能的措施来降低梁的正应力，这就要求减小梁的弯矩值及提高抗弯截面系数，这可从合理安排支承和载荷、选取合理截面及等强度梁等方面考虑。

4. 弯曲中心的概念

当杆件横向力作用平面平行于杆件的形心主惯性平面且通过某一特定点时，杆件只发生弯曲变形而不发生扭转，这一特性点称为弯曲中心。弯曲中心只与截面的几何形状及尺寸有关，具有对称轴的截面的弯曲中心必在对称轴上。

5.2.3　考核内容建议

弯曲强度是弯曲部分的重点，要求学生熟练掌握其内容。无论是课程考试或考研试题，一般本章内容必不可少，尤其是横截面几何形状上下不对称的铸铁梁最为多见。要求考生正确画出内力图，确定危险截面（最大正、负弯矩所在面）及危险面上的应力分布情况，计算最大拉、压应力进行强度校核，截面设计或载荷估计。应当注意，此时的强度条件一般包含正应力和切应力两部分，应全面考虑，因此也要掌握最大切应力的计算及切应力的分布规律。

掌握图形形心，静矩与惯性矩的概念与计算。熟记圆形，矩形截面的形心主惯性矩，掌握利用平行移轴和转轴公式计算组合图形的形心主惯性矩。其具体考试重点内容有以下几方面：

(1) 中性层、中性轴、惯性矩、抗弯截面系数等基本概念。
(2) 纯弯曲和横力弯曲的概念，掌握推导弯曲正应力的方法。
(3) 掌握弯曲正应力的计算，弯曲正应力强度条件及其应用。
(4) 掌握常见截面横截面上最大切应力的计算和切应力强度校核方法。
(5) 建立弯曲中心的概念，了解一般薄壁杆件弯曲切应力、剪力流的分布规律。
(6) 提高弯曲强度的措施。

5.3　典型例题

5.3.1　解题方法

1. 解题步骤

本章习题的主要类型是梁的应力计算和梁的强度计算，解题基本步骤如下。
① 作剪力图，确定最大剪力 $|F_S|_{max}$；
② 作弯矩图，确定最大弯矩 $|M|_{max}$；
③ 计算截面的几何性质；
④ 弯曲正应力、切应力计算；
⑤ 弯曲正应力强度计算；
⑥ 弯曲切应力强度校核。

2. 注意点

(1) 对于工程中常用的非薄壁截面的细长梁，弯曲正应力是主要的，而弯曲切应力是次要的。因此，在进

行梁的强度计算时,一定要以正应力强度条件为主。通常的做法是:首先根据弯曲正应力进行强度计算,最后再对弯曲切应力进行强度校核。

(2) 若问题只需进行梁的弯曲正应力强度计算,则上述基本步骤中的①⑤⑦则省略。

(3) 与承受其他变形杆件的强度计算类似,梁的强度计算也包含强度校核、截面设计和确定许用载荷等三类问题。

(4) 对于变截面梁,应考虑抗弯截面系数较小截面处的弯曲强度。

(5) 在对拉、压强度不同、截面关于中性轴又不对称的脆性材料梁进行弯曲正应力强度计算时,一般需同时考虑最大正弯矩和最大负弯矩所在的两个截面,只有当这两个截面上危险点处的正应力都满足强度条件时,整根梁才是安全的。

3.解题技巧

(1) 一般情况下,正应力是决定梁强度的主要因素,一般先按正应力强度条件选择横截面尺寸和形状,必要时再按切应力强度条件校核。

(2) 对铸铁等脆性材料,因其抗拉、抗压极限强度不相等,因此应分别将正弯矩最大及负弯矩最大截面均作为危险截面考虑,并且应将每个危险截面上距中性轴最远的点作为危险点来考虑。

5.3.2 典型例题解析

例5.1 图5.5(a)所示简支梁由50a号工字钢制成,截面尺寸如图(b)所示,梁跨中作用一集中力 $F = 88$ kN。试求梁的最大拉应力 σ_{tmax} 和最大压应力 σ_{cmax};若改为图(c)所示 T 形截面,z 轴为中性轴,$y_1 = 0.175$ m,$y_2 = 0.325$ m,$I_z = 1.817 \times 10^{-3}$ mm^4,求此时的 σ_{tmax} 和最大压应力 σ_{cmax}。

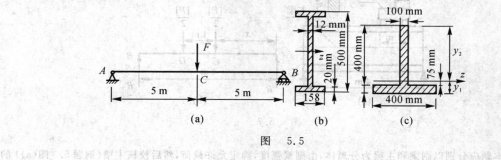

图 5.5

解 (1) 确定 M_{max} 由截面法或查表可得此简支梁最大弯矩在中间截面 C 处,有

$$M_{max} = 220 \text{ kN} \cdot \text{m}。$$

(2) 求工字钢截面最大拉、压正应力:如图(b)所示,工字钢中性轴 z 亦为截面对称轴,因此上、下边缘距中性轴距离相等,故最大拉、压正应力值相等,即

$$\sigma_{tmax} = \sigma_{cmax} = \frac{M_{max}}{W_z} = \frac{220 \times 10^3}{1\,860 \times 10^{-6}} = 118.3 \times 10^6 \text{ Pa} = 118.3 \text{ MPa}$$

(3) 求 T 形截面最大拉、压正应力:

如图(c)所示,T 形截面中性轴 z 不是截面对称轴,因此上、下边缘距中性轴距离不相等,最大拉应力发生在截面下侧边缘,最大压应力发生在截面上侧边缘,分别进行计算,有

$$\sigma_{tmax} = \frac{M_{max} y_{tmax}}{I_z} = \frac{220 \times 10^3 \times 175 \times 10^{-3}}{1.817 \times 10^{-3}} = 21.2 \times 10^6 \text{ Pa} = 21.2 \text{ MPa}$$

$$\sigma_{cmax} = \frac{M_{max} y_{cmax}}{I_z} = \frac{220 \times 10^3 \times 325 \times 10^{-3}}{1.817 \times 10^{-3}} = 39.4 \times 10^6 \text{ Pa} = -39.4 \text{ MPa}$$

例5.2 若图 5.6 中采用塑性材料低碳钢时选用工字形截面,此时材料的许用弯曲正应力 $[\sigma] = 150$ MPa;采用脆性材料铸铁时选用 T 形截面,此时材料的许用拉应力 $[\sigma_t] = 30$ MPa,许用压应力 $[\sigma_c]$

= 90 MPa。试校核两种情况下梁的强度。

解 (1)选用塑性材料时的强度校核：塑性材料许用拉、压正应力相同，所采用工字形截面，中性轴为对称轴，最大拉、压正应力也相等，故

$$\sigma_{max} = \frac{M_{max}}{W_z} = 118.3 \text{ MPa} < [\sigma]$$

选用塑性材料时，梁满足强度要求。

(2)选用脆性材料时的强度校核：脆性材料许用拉、压正应力不相同，所采用 T 形截面，中性轴不是对称轴，故最大拉、压正应力不相等，分别进行强度校核，有

$$\sigma_{t max} = \frac{M_{max} y_{t max}}{I_z} = 21.2 \text{ MPa} < [\sigma_t] = 30 \text{ MPa}$$

$$\sigma_{c max} = \frac{M_{max} y_{c max}}{I_z} = 39.4 \text{ MPa} < [\sigma_t] = 90 \text{ MPa}$$

选用脆性材料时，梁也能满足强度要求。

[**评注**] 由以上结果可见，当梁的横截面不对称于中性轴时，全梁的最大拉应力和最大压应力不一定在同一横截面上，在作这种梁的强度计算时，应予注意。

例 5.3 如图 5.7(a)所示，抗弯截面系数 $W_z = 300 \text{ cm}^3$ 的工字截面简支主梁 AB 上，有一矩形截面的简支副梁，副梁可沿主梁轴线方向移动。已知主梁跨长 4 m，副梁跨长 1 m，副梁的矩形截面宽度 $b = 4$ cm，高度 $h = 12$ cm，两梁的许用应力均为 $[\sigma] = 100$ MPa，试问：当副梁跨中加集中力达到允许载荷时，主梁是否安全?

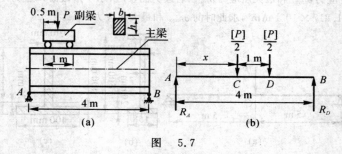

图 5.7

解 本题应分别以副梁和主梁为分离体，由副梁强度，确定允许载荷，然后校核主梁(例题 5.3 图(a))的强度。因为载荷是可移动的，因此可用求导的方法确定主梁上最大弯矩截面的位置，并求得主梁上的最大弯矩。

(1)求副梁允许载荷 $[P]$，由强度条件，得

$$M_{max} \leqslant [\sigma] W_{z1}$$

式中，W_{z1} 为副梁抗弯截面系数，因为副梁跨度为 l，故

$$M_{max} = Pl/4 = P/4$$

而

$$M_{Z1} = \frac{bh^2}{6} = \frac{0.04 \times 0.12^2}{6} = 96 \times 10^{-6} \text{ m}^3$$

$$[p] = 4[\sigma] W_{z1} = 4 \times 100 \times 10^6 \times 96 \times 10^{-6} = 38.4 \text{ kN}$$

(2)求主梁的最大弯矩

由 $\sum M_B(\overline{F}) = 0$，得

$$R_A = \frac{3.5 - x}{4}[p]$$

C 截面的弯矩为

$$M_c = R_A x = \frac{[p]}{4}(3.5x - x^2)$$

求 M_c 的极值,有
$$\frac{\mathrm{d}M_c}{\mathrm{d}x} = \frac{[p]}{4}(3.5 - 2x) = 0$$

得 $x = 1.75 \text{ m}$ 故

$$M_{max} = \frac{[p]}{4} \times (3.5 \times 1.75 - 1.75^2) = 29\,400 \text{ N} \cdot \text{m}$$

(3)校核主梁强度
$$\sigma_{max} = \frac{M_{max}}{W_z} = \frac{29\,400}{300 \times 10^{-6}} = 98 \text{ MPa} < [\sigma]$$

故主梁安全。

例 5.4 如图 5.8 所示制动装置杠杆,在 B 处用直径 $d = 30 \text{ mm}$ 的销钉支承。若杠杆的许用正应力 $[\sigma]$ = 140 MPa,销钉的许用切应力 $[\tau] = 100$ MPa。试求许可的 F_1 和 F_2。

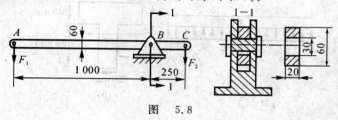

图 5.8

解 (1)求梁中最大弯矩。显然在受力点在 B 点截面处有最大弯矩,则
$$|M_{max}| = M_B = F_1 \times 1 \text{ m} = F_2 \times 0.25 \text{ m}$$
$$|M_{max}| = F_1 = 0.25F_2 \qquad\qquad ①$$

(2)求 B 截面的 I_z 和 W_z,有
$$I_z = \frac{bh^3}{12} = \frac{2 \times (6^3 - 3^3)}{12} \text{ cm}^4 = 31.5 \text{ cm}^4 \qquad\qquad ②$$

$$W_z = \frac{I_z}{y_{max}} = \frac{31.5}{3} \text{ cm}^3 = 10.5 \text{ cm}^3$$

(3)根据杆的许用应力计算 F_1 和 F_2,由强度条件,有
$$\sigma_{max} = \frac{M_{max}}{W_z} \leqslant [\sigma] = 140 \times 10^6 \text{ Pa} \qquad\qquad ③$$

联立式①②③,得
$$F_1 = 1\,470 \text{ N}, \quad F_2 = 5\,880 \text{ N}$$

(4)校核销钉剪切强度,则
$$\tau = \frac{F_Q}{A} = \frac{F_1 + F_2}{2A} = \frac{4(F_1 + F_2)}{2\pi d^2} = \frac{4 \times (1\,470 + 5\,880)}{2\pi(30 \times 10^{-3})^2} \text{ Pa} = 5.2 \times 10^6 \text{ Pa} < [\tau]$$

故销钉安全,取 $F_1 = 1\,470 \text{ N}, F_2 = 5\,880 \text{ N}$。

例 5.5 (武汉大学考研题)已知图 5.9(a)所示。T 形截面梁的许用拉应力 $[\sigma] = 130$ MPa,许用压应力 $[\sigma] = 100$ MPa, $L = 1.0$ m, $q = 4$ kN/m, $P = 11$ kN。试按正应力强度条件对梁的强度进行校核。

解 设形心轴离 T 形截面上缘的距离是 S,由组合图形形心公式,得
$$S = \frac{80 \times 20 \times 80 + 40 \times 20 \times 60}{80 \times 20 + 40 \times 60} = 44 \text{ mm}$$

利用平行移轴定理得到截面对其形心轴的惯性矩为
$$I = \frac{20 \times 80^3}{12} + 80 \times 20 \times (80 - 44)^2 + \frac{60 \times 40^3}{12} + 60 \times 40 \times (44 - 20)^2 = 4.62 \times 10^6 \text{ m}$$

作悬臂梁的弯矩图见图 5.9(c);

由上述弯矩图发现最大拉应力可能发生在 B 截面的下边缘或 C 截面的上边缘,最大压应力发生在 C 截面的下边缘,即

梁中最大拉应力为

$$\sigma^C_{max} = \frac{3 \times 10^3 \times 44 \times 10^{-3}}{4.62 \times 10^6 \times 10^{-12}} = 28.5 \times 10^6 \text{ Pa} = 28.5 \text{ MPa} < [\sigma_t] = 30 \text{ MPa}$$

$$\sigma^B_{max} = \frac{2 \times 10^3 \times 76 \times 10^{-3}}{4.62 \times 10^6 \times 10^{-12}} = 32.9 \times 10^6 \text{ Pa} = 32.9 \text{ MPa} > [\sigma_t] = 30 \text{ MPa}$$

梁中最大压应力为

$$\sigma^C_{max} = \frac{3 \times 10^3 \times 76 \times 10^{-3}}{4.62 \times 10^6 \times 10^{-12}} = 49.3 \times 10^6 \text{ Pa} = 49.3 \text{ MPa} < [\sigma_t] = 100 \text{ MPa}$$

综合以上,故梁的强度不能满足要求。

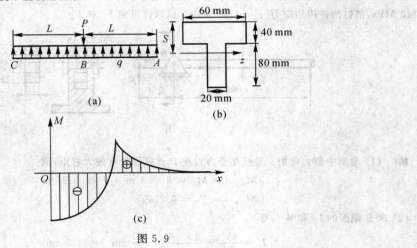

图 5.9

[点评]　注意到梁受到两种不同性质,不同方向的载荷,首先要正确无误地画出弯矩图;最大正、负弯矩数值不同、所在的截面不同。其次注意梁的截面是T形截面,上、下边缘的最大正应力数值不同。要正确无误地判断最大拉、压正应力值,方可对梁进行正应力强度条件校核。本题是较典型地、全面地考察基本概念和基本计算的题。常出现于考研试卷中,值得重视。

例 5.6　铸铁梁的截面为 T 字形.受力如图 5.10(a) 所示。已知材料的许用应力 $[\sigma_t] = 40$ MPa,$[\sigma_c] = 100$ MPa,容许切应力 $[\tau] = 35$ MPa,试校核梁的正应力强度与切应力强度。若将梁的截面倒置,情况又如何?

解　(1)截面的惯性矩与最大静矩:

$$y_C = \frac{20 \times 3 \times 10 + 20 \times 3 \times 21.5}{20 \times 3 \times 2} = 15.75 \text{ cm}$$

$$I_z = \frac{3 \times 20^3}{12} + 20 \times 3 \times 5.75^2 + \frac{20 \times 3^3}{12} + 20 \times 3 \times 5.75^2 = 6.013 \times 10^{-5} \text{ m}^4$$

最大静矩为

$$S^*_{z max} = 3 \times 15.75 \times 7.88 = 372 \text{ cm}^3$$

(2)绘出剪力图与弯矩图。绘出剪力图与弯矩图如图(b)(c)所示;由可知 $Q_{S max} = Q_A = 20$ kN,而弯矩有两个较大值,$|M_A| = 20$ kN·m,$M_B = 10$ kN·m

(3)正应力强度校核:

对于 A 截面

$$\sigma_{t max} = \frac{20 \times 10^3 \times 7.25 \times 10^{-2}}{6.013 \times 10^{-5}} = 24.1 \text{ MPa}$$

$$\sigma_{c max} = \frac{20 \times 10^3 \times 15.75 \times 10^{-2}}{6.013 \times 10^{-5}} = 52.4 \text{ MPa}$$

对于 D 截面

$$\sigma_{t\max} = \frac{10 \times 10^3 \times 15.75 \times 10^{-2}}{6.013 \times 10^{-5}} = 26.2 \text{ MPa}$$

$$\sigma_{c\max} = \frac{10 \times 10^3 \times 7.25 \times 10^{-2}}{6.013 \times 10^{-5}} = 12 \text{ MPa}$$

比较 A, D 两个截面的结果可知,最大拉应力发生在 D 截面的下边缘,即

$$\sigma_{t\max} = 26.2 \text{ MPa} < [\sigma_t] = 40 \text{ MPa}$$

最大压应力发生在 A 截面的下边缘,即

$$\sigma_{c\max} = 52.4 \text{ MPa} < [\sigma_c] = 100 \text{ MPa}$$

故正应力强度足够。

(4)切应力强度校核。最大切应力发生在 A 截面,代入切应力公式,有

$$\tau_{\max} = \frac{Q_{\max} S_{z\max}^*}{I_z b} = \frac{20 \times 10^3 \times 372 \times 10^{-6}}{6.013 \times 10^{-5} \times 3 \times 10^{-2}} = 4.12 \text{ MPa}$$

最大切应力远小于许用切应力值。

(5)若将截面倒置,则 A 截面为产生最大应力的截面,最大拉应力值为

$$\sigma_{t\max} = 52.4 \text{ MPa} > [\sigma_t]$$

此时最大工作拉应力超过许用应力,强度不足而导致破坏。因而截面倒置使用不合理。

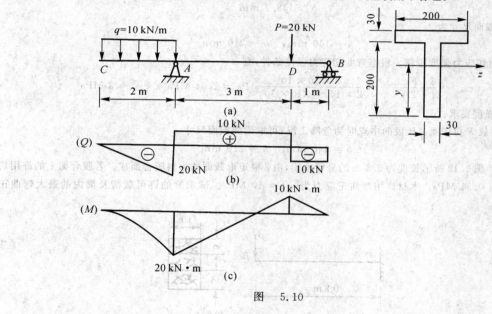

图 5.10

【点评】 (1)T 形截面是工程中常用的截面,应注意合理放置,使最大弯矩截面上受拉边距中性轴较近。

(2)危险截面不一定是弯矩最大的截面,当出现与 $M_{\max}$ 反向的弯矩也较大时,由于此截面最大拉应力边距中性轴较远,算出结果可能会超过容许值,故此类问题应全面考虑。

(3)最大切应力发生在最大剪力所在截面.而最大剪力与最大弯矩往往并非在同一截面,即使是同一截面,最大正应力与最大切应力也是在截面的不同点处。

(4)对于一般的梁,最大切应力往往比容许值小很多。本例就是这样。故切应力的强度校核往往处于次要地位。切应力的强度校核往往处于次要地位。

例 5.7 如图 5.11 所示外伸木梁,截面为矩形,高宽比 $h/b = 1.5$,受行走于 AC 之间的活载 $F = 40 \text{ kN}$ 的作用,已知材料的许用正应力 $[\sigma] = 10 \text{ MPa}$,许用切应力 $[\tau] = 3 \text{ MPa}$。试问 F 在什么位置时梁为危险工况?

并确定截面尺寸 b 和 h。

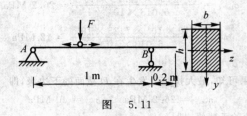

图　5.11

解　(1)内力分析,确定最大剪力和最大弯矩。不难看出,当活载 F 行走到梁的支座 A 与 B 或者外伸端 C 处时,梁内的剪力有最大值,其大小为

$$|F_s|_{max} = 40 \text{ kN}$$

当活载 F 行走到梁 AB 段的中点时,梁内的弯矩有最大值,其大小为

$$|M|_{max} = 10 \text{ kN} \cdot \text{m}$$

(2)根据正应力强度条件确定截面尺寸。根据弯曲正应力强度条件,有

$$\sigma_{max} = \frac{|M|_{max}}{W_z} = \frac{10 \times 10^3}{\dfrac{bh^2}{6}} = \frac{6 \times 10 \times 10^3}{b \times (1.5b)^2} \leqslant [\sigma] = 10 \times 10^6 \text{ Pa}$$

解之得

$$b \geqslant 138.7 \text{ mm}$$

故初步选取截面尺寸为

$$b = 140 \text{ mm}, \quad h = 210 \text{ mm}$$

(3)弯曲切应力强度校核。根据弯曲切应力强度条件,有

$$\tau_{max} = \frac{3|F_s|_{max}}{2A} = \frac{3 \times 40 \times 10^3}{2 \times 140 \times 210 \times 10^{-6}} \text{ Pa} = 2.04 \text{ MPa} < [\tau] = 3 \text{ MPa}$$

符合切应力强度要求。

故,当活载 F 位于梁 AB 段的中点时为危险工况;可取梁的截面尺寸

$$b = 140 \text{ mm}, \quad h = 210 \text{ mm}$$

例5.8　图5.12所示长度为 0.8 m的悬臂木梁,由3根矩形截面的木料胶合而成。若胶合面上的许用切应力为 $[r] = 0.34$ MPa。木材许用弯曲正应力为 $[\sigma] = 10$ MPa。试求梁的许可载荷及梁内的最大弯曲正应力。

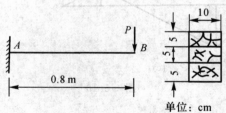

图　5.12

解　(1)由受载情况可知,各截面上剪力为常量,其值为 $|F_s| = P$;最大弯矩发生在固定端截面,其值为

$$|M| = 0.8P$$

(2)由胶合面的切应力强度条件:

$$\tau = \frac{F_s S_z^*}{I_z b} \leqslant [\tau]$$

得

$$[P] \leqslant \frac{I_z b [\tau]}{S_z^*} = \frac{\frac{1}{12} \times 0.1 \times 0.15^3 \times 0.1 \times 0.34 \times 10^6}{0.1 \times 0.05 \times 0.05} = 3.825 \text{ kN}$$

由此可得最大弯矩值为

$$M_{max} = 0.8P = 0.8 \times 3.825 = 3.06 \text{ kN} \cdot \text{m}$$

（3）求最大弯曲正应力

$$\sigma_{max} = \frac{M_{max}}{W_z} = \frac{3.06 \times 0^3}{\frac{1}{6} \times 0.1 \times 0.15^2} = 8.16 \text{ MPa} < [\sigma]$$

故梁的强度足够。

[分析]　（1）若将 3 块板无连系的叠放在一起，仍受到同样载荷的作用，情况会怎样呢？

若将 3 块板无连系的叠放在一起，则 3 块板将各自弯曲，每块板承受总弯矩的 1/3，危险截面仍在固定端截面，最大弯矩值为

$$M'_{max} = \frac{M_{max}}{3} = \frac{1}{3} Pl = \frac{1}{3} \times 3.825 \times 0.8 = 1.02 \text{ kN} \cdot \text{m}$$

而

$$\sigma'_{max} = \frac{1.02 \times 10^3}{\frac{1}{6} \times 0.1 \times 0.05^2} = 24.48 \text{ MPa} > [\sigma]$$

强度不足，将发生断裂。

（2）若用 $\varphi 12$ 的螺钉固定，将使其发生整体弯曲，已知钢螺钉的容许切应力 $[\tau] = 40 \text{ MPa}$，问需要几个螺钉来连接？

此时，考虑连接螺钉受剪，总剪力为

$$F_S = [\tau_{木}] b \cdot l = 0.34 \times 10^4 \times 0.1 \times 0.8 = 27.2 \text{ kN}$$

若用 n 个螺钉，考虑螺钉受剪的强度条件：

$$\tau = \frac{Q}{nA} \leqslant [\tau_{钢}]$$

得

$$n \geqslant \frac{F_S}{A[\tau_{钢}]} = \frac{27.2 \times 10^3}{\frac{\pi}{4} \times 0.012^2 \times 40 \times 10^6} = 6$$

故需要 6 个螺钉来连接。

[评注]　此题是基本概念题和综合题，主要考查基本概念掌握情况和基本运算能力。

例 5.9　一简支梁由两个槽钢组成，受 4 个集中载荷作用，如图 5.13(a) 所示。已知 $P_1 = 120 \text{ kN}$，$P_2 = 30 \text{ kN}$，$P_3 = 40 \text{ kN}$，$P_4 = 12 \text{ kN}$。钢的许用应力 $[\sigma] = 170 \text{ MPa}$，$[\tau] = 100 \text{ MPa}$。试选择槽钢的型号。

解　（1）绘制梁的内力图见图(b)。

（2）按正应力强度条件选择槽钢型号。由弯矩图（见图(c)）可知，最大弯矩为 $M_{max} = 62.4 \text{ kN} \cdot \text{m}$

根据正应力强度条件，此梁所需要的抗弯截面系数

$$W \geqslant \frac{M_{max}}{[\sigma]} = \frac{62.4 \times 10^3}{170 \times 10^6} = 367 \times 10^{-6} \text{ m}^3 = 367 \text{ cm}^3$$

而每一个槽钢所需要的抗弯截面系数为

$$W_z = \frac{W}{2} = \frac{367}{2} = 183.5 \text{ cm}^3$$

查型钢表，选用 20a 号型钢，其抗弯截面系数为

$$W_z = 178 \text{ cm}^3$$

此值稍小于所需的 $W_z = 183.5 \text{ cm}^3$。因此，当此梁选用两个 20a 号槽钢时，梁内的最大正应力为

$$\sigma_{\max} = \frac{M_{\max}}{W} = \frac{62.4 \times 10^3}{2 \times 178 \times 10^{-6}} = 175 \text{ MPa}$$

超过许用应力$[\sigma] = 170$ MPa 约3%。由于此差异在一般规定的5%范围以内,故允许。

(3)梁的切应力强度校核。此梁由于跨长较短,而且最大的载荷P_1又作用在靠近支座A处,故要校核切应力强度。由F_S图可见,最大剪力为

$$F_{S\max} = 138 \text{ kN}$$

为了进行切应力强度校核,需先计算$20a$槽钢截面中性轴一侧的面积对中性轴的静矩$S'_{\max}$,根据$20a$槽钢截面简化后的尺寸(见图(d)),这一静矩为

$$S^*_{\max} = 7.3 \times 10 \times 5 - (10 - 1.1) \times (7.3 - 0.7) \times \frac{10 - 1.1}{2} = 104 \text{ cm}^3 = 104 \times 10^{-6} \text{ m}^3$$

又由型钢表查得$20a$槽钢的$I_z = 1\,780 \text{ cm}^4 = 1\,780 \times 10^{-8} \text{ m}^4$,宽度$d = 0.7 \text{ cm} = 0.007 \text{ m}$,则

$$\tau_{\max} = \frac{F_{S\max} S^*_{z,\max}}{I_z b} = \frac{138 \times 10^3 \times 2 \times (104 \times 10^{-6})}{2 \times 1\,780 \times 10^{-8} \times 2 \times 0.007} = 57.6 \text{ MPa} < [\tau]$$

由此可见,所选的两根$20a$槽钢能满足切应力的强度条件,因此可用。

【点评】此题是工程实际应用题,主要考查基本概念掌握情况和基本运算能力。

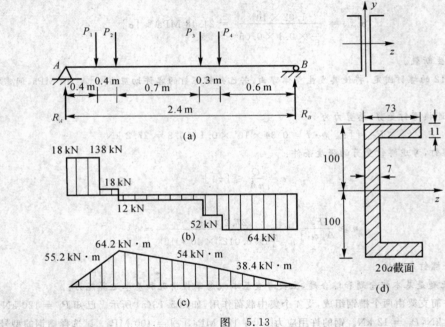

图 5.13

5.4 自学指导

前面一章详细讨论了梁横截面上的剪力和弯矩。我们知道弯矩是垂直于横截面的内力系的合力偶矩;而剪力是切于横截面的内力系的合力。所以弯矩只与横截面上的正应力有关,而剪力只与切应力相关。在这章中,将研究弯曲受力杆件的正应力和切应力的分布规律,及梁的强度计算问题。本章内容在工程中也有广泛地应用,主要应掌握下述问题。

1.弯曲正应力的计算

中性轴通过截面的形心的结论,是在轴向力为零及材料拉压弹性模量相等的情况下得出的。否则中性轴将有所偏移。这时应由轴向力平衡方程求中性轴的位置,平面截面假设仍然是成立的。横截面上的最大

弯曲正应力发生在距中性轴最远的点上。

2. 梁的弯曲强度计算

梁的弯曲强度计算是材料力学中的重要问题，也较为复杂、涉及问题也多样化，读者应通过大量不同类型的弯曲强度计算去熟悉。

对于铸铁一类脆性材料梁进行弯曲强度计算时，应全面考虑最大正、负弯矩所在截面的正应力，找出全梁的最大拉、压正应力，然后再进行正应力强度校核。

在进行梁的截面设计时，应同时满足正应力和切应力的强度条件，一般先按正应力强度条件选择截面，然后再进行切应力强度条件校核。梁的弯曲强度计算是材料力学的重要问题，应通过大量不同类型的弯曲强度计算熟练掌握。

解析方法：

(1) 根据梁所受载荷及约束力，正确画出梁的剪力图和弯矩图，确定 $|F_s|_{max}$ 和 $|M|_{max}$ 作用面，即危险截面。

(2) 根据截面上的应力分布，判断危险截面上的危险点，即 σ_{max} 和 τ_{max} 作用点（注意两者不一定在同一截面，更不在同一点），并计算 σ_{max} 和 τ_{max} 值。

(3) 对 σ_{max} 和 τ_{max} 作用点分别采用不同的强度条件进行强度计算。对于细长梁，正应力与切应力相比，正应力对强度的影响是主要的，因此一般只需按正应力进行强度计算。只有当某些受力情形下个别截面上的剪力较大时，才考虑切应力的强度。

在应用强度条件进行梁的截面设计时，一般先按正应力强度条件选择截面，然后再进行切应力强度校核。

3. 提高梁强度的主要措施

提高梁弯曲强度的途径是工程实践中的一个重要问题，读者应熟悉影响梁弯曲强度的一些主要因素：截面形状、几何尺寸、跨度、载荷作用方式及位置等，并通过改变这些因素来提高梁弯曲强度。提高梁弯曲强度的途径弯曲正应力公式可变形为

$$M_{max} \leqslant W_z[\sigma] = [M]$$

式左侧为由载荷引起的最大弯矩；式右侧为构件的许用弯矩，它与两个因素 W_z 和 $[\sigma]$ 有关。所以，提高构件的弯曲强度有两种：减小 M_{max}；提高 W_z 和 $[\sigma]$。

请根据上述内容认真看懂相应典型例题 5 至 6 道，认真仔细做相应习题 8 至 11 道，亲自总结出解题的规律与技巧。

5.5 习题精选详解

5.2 受均布载荷作用的简支梁如题 5.2 图所示。若分别采用截面面积相等的实心和空心圆截面，且 $D_1 = 40$ mm，$d_2/D_2 = 3/5$，试分别计算它们的最大弯曲正应力。并问空心截面比实心截面的最大弯曲正应力减小了百分之几？

解 简支梁最大弯矩为

$$M_{max} = \frac{1}{8}ql^2 = \frac{1}{8} \times 2 \times 10^3 \times 2^2 = 1 \text{ kN} \cdot \text{m}$$

由于两截面面积相等，即

$$\frac{\pi D_1^2}{4} = \frac{\pi}{4}(D_2^2 - d_2^2) = \frac{\pi D_2^2}{4}\left[1 - \left(\frac{d_2}{D_2}\right)^2\right]$$

得

$$\frac{D_1}{D_2} = \frac{4}{5}, \quad D_3 = \frac{5}{4}D_1 = 50 \text{ mm}$$

故

$$\sigma_{1max} = \frac{M_{max}}{W_1} = \frac{32M_{max}}{\pi D_1^3} = \frac{32 \times 1 \times 10^6}{\pi \times 40^3} \text{ MPa} = 159 \text{ MPa}$$

$$\sigma_{2\max} = \frac{M_{\max}}{W_2} = \frac{32M_{\max}}{\pi D_2^3(1-\alpha^4)} = \frac{32 \times 1 \times 10^6}{\pi \times 50^3 \times (1-0.6^4)} = 93.6 \text{ MPa}$$

空心截面比实心截面的最大正应力减少了：

$$\frac{\sigma_{1\max} - \sigma_{2\max}}{\sigma_{1\max}} \times 100\% = \frac{159-93.6}{159} \times 100\% = 41\%$$

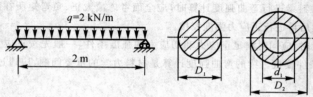

题 5.2 图

5.3　某圆轴的外伸部分系空心圆截面,载荷情况如题 5.3 图所示。试作该轴的弯矩图,并求轴内的最大弯曲正应力。

解　由平衡条件

$$\sum M_A = 0, 得\ F_B = 7.64 \text{ kN}$$

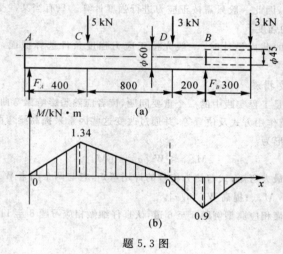

题 5.3 图

可给出轴弯矩图如题 5.3 图(b)所示。

由弯矩图可看出,B,C 两截面弯矩较大,而两截面尺寸不同应分别为

$$\sigma_{c\max} = \frac{M_C}{W_C} = \frac{32M_C}{\pi d_C^3} = \frac{32 \times 1.34 \times 10^6}{\pi \times 60^3} = 63.4 \text{ MPa}$$

$$\sigma_{B\max} = \frac{M_B}{W_B} = \frac{32M_B}{\pi d_B^3(1-a^4)} = \frac{32 \times 0.9 \times 10^6}{\pi \times 60^3 \times \left[1-\left(\frac{45}{60}\right)^4\right]} = 62.1 \text{ MPa}$$

故轴内最大正应力的 63.4 MPa。

5.6　桥式起重机大梁 AB 的跨度 $l = 16$ m,原设计最大起重量为 90 kN。如题 5.6 图所示,在大梁上距 B 端为 x 的 C 点悬挂一根钢索,绕过装在重物上的滑轮,将另一端再挂在吊车的吊钩上,使吊车驶到 C 的对称位置 D。这样就可吊运 150 kN 的重物。试问 x 的最大值等于多少?设只考虑大梁的正应力强度。

解　最大起重量,是考虑最不利情况即力作用在跨度中间时的情况,此时有

$$M_{\max} = \frac{W_1 l}{4}$$

$$\sigma_{\max} = \frac{M_{\max}}{W} = \frac{W_1 l}{4W} = [\sigma] \qquad \qquad ①$$

而吊运 $W_2 = 150$ kN 重物时,此时梁内最大弯矩为

$$M'_{\max} = \frac{W_2}{2} x$$

当 x 取最大值时,有

$$\sigma'_{\max} = \frac{M'_{\max}}{W} = \frac{W_2 x}{2W} = [\sigma] \qquad \qquad ②$$

由 ①② 两式可得 $W_1 l = 2 W_2 x$,得

$$x = \frac{W_1 l}{2 W_2} = \frac{90 \times 16}{2 \times 150} = 4.8 \text{ m}$$

5.10　如题 5.10 图所示,割刀在切割工件时受到 $F = 1$ kN 的切割力的作用。割刀尺寸如题 5.10 图所示,若已知其许用正应力 $[\sigma] = 220$ MPa,试校核割刀的强度。

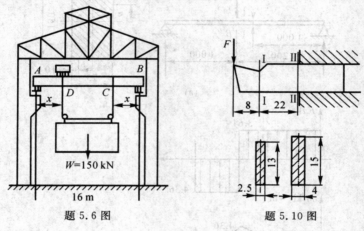

题 5.6 图　　　　　题 5.10 图

解　(1) 求 Ⅰ—Ⅰ 截面和 Ⅱ—Ⅱ 截面的弯矩。

$$M_1 = -F \times 10^3 \times 8 \times 10^{-3} = -1 \times 10^3 \times 8 \times 10^{-3} = -8 \text{ N} \cdot \text{m}$$

$$M_2 = -F \times 10^3 \times (8 + 22) \times 10^{-3} = -1 \times 10^3 \times 30 \times 10^{-3} = -30 \text{ N} \cdot \text{m}$$

(2) 求 Ⅰ—Ⅰ 截面和 Ⅱ—Ⅱ 截面的最大正应力。

Ⅰ—Ⅰ 截面最大正应力为

$$\sigma_{\max} = \frac{M_1}{W_{z1}} = \frac{6 M_1}{b h^2} = \frac{6 \times 8}{2.5 \times 10^{-3} \times (13 \times 10^{-3})^2} \text{ Pa} = 114 \text{ MPa} < [\sigma] = 220 \text{ MPa}$$

Ⅱ—Ⅱ 截面最大正应力为

$$\sigma_{\max} = \frac{M_2}{W_{z2}} = \frac{6 M_2}{b h^2} = \frac{6 \times 30}{4 \times 10^{-3} \times (15 \times 10^{-3})^2} \text{ Pa} = 200 \text{ MPa} < [\sigma] = 220 \text{ MPa}$$

故割刀的强度合格。

5.17　试计算题 5.17 图示矩形截面简支梁的 1—1 截面上 a 点和 b 点的正应力和切应力。

解　由平衡条件:

$$\sum M_A = 0, \quad \sum F_y = 0$$

求解得

$$F_A = 3.64 \text{ kN}, \quad F_C = 4.36 \text{ kN}$$

给出梁的剪力图和弯矩图如题 5.17 图(b)所示。

对于梁:

$$I_z = \frac{1}{12} \times 75 \times 150^3 = 2.11 \times 10^7 \text{ mm}^4$$

$$\sigma_a = \frac{M_1 y_a}{I_z} = \frac{3.64 \times 10^6 \times 35}{2.11 \times 10^7} = 6.04 \text{ MPa} \quad \text{（压应力）}$$

$$\tau_a = \frac{F_{s1} S_z^*}{b I_z} = \frac{3.64 \times 10^3 \times (75 \times 40 \times 55)}{75 \times 2.11 \times 10^7} = 0.379 \text{ MPa}$$

$$\sigma_b = \frac{M_1 y_b}{I_z} = \frac{3.64 \times 10^3 \times 75}{2.11 \times 10^7} = 12.9 \text{ MPa} \quad \text{（拉应力）}$$

$$\tau_b = 0$$

$$\sigma_b = \frac{M_1 y_b}{I_z} = \frac{3.64 \times 10^3 \times 75 \times 10^3}{2.11 \times 10^7} = 12.9 \text{ MPa} \quad \text{（拉应力）}$$

$$\tau_{max} = \frac{F_S}{\pi R_o \delta}$$

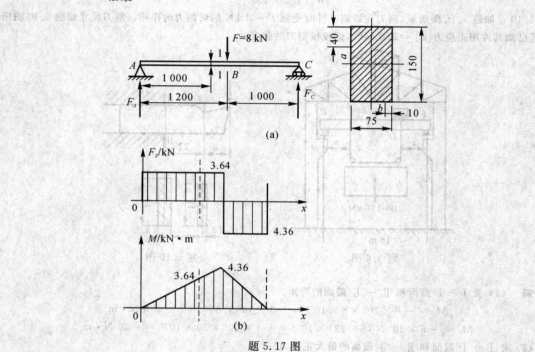

题 5.17 图

5.20 如题 5.20 图所示圆环形截面梁，若壁厚 d 远小于平均半径 R_0。已知剪力为 F_S。试求截面上的最大切应力。

解 根据切应力计算公式，该截面处有

$$b = 2\delta, \quad \tau_{cmax} = \frac{F_S S_z^*}{2\delta I_z}$$

当 $\delta \leqslant R_0$ 时

$$S_z^* = \frac{2}{3}\left(R_0 + \frac{\delta}{2}\right)^2 - \frac{2}{3}\left(R_0 - \frac{\delta}{2}\right)^3 \approx 2R_0^2 \delta$$

$$I_z = \frac{\pi}{4}\left(R_0 + \frac{\delta}{2}\right)^4 - \frac{\pi}{4}\left(R_0 - \frac{\delta}{2}\right)^4 \approx \pi R_0^3 \delta$$

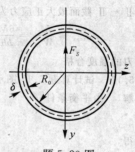

题 5.20 图

$$\tau_{max} = \frac{2R_0^2 \delta F_S}{2\delta \pi R_0^2 \delta} = \frac{F_S}{\pi R_0 \delta} = 2\frac{F_S}{A}$$

A 为环形截面面积，且 $A = 2\pi R_0 \delta$。

5.21 如题 5.21 图所示，起重机下的梁由两根工字钢组成，起重机自重 $P = 50$ kN，起重量 $F = 10$ kN。

许用应力$[\sigma]=160$ MPa，$[\tau]=100$ MPa。若暂不考虑梁的自重，试按正应力强度条件选定工字钢型号，然后再按切应力强度条件进行校核。

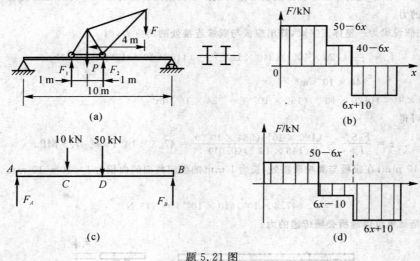

题 5.21 图

解　对起重机进行受力分析如题 5.21 图(a)所示，由平衡条件：
$$F_1=10 \text{ kN}, \quad F_2=50 \text{ kN}$$
现在求梁的最大弯矩 M_{max}。梁的受力如题 5.21 图(b)所示，由平衡条件可求得
$$F_A=50-6x, \quad F_B=6x+10$$

① 当 $F_A \geqslant 10$ kN 时，即 $0 \leqslant x \leqslant 6.67$ m 时，可大致绘出剪力图如题 5.21(c)所示。
可见梁在 D 点弯矩为最大为　$M=(8-x)(6x+10)$
由 $\dfrac{\mathrm{d}M}{\mathrm{d}x}=38-12x=0$，得
$x=3.17$ m <6.67 m，符合前提，此时有
$$M_{max}=(8-3.17)\times(6\times3.17+10)=140.2 \text{ kN·m}$$
② 当 $F_A \leqslant 10$ kN 时，即 $6.67 \leqslant x \leqslant 8$ 时，可给出剪力图如题 5.21 图(d)示。
可见梁在 C 点弯矩最大为　$M=(50-6x)x$
由 $\dfrac{\mathrm{d}M}{\mathrm{d}x}=50-12x=0$，得
$$x=4.17 \text{ m}<6.67 \text{ m}$$

不符合前提，舍之，故 $M_{max}=140.2$ kN·m
由
$$\sigma_{max}=\frac{M_{max}}{2W} \leqslant [\sigma]$$
得
$$W \geqslant \frac{M_{max}}{2[\sigma]}=\frac{140.2\times10^6}{2\times160}=438 \text{ cm}^3$$

应选 No.28a 工字钢，有
$$W=508.15 \text{ cm}^3, \quad \frac{I_z}{S_z^*}=24.62 \text{ cm}, \quad b=8.5 \text{ mm}$$

现在进行切应力校核，由梁的受力图可知，当 $x=8$ 时，有
$$F_{max}=F_B=58 \text{ kN}$$
$$\tau_{max}=\frac{F_{max}S_z^*}{2bI_z}=\frac{58\times10^3}{2\times8.5\times246.2}=13.9 \text{ MPa}<[\tau]=100 \text{ MPa}$$

所以强度合格。

5.25 题 5.25 图示宽翼缘工字梁由钢板焊接而成。若横截面上剪力为 $F_s = 180\ \text{kN}$,试求每单位长度焊缝所必须传递的力。

解 首先假设梁为一整体工字梁,算出腹板与翼缘连接处的切应力,则

$$I_z = \frac{1}{12}\big[(120 \times 10^{-3})(340 \times 10^{-3})^3 - (110 \times 10^{-3})(300 \times 10^{-3})^3\big] =$$
$$146 \times 10^{-6}\ \text{m}^4$$

$$S_z^* = (20 \times 10^{-3})(120 \times 10^{-3})(160 \times 10^{-3}) = 384 \times 10^{-6}\ \text{m}^3$$

由切应力公式可得

$$\tau = \frac{F_s S_z^*}{I_z b} = \frac{(180 \times 10^3)(384 \times 10^{-6})}{(146 \times 10^{-6})(0.01)} = 47.3 \times 10^6\ \text{Pa} = 47.3\ \text{MPa}$$

腹板厚为 10 mm,在腹板与翼缘联接处,长为 1 mm 的纵向截面的面积为 $1 \times 10 = 10\ \text{mm}^2$,这一面积上的剪力为

$$(47.3 \times 10^6)(10 \times 10^{-6}) = 473\ \text{N}$$

这一剪力也就是每单位焊缝所必须传递的力。

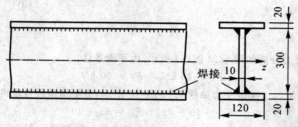

题 5.25 图

5.26 用螺钉将 4 块木板联接而成的箱形梁如题 5.26 图所示,设 $F = 6\ \text{kN}$。每块木板的档截面尺寸皆为 150 mm × 25 mm。若每一螺钉的许可剪力为 1.1 kN,试确定螺钉的间距 s。

解 由平衡条件:

$\sum M_A = 0$,得 $\qquad\qquad\qquad\qquad F_B = \dfrac{F}{4} = 1.5\ \text{kN}$

$\sum M_B = 0$,得 $\qquad\qquad\qquad\qquad F_A = \dfrac{3F}{4} = 4.5\ \text{kN}$

梁的剪力图如题 5.26 图(b)示,可见 $F_{smax} = 4.5\ \text{kN}$

对于题 5.26 图(c),建立坐标系。由于 A 为对称面,根据切应力互等定理,$\tau_A = 0$,有

$$S_z^* = 75 \times 25 \times \left(75 + \frac{25}{2}\right) = 1.64 \times 10^5\ \text{mm}^3$$

$$I_z = \frac{1}{12}[150 \times 200^3 - 100 \times 150^3] = 7.19 \times 10^7\ \text{mm}^4$$

故螺钉处所受切应力为

$$\tau = \frac{F_{smax} S_z^*}{b I_z} = \frac{4.5 \times 10^3 \times 1.64 \times 10^5}{25 \times 7.19 \times 10^7}\ \text{MPa} = 0.41\ \text{MPa}$$

由 $\tau s \times 25\ \text{mm} \leqslant [F_s] = 1.1\ \text{kN}$,得

$$s \leqslant \frac{1.1 \times 10^3}{25 \times 0.41}\ \text{mm} = 107\ \text{mm}$$

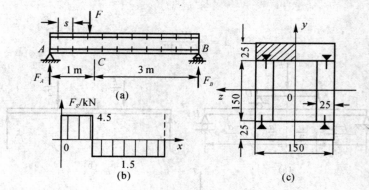

题 5.26 图

5.27 如题 5.27 图所示梁由两根 36a 工字钢铆接而成。铆钉的间距为 $s = 150$ mm，直径 $d = 20$ mm，许用切应力 $[\tau] = 90$ MPa。梁横截面上的剪力 $F_S = 40$ kN。试校核铆钉的剪切强度。

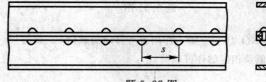

题 5.27 图

解 查表，对于 No. 36.a 工字钢有 $A = 76.48$ cm^2，$h = 36$ cm，$I_z = 15\,800$ cm^4，$b = 13.6$ cm，中性轴上的切应力为

$$\tau = \frac{F_S S_z^*}{b I_z} = \frac{F_S A \dfrac{h}{2}}{2b\left[I_x + A\left(\dfrac{h}{2}\right)^2\right]} = \frac{40 \times 10^3 \times 7\,648 \times 180}{2 \times 136 \times [1.58 \times 10^8 + 7\,648 \times 180^2]} = 0.5 \text{ MPa}$$

则它在 s 长度上的合力为

$$F = \tau s b = 0.5 \times 150 \times 136 = 10.2 \text{ kN}$$

故铆钉切应力为

$$\tau' = \frac{F}{A} = \frac{2F}{\pi d^2} = \frac{2 \times 10.2 \times 10^3}{\pi \times 20^2} = 16.2 \text{ MPa} < [\tau] = 90 \text{ MPa}$$

故强度合格。

5.31 如题 5.31 图所示，为改善载荷分布状况，在主梁 AB 上安置辅助梁 CD。设主梁和辅助梁的抗弯截面系数分别为 W_2 和 W_2，材料相同，试求辅助梁的合理长度 a。

解 对于主梁 AB，由平衡条件可求得

$$F_A = F_B = \frac{F}{2}$$

则可知 CD 段受纯弯曲作用，最大弯矩为

$$M_{1\max} = \frac{F}{2} \frac{l-a}{2} = \frac{F(l-a)}{4}$$

对于辅梁，有

$$M_{1\max} = \frac{F}{2} \frac{a}{2} = \frac{Fa}{4}$$

当两梁同时达到强度条件时，有 $\sigma_{1\max} = \sigma_{2\max}$

即

$$\frac{M_{1\max}}{W_1} = \frac{M_{2\max}}{W_2}, \qquad \frac{F(1-a)}{4W_1} = \frac{Fa}{4W_2}$$

解之得

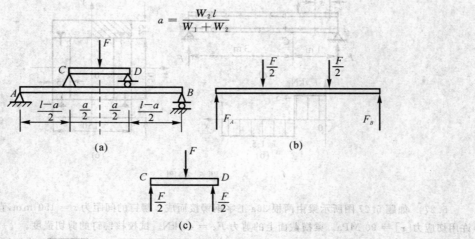

$$a = \frac{W_2 l}{W_1 + W_2}$$

题 5.31 图

5.32　如题 5.32 图所示，在 NO.18 工字梁上作用着可移动的载荷 F。设 $[\sigma] = 160$ MPa。为提高梁的承载能力，试确定 a 和 b 的合理数值及相应的许可载荷。

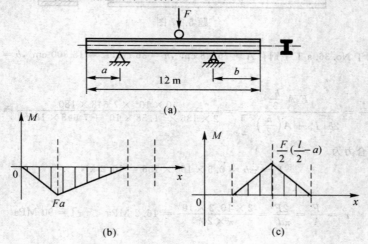

题 5.32 图

解　由于载荷是移动的，故梁的合理长度应是对称的，即 $a = b$。

当载荷作于 A 点时，由梁的弯矩图如题 5.32 图(b) 所示，可以看出

$$M_{1\max} = Fa$$

当荷载作用于梁中点 B 时如题 5.32 图(c) 所示，有

$$M_{2\max} = \frac{F}{2}\left(\frac{l}{2} - a\right)$$

梁的合理长度应使得

$$M_{1\max} = M_{2\max}$$

$$Fa = \frac{F}{2}\left(\frac{l}{2} - a\right)$$

解之得

$$a = \frac{l}{6} = \frac{12}{6} = 2 \text{ m}$$

查表得,对于 No.18 号工字钢,$W = 185 \text{ cm}^3$

再由强度条件,有

$$\sigma_{\max} = \frac{M_{l\max}}{W} = \frac{Fa}{W} \leqslant [\sigma]$$

得

$$F \leqslant \frac{W[\sigma]}{a} = \frac{185 \times 10^3 \times 160}{2\ 000} = 14.8 \text{ kN}$$

5.33　如题 5.33 图所示,宋代李诚在1103年问世的《营造式·大木作制度》中,矩形截面梁给出的合适尺寸比例是 $h : b = 3 : 2$。试用弯曲正应力强度要求证明:从圆木锯出的,上述比例接近最佳比值。

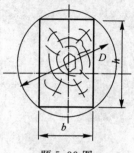

题 5.33 图

解　由几何性质得

$$b^2 + h^2 = D^2$$

而

$$W_z = \frac{1}{6} bh^2$$

得

$$W_z^2 = \frac{1}{9} \times b^2 \times \frac{h^2}{2} \times \frac{h^2}{2} \leqslant \frac{1}{9} \left(\frac{b^2 + \frac{h^2}{2} + \frac{h^2}{2}}{2} \right)$$

当且仅当 $b^2 = \frac{h^2}{2} = \frac{h^2}{2}$ 时,等号成立,此时 $b^2 = \frac{h^2}{2}$,$\frac{h}{b} = \sqrt{2} = 1.414$

故 $h : b = 3 : 2$ 接佳比值 $\sqrt{2}$。

5.34　如题 5.34 图所示,在均布载荷作用下的等强度悬臂梁,其横截面为矩形,且宽度 b 为常量。试求截面高 h 沿轴线的变化规律。

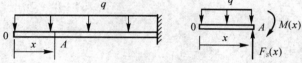

题 5.34 图

解　取长度为 x 的一段,则对于截面 A,由平衡条件:

$\sum M_A = 0$,得

$$M(x) = \frac{q}{2} x^2$$

由强度条件,$\frac{M(x)}{W(x)} = [\sigma]$ 即

$$\frac{\frac{q}{2} x^2}{\frac{1}{6} bh^2} = [\sigma]$$

故得

$$h = \sqrt{\frac{3q}{b[\sigma]}} x$$

5.36　以 F 力将置放于地面的钢筋提起,如题 5.36 图所示。若钢筋单位长度的重量为 q,当 $b = 2a$ 时,试求所需的 F 力。

解　依题意,问题转化为题 5.36(b) 图示。在 $x = 3a$ 面上筋与地面密合。根据教材中变形公式(5.1),则有 $\frac{1}{\rho} = \frac{M}{EI}$

在 A 点 ρ 为无穷,所以该点的弯矩为零。即

$$M_A = F \times 2a - \frac{1}{2} q (3a)^2 = 0$$

解之得
$$F = \frac{9}{4}qa = 2.25qa$$

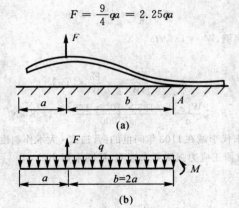

题 5.36 图

第6章 弯曲变形

6.1 教学基本要求

6.1.1 内容概述

前两章讨论了梁的内力与强度计算,本章主要讲授梁的刚度计算。工程中对某些受弯杆件除强度要求外,往往还有刚度要求,即要求它变形不能过大。若变形超过允许数值,即使仍然是弹性的,也被认为是一种失效。弯曲变形计算除用于解决弯曲刚度问题外,还用于求解超静定系统和振动问题。

6.1.2 目的要求

(1)明确挠曲线、挠度和转角的概念,理解梁挠曲线近似微分方程的建立过程及应用。

(2)掌握分段建立挠曲线微分方程的原则。会对微分方程进行积分,并利用边界条件和连续条件确定积分常数。

(3)会用积分法求指定截面的挠度和转角。

(4)掌握叠加法计算梁某截面的挠度和转角,尤其是挠度。

(5)理解超静定梁和静定基的概念,掌握变形比较法求解简单超静定梁的方法。

(6)掌握应用刚度条件解决刚度校核问题。

(7)理解提高梁刚度的主要措施。

6.1.3 三基

(1)基本概念:挠曲线,挠度,转角,挠曲线近似微分方程,直接积分法,叠加法,超静定梁,静定基。

(2)基本理论:小变形假设,挠曲线近似微分方程。

(3)基本方法:积分法,叠加法。

6.1.4 重点难点

重点:挠曲线近似微分方程,直接积分法试求解梁变形,叠加法求位移,求解简单超静定梁。

难点:微分方程积分时用边界条件和连续条件确定积分常数,用变形比较法求解简单超静定梁。

6.2 教学建议

6.2.1 单元划分

本章共 4 学时,划分 2 个教学单元。

第一单元讲授工程中的弯曲变形问题,挠曲线的微分方程,用积分法求弯曲变形。

第二单元讲授用叠加法求弯曲变形,简单超静定梁,减小弯曲变形的一些措施。

6.2.2 各单元教学重点内容建议

第一单元重点讲授内容

三导

1. 弯曲变形

在平面弯曲的情况下,梁变形后的轴线将成为纵向对称面内一条连续而光滑的曲线,称为梁的挠曲线。

梁的弯曲变形可用两了基本量来度量:

梁任一横截面的形心,在垂直于轴线方向(即 ω 方向,或 y 轴)发生的线位移,称为梁在该截面处的挠度,一般以 ω 表示,其正负号规定按数学上习惯,沿 W 轴正向的挠度为正,反之为负。

梁任一横截面绕中性轴转过的角度,称为该截面的转角,以 θ 表示,逆时针转过的角度为正,反之为负,单位以弧度(rad)表示。

挠度和转角的计算,贯穿于本章始终,故读者对于挠度与转角的概念,应有深刻的理解。

梁上各截面的挠度 ω,随着截面位置 x 的不同而改变,这种变化规律,用挠曲线方程表示为

$$\omega = f(x) \tag{6.1}$$

在小变形情况下,转角与挠度有以下关系:

$$\theta = \tan\theta = f(x) \tag{6.2}$$

读者由以上分析可清楚认识到,讨论梁的变形,关键在于找出挠曲线方程。挠曲线方程确定之后,便能求出梁轴线上任一点的挠度和任一横截面转角的大小和方向(或转向)。

2. 挠曲线近似微分方程

在小变形的情况下,挠曲线的近似微分方程为

$$\frac{d^2\omega}{dx^2} = \frac{M}{EI} \tag{6.3}$$

此公式是研究弯曲变形的基本方程,式中 M 即梁的弯矩方程,因此,求直梁弯曲变形的问题,即可以归结为一个简单的积分问题。

值得指出的是,在应用上面近似微分方程时,坐标系只能取 W 轴(或 y 轴)向上,x 轴向右。

3. 用积分法求梁的变形

利用挠曲线近似微分方程,通过积分求梁的变形的方法积分法。

将挠曲线近似微分方程,积分一次得转角方程,积分二次即得挠曲线方程,即

$$\theta = \frac{dw}{dx} = \int \frac{M}{EI} dx + C \tag{6.4}$$

$$w = \iint \left(\frac{M}{EI} dx\right) dx + Cx + D \tag{6.5}$$

本方法是求弯曲变形的基本方法,适用于求各种载荷情况下的等截面或变截面梁的转角,挠度方程,特别是要求梁总体变形情况或需要求挠度与转角的截面数较多的情况下,本方法具有一定的优越性。

应用本方法的关键主要有两点:

(1) 如何正确建立挠曲线近似微分方程。关键是如何建立弯矩方程,有时往往需分段进行。

(2) 如何确定积分常数。积分常数由边界条件和梁段间光滑连续条件或中间铰链连续条件确定。

但本方法在载荷复杂的情况下,需要分段建立微分方程进行积分,分段越多,需要确定的积分常数也越多,故运算比较繁复,而且,工程中往往只需求某一、二处的变形,这就促使人们寻求其他比较简捷的途径。

第二单元重点授课内容

1. 用叠加法求梁的变形

在多载荷作用下,梁的任一截面的转角和挠度等于各个载荷单独作用下的同一梁在该截面的转角和挠度的代数和。

应该指出:

(1) 应用叠加法应知道各种简单载荷作用下,基本形式梁的挠曲线方程(或教材中提供梁的变形表),基本形式梁是指悬臂梁,简支梁和某些简单外伸梁。

(2) 应用叠加法,除梁变形的公式 $\frac{1}{\rho} = \frac{M}{EI_z}$ 应满足的条件外,还应满足小变形和转角,挠度是外载荷的线

性函数的条件。

关于应用叠加法求变形的习题,按其难易程度,大致可以分为 3 种类型。

第一种类型:习题中梁的类型及载荷类型在表中可直接查阅到,只要注意习题中的载荷及尺寸与表中列出的载荷及尺寸对应(可能会有所变化),那么该题不难求解,这是比较简单的一类习题。

第二种类型:习题中梁的类型及载荷类型可能在表中不能直接查阅到,但表中的类似情况,仍然可以利用现成的表,求出所需数值,然后叠加上由于差别引起的数值,使习题获解。

比如图 6.1 中悬臂梁 AB 上作用集中力 F 与集中力偶 M,要求自由端 B 的挠度和转角。

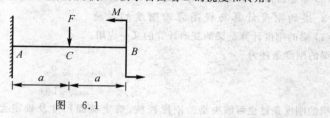

图 6.1

关于 M 作用下 B 点的挠度与转角,表中可直接查到;假如在 F 作用下,B 点的挠度和转角在表中不能直接查到,可利用悬臂梁 AC 在自由端作用集中力,直接查表求得截面 C 的挠度 W_c 与转角 θ_c,由于 CB 段为直线,故而可用

$$\omega_B = \omega_C + \theta_c \times a$$

来求得 W_B,进而可再与 M 作用下 B 点挠度与转角进一步叠加,即可求解出该题,则

$$\theta_B = \theta_C$$

第三种类型:习题中梁的类型及载荷类型不仅在表中无法直接查到,而且也无类似情况;或者对于 L 不同的阶梯梁,根本无法直接利用表格,这时,需要对载荷情况或梁的类型作一些变动,然后才能利用表格用叠加法求解,这往往需要对本章内容熟练地掌握及灵活的思维能力,具一定的难度。

比如图 6.2(a) 的简支梁的 CB 段作用均布载荷,要求中点 C 的挠度。在表格中无法直接查到,但若把载荷变化为如图 6.2(b) 所示的简支梁,那么 C 点挠度可直接求得,再考虑载荷对称情况,不难得出图 6.2(a)C 点挠度即为图 6.2(b)C 点挠度的一半,习题得解。

对于 I_z 不相同的阶梯梁,往往对梁的类型作一些变动,然后再利用表格用叠加法求解。

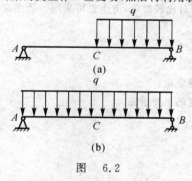

(a)

(b)

图 6.2

2.用变形比较法求超静定梁

求解超静定梁是求梁变形的应用之一。其求解方法很多。本章所介绍的用变形比较法求静超静定梁的方法,主要适用于简单超静定梁;对于复杂超静定梁的求解,将在第 13 章中详细讨论。

该方法与在"轴向拉伸与压缩"一章中解超静定梁的方法类似,关键是根据变形协调条件,求出补充方程,那么问题就可迎刃而解了。

求解超静定梁的方法和步骤:

（1）判断超静定梁次数：未知力数与静力平衡方程数之差，即为次数，只要求解一次超静的梁。

（2）建立静定基：解除多余的约束，代之以相应的多余支反力，得到静定基。应该指出，静定基的选择往往不是唯一的，应以计算简单为原则，选择合适的静定基。

（3）根据变形协调条件建立补充方程：根据静定基在多余约束处的变形协调条件及力与位移间的物理关系，建立补充方程。

（4）列静力平衡方程：由补充方程与静力平衡方程联立求解各未知力。

（5）如题目需要，多余支反力确定后，可按静定梁的分析方法，继续有关计算。

3. 梁的刚度计算与提高弯曲刚度的措施

（1）梁的刚度计算是梁的变形计算的又一应用。

梁的刚度条件为

$$|\omega|_{max} \leqslant [\omega] \tag{6.6}$$
$$|\theta|_{max} \leqslant [\theta] \tag{6.7}$$

梁的刚度条件也可解决梁的刚度校核，确定截面尺寸及确定允许载荷三类刚度计算问题，在此不再赘述。

（2）提高弯曲刚度的措施。

① 合理选择截面形状：选用以较小面积可获得较大惯性矩的截面，例如工字钢。

② 合理选择材料：选用弹性模量较大的材料。因各种钢材的弹性模量十分接近，故改变钢材的品种对提高梁的刚度并无意义。

③ 减小梁的跨度：合理安排支座或增加支座，尽量减小梁的跨度。

④ 改变载荷作用方式：分散载荷或尽可能使载荷作用点靠近支座，以减小弯曲变形。

6.2.3 考试内容建议

试题中涉及本章的内容主要是挠曲线的近似微分方程。首先，应熟悉二重积分法的应用。第二，给出一些较复杂的梁，经过变换运用已知结果进行叠加，有时可给出某几种相关结果，要求测试，万能的积分法总可以做出结果。第三，用变形比较法解简单超静定结构，则要求考生掌握变形比较法。对于一些特定截面的位移会用叠加法求解，考生应熟记简单静定梁在简单载荷作用下的最大挠度与转角，以方便叠加法的运用。当然求变形的方法比较多，如能量法相对比较简单，考生也可采用。请注意，此章考研题很少单独出，而是与有关内容联合考。具体有以下点内容。

（1）挠曲线、挠度和转角的概念；

（2）计算梁变形的积分法和叠加法；

（3）用变形比较法求解简单超静定梁；

（4）梁的刚度条件和提高梁刚度的主要措施。

6.3 典型例题

6.3.1 解题方法

1. 用积分法计算梁弯曲变形的基本步骤

① 列弯矩方程。

② 建立挠曲线近似微分方程，通过积分的方法求梁的变形。将挠曲线近似微分方程，积分一次得转角方程，积分二次即得挠曲线方程。

③ 根据梁的位移边界条件和位移连续条件确定积分常数。

④ 计算指定截面的挠度和转角。

注意点:

① 积分法是计算弯曲变形的一种基本方法,其优点在于适用性广泛,可用于求在各种载荷作用下的等截面或变截面梁的转角和挠曲线的普遍方程;其缺点是计算过程冗繁,特别在求某一指定截面的挠度和转角时,远不如叠加法等其他方法来得方便。

② 积分应遍及全梁,在梁的弯矩方程或抗弯刚度不连续处,则必须分段积分,分段建立转角和挠曲线方程。

③ 在根据梁的位移边界条件和位移连续条件确定积分常数时,需要注意以下几点:

· 积分常数的个数一定正好等于梁的位移边界条件和位移连续条件的总个数。

· 在遍及全梁积分时,若无需分段,则积分常数仅由位移边界条件即可全部确定。

· 在固定端处,梁的转角、挠度均为零;在铰支座处,梁的挠度为零但转角不为零。

· 在中间铰支座处,既存在位移边界条件,又存在位移连续条件。

· 在中间铰链处,挠度连续,但转角不连续。

2. 用叠加法计算梁弯曲变形的基本步骤

① 将实际复杂载荷分解为若干个简单载荷的叠加。

② 画出梁在每一种简单载荷单独作用下的变形曲线(即挠曲线)。

③ 根据变形曲线,计算梁在每一种简单载荷单独作用下的变形。

④ 将梁在每一种简单载荷单独作用下的变形按代数值相加,得梁在实际复杂载荷作用下的变形。

注意点:

① 叠加法的适用条件:小变形;材料服从胡克定律;等直梁。

② 简单载荷作用下梁的变形可直接在有关教科书或手册中查到。

③ 实际复杂载荷的分解要便于查表。

④ 在运用叠加法时,一定要画出梁在每一种简单载荷单独作用下的变形曲线,并根据变形曲线来正确计算梁的变形。

⑤ 应根据变形曲线正确判断转角、挠度的正负号。

⑥ 在载荷无法进一步分解且依然无法查表或者梁的抗弯刚度 I_z 为分段常数的情况下,可以考虑采用"分段刚化法",即将梁先分为几段简单等直梁,分别计算每一段的弯曲变形,在计算每一段的变形时将其余各段刚化,以便于查表。

然后,再将各段产生的变形代数叠加求出梁的实际变形。在运用"分段刚化法"时,各段梁除受作用于本段梁上的载荷的影响之外,还可能受到作用在其他梁段上的载荷的影响,需要具体分析。

⑦ 在运用叠加法时,不但要考虑各梁段本身的变形所引起的位移,还应考虑相邻梁段的变形以及弹性支撑的变形所引起的该梁段的刚性位移。

3. 梁刚度计算的步骤

梁的刚度计算同样包含了刚度校核、截面设计和确定许用载荷等三类问题,其基本步骤:

① 运用积分法或叠加法计算梁的最大挠度和最大转角。

② 根据刚度条件进行梁的刚度计算。

4. 用变形比较法求解简单超静定梁的基本步骤

① 解除多余约束,得到基本静定梁,并以相应的多余约束力代替多余约束的作用,得到原超静定梁的相当系统。

② 根据多余约束的性质,建立变形(位移)协调方程。

③ 计算相当系统在多余约束处的相应位移,由变形协调方程得到补充方程。

④ 由补充方程求出多余约束力,即将超静定梁转化为了静定梁。

注意点:

三导

· 凡是在维持梁平衡的前提下可以去除的约束,都可视为多余约束。因此,多余约束的选取不是唯一的,即相当系统可以有不同的选择,在实际选择时应以简单为原则。

· 多余约束选择的不同,其相应的变形协调条件也就不同,但不会影响最终结果的唯一性。

· 变形比较法主要适用于简单超静定梁。

5. 解题技巧

积分法求梁的变形是一基本方法。对于刚度不同或由于载荷作用而使梁的弯矩方程有变化时,应分段列出挠曲线方程。

叠加法通常包括载荷叠加和变形叠加两种。前者通常用于等截面直梁在同时受了几个载荷作用时,可分别求解梁在各单独载荷作用下的变形之代数和。后者通常用于比较复杂的梁,刚架等。此时应把梁分成若干简单的静定梁,此时除了计算本段梁上载荷引起的变形,还应考虑其他段梁的变形对该梁产生的影响。

6.3.2 典型例题

例 6.1 一简支梁如图 6.3 所示,在中央处受一集中力 F 作用。试列挠曲列挠曲线近似微分方程并进行积分求此梁的最大转角和最大挠度。

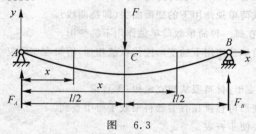

图　6.3

解 (1) 求支座反力,列弯矩方程:此梁上的外力将梁分为 2 段,故需分别列出梁的弯矩方程。先求支座反力。

约束反力为

$$F_A = F_B = \frac{F}{2}$$

取坐标系如图,再列出两段梁的弯矩方程。

AC 段:

$$M_1(x) = \frac{F}{2}x \quad \left(0 \leqslant x \leqslant \frac{l}{2}\right) \tag{①}$$

CB 段:

$$M_2(x) = \frac{F}{2}x - F\left(x - \frac{l}{2}\right) \quad \left(\frac{l}{2} \leqslant x \leqslant l\right) \tag{②}$$

(2) 列挠曲列挠曲线近似微分方程并进行积分:因两段梁的弯矩方程不同,故梁的挠曲线近似微分方程也需分别列出:

AC 段 $\left(0 \leqslant x \leqslant \frac{l}{2}\right)$

$$EIw''_1 = \frac{F}{2}x \tag{③}$$

$$EIw'_1 = \frac{F}{4}x^2 + C_1 \tag{④}$$

$$EIw_1 = \frac{F}{12}x^3 + C_1 x + D_1 \tag{⑤}$$

CB 段 $\left(\frac{l}{2} \leqslant x \leqslant l\right)$

$$EIw''_2 = \frac{F}{2}x - F\left(x - \frac{l}{2}\right) \tag{⑥}$$

$$EIw'_2 = \frac{F}{4}x^2 - \frac{F}{2}\left(x - \frac{l}{2}\right)^2 + C_2 \qquad ⑦$$

$$EIw_2 = \frac{F}{12}x^3 - \frac{F}{6}\left(x - \frac{l}{2}\right)^2 + C_2 x + D_2 \qquad ⑧$$

(3) 确定积分常数:积分常数有 4 个,支座约束提供了 2 个边界条件,即

在 $x = 0$ 处,有 $\qquad\qquad\qquad\qquad w_1 = w_A = 0 \qquad\qquad\qquad ⑨$

在 $x = l$ 处 $\qquad\qquad\qquad\qquad w_2 = w_B = 0 \qquad\qquad\qquad ⑩$

在截面 C 处有 2 个连续性条件,即

在 $x = \dfrac{l}{2}$ 处 $\qquad\qquad\qquad w_1 = w_2 \quad \theta_1 = \theta_2 \qquad\qquad ⑪$

利用以上连续性条件及 ⑤,⑦,④,⑧ 式,得

$$C_1 = C_2 \quad D_1 = D_2 \qquad ⑫$$

由边界条件,得

$$D_1 = D_2 = 0 \qquad ⑬$$

$$C_1 = C_{m2} = -\frac{Fl^2}{16} \qquad ⑭$$

(4) 确定转角方程和挠度方程:将所求得的积分常数代回 ⑤,④,⑦,④ 各式,得两段梁的转角方程和挠度方程为

AC 段 $\left(0 \leqslant x \leqslant \dfrac{l}{2}\right)$

$$FIw'_1 = \frac{F}{4}x^2 - \frac{Fl^2}{16} \qquad ⑮$$

$$EIw_1 = \frac{F}{12}x^3 - \frac{Fl^2}{16}x \qquad ⑯$$

CB 段 $\left(\dfrac{l}{2} \leqslant x \leqslant l\right)$

$$EIw'_2 = \frac{F}{4}x^2 - \frac{F}{2}\left(x - \frac{l}{2}\right)^2 - \frac{Fl^2}{16} \qquad ⑰$$

$$EIw_2 = \frac{F}{12}x^3 - \frac{F}{6}\left(x - \frac{l}{2}\right)^3 - \frac{Fl^2}{16}x \qquad ⑱$$

(5) 求最大转角和最大挠度:根据求极值的原理,令 $w'_1 = 0$,求得的 z 值就是挠度为极值处的坐标。

由 AC 段,令 $w'_1 = \theta_1 = \dfrac{1}{EI}\left(\dfrac{F}{4}x^2 - \dfrac{Fl^2}{16}\right) = 0$,得 $x = \dfrac{l}{2}$。

故当 F 作用在梁的中央时,由于对称,则其最大挠度发生在梁的中点;而最大转角则发生在两支座处。

以 $x = l/2$ 代入式 ⑯,得梁中间截面处的挠度为

$$w_C = w_{\max} = -\frac{Fl^2}{48EI} \qquad ⑲$$

以 $z = 0, z = z$ 分别代入 (⑰) 式,得梁左端和右端的转角为

$$\theta_A = \theta_B = \theta_{\max} = \frac{Fl^2}{16EI} \qquad ⑳$$

【评注】 用积分法计算梁的弯曲变形基本步骤和注意点见本章 6.3.1 解题方法。

例 6.2 承受集中力偶的简支梁如图 6.4(a) 所示。若 M_1, a, b, l 及 EI 等均为已知,求梁的挠线方程并确定加力点的挠度。

解 (1) 建立图 6.4(a) 所示坐标系,分段列弯矩方程。

将梁分为 AC 和 BC 两段,如图 6.4(b)(c) 所示,即 $0 \leqslant x \leqslant a$ 和 $a \leqslant x \leqslant l$ 两段。AC 段如图 6.5(c) 所示。根据平衡条件有

$$0 \leqslant x \leqslant a, \quad M(x) = \frac{M_1}{l}x$$

CB 段，如图 6.5(d) 所示，由平衡条件，得

$$a \leqslant x \leqslant l, \quad M(x) = \frac{M_1}{l}x - M_1$$

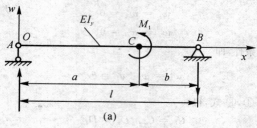

(a)

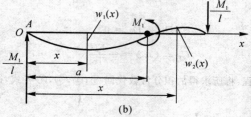

(b)

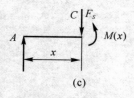

(c)

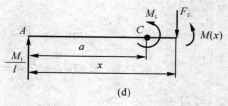

(d)

图 6.4

（2）建立挠曲线近似微分方程，并进行积分。

$0 \leqslant x \leqslant a$。

$$\frac{\mathrm{d}^2 w_1}{\mathrm{d}x^2} = \frac{1}{EI_y}\frac{M_1}{l}x$$

$$\theta_1(x) = \frac{1}{EI_y}\frac{M_1}{2l}x^2 + C_1$$

$$w_1(x) = \frac{1}{EI_y}\frac{M_1}{6l}x^3 + C_1 x + D_1$$

$a \leqslant x \leqslant l$。

$$\frac{\mathrm{d}^2 w_2}{\mathrm{d}x^2} = \frac{1}{EI_y}\left(\frac{M_1}{l}x - M_1\right)$$

$$\theta_2(x) = \frac{1}{EI_y}\left(\frac{M_1}{2l}x^2 - M_1 x\right) + C_2$$

$$w_2(x) = \frac{1}{EI_y}\left(\frac{M_1}{6l}x^2 - \frac{M_1}{2}x^2\right) + C_2 x + D_2$$

（3）确定积分常数。根据光滑连续性，有

$$x = a, \quad \theta_1(a) = \theta_2(a)$$
$$x = a, \quad w_1(a) = w_2(a)$$

根据 A, B 处的约束条件，有

$$x = 0, \quad w(0) = 0$$
$$x = l, \quad w(l) = 0$$

上几式联立解得

$$C_1 = \frac{M_1 l}{3EI_y} - \frac{M_1 a}{EI_y} + \frac{M_1 a^2}{2EI_y l}, \quad C_2 = \frac{M_1 l}{3EI_y} + \frac{M_1 a^2}{2EI_y l}$$

$$D_1 = 0, \quad D_2 = -\frac{M_1 a^2}{2EI_y}$$

于是得到梁的挠度曲线方程为

$$w_1(x) = \frac{1}{EI_y}\left[\frac{M_1}{6l}x^3 + \left(\frac{M_1 l}{2} - M_1 a + \frac{M_1 a^2}{2l}\right)\right]x \quad (0 \leqslant x \leqslant a)$$

$$w_2(x) = \frac{1}{EI_y}\left[\frac{M_1}{6l}x^3 - \frac{M_1}{2}x^2 + \left(\frac{M_1 l}{3} + \frac{M_1 a^2}{2l}\right)x - \frac{M_1 a^2}{2}\right] \quad (a \leqslant x \leqslant l)$$

将 $x = a$ 代入 $w_1(x)$ 或 $w_2(x)$ 表达式,得到加力点的挠度为

$$w_C = w_1(a) = \frac{M_1}{EI_y}\left(\frac{2a^3}{3l} + \frac{la}{3} - a^2\right) = \frac{M_1 a}{3EI_y l}(2a^2 + l^2 - 3al)$$

例 6.3 图 6.5(a) 所示的悬臂梁,受集中力 F 和集度为 q 的均布载荷作用。试求端点 B 处的挠度和转角。

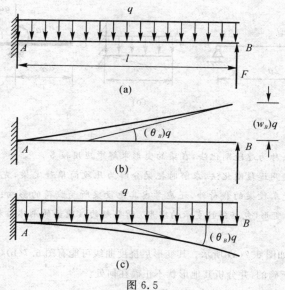

图 6.5

解 悬臂梁的变形是集中力 F 和均布载荷 q 共同引起的。查表可得,因集中力 F 而引起的 B 端的挠度和转角(见图 6.5(a)(b)) 分别为

$$(w_B)_F = \frac{Fl^3}{3EI}, \quad (\theta_B)_F = \frac{Fl^2}{2EI}$$

查表得,因分布载荷 q 而引起的 B 端的挠度和转角(见图 6.5(c)) 分别为

$$(w_B)_q = \frac{ql^4}{4EI}, \quad (\theta_B)_q = -\frac{ql^3}{6EI}$$

叠加以上结果,求得在集中力和均布载荷共同作用下,B 端的挠度和转角分别为

$$w_B = (w_B)_F + (w_B)_q = \frac{Fl^3}{3EI} - \frac{ql^4}{8EI}$$

$$\theta_B = (\theta_B)_F + (\theta_B)_q = \frac{Fl^2}{2EI} - \frac{ql^3}{6EI}$$

例 6.4 外伸梁如图 6.6(a) 所示,试用叠加法计算梁 C 截面的挠度。

解 图示结构可看成悬臂梁及简支梁变形之和。

(1) 首先刚化 AB 段。梁简化为例题 6.4 图(b) 所示悬臂梁,C 截面挠度查挠度表,得

$$w_{C_1} = -\frac{qa^4}{8EI}$$

(2) 再刚化 CA 段。梁简化为图(c) 所示,AB 段为简支梁,CA 段为刚性段,将分布力静力等效到支座 A,得到一集中力 qa 以及集中力偶 $qa^2/2$,集中力作用在支座上,不会引起 AB 段的变形。集中力偶作用下,A 截面出现逆时针转角

$$\theta_A = \frac{\frac{1}{2}qa^2 \cdot 2a}{3EI}$$

引起刚性段 CA 向下的位移为

$$w_{C_2} = \theta_A a = -\frac{qa^4}{3EI}$$

故 C 截面的挠度为

$$w_C = w_{C_1} + w_{C_2} = -\frac{qa^4}{8EI} - \frac{qa^4}{3EI} = -\frac{11}{24}qa^4 (\downarrow)$$

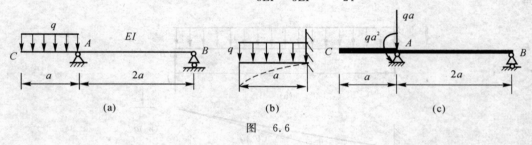

图　6.6

【评注】 (1) 这种方法称为逐段刚化法,在梁的变形求解中应用较多。

(2) 载荷叠加时可以使用逐段刚化法,求解时把梁分解为几段简单静定梁,先计算每一分段在载荷作用下产生的位移,各段梁除受本段梁的载荷外,还应考虑其他段梁所受载荷的影响;不但要考虑各段梁本身的变形,还应考虑相邻段梁的变形(包括弹性支承的变形)所引起的该段梁的刚体位移;然后将各分段产生的位移求和。即为所求位移。

例 6.5 简支梁受力如图 6.7(a) 所示。其变形后挠度曲线可能有图 6.7(b)(c)(d)(e) 4 种形状。

(1) 指出哪种形状是正确的,并分析其他形状不正确在何处。

(2) 用叠加法求端点的转角 θ 以及跨中的挠度 ω。

解 (1) 判断挠度曲线的形状。由于支座约束力为零,梁在 DE 段为纯弯曲,弯矩 $M = m$,在 AD,EB 段弯矩为零。故梁只能在 DE 段有变形,而且挠度曲线为一段圆弧。AD,EB 段无弯曲变形,但可以有位移,这两段的挠度曲线都应是直线。再考虑梁的两端 A,B 为铰支座,该处不能有挠度,可以有转角。另外挠度曲线在 D,E 处必须保持光滑连续,以满足连续条件。综合以上因素,故图 6.7(e) 所示挠度曲线形状是正确的。

图(b) 所示挠度曲线形状,虽然满足了梁的受力条件,但挠度曲线在 D,E 处不光滑,即不满足转角的连续条件。图(c)(d) 所示挠度曲线形状,虽然满足了梁的支座条件和连续条件,但 AD,EB 段都是曲线,与弯矩为零的受力条件不符。故图(b)(c)(d) 都是不正确的。

(2) 用叠加法求位移查有关挠度表可得(注意,本书中挠度 ω 向上为正,转角 θ 逆时针为正)

$$\theta_A = -\frac{m \times \frac{l}{3}}{3El} - \frac{m \times \frac{l}{3}}{6EI} = -\frac{ml}{6EI} \quad (\text{顺时针})$$

$$w_C = -\left[\theta_A \frac{l}{3} + 2 \times \frac{m\left(\frac{l}{3}\right)^2}{16EI}\right] = -\frac{5ml^2}{72EI} \quad (\downarrow)$$

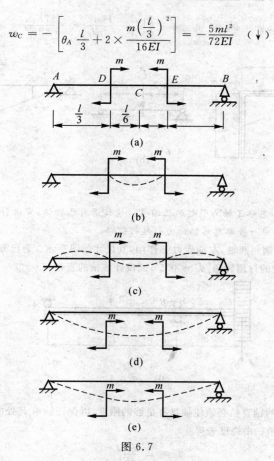

图 6.7

【评注】 判断挠度曲线形状的依据仍是弯矩和支座条件。因梁是一完整的受力构件,挠度曲线必须满足光滑连续条件,其中有一条不符则为不正确。

例 6.6 图 6.8(a)所示结构中,AB 梁一端为固定铰支,另一端则支承在一弹性刚架 BCD 上,C 处为刚节点。AB 梁中点受有集中力 F_P 作用。若 F_P,a,EI 均为已知,求 AB 梁中点的挠度。

解 AB 梁中点 E 处的挠度包括两部分。一是由简支梁本身的弹性变形引起的 ω_{B1},见图 6.8 图(b)。查挠度表得

$$w_{E_1} = -\frac{F_P a^3}{48EI}$$

二是由于刚架 BCD 变形引起的刚体位移,如例题 6.6 图(c)所示,其值为

$$w_{E_2} = \frac{w_B}{2}$$

其中,ω_B 为 $F_P/2$ 作用在刚架 B 点上所引起的 B 点的垂直位移,根据例 6.5 所讲的逐段刚化法,忽略轴力影响,则

$$w_B = -\frac{(F_P/2)a^3}{3EI} - \frac{(F_P/2)a^2 \times a}{EI} = -\frac{2F_P a^3}{3EI}$$

$$w_{E_2} = \frac{w_B}{2} = -\frac{F_P a^3}{3EI}$$

于是,将式叠加便得到 AB 梁中点的挠度为

$$w_E = w_{E_1} + w_{E_2} = -\frac{F_P a^3}{48EI} - \frac{F_P a^3}{3EI} = -\frac{17F_P a^3}{48EI}$$

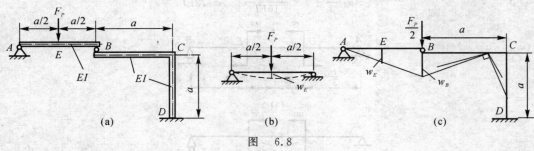

图　6.8

【评注】 在本例运算中,忽略了轴力引起的压缩量。请读者自己验证:弯曲引起的位移要比轴力引起的位移大得多,因此在工程计算中一般都忽略轴向力引起的位移。

例 6.7 图 6.9(a) 所示钢制圆轴,左端受力 F 作用,其尺寸如图所示。若已知 $F = 20$ kN, $a = 1$ m, $l = 2$ m, $E = 210$ GPa,轴承 B 处的许用转角 $[\theta] = 0.5°$,试设计该轴的直径 d。

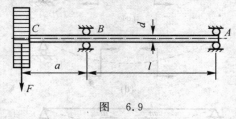

图　6.9

解 根据要求,所设计的轴直径必须使轴具有足够的刚度,以保证轴承 B 处的转角不超过 $[\theta]$。

(1) 查表确定 B 处的转角。由挠度表得

$$\theta_B = \frac{F_P a l}{3EI}$$

其中,F_P, a, l, E 均已给定,$I = \dfrac{\pi d^3}{64}$,故

$$\theta_B = \frac{64 F_P a l}{3\pi E d^4} \quad (\text{rad})$$

(2) 建立刚度条件,求直径 d。根据刚度条件:

$$\theta_B \le [\theta]$$

其中,θ 的单位为弧度,而 $[\theta]$ 为 0.5°,从而有

$$\frac{64 F_P a l}{3\pi E d^4} \le 0.5 \times \frac{\pi}{180}$$

故得

$$d \ge \sqrt[4]{\frac{180 \times 64 F_P a l}{3 \times 0.5 \times \pi^2 \times E}} = \sqrt[4]{\frac{180 \times 64 \times 20 \times 10^3 \times 1 \times 2}{3 \times 0.5 \times \pi^2 \times 210 \times 10^9}} = 110.3 \text{ mm}$$

[评注] 刚度条件用于限制梁的变形,同强度条件一样,有 3 个方面的工程应用:刚度校核、设计截面尺寸及确定许用载荷。刚度校核视题目要求,既要校核梁的最大挠度,又要校核梁的最大转角。

例 6.8 一圆截面 L 型钢杆 ABC,A 为固定端,C 为简支,在 B 作用 10 kN 的力,如 6.10 图(a)所示。求简支端 C 处的支反力。已知 $E = 200$ GPa,$G = 80$ GPa,$I = 400 \times 10^3$ mm⁴,$I_P = 800 \times 10^3$ mm⁴。

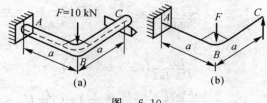

图 6.10

解 该结构为一次超静定结构,以支座 C 为多余约束,F_c 为多余反力,相当系统如图 6.10(b) 所示。

将静定基与原结构比较知 C 端的变形协调条件为 $f_{PC} - f_{RC} =$ 分别求 f_{PC} 和 f_{RC}。根据悬臂梁自由端受集中力的挠度公式,且

$$f_{PB} = f_{PC} = \frac{Fa^3}{3EI} \quad (\downarrow)$$

将 AB 段先刚化,得 R 在 C 端引起的位移 $f_{RC}^{(1)} = \frac{F_c a^3}{3EI} (\uparrow)$。刚 BC 段,将 F_c 等效平移至 B 截面得集中力 F_z 及力偶矩 $T = Fa$。F_c 引起 B 截面位移 $f_{RB} = f_{RC}^{(2)} = f_{RC}^{(1)} = \frac{F_c a^3}{3EI} (\uparrow)$;扭矩使得 B 截面产生扭转角引起 C 端位移。则

$$f_{RC}^{(3)} = \varphi_B a = \frac{Ta^2}{GI_P} = \frac{F_c a^3}{GI_P} \quad (\uparrow)$$

故 C 端在 R 作用下的总位移为

$$f_{RC} = f_{RC}^{(1)} + f_{RC}^{(2)} + f_{RC}^{(3)} = \frac{2F_c a^3}{3EI} + \frac{F_c a^3}{GI_P} = \frac{F_c a^3}{I}\left(\frac{2}{3E} + \frac{1}{2G}\right) \quad (\uparrow)$$

代入变形协调关系,得

$$\frac{F_c a^3}{3EI} = \frac{F_c a^3}{I}\left(\frac{2}{3E} + \frac{1}{2G}\right)$$

代入相关数据,求得 C 端的支反力为

$$F_c = \frac{4}{23}F = 1.739 \text{ kN}$$

例 6.9 图 6.11(a) 所示一矩形截面悬臂梁 CD,用非线性材料制成。其应力—应变关系为 $\sigma_t = B\sqrt{\varepsilon}$,$\sigma_c = B\sqrt{\varepsilon}$($B$ 为材料常数)。在 D 端受一铅直的集中力 F。若认为平面假定成立,不计剪力的影响,并按小变形来处理此问题,试导出 D 点的挠度公式。梁的长度 L,截面尺寸 b,h 均为已知。

解 由于平面假定成立,故纵向纤维的线应变 ε 为

$$\varepsilon = \frac{y}{\rho}$$

由应力—应变关系可得应力为

$$\sigma = B\sqrt{\frac{y}{\rho}}$$

由应力—弯矩间关系式可计算出曲率半径 ρ 值,计算时采用的弯矩 M 的符号规定见图 6.11(a),(b) 所示。

$$M = -F(l-x) = 2\int_0^{\frac{h}{2}} \sigma yb\,dy = 2b\int_0^{\frac{h}{2}} B\frac{\sqrt{y}\,y}{\sqrt{\rho}}\,dy = \left[\frac{2bB}{\sqrt{\rho}}\frac{2}{5}y^{5/2}\right]_0^{h/2} = \frac{h^{5/2}\,bB}{5\sqrt{2}\sqrt{\rho}}$$

得

$$\rho = \left[\frac{bBh^2}{5\sqrt{2}\,P(l-x)}\right]$$

对于小变形以及所选坐标及弯矩 M 的符号,因为 $\frac{1}{\rho(x)} = $,而 $EIv''(x) = M(x)$,故

$$v'' = \frac{1}{\rho} = -\left[\frac{5\sqrt{2}F(l-x)}{bBh^{5/2}}\right]^2 = \frac{50F^2(l^2-2lx+x^2)}{h^5b^2B^2}$$

求 v'' 积分两次,则有

$$v'' = -\frac{50F^2}{h^5b^2Bi2}\left(l^2x - lx^2 + \frac{x^3}{3}\right) + c$$

$$v = -\frac{50F^2}{h^5b^2B^2}\left(\frac{l^2x^2}{2} - \frac{lx^3}{3} + \frac{x^4}{12}\right) + Cx + D$$

利用边界条件确定积分常数 C, D,有

当 $x = 0$ 时,$v' = 0$,得 $C = 0$;

当 $x = 0$ 时,$v = 0$,得 $D = 0$;

将 $C = D = 0$ 及 $x = l$ 代入挠度公式,即可得梁右端的挠度为

$$f = -\frac{50F^2l^4}{h^5b^2B^2}\left(\frac{1}{2} + \frac{1}{12} - \frac{1}{3}\right) = -\frac{25F^2l^4}{2h^5b^2B^2}(\downarrow)$$

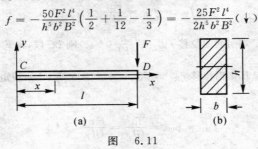

图 6.11

6.4 自学指导

上一章讨论了梁的强度计算。在工程中,对某些受弯杆件来说,除了强度要求外往往还有刚度要求,即要求它变形不能过大,必须限制在工程允许的范围内。若变形超过允许数值,即使仍然是弹性的,也被认为是一种失效。弯曲变形计算除用于解决弯曲刚度问题外,还用于求解超静定系统和振动问题。鉴于此,本章应着重掌握下述问题。

1. 挠曲线近似微分方程

梁弯曲变形后,曲率和弯矩之间的关系为

$$\frac{1}{\rho(x)} = \frac{M(x)}{EI}$$

是弯曲变形的基本方程,可直接用来解决梁的一些变形问题。

解析方法:梁的挠曲线近似微分方程是建立在以梁左端为原点的右手坐标系上的,求解梁的弯曲变形时应特别注意。

2. 梁变形的求解

(1)直接积分法是求解梁变形的基本方法。

解析方法:应用积分法时,坐标原点一般取在梁的左端,z 轴向右为正,W 轴向上为正。在列出各段的弯矩方程后,分别对各段挠曲线微分方程进行二次积分,利用边界条件及分界点处的光滑连续性求解各积分常数,即可得到梁各段的转角方程和挠度方程。

(2)叠加法。在计算多载荷或变截面梁指定截面的变形值时,采用叠加法较为方便。应用叠加法的技巧性较强,需要特别注意全面考虑梁的变形。

解析方法:叠加法是利用简单静定梁在基本载荷作用下的位移,求解一般梁在复杂载荷作用下的位移,可分为载荷叠加和变形叠加两种。

① 载荷叠加,适用于等截面直梁同时受几个载荷作用。

② 变形叠加,用于较复杂的梁、弹性支承梁及刚架等。求解时把梁(刚架)分解为几段简单静定梁,各段

梁除受本段梁的载荷外,还应考虑其他段梁所受载荷的影响;不但要考虑各段梁本身的变形,还应考虑相邻段梁的变形(包括弹性支承的变形)所引起的该段梁的刚性位移。

为了检验学习效果,请根据上述内容认真看懂相应典型例题 5 ~ 7,在基础出上认真仔细做相应习题 7 ~ 10,亲自总结出解题的规律与技巧。

6.5 习题精选详解

6.2 如题 6.2 图所示,将坐标系取为 y 轴向下为正(见图),试证明挠曲线的微分方程(6.5)应改写为

$$\frac{\mathrm{d}^2 w}{\mathrm{d}x^2} = -\frac{M}{EI}$$

解 对于曲线 $\omega(x)$,有

$$\frac{1}{\rho} = \frac{|w''|}{\left[1 + \left(\frac{\mathrm{d}w}{\mathrm{d}x}\right)^2\right]^{3/2}} = \frac{M}{EI}$$

而对于小变形情况,有

$$\frac{\mathrm{d}w}{\mathrm{d}x} \leqslant 1$$

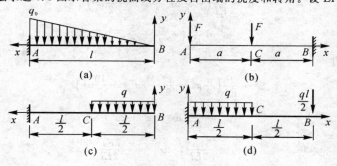

题 6.2 图

则近似有

$$\frac{1}{\rho} = |w''| = \frac{M}{EI}$$

得

$$w'' = \pm\frac{M}{EI}$$

对于题 6.2 图示坐标系,有

$$M > 0$$

而

$$\frac{\mathrm{d}^2 w}{\mathrm{d}x} < 0$$

故

$$w'' = -\frac{M}{EI}$$

6.3 试用积分法求题 6.3 图示各梁的挠曲线方程及自由端的挠度和转角。设 $EI =$ 常量。

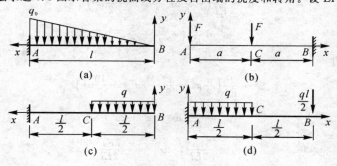

题 6.3 图

解 (1)如题 6.3 图(a)所示,建立如图坐标系,在 x 处

$$M = -\frac{q_0 x^3}{6l}$$

故

$$EIw'' = M = -\frac{q_0 x^3}{6l}, \quad EIw' = -\frac{q_0 x^4}{24l} + C, \quad EIw = -\frac{q_0}{24l} \times \frac{x^5}{5} + Cx + D$$

由边界条件:

$\theta_A = 0$,得

$$C = \frac{q_0 l^3}{24}$$

$w_A = 0$,得

$$D = -\frac{q_0 l^4}{30}$$

故

三导

$$w = \frac{1}{EI}\left(-\frac{q_0 x^5}{120l} + \frac{q_0 l^3 x}{24} - \frac{q_0 l^4}{30}\right)$$

$$w' = \frac{1}{EI}\left(-\frac{q_0 x^4}{24l} + \frac{q_0 l^3}{24}\right)$$

$$w_B = w\mid_{x=0} = -\frac{q_0 l^4}{30EI}$$

$$\theta_B = w'\mid_{x=0} = -\frac{q_0 l^3}{24EI}(\text{顺时针})$$

(2) 如题 6.3 图(b) 所示,对于 $0 \leqslant x \leqslant a$ 时,有

$$M_1 = -Fx$$

得
$$EIw'' = -Fx, \quad EIw' = -\frac{Fx^2}{2} + C_1, \quad EIw = -\frac{Fx^3}{6} + C_1 x + C_2$$

对于 $a \leqslant x \leqslant 2a$ 时有 $M_2 = Fa - 2Fx$

故
$$EIw'' = Fa - 2Fx$$
$$EIw' = Fax - Fx^2 + D_1$$
$$EIw = \frac{Fa}{2}x^2 - \frac{Fx^3}{3} + D_1 x + D_2$$

由于 $w_B = 0, \theta_B = 0$,即 $x = 2a$ 时 $w = 0, w' = 0$ 可得

$$D_1 = 2Fa^2, \quad D_2 = -\frac{10}{3}Fa^3$$

再由当 $x = a$ 时,挠度和转角都是连续的,可求得

$$C_1 = \frac{5}{2}Fa^2, \quad C_1 = -\frac{7}{2}Fa^3$$

挠曲线方程为,当 $0 \leqslant x \leqslant a$ 时,有

$$w = \frac{F}{EI}\left(-\frac{x^3}{6} + \frac{5}{2}a^2 x - \frac{7}{2}a^3\right)$$
$$w' = \frac{F}{EI}\left(-\frac{x^2}{2} + \frac{5}{2}a^2\right)$$

$0 \leqslant x \leqslant 2a$ 时,有

$$w = \frac{F}{EI}\left(\frac{a}{2}x^2 - \frac{x^3}{3} + 2a^2 x - \frac{10}{3}a^3\right)$$
$$w' = \frac{F}{EI}(ax - x^2 + 2a^2)$$
$$\theta_A = \frac{5Fa^2}{2EI}, \quad w_A = -\frac{7Fa^3}{2EI}$$

3) 如题 6.3 图(c) 所示,当 $0 \leqslant x \leqslant \frac{l}{2}$ 时,有 $M_1 = -\frac{q}{2}x^2$

得
$$EIw'' = -\frac{q}{2}x^2, \quad EIw' = -\frac{q}{6}x^3 + C_1, \quad EIw = -\frac{qx^4}{24} + C_1 x + C_2$$

当 $\frac{l}{2} \leqslant x \leqslant l$ 时有 $M_2 = -\frac{ql}{2}\left(x - \frac{l}{4}\right)$

故
$$EIw'' = -\frac{ql}{2}x + \frac{ql^3}{8}, \quad EIw' = -\frac{ql}{4}x^2 + \frac{ql^2}{8}x + D_1, \quad EIw = -\frac{ql}{12}x^3 + \frac{ql^2}{16}x^2 + D_1 x + D_2$$

由条件 $\theta_A = 0, w_A = 0$,即当 $x = l$ 时 $w = 0, w' = 0$ 得

$$D_1 = \frac{1}{8}ql^2, \quad D_2 = -\frac{5}{64}ql^4$$

再由条件当 $x = l/2$ 时,挠度和转角都是连续的,可解得

$$C_1 = \frac{7ql^3}{48}, \quad C_2 = \frac{31ql^4}{384}$$

故挠曲线方程,当 $0 \leqslant x \leqslant \dfrac{l}{2}$ 时,为

$$w = \frac{q}{EI}\left(-\frac{x^4}{24} + \frac{7l^3}{48}x - \frac{31l^4}{384}\right), \quad w' = \frac{q}{EI}\left(-\frac{x^3}{6} + \frac{7l^3}{48}\right)$$

当 $\dfrac{l}{2} \leqslant x \leqslant l$ 时,为

$$w = \frac{q}{EI}\left(-\frac{x^3}{12} + \frac{l^2 x^2}{16} + \frac{l^3 x}{8} - \frac{5l^4}{64}\right)$$

$$w' = \frac{q}{EI}\left(-\frac{x^2}{4} + \frac{l^2 x}{8} + \frac{l^3}{8}\right)$$

$$\theta_B = \frac{7ql^3}{-48EI}(\text{顺时针}), \quad w_B = -\frac{41ql^4}{384EI}$$

(4) 如题 6.3 图(d)所示,当 $0 \leqslant x \leqslant l/2$

$$M_1 = qlx - \frac{q}{2}x^2 - \frac{5}{8}ql^2$$

得

$$EIw'' = qlx - \frac{q}{2}x^2 - \frac{5}{8}ql^2$$

$$EIw' = \frac{ql}{2}x^2 - \frac{q}{6}x^3 - \frac{5}{8}ql^2 x + C_1$$

$$EIw = \frac{ql}{6}x^3 - \frac{qx^4}{24} - \frac{2ql^2}{16}x^2 + C_1 x + C_2$$

由条件 $w_A = 0, \theta_A = 0$,即 $x = 0$ 时,$w = 0, w' = 0$,得

$$C_1 = 0, \quad C_2 = 0$$

当 $\dfrac{l}{2} \leqslant x \leqslant l$ 时,有 $M_2 = \dfrac{ql}{2}x - \dfrac{ql^2}{2}$

故

$$EIw'' = \frac{ql}{2}x - \frac{ql^2}{2}, \quad EIw' = \frac{ql}{4}x^2 - \frac{ql^2}{2}x + D_1, \quad EIw = \frac{ql}{12}x^3 - \frac{ql^2}{4}x^2 + D_1 x + D_2$$

由条件当 $x = \dfrac{l}{2}$ 时,梁的挠度与转角是连续的,得

$$D_1 = -\frac{ql^3}{48}, \quad D_2 = \frac{ql^4}{384}$$

所以挠曲线方程为,当 $0 \leqslant x \leqslant \dfrac{l}{2}$ 时,为

$$w = \frac{qx^2}{EI}\left(\frac{l}{6}x - \frac{x^2}{24} - \frac{5l^2}{16}\right), \quad w' = \frac{qx}{EI}\left(\frac{lx}{2} - \frac{x^2}{6} - \frac{5}{8}l^2\right)$$

当 $\dfrac{l}{2} \leqslant x \leqslant l$ 时

$$w = \frac{q}{EI}\left(\frac{lx^3}{12} - \frac{l^2 x^2}{4} - \frac{l^3 x}{48} + \frac{l^4}{384}\right), \quad w' = \frac{q}{EI}\left(\frac{lx^2}{4} - \frac{l^2 x}{4} - \frac{l^2}{48}\right)$$

$$\theta_B = -\frac{13ql^3}{48EI}, \quad w_B = -\frac{71ql^4}{384EI}$$

6.7 试用积分法求题 6.7 图(a)(b)所示梁的最大挠度和最大转角。在题 6.7 图(b)的情况下,可利用梁结构和载荷对跨度中点的对称性。

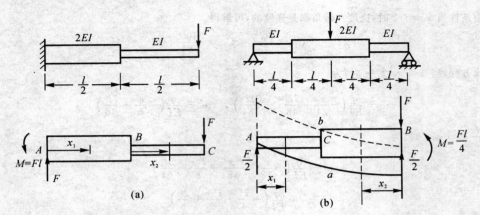

题 6.7 图

解 (1) 如题 6.7 图(a)所示,取如图所示坐标系。x_1 系原点在 A 点,x_2 系原点在 B 点。

当 $0 \leqslant x_1 \leqslant \dfrac{l}{2}$ 时,$M_1 = Fx_1 - Fl$

得

$$2EIw'' = Fx_1 - Fl, \quad 2EIw' = \frac{Fx_1^2}{2} - Flx_1 + C_1, \quad 2EIw = \frac{Fx_1^3}{6} - \frac{Fl}{2}x_1^2 + C_1 x_1 + C_2$$

由条件 $\theta_A = 0, w_A = 0$ 得 $C_1 = C_2 = 0$

当 $0 \leqslant x_2 \leqslant \dfrac{l}{2}$ 时,$M_2 = F\left(x_2 - \dfrac{l}{2}\right)$,得

$$EIw'' = Fx_2 - \frac{Fl}{2}, \quad EIw' = \frac{Fx_2^2}{2} - \frac{Flx_2}{2} + D_1, \quad EIw = \frac{Fx_2^3}{6} - \frac{Flx_2^2}{4} + D_1 x_2 + D_2$$

由条件 $\theta_{1B} = \theta_{2B}, w_{1B} = w_{2B}$,得 $D_1 = -\dfrac{3}{16}Fl^2, \quad D_2 = -\dfrac{5}{9}Fl^3$

又因为最大挠度和转角均发生在 C 端,则

$$\theta_{\max} = \theta_C = -\frac{5Fl^2}{16EI}, \quad w_{\max} = w_C = -\frac{3Fl^2}{16EI}$$

故

$$|\theta|_{\max} = \frac{5Fl^2}{16EI}, \quad |w|_{\max} = \frac{3Fl^3}{16EI}$$

(2) 如题 6.7 图(b)所示。由于梁关于中点 B 对称,且力 F 关于 B 点也对称,所以可考虑梁的 1/2,受力如图(b)所示。实际挠曲线如曲线 a,为分析简单可将曲线向上平移 w_{B1} 得曲线 b,则平移后有

$$w_A^* = w_B, \quad w_B^* = 0$$

对于 $0 \leqslant x_1 \leqslant \dfrac{l}{4}$ 时,有 $\qquad M_1(x_1) = \dfrac{F}{2}x_1$

得

$$EIw'' = M_1(x_1) = \frac{F}{2}x_1, \quad EIw' = \frac{Fx_1^2}{4} + C_1, \quad EIw = \frac{Fx_1^3}{12} + C_1 x_1 + C_2$$

对于 $0 \leqslant x_2 \leqslant \dfrac{l}{4}$ 时,$M_2(x) = \dfrac{Fl}{4} - \dfrac{F}{2}x_2$,得

$$2EIw'' = M_2(x) = \frac{Fl}{4} - \frac{F}{2}x_2, \quad 2EIw' = \frac{Fl}{4}x_2 - \frac{F}{4}x_2^2 + D_1,$$

$$2EIw = \frac{Fl}{8}x_2^2 - \frac{F}{12}x_2^3 + D_1 x_2 + D_2$$

由条件

$$\theta_B^* = 0, \quad w_B^* = 0$$

得

再由条件在 C 点，有 $\theta_{1C}^* = -\theta_{2C}^*, w_{1C}^* = -w_{2C}^*$，故

$$C_1 = -\frac{5}{128}Fl^2, \quad C_2 = \frac{3}{256}Fl^3$$

$$\theta_A = -\frac{5Fl^2}{128EI}, \quad w_B = -w_A^* = -\frac{3Fl^3}{256EI}$$

$$|\theta|_{max} = \frac{5Fl^2}{128EI}, \quad |w|_{max} = \frac{3Fl^3}{256EI}$$

6.10　试用叠加法求题 6.10 图示外伸梁外伸端的挠度和转角。设 EI 为常数。

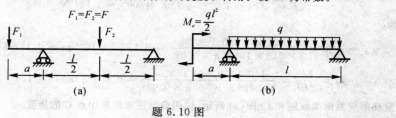

题 6.10 图

解　(1) 如题 6.10 图(a)所示，当 F_1 单独作用时，有

$$w_{A1} = \frac{-F_1 a^2}{3EI}(a+l), \quad \theta_{A1} = \frac{F_1 a(2l+3a)}{6EI}$$

当 F_2 单独作用时，得

$$w_{A2} = \frac{F_2 l^2 a}{16EI}, \quad \theta_{A2} = -\frac{F_2 l^2}{16EI}$$

$$w_A = w_{A1} + w_{A2} = \frac{Fa}{48EI}(3l^2 - 16al - 16a^2)$$

$$\theta_A = \theta_{A1} + \theta_{A2} = \frac{F}{48EI}(24a^2 + 16al - 3l^2)$$

(2) 如题 6.10 图(b)所示，应用刚体假设叠加法，假设 AB 段为刚体时，有 q 单独作用时，有

$$w_{A1} = \frac{ql^3 a}{24EI}, \quad \theta_{A1} = -\frac{ql^3}{24EI}$$

M_e 单独作用时，有

$$w_{A2} = \frac{M_e la}{3EI}, \quad \theta_{A2} = \frac{M_e l}{3EI}$$

假设 BC 段为刚体时，有 q 单独作用时，有

$$w_{A1}^* = 0, \quad \theta_{A1}^* = 0$$

M_e 单独作用时，得

$$w_{A2}^* = \frac{M_e a^2}{2EI}, \quad \theta_{A2}^* = -\frac{M_e a}{EI}$$

$$w_A = w_{A1} + w_{A2} + w_{A1}^* + w_{A2}^* = \frac{qal^2}{24EI}(5l+6a)$$

$$\theta_A = \theta_{A1} + \theta_{A2} + \theta_{A1}^* + \theta_{A2}^* = -\frac{ql^2}{24EI}(5l+12a)$$

6.11　某磨床尾架如题 6.11 图所示。顶尖上的作用力在铅垂方向的分量 $F_V = 950$ N，在水平方向的分量 $F_H = 600$ N。顶尖材料的弹性模量 $E = 210$ GPa。求顶尖的总挠度和总转角。

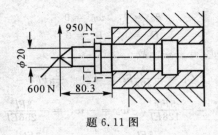

题 6.11 图

解 顶尖合力为

$$F = \sqrt{F_V^2 + F_H^2} = \sqrt{950^2 + 600^2} = 1\ 124\ \text{N}$$

总挠度为

$$w_总 = \frac{Fl^3}{3EI} = \frac{1\ 124 \times 0.080\ 3^3 \times 64}{3 \times 210 \times 10^9 \times \pi \times 0.02^4} = 0.117\ 6 \times 10^{-3}\ \text{m} = 0.117\ 6\ \text{mm}$$

$$\theta_总 = \frac{Fl^2}{2EI} = \frac{1\ 124 \times 0.080\ 3^2 \times 64}{2 \times 210 \times 10^9 \times \pi \times 0.02^4} = 0.002\ 2\ \text{rad} = 0.126°$$

6.12 阶梯形变截面梁如题 6.12 图(a)所示,试用叠加法求跨度中点 C 的挠度。

[提示] 因为梁在各段内截面惯性矩不同,如用积分法,应按截面惯性矩的变化分段进行积分。计算比较繁琐。现在用叠加法求解。

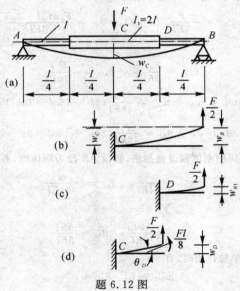

题 6.12 图

解 由变形的对称性看出,跨度中点截面 C 的转角为零,挠曲线在 C 点的切线是水平的。可以把变截面梁的 CB 部分看作是悬臂梁(见题 6.12 图(b)),自由端 B 的挠度 $|\omega_B|$ 也就等于原来 AB 梁的跨度中点的挠度 $|\omega_C|$。而 $|\omega_B|$ 又可用叠加法求出。

首先,把 DB 部分看作是在截面 D 固定的悬臂梁(见题 6.12 图(c))。利用表 6.1 第 2 栏的公式,求得 B 端的挠度为

$$w_{B1} = \frac{\frac{F}{2}\left(\frac{l}{4}\right)^3}{3EI} = \frac{Fl^3}{384EI}$$

其次,截面 D 上的剪力和弯矩分别是 $F/2$ 和 $Fl/8$。由于这两个因素引起的截面 D 的转角和挠度(见题 6.12 图(d)),可利用表 6.1 第 1 栏第 2 栏的公式求出为

$$\theta_D = \frac{\frac{Fl}{2} \times \frac{l}{4}}{EI_1} + \frac{\frac{F}{2} \times \left(\frac{l}{4}\right)^2}{2EI_1} = \frac{3Fl^2}{64EI_1} = \frac{3Fl^2}{128EI}$$

$$w_D = \frac{\frac{Fl}{8} \times \left(\frac{l}{4}\right)^2}{2EI_1} + \frac{\frac{Fl}{2} \times \left(\frac{l}{4}\right)^3}{3EI_1} = \frac{5Fl^3}{768EI_1} = \frac{5Fl^3}{1\,536EI}$$

B 端由 θ_D 和 ω_D 引起的挠度为

$$w_{B2} = w_D + \theta_D \times \frac{l}{4} = \frac{5Fl^3}{1\,536EI} + \frac{3Fl^2}{128EI} \times \frac{l}{4} = \frac{7Fl^3}{768EI}$$

叠加 w_{B1} 和 w_{B2}，求出

$$|w_C| = |w_B| = |w_{B1} + w_{B2}| = \frac{Fl^3}{384EI} + \frac{7Fl^3}{768EI} = \frac{3Fl^3}{256EI}$$

6.13 试求题 6.13 图示变截面梁自由端的挠度和转角。

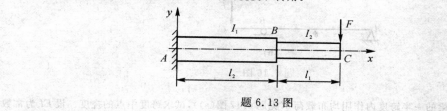

题 6.13 图

解 当 AB 段为刚体时,有

$$w_{C1} = \frac{Fl_1^3}{3EI_1}, \qquad \theta_{C1} = -\frac{Fl_1^3}{2EI_1}$$

当 BC 段为刚体时,可将 F 的向 B 点简化得

$$F_1 = F, \qquad M_e = Fl_1$$

当力 F_1 单独作用时,有

$$w_{CF1} = -\frac{Fl_2^3}{3EI_2} - \frac{Fl_2^2 l_1}{2EI_2}, \qquad \theta_{CF1} = -\frac{Fl_2^2}{2EI_2}$$

当 $M_e = Fl_1$ 单独作用时,有

$$w_{CMe} = -\frac{F_1 l_2^2}{2EI_2} - \frac{Fl_2^2 l_2}{EI_2}, \quad \theta_{CMe} = -\frac{Fl_1 l_2}{EI_2}$$

则 BC 段为刚体时,得

$$w_{C2} = w_{CF1} + w_{CMe}, \qquad \theta_{C2} = \theta_{CF1} + \theta_{CMe}$$

故

$$w_C = w_{C1} + w_{C3} = -\frac{F}{3E}\left(\frac{l_1^3}{I_1} + \frac{l_2^3}{I_2}\right) - \frac{Fl_1 l_2}{EI_2}(l_1 + l_2)$$

$$\theta_C = \theta_{C1} + \theta_{C2} = -\frac{Fl_1^2}{2EI_1} - \frac{Fl_2}{EI_2}\left(\frac{l_2}{2} + l_1\right)$$

6.16 磨床砂轮主轴的示意图如题 6.16 图所示。轴的外伸段的长度 $a = 100$ mm,轴承间距离 $l = 350$ mm,$E = 210$ GPa。$F_y = 600$ N,$F_z = 200$ N。试求主轴外伸端的总挠度。

解 可将主轴简化为如题 6.16 图(b)示,当 AB 段为刚体时,有

$$w_{C1} = \frac{Fa^3}{3EI}$$

当 BC 段为刚体时,得

$$w_{C2} = -\frac{Fa^2 l}{3EI}$$

$$w_C = w_{C1} + w_{C2} = -\frac{Fa^2(1 + a)}{3EI}$$

$$F = \sqrt{F_y^2 + F_x^2} = \sqrt{600^2 + 200^2} = 632 \text{ N}$$

$$\omega_C = -\frac{Fa^2(l+a)}{3EI} = -\frac{632 \times 100^2 \times (350+100)}{3 \times 210 \times 10^3 \times \frac{\pi}{64} \times 80^4} = -2.25 \times 10^{-3} \text{ mm}(\downarrow)$$

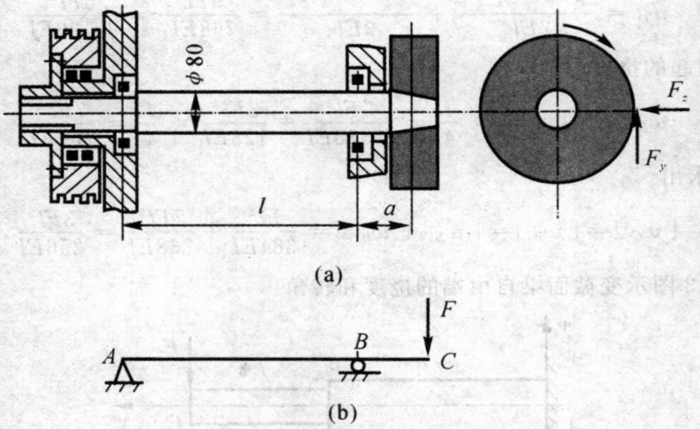

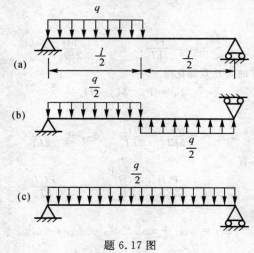

题 6.16 图

6.17 在简支梁的一半跨度内作用均布载荷 q(见题 6.17 图(a)),试求跨度中点的挠度。设 EI 为常数。

题 6.17 图

[提示] 把题 6.17 图(a)中的载荷看作是图(b)和(c)中两种载荷的叠加。在图(b)(a)所示载荷作用下,跨度中点的挠度等于零。

解 如图可以将(a)中载荷分解为(b)和(c)中的和。于是在(b)图中由于载荷关于梁中点 A 反对称,则
$$\omega_{Ab} = 0$$

在(c)图中,$w_{Ac} = \dfrac{5 \dfrac{q}{2} l^4}{384EI} = -\dfrac{5ql^4}{768EI}$

$$w_A = w_{Ab} + w_{Ac} = -\frac{5ql^4}{768EI}$$

6.18 用叠加法求简支梁在题 6.18 图示载荷作用下跨度中点的挠度。设 EI 为常量。

解 (1) 如图(a)所示,可以将图(a₁)中载荷分解为图(a₂)和图(a₃)中载荷的叠加。

在图(a₂)中,中点 A 的挠度为

$$w_{A2} = -\frac{5q_0 l^4}{768EI}$$ 在图（a₃）中，载荷关于 A 反对称，得 $w_{A3} = 0$

故
$$w_A = w_{A2} + w_{A3} = -\frac{5q_0 l^4}{768EI}$$

（2）如题 6.18 图（b）所示，在图（b₂）中，A 点挠度为
$$w_{A2} = -\frac{5(q_1 - q_2)l^4}{768EI}$$

在图（b₃）中，A 点挠度为
$$w_{A3} = -\frac{5q_2 l^4}{384EI}$$

$$w_A = w_{A2} + w_{A3} = -\frac{5(q_1 + q_2)l^4}{768EI}$$

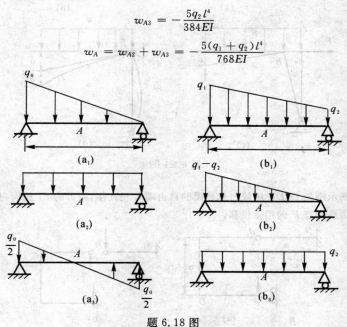

题 6.18 图

6.21 题 6.21 图示刚架 ABC 的 EI 为常量；拉杆 BD 的横截面面积为 A，弹性模量为 E。试求 C 点的铅垂位移。

解 首先将 B 铰解除约束，代之以力 F_B，如题 6.21 图（b）所示。根据平衡条件：
$$\sum M_A = 0, \quad F_B \cdot a - \frac{qa^2}{2} = 0$$

得
$$F_B = \frac{qa}{2}$$

首先将刚架 ABC 视作刚体如题 6.21 图（c），则有
$$\delta_{C_1} = -\Delta l_{BD} = -\frac{F_B a}{EA} = -\frac{qa^2}{2EA}$$

现在再将 BD 杆视作刚性体，如题 6.21 图（d）所示，将 q 向 B 点简化得
$$M_e = \frac{qa^2}{2}, \quad F_1 = qa$$
$$\delta_{C2} = -\frac{Mea}{3EI} \cdot a = -\frac{qa^4}{6EI}$$

而 $\delta_{C3} = -\frac{qa^4}{8EI}$，故有
$$\delta_C = \delta_{C1} + \delta_{C2} + \delta_{C3} = -\left(\frac{qa^2}{2EA} + \frac{7qa^4}{24EI}\right)$$

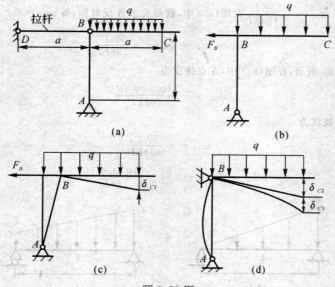

题 6.21 图

6.22   题 6.22 图示刚架 $BCDE$ 用铰与悬臂梁的自由端 B 相连接,两者的 EI 相同,且等于常量。若不计结构的自重,试求 F 力作用点 E 的铅垂位移。

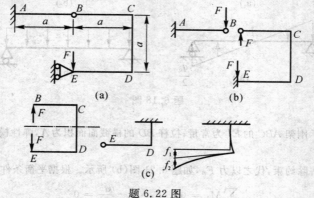

题 6.22 图

解   如题 6.22 图(b)所示,将 B 处铰链解除,可求得 $F_B = F$

先将 $BCDE$ 刚架视作刚体,则有

$$\delta_{B1} = -\frac{Fa^3}{3EI}$$

再将 AB 视作刚体,对于刚架 $BCDE$,由于载荷关于中截面对称,可取一半研究见图(c)。而 $\delta_{B2} = 2(f_1 + f_2)$,则

$$f_1 = -\frac{Fa \cdot \frac{a}{2} \cdot a}{EI} = \frac{-Fa^3}{2EI}, \quad f_2 = -\frac{Fa^3}{3EI}$$

故 $\delta_{B2} = -\dfrac{5Fa^3}{3EI}$

$$\delta_B = \delta_{B1} + \delta_{B2} = -\frac{Fa^3}{3EI} - \frac{5Fa^3}{3EI} = -\frac{2Fa^3}{EI}$$

6.23   悬臂梁如题 6.23 图所示,若载荷 F 自左向右沿梁移动时,要使载荷左侧的梁始终处于水平位置,

试问应将梁轴线预弯成怎样的曲线？设 EI 为常数。

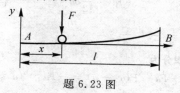

题 6.23 图

解 当 F 作于 x 处时,有

$$w = -\frac{Fx^3}{3EI}$$

故梁轴线应预弯成的曲线为

$$y = -w = \frac{Fx^3}{3EI}$$

6.26 悬臂梁的横截面尺寸为 $75\text{ mm} \times 150\text{ mm}$,在截面 B 上固定一个指针 BC,如题6.26 图(a)所示。在集中力 3 kN 作用下,试求指针 C 端的位移。设 $E = 200\text{ GPa}$。

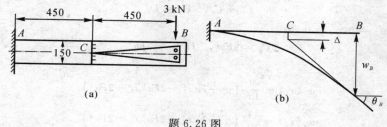

题 6.26 图

解 指针 BC 只有 B 端与梁固结,在梁变形过程中,指针不发生弹性变形,只随着梁的 B 截面作刚体运动,既有平移,又有转动。指针 C 端位移等于梁 B 端的挠度与因 B 截面转角而引起指针位移之差,如题 6.23 图(b)所示。则指针 C 端的位移为

$$\Delta = w_B - \theta_B \times \frac{l}{2} = -\left(\frac{Fl^3}{3EI} - \frac{Fl^2}{2EI} \times \frac{l}{2} \right) = -\frac{Fl^3}{12EI} =$$

$$\frac{3\,000 \times 0.9^3}{12 \times 200 \times 10^9 \times \frac{1}{12} \times 0.075 \times 0.15^3}\text{ m} = 0.043\,2\text{ mm}$$

6.27 等强度梁如题 6.27 图所示,设 F, a, h 及弹性模量 E 均已知。试求梁的最大挠度。

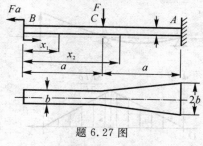

题 6.27 图

解 (a)如题 6.27 图(a)所示,有

$$M_1(x_1) = -Fa \quad (0 \leqslant x_1 \leqslant a)$$

$$EI_1 w''_1 = -Fa$$

$$EI_1 w_1 = -\frac{1}{2} Fa x_1^2 + C_1 x_1 + D_1$$

上式中

三导

$$I_1 = \frac{1}{12}bh^3$$

CA 段： $I_2 = \frac{1}{12}\left(\frac{bx_2}{a}\right)h^3 = \frac{1}{12}bh^3\frac{x^2}{a} = I_1\frac{x^2}{a}$

弯矩方程,挠曲线微分方程及其积分为

$$M_2(x_2) = -Fa - F(x_2-a) = -Fx_2 \quad (a \leqslant x_2 \leqslant 2a)$$

$$EI_2 w''_2 = EI_1\frac{x_2}{a}w''_2 = -Fx_2$$

$$EI_1 w''_2 = -Fa$$

$$EI_1 w'_2 = -Fax_2 + C_2$$

$$EI_1 w_2 = -\frac{1}{2}Fax_2^2 + C_2 x_2 + D_2$$

由连续条件和边界条件确定积分常数：
由 $x_1 = x_2 = a, w'_1 = w'_2, w_1 = w_2$, 得

$$C_1 = C_2, \quad D_1 = D_2$$

由 $x_2 = 2a, w'_2 = 0, w_2 = 0$, 得

$$C_2 = 2Fa^2, \quad D_2 = -2Fa^3$$

挠曲线方程为

$$w_1(x_1) = \frac{1}{EI_1}\left(-\frac{1}{2}Fax_1^2 + 2Fa^2 x_1 - 2Fa^3\right)$$

$$w_2(x_2) = \frac{1}{EI_1}\left(-\frac{1}{2}Fax_2^2 + 2Fa^2 x_2 - 2Fa^3\right)$$

最大挠度发生在自由端,即

$$w_{\max} = w_1(x_1)\mid_{x_1=0} = -\frac{2Fa^3}{EI_1} = -\frac{24Fa^3}{Ebh^3}$$

6.32　题 6.32 图示 3 支座等截面轴,由于加工和安装误差,轴承有高低。设 EI, δ 和 l 均为已知量,试用变形比较法求图示两种情况的最大弯矩。

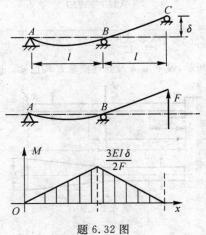

题 6.32 图

解　如图(a)所示。

因为 $w_C = \frac{Fl^2}{3EI}\cdot 2l = \frac{2Fl^3}{3EI} = \delta$, 得 $F = \frac{3EI\delta}{2l^2}$

可画出梁的弯矩图如图(a)所示,所以

$$M_{max} = Fl = \frac{3EI\delta}{2l^2}$$

6.36 题 6.36 图示结构中,梁为 16 号工字钢;拉横杆截面为圆形,$d = 10$ mm。两者均为 Q235 钢,$E = 200$ GPa。试求梁及拉杆内的最大正应力。

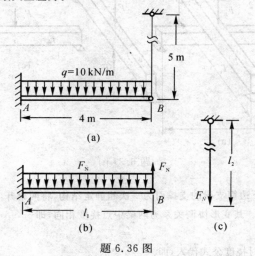

题 6.36 图

解 结构为一次超静定结构,视右端拉杆为多余,则相当系统如图(b)图示。B 端变形协调条件为

$$f_B = f_{B_q} + f_{BN} = -\Delta l$$

将悬臂梁受均布载荷及集中力时的端面位移及胡克定律代入,即

$$-\frac{ql_1^4}{8EI} + \frac{F_N l_1^3}{3EI} = -\frac{F_N l_2}{EA}$$

整理得

$$F_N\left(\frac{l_2}{A} + \frac{l_1^3}{3I}\right) = \frac{ql_1^4}{8I}$$

查表得 $I = 1\,130$ cm^4,$W = 141$ cm^3;$A = \frac{\pi}{4} \times 10^2$ mm^2,代入上式,得

$$F_N\left(\frac{4 \times 5}{\pi \times 10^2 \times 10^{-6}} + \frac{4^3}{3 \times 1\,130 \times 10^{-6}}\right) = \frac{10 \times 10^3 \times 4^4}{8 \times 1\,130 \times 10^{-8}}$$

解之得 $F_N = 14.5$ kN

梁内最大弯矩为

$$M_A = \frac{1}{2}ql_1^2 - F_N l_1 = \frac{1}{2} \times 10 \times 4^2 - 14.5 \times 4 = 22 \text{ kN} \cdot \text{m}$$

最大应力为

$$\sigma_{max} = \frac{M_A}{W} = \frac{22 \times 10^3}{141 \times 10^{-6}} = 156 \times 10^6 \text{ Pa} = 156 \text{ MPa}$$

杆内拉应力为

$$\sigma = \frac{F_N}{A} = \frac{14.5 \times 10^3 \times 4}{\pi \times 10^2 \times 10^{-6}} = 184.7 \times 10^6 \text{ Pa} = 184.7 \text{ MPa}$$

6.37 题 6.37 图示两梁的材料相同,截面惯性矩分别为 I_1 和 I_2。在无外载荷时两梁刚好接触。试求在 F 力作用下,两梁分别负担的载荷。

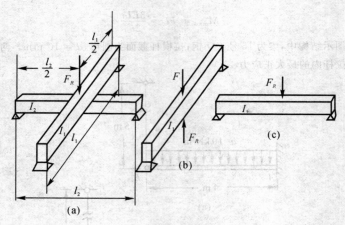

题 6.37 图

解　上边简支梁因有下边简支梁的支撑而为一次超静定结构,将两梁开考虑,如图(b),(c)图所示梁之间的相互作用力,用 F_R 表示。其变形协调关系为两梁中点挠度相同,即

$$f_1 = f_2$$

将简支梁中点受集中力时挠度公式代入,即

$$\frac{(F - F_R)l_1^3}{48EI_1} = \frac{F_R l_2^3}{48EI_2}$$

得

$$F_R = \frac{I_2 l_1^3}{I_2 l_1^3 + I_1 l_2^3} F$$

则两梁分担的载荷为

$$F_1 = F - F_R, \quad F_2 = F_R$$

即

$$F_1 = \frac{I_1 l_2^3}{I_2 l_1^3 + I_1 l_2^3} F, \quad F_2 = \frac{I_2 l_1^3}{I_2 l_1^3 + I_1 l_2^3} F$$

6.40　题 6.40 图示悬臂梁的自由端恰好与光滑斜面接触。若温度升高 ΔT,试求梁内最大弯矩。设 E, A, I, α_L 已知,且梁的自重以及轴力对弯曲变形的影响皆可略去不计。

解　当温度升高 ΔT,梁要伸长,此时右端要承受斜面作用给梁约束力,并沿斜面移动。由于斜面为 45°,对梁的垂直约束力与水约束力相等,即

$$F_{By} = F_{Br} = F_N$$

伸长量和端点挠度相同(见题 6.43(b)图),其变形协调条件为

$$\Delta l = \Delta l_t - \Delta l_N = f_B$$

式中

$$\Delta l_t = al\Delta T, \quad \Delta l_N = \frac{F_N l}{EA}, \quad f = \frac{F_N l^3}{3EI}$$

物理关系代入变形几何关系,即

$$al\Delta T - \frac{F_N l}{EA} = \frac{F_N l^3}{3EI}$$

$$F_N l\left(\frac{l^2}{3EI} + \frac{1}{EA}\right) = al\Delta T$$

故

$$F_N = \frac{a\Delta T}{\dfrac{l^2}{3EI} + \dfrac{1}{EA}}$$

解之得

$$F_{By} = F_N = \frac{3aE\Delta TAI}{3I + AI^2}$$

梁中最大弯矩在左端，即

$$M_{max} = F_N l = \frac{3EAIal\Delta T}{3I + Al^2}$$

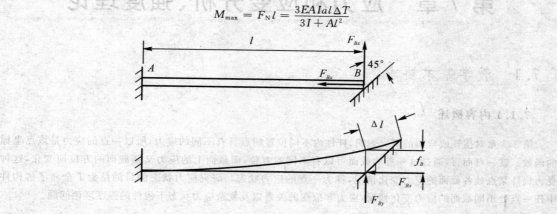

题 6.40 图

第 7 章 应力和应变分析、强度理论

7.1 教学基本要求

7.1.1 内容概述

第 3,5 章对扭转或弯曲的研究表明,杆件内不同位置的点具有不同的应力,所以一点的应力是该点坐标的函数。就一点而言,通过这一点的截面可以有不同的方位,而截面上的应力又随截面的方位而变化,这种受力构件某点处各截面的应力变化情况,称为一点的应力状态。研究应力状态的目的是为了全面了解构件中任一点处不同截面的应力变化情况,应力和应变的关系以及复杂应力状态下构件的强度理论问题。

7.1.2 目的要求

(1)了解什么是一点的应力状态? 为什么要研究一点的应力状态?

(2)了解什么是主应力、主平面和应力状态的分类。

(3)掌握应力状态的分析方法,会进行应力状态分析。

(4)掌握广义胡克定律,会计算形状比能、形状改变比能和体积改变比能。

(5)了解什么是强度理论,强度理论分哪几类? 会用强度理论解决实际问题。

7.1.3 三基

(1)基本概念:点的应力状态,应力圆,主平面,主应力,主方向,最大正应力,最大切应力。

(2)基本理论:广义胡克定律,强度理论。

(3)基本方法:解析法和图解法。

7.1.4 重点难点

重点:点的应力状态概念,二向应力状态分析的解析法,广义胡克定律,常用的 4 种强度理论及应用。

难点:复杂应力状态图解分析,常用 4 种强度理论及其应用。

7.2 教学建议

7.2.1 教学单元划分

本章共 8 学时,分 4 个教学单元。

第一教学单元讲授内容为应力状态概述,二向和三向应力状态实例,二向应力状态分析 —— 解析法;

第二单元讲授二向应力状态分析 —— 图解法,三向应力状态;

第三单元讲授位移与应变分量,平面应变状态分析,广义胡克定律,复杂应力状态下的应变能密度;

第四单元讲授强度理论概述,4 种常用强度理论,莫尔强度理论,构件含裂纹时的断裂准则。

7.2.2 各单元重点教学内容建议

第一单元重点教学内容

1. 应力状态概念

(1) 一点的应力状态。它指受力构件某点处各截面的应力变化情况。一般可围绕该点取出一微小的平行六面体(简称单元体)进行研究。由于单元是无限小的,故可认为单元体各面上的应力是均匀分布的,且相平行平面上的应力大小相等,方向相反,而相互垂直的平面上的切应力服从互等关系。

(2) 主应力、主平面。通过构件内的任一点可以取一个特殊的单元体,其六个侧面上只有正应力而无切应力,这个特殊方位的单元体称主单元体,主单元体的侧面称为主平面,主平面上的正应力称为主应力。主单元体上的 3 个主应力按代数值大小排列为

$$\sigma_1 \geqslant \sigma_2 \geqslant \sigma_3 \tag{7.1}$$

(3) 应力状态分类。根据主应力,可将应力状态分为三类,即单向(一个主应力不为零)、二向(2 个主应力不为零)和三向(3 个主应力均不为零)应力状态。二向和三向应力状态也称为复杂应力状态。本章的重点是二向应力状态的分析,因为这种应力状态在杆件的强度计算中最常见。

2. 应力状态分析的解析法

(1) 在二向应力状态下,已知一点的应力分量为 σ_x, σ_y 和 τ_{xy},则通过该点任一截面上的应力公式为

$$\sigma_a = \frac{\sigma_x + \sigma_y}{2} + \frac{\sigma_x - \sigma_y}{2}\cos 2\alpha - \tau_{xy}\sin 2\alpha \tag{7.2}$$

$$\tau_a = \frac{\sigma_x - \sigma_y}{2}\sin 2\alpha + \tau_{xy}\cos 2\alpha \tag{7.3}$$

(2) 最大正应力和最小正应力。正应力以拉应力为正而压应力为负;切应力对单元体内任意点的矩顺时针转向时为正,反之为负;由 x 轴转到外法线 n 为反时针转向时,则 α 为正。在切应力等于零的平面上,正应力为最大值或最小值。因为切应力为零的平面是主平面,主平面上的正应力是主应力,所以主应力就是最大或最小的正应力。

$$\left.\begin{array}{c}\sigma_{max}\\ \sigma_{min}\end{array}\right\} = \frac{\sigma_x + \sigma_y}{2} \pm \sqrt{\left(\frac{\sigma_x - \sigma_y}{2}\right)^2 + \tau_{xy}^2} \tag{7.4}$$

$$\tan 2\alpha_0 = -\frac{2\tau_{xy}}{\sigma_x - \sigma_y} \tag{7.5}$$

(3) 最大切应力和最小切应力。最大切应力和最小切应力所在截面相互垂直,且和两个主平面成 45°,其最大切应力和最小切应力及方位为

$$\tau_{min}^{max} = \pm\sqrt{\left(\frac{\sigma_x - \sigma_y}{2}\right)^2 + \tau_{xy}^2} \tag{7.6}$$

$$\tan 2\alpha = \frac{\sigma_x - \sigma_y}{2\tau_{xy}} \tag{7.7}$$

第二单元重点教学内容

1. 平面应力状态分析的图解法

(1) 在 σ, τ 直角坐标系中,平面应力状态可用一个圆表示,其圆心坐标为 $\left(\frac{\sigma_x + \sigma_y}{2}, 0\right)$,半径为 $\sqrt{\left(\frac{\sigma_x - \sigma_y}{2}\right)^2 + \tau_y^2}$。该圆周上任一点的坐标都对应着单元体上某一个 α 截面上的应力,这个圆称为应力圆。

(2) 如图 7.1 所示为二向应力状态的应力圆,其作图步骤:

1) 在 σ, τ 坐标系内,按选定的比例尺量取 $OA = \sigma_x$,$AD = \tau_{xy}$,得到 D 点,D 点对应于 x 截面。

2) 量取 $OB = \sigma_y$,$BD_1 = \tau_{xy}$ 得到 D_1 点,D_1 点对应于 y 截面。

3) 连接 D,D_1 两点,交 σ 轴于 C 点。以 C 点为圆心,CD 为半径作图,即得所求应力圆。

(3) 若要确定截面上的应力,可以从 D 点开始,按照单元体 α 角的转向,沿着圆周转过 2α 圆心角得到 K 点,K 点的横坐标和纵坐分别就是 α 截面上的正应力 σ_a 和切应力 τ_a。

2. 三向应力状态最大应力

(1) 如图7.2(a)所示三向应力状态，3个主应力确定了图7.2(b)所示的3个两两相切的应力圆，称为三向应力圆。与3个主应力都不平行的任意斜截面，所对应点的三向应力圆的阴影范围内。

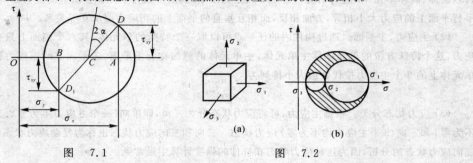

图　7.1　　　　　　　　　　　　　　图　7.2

(2) 三向应力状态的最大应力

最大正应力 $\sigma_{max} = \sigma_1$ 　　　　　　　　　　　　　　　　　　　　(7.8)

最小正应力 $\sigma_{min} = \sigma_3$ 　　　　　　　　　　　　　　　　　　　　(7.9)

最大切应力 $\tau_{max} = \dfrac{\sigma_1 - \sigma_3}{2}$ 　　　　　　　　　　　　　　　　(7.10)

(3) 最大切应力 τ_{max} 所在平面与主应力 σ_2 平行，而与 σ_1，σ_3 所在主平面各成 45° 夹角。

第三单元重点教学内容

1. 平面应变状态分析

(1) 对应于主应力和主平面，在平面应变状态中，通过一点一定存在两个相互垂直的方向，在这两个方向上，线应变为极值，而切应变等于零，这样的极值线应变称为主应变。

(2) 已知一点的应变分量 ε_x，ε_y，γ_{xy}，求任意方向的应变分量为

$$\varepsilon_\alpha = \frac{\varepsilon_x + \varepsilon_y}{2} + \frac{\varepsilon_x - \varepsilon_y}{2}\cos 2\alpha - \frac{r_{xy}}{2}\sin 2\alpha \tag{7.11}$$

$$\frac{\gamma_\alpha}{2} = \frac{\varepsilon_x - \varepsilon_y}{2}\sin 2\alpha + \frac{r_{xy}}{2}\cos 2\alpha \tag{7.12}$$

为了与应力分析一致，这里规定，线应变 ε_x，ε_y，ε_α 以伸长为正，缩短为负。而 α 与正的切应力 τ_{xy} 相对应的切应变 γ_{xy} 为正，相反为负。α 以逆时针转向为正，反之为负。

2. 体积应变 θ

$$\theta = \frac{\sigma_M}{k}$$

式中，$k = \dfrac{E}{3(1-2u)}$，$\sigma_M = \dfrac{\sigma_1 + \sigma_2 + \sigma_3}{3}$。

3. 广义胡克定律

$$\left.\begin{array}{l}
\varepsilon_x = \dfrac{1}{E}[\sigma_x - \mu(\sigma_y + \sigma_z)] \\[2mm]
\varepsilon_y = \dfrac{1}{E}[\sigma_y - \mu(\sigma_z + \sigma_x)] \\[2mm]
\varepsilon_z = \dfrac{1}{E}[\sigma_z - \mu(\sigma_x + \sigma_y)] \\[2mm]
\gamma_{xy} = \dfrac{\tau_{xy}}{G} \\[2mm]
\gamma_{yz} = \dfrac{\tau_{yz}}{G} \\[2mm]
\gamma_{xz} = \dfrac{\tau_{xz}}{G}
\end{array}\right\} \tag{7.13}$$

4. 变形比能、形状改变比能和体积改变比能

变形比能：

$$V = \frac{1}{2}\sigma_1\varepsilon_1 + \frac{1}{2}\sigma_2\varepsilon_2 + \frac{1}{2}\sigma_3\varepsilon_3 \tag{7.14}$$

或

$$V = \frac{1}{2E}[\sigma_1^2 + \sigma_2^2 + \sigma_3^2 - 3\mu(\sigma_1\sigma_2 + \sigma_2\sigma_3 + \sigma_3\sigma_1)] \tag{7.15}$$

形状改变比能：

$$V_f = \frac{1+\mu}{6E}[(\sigma_1 - \sigma_2)^2 + (\sigma_2 - \sigma_3)^2 + (\sigma_3 - \sigma_1)^2 \tag{7.16}$$

体积改变比能：

$$V_v = \frac{1-2\mu}{6E}(\sigma_1 + \sigma_2 + \sigma_3)^2 \tag{7.17}$$

$$V = V_f + V_v \tag{7.18}$$

第四单元重点教学内容

1. 强度理论的概论

(1) 材料的破坏形式大致可分为两种类型：一种是塑性屈服；另一种是脆性断裂。不同的破坏形式有不同的破坏原因。

(2) 关于材料破坏原因的假说称为强度理论。这些假说认为在不同应力状态下，材料破坏形式是由于应力、应变或变形能等因素中某一种相同的因素引起的。利用强度理论，可用简单应力状的试验结果，建立复杂应力状态下的强度条件。

2. 几种常用的强度理论

(1) 最大拉应力理论（第一强度理论）。这一理论认为：最大拉应力是引起材料断裂破坏的主要因素。第一强度理论的强度条件是

$$\sigma_1 \leqslant [\sigma] \tag{7.19}$$

(2) 最大伸长线应变理论（第二强度理论）。这一理论认为：最大伸长线应变是引起材料断裂破坏的主要因素。第二强度理论的强度条件

$$\sigma_1 - \mu(\sigma_2 + \sigma_3) \leqslant [\sigma] \tag{7.20}$$

注意，这一理论假设材料直到断裂前服从胡克定律。

(3) 最大切应力理论（第三强度理论）。这一理论认为：最大切应力是材料发生塑性屈服的主要因素。第三强度理论的强度条件

$$\sigma_1 - \sigma_3 \leqslant [\sigma] \tag{7.21}$$

(4) 形状改变比能理论（第四强度理论）。这一理论认为：形状改变比能是材料发生塑性屈服的主要因素。第四强度理论的强度条件

$$\sqrt{\frac{1}{2}[(\sigma_1 - \sigma_2)^2 + (\sigma_2 - \sigma_3)^2 + (\sigma_3 - \sigma_1)^2]} \leqslant [\sigma] \tag{7.22}$$

(5) 莫尔强度理论。这一理论以实验资料为基础，经过合乎逻辑的综合得出，并非以假说为基础，即

$$\sigma_1 - \frac{[\sigma_t]}{[\sigma_c]}\sigma_3 \leqslant [\sigma_t] \tag{7.23}$$

式中，$[\sigma_t]$，$[\sigma_c]$ 分别为材料的抗拉和抗压许用应力。

3. 强度理论的应用与相当应力

(1) 运用强度理论解决工程实际问题，应当注意其适用范围。脆性材料一般是发生脆性断裂，应选用第一或第二强度理论，而塑性材料的破坏形式大多是塑性屈服，应选用第三或第四强度理论。

(2) 工程实际中，常将强度条件中与许用应力 $[\sigma]$ 进行比较的应力称为相当应力，用 σ_r 表示。上述四种强度理论的强度条件，可写成一的形式为

三导

$$\sigma_{ri} \leqslant [\sigma] \quad (i = 1, 2, 3, 4) \tag{7.24}$$

四种强度理论的相当应力分别为

$$\sigma_{r1} = \sigma_1 \tag{7.25}$$

$$\sigma_{r2} = \sigma_1 - \mu(\sigma_2 + \sigma_3) \tag{7.26}$$

$$\sigma_{r3} = \sigma_1 - \sigma_3 \tag{7.27}$$

$$\sigma_{r4} = \sqrt{\frac{1}{2}\left[(\sigma_1 - \sigma_2)^2 + (\sigma_2 - \sigma_3)^2 + (\sigma_3 - \sigma_1)^2\right]} \tag{7.28}$$

莫尔强度理论的相当应力为

$$\sigma_{rM} = \sigma_1 - \frac{[\sigma_t]}{[\sigma_c]}\sigma_3 \tag{7.29}$$

7.2.3 考核内容

　　研究应力状态的目的是为了全面了解构件中一点处不同截面上的应力变化情况、应力与应变的关系、复杂应力状态下构件的强度理论。因此这一部分考题的形式很多,有单纯应力分析考题;也有应力应变分析的考题;还有一类是根据构件危险点的应力状态以及破坏形式选择适当的强度理论进行强度计算或作破坏分析。本章考题一般比较灵活,求解方法也较多,但大多数试题都不限制求解方法,读者可自选一种方法求解,并用其他方法验证计算结果,以保证解答的正确性。归纳一下,具体有下述考核内容如下。

　　1. 平面应力状态的分析

　　(1)分析一点的平面应力状态有解析法和图解法两种方法,应用两种方法时都必须已知过该点任意一对不平行截面上的应力值,从而求得任一斜截面上的应力。

　　(2)应力圆和单元体相互对应,应力圆上的一个点对应于单元体的一个面,应力圆上点的走向和单元体上截面转向一致。应力圆一点的坐标为单元体相应截面上的应力值;单元体两截面夹角为 α,应力圆上两对应点中心角为 2α;应力圆与 σ 轴两个交点的坐标为单元体的两个主应力值;应力圆的半径为单元体的最大切应力值。

　　(3)在平面应力状态中,过一点的所有截面中,必有一对主平面,也必有一对与主平面夹角为 45°的最大(最小)切应力截面。

　　(4)在平面应力状态中,任意两个相互垂直截面上的正应力之和等于常数。

　　2. 广义胡克定律

　　(1)广义胡克定律表示复杂应力状态下的应力应变关系,胡克定律 $\sigma = E\varepsilon$ 表示单向应力状态的应力应变关系。

　　(2)工程实际中,常由实验测得构件某点处的应变,这时可用广义胡克定律求得该点的应力。

　　(3)用应变分量表达应力分量的广义胡克定律为

$$\begin{cases} \sigma_1 = \dfrac{E}{(1+\mu)(1-2\mu)}[(1-\mu)\varepsilon_1 + \mu(\varepsilon_2 + \varepsilon_3)] \\[2mm] \sigma_2 = \dfrac{E}{(1+\mu)(1-2\mu)}[(1-\mu)\varepsilon_2 + \mu(\varepsilon_3 + \varepsilon_1)] \\[2mm] \sigma_3 = \dfrac{E}{(1+\mu)(1-2\mu)}[(1-\mu)\varepsilon_3 + \mu(\varepsilon_1 + \varepsilon_2)] \end{cases}$$

对于平面应力状态,$\sigma_z = 0$,$\tau_{yz} = \tau_{zx} = 0$,上式有

$$\begin{cases} \sigma_x = \dfrac{E}{1-\mu^2}(\varepsilon_x + \mu\varepsilon_y) \\[2mm] \sigma_y = \dfrac{E}{1-\mu^2}(\varepsilon_y + \mu\varepsilon_x) \\[2mm] \tau_{xy} = G\gamma_{xy} = \dfrac{E}{2(1+\mu)}\gamma_{xy} \end{cases}$$

3. 平面应变分析

(1) 本章所指平面应变状态是平面应力所对应的应变状态,不同于弹性力学中的平面应变状态,研究的范围仅限于应变发生在同一平面内的平面应变状态。切应变为零方向上的线应变称为主应变,各向同性材料的主应力和主应变方向相同。

(2) 在进行一点的平面应变分析时,首先应测定该点的 3 个应变分量 $\varepsilon_x,\varepsilon_y$ 和 γ_{xy}。由于切应变难以直接测量,一般先测出 3 个选定角 $\alpha_1,\alpha_2,\alpha_3$ 上的线应变,然后求解下列联立方程式

$$
\begin{cases}
\varepsilon_{\alpha_1} = \dfrac{\varepsilon_x + \varepsilon_y}{2} + \dfrac{\varepsilon_x - \varepsilon_y}{2}\cos2\alpha_1 - \dfrac{\gamma_{xy}}{2}\sin\alpha_1 \\[2mm]
\varepsilon_{\alpha_2} = \dfrac{\varepsilon_x + \varepsilon_y}{2} + \dfrac{\varepsilon_x - \varepsilon_y}{2}\cos2\alpha_2 - \dfrac{\gamma_{xy}}{2}\sin\alpha_2 \\[2mm]
\varepsilon_{\alpha_3} = \dfrac{\varepsilon_x + \varepsilon_y}{2} + \dfrac{\varepsilon_x - \varepsilon_y}{2}\cos2\alpha_3 - \dfrac{\gamma_{xy}}{2}\sin\alpha_3
\end{cases}
$$

即可求得 $\varepsilon_x,\varepsilon_y$ 和 γ_{xy}。

实际测量时,常把 $\alpha_1,\alpha_2,\alpha_3$ 选取便于计算的数值,得到简单的计式,以简化计算,如选取 $0°,45°,90°$。

(3) 一点的应变分析完成后,可用广义胡克定律求得该点的应力状态。

7.3 典型例题

7.3.1 解题方法

1. 平面应力状态分析

(1) 进行平面应力状态分析时应选取某一方向为 x 方向,与其正交方向则是 y 方向。然后确定 σ_x,σ_y 和 τ_{xy} 值。

(2) 在求 α 斜截面上的应力时,应注意 α 角度是指向 x 方向和斜面外法线的夹角,同时也要注意到公式中的 2α。

(3) 在用解析法求平面应力状态的最大主应力时,最大主应力作用平面可根据单元体由切应力引起的变形趋势来确定,即最大主应力作用线所在的象限一定是两相互垂直截面上切应力箭头所对应的象限,其正应力的大小和指向仅影响角度 α_0 的大小。

(4) 用应力圆分析平面应力状态时,应注意应力圆上的参考点对应 x 截面的 D_x 点。

(5) 在平面应力状态分析中所求出的最大切应力,是指垂直于主应力等于零截面的所有截面中切应力的最大值,而不是空间任意截面上切应力的最大值。

2. 三向应力状态

(1) 在三向应力状态分析中,通常仅需求出最大(最小)正应力和最大切应力。如欲求空间任意斜截面上的应力,则应用截面法求得。

(2) 在三向应力状态中,如已知一个主应力值和另外两对非主平面上的正应力和切应力,应由两对非主平面上的正应力和切应力分别求出另外两个主应力,然后根据 3 个主应力的大小分别求 σ_1,σ_2 和 σ_3。

3. 广义胡克定律和平面应变分析

(1) 应用广义胡克定律和平面应变分析有两种方法,可以由已知(或是由电测法测得)的应变求得需求的应力,也可由已知应力状态求出应变值。

(2) 在讨论应力和应变之间的关系时,可把复杂的应力状态分解为几个简单应力状态(如单向拉压应力状态及纯剪切应力状态),以便分析。

4. 强度理论分析

(1) 基本思路。对处于复杂应力状态下的构件进行强度校核时,首先对构件危险点进行应力分析,求出

其主应力,根据杆件材料的种类以及所处的应力状态等因素,选用合适的
强度理论,再用相应的强度条件进行强度校核。

（2）叠加原理的应用。当构件的载荷比较复杂时,可利用叠加原理,
分别计算各载荷引起的应力,然后叠加为总应力。

（3）常见工程中,许多塑性材料构件的危险点处于图 7.3 所示的平面
应力状态,经常利用第三和第四强度理论进行强度校核,其强度公式分
别为

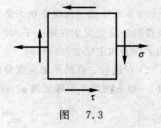

图 7.3

$$\sqrt{\sigma^2 + 4\tau^2} \leqslant [\sigma]$$
$$\sqrt{\sigma^2 + 3\tau^2} \leqslant [\sigma]$$

上述二式在强度计算中应用频繁,读者应熟记。

7.3.2 典型例题

例 7.1 梁横截面上的内力为 M, F_s,如图 7.4 示,试用单元体表示截面上点 1、点 2、点 3、点 4 的应力
状态。

解 （1）点 1:因为 $\sigma_x = -\dfrac{M}{W_z}$,所以 $\sigma_1 = \sigma_2 = 0, \sigma_3 = -\sigma_x$。

（2）点 2:因为 $\tau = \dfrac{3F_s}{2A}$,所以 $\sigma_1 = \tau, \sigma_2 = 0, \sigma_3 = -\tau$。

（3）点 3:因为 $\sigma_x = -\dfrac{My}{I_z}, \tau = \dfrac{F_s S^*}{I_z b}$,

所以 $\sigma_3^1 = \dfrac{\sigma_x}{2} \pm \sqrt{\left(\dfrac{\sigma_x}{2}\right)^2 + \tau^2}, \sigma_2 = 0$。

（4）点 4:因为 $\sigma_x = \dfrac{M}{W_z}$,所以 $\sigma_3 = \sigma_2 = 0, \sigma_1 = \sigma_x$。

点 1、点 2、点 3、点 4 的单元体及主应力、主平面如图 7.4(b) 所示。

【评注】 一点的应力状态可用单元体描述。在取初始单元体时,应选择能够确定其应力的截面方位,如
横截面。

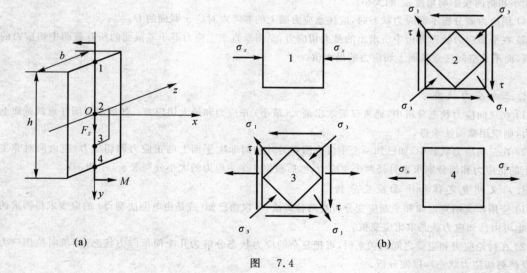

(a)　　　　　　　　　　　　　　　(b)

图 7.4

例 7.2 矩形截面简支梁如图 7.5(a) 示,在跨中作用有集中力 $F_P = 100$ kN。若 $L = 2$ m,$b = 200$ mm,

$h = 600$ mm。试求距离左支座 $L/4$ 处截面上 C 点在 $40°$ 斜截面上的应力。

解　(1) 选取初始单元体。简支梁在外载荷作用下发生弯曲变形,可首先根据弯曲时横截面上正应力、切应力表达式,计算 $L/4$ 处截面上 C 点的正应力、切应力。该截面的弯矩和剪力分别为

$$M_C = \frac{F_P}{2} \cdot \frac{L}{4} = 25 \text{ kN} \cdot \text{m}, \quad F_{SC} = \frac{F_P}{2} = 50 \text{ kN}$$

得,该截面 C 点的正应力、切应力分别为

$$\sigma_C = \frac{M_C \cdot y}{I_z} = \frac{25 \times 10^3 \times 150 \times 10^{-3} \times 12}{200 \times 600^3 \times 10^{-12}} = 1.04 \text{ MPa} \quad (\text{压应力})$$

$$\tau_C = \frac{F_{SC} \cdot S_z}{I_z \cdot b} = \frac{50 \times 10^3 \times 150 \times 200 \times 225 \times 10^{-9} \times 12}{200 \times 600^3 \times 10^{-9} \times 200 \times 10^{-3}} = 0.469 \text{ MPa}$$

选择横截面及与之垂直的水平面、铅垂面,得 C 点初始单元体如图 7.5(c) 所示。

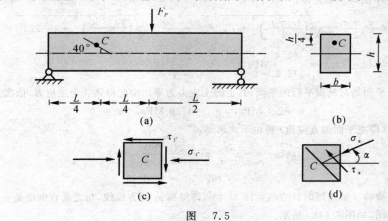

图　7.5

(2) 计算指定斜截面上的应力。对于图 7.5(c) 所示单元体,有

$$\sigma_{40°} = \frac{\sigma_x + \sigma_y}{2} + \frac{\sigma_x - \sigma_y}{2}\cos 80° - \tau_{xy}\sin 80° = \frac{-1.04}{2} + \frac{-1.04}{2}\cos 80° - 0.469\sin 80° =$$

$$-1.07 \text{ MPa}$$

$$\tau_{40°} = \frac{\sigma_x - \sigma_y}{2}\sin 80° + \tau_{xy}\cos 80° = -0.431 \text{ MPa}$$

根据上述计算结果,将斜截面上的正应力、切应力标在单元体上,如图 7.5(d) 所示。

【评注】　初始单元体一般选择横截面及与之垂直的水平面、铅垂面。

例 7.3　如图 7.6(a) 所示的原始单元体,试用解析法及图解法求:(1) $\alpha = 30°$ 斜截面上的应力;(2) 主应力、主平面和主单元体;(3) 最大切应力。

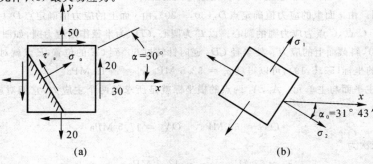

图　7.6

解 根据应力与 α 角的正负号规定,在图示单元体中 $\sigma_x = 30$ MPa,$\sigma_y = 50$ MPa,$\tau_{xy} = -20$ MPa,$\tau_{yx} = 20$ MPa,$\alpha = +30°$。据此,即可进行下列计算:

1. 解析法

(1) $\alpha = 30°$ 斜截面上的应力为

$$\sigma_\alpha = \frac{\sigma_x + \sigma_y}{2} + \frac{\sigma_x - \sigma_y}{2}\cos 2\alpha - \tau_{xy}\sin 2\alpha = \frac{30+50}{2} + \frac{30-50}{2}\cos 60° + 20\sin 60° =$$

$$(40 - 10 \times \frac{1}{2} + 20 \times \frac{\sqrt{3}}{2} = 52.32 \text{ MPa}$$

$$\tau_\alpha = \frac{\sigma_x - \sigma_y}{2}\sin 2\alpha + \tau_{xy}\cos 2\alpha = \frac{30-50}{2}\sin 60° - 20\cos 60° = -10 \times \frac{\sqrt{3}}{2} - 20 \times \frac{1}{2} = -18.66 \text{ MPa}$$

(2) 主应力、主平面与主单元体:

$$\left.\begin{matrix}\sigma' \\ \sigma''\end{matrix}\right\} = \frac{\sigma_x + \sigma_y}{2} \pm \sqrt{\left(\frac{\sigma_x - \sigma_y}{2}\right)^2 + \tau_{xy}^2} = \frac{30+50}{2} \pm \sqrt{\left(\frac{30-50}{2}\right)^2 + (-20)^2} =$$

$$40 \pm 22.4 = \begin{cases} 62.4 \\ 17.6 \end{cases} \text{MPa}$$

已知的一个主平面是与纸面平行的平面,其上的主应力为零。由此得到 3 个主应力,依次为

$$\sigma_1 = 62.4 \text{ MPa}, \quad \sigma_2 = 17.6 \text{ MPa}, \quad \sigma_3 = 0$$

主应力的方向(即主平面的方位角)可由下式求得:

$$\tan 2\alpha_0 = \frac{-2\tau_{xy}}{\sigma_x - \sigma_y} = -\frac{2(-20)}{30-50} = -2$$

查反三角函数表得 $\qquad 2\alpha_0 = -63°26', \qquad \alpha_0 = -31°43'$

由于 $\sigma_x < \sigma_y$,故将 y 轴按顺时针方向旋转 $31°43'$,即得到 σ_1 的方位线,与之垂直的便是 σ_2 的方位线了。据此画出主单元体图,如图 7.6(b) 所示。

(3) 最大切应力:

$$\tau_{\max} = \frac{\sigma_1 - \sigma_3}{2} = \frac{62.4 - 0}{2} = 31.2 \text{ MPa}$$

其所在截面与 σ_1,σ_3 所在平面各成 $45°$。

【评注】 (1) 此类问题是二向(平面)应力状态分析中最常见的问题。在用解析法求斜截面上的应力或确定主应力和主平面时,务必注意 σ_x,σ_y,τ_{xy} 和 α 的正负号,切勿搞错。

(2) 由主平面方位角公式 $\tan 2\alpha_0 = \dfrac{-2\tau_{xy}}{\sigma_x - \sigma_y}$,可以解出相差 $90°$ 的两个角度:α_0 和 $\alpha_0 \pm 90°$。故只需得到一个锐角值 α_0,即可确定两个主平面。

2. 图解法

选取比例尺 $1 \text{ cm} = 10 \text{ MPa}$,建立 $\sigma - \tau$ 直角坐标系,见图 7.7。

(1) 作应力圆。由 x 面上的应力值确定点 $D_1(30, -20)$,由 y 面上的应力值确定点 $D_2(50, 20)$,连接 D_1 与 D_2 两点,交 σ 轴于 C 点,C 点为应力圆的圆心。以 C 为圆心、CD_1 为半径作出应力圆,如图 7.7 所示。

(2) 求 $\alpha = 30°$ 斜截面上的应力。使半径 CD_1 逆时针转过 $60°$ 到 CE 的位置,E 点就对应着 $\alpha = 30°$ 的斜截面。量出 E 点的坐标 $(52.5, 19)$,可以得到 $\sigma_\alpha = 52.5$ MPa,$\tau_\alpha = -19$ MPa。

(3) 主应力、主平面与主单元。A_1,A_2 两点的横坐标就是所求的两个主应力,它们对应的截面就是两个主平面。

量得 $\qquad OA_1 = 63 \text{ MPa}, \quad OA_2 = 17.5 \text{ MPa}$

3 个主应力依次为

$$\sigma_1 = 63 \text{ MPa}, \quad \sigma_2 = 17.5 \text{ MPa}, \quad \sigma_3 = 0$$

量得圆心角 $\angle D_1 CA_2 = -63°$,得 $\alpha_0 = -31°30'$,该主平面上的主应力为 $\sigma_2 = 17.5$ MPa。据此即可画出

主单元体图,如图 7.7(b) 所示。

（4）最大切应力。由应力圆得最高点 G 的纵坐标为 $\tau = 22.5\,\mathrm{MPa}$,这是由 σ_1 与 σ_2 所确定的极值切应力,而非单元体的最大切应力。最大切应力恒为

$$\tau_{\max} = \frac{\sigma_1 - \sigma_3}{2} = \frac{63}{2} = 31.5\,\mathrm{MPa}$$

务请注意。

【评注】（1）用应力圆分析二向应力状态是一种比较简便的方法,其精度虽不如解析法,但也能满足工程要求。关键是掌握应力圆与单元体的对应关系。

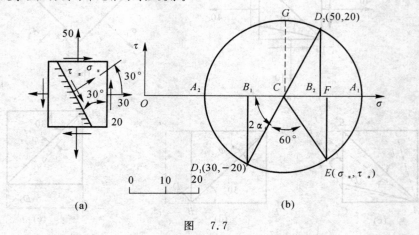

（a） （b）

图 7.7

（2）此类问题也可应用应力圆中的几何关系求解,特别对求主应力、主平面和最大切应力最为方便。

例 7.4 （大连理工大学考研题）试求图 7.8(a) 所示应力状态的主应力,画出主应力单元体。若该单元体为正方单元体（边长为 1）,则其对角线长度的改变量 Δl 及 30° 角的改变量分别为多少?（已知材料弹性模量 $E = 200\,\mathrm{GPa}$,泊松比 $\mu = 0.3$）

解 （1）$\sigma_x = 40\,\mathrm{MPa}$,$\sigma_y = 40\,\mathrm{MPa}$,$\tau_{xy} = -10\,\mathrm{MPa}$,有

$$\sigma_{\min}^{\max} = \frac{\sigma_x + \sigma_y}{2} \pm \sqrt{\left(\frac{\sigma_x - \sigma_y}{2}\right)^2 + \tau_{xy}^2} =$$

$$\sigma_{\min}^{\max} = \frac{40 + 40}{2} \pm \sqrt{\left(\frac{40 - 40}{2}\right)^2 + 10^2} = 40 \pm 10 = \begin{cases} 50\,\mathrm{MPa} \\ 30\,\mathrm{MPa} \end{cases}$$

主应力为 $\sigma_1 = 50\,\mathrm{MPa}$,$\sigma_2 = 30\,\mathrm{MPa}$,$\sigma_3 = 0\,\mathrm{MPa}$

主方向 $\alpha_0 = \frac{1}{2}\arctan\frac{-2\tau_{xy}}{\sigma_x - \sigma_y} = 45°$。主应力单元体如图 7.8(b) 所示。

（2）对角线长度改变量 Δl,有

$$\Delta l = \varepsilon_{45°} \cdot l = \sqrt{2} \times \frac{1}{E}(\sigma_1 - \mu\sigma_2) = \sqrt{2} \cdot \frac{50 - 0.3 \times 30}{200 \times 10^3} = 0.29 \times 10^{-3}$$

（3）求 30° 角的改变量。

方法一 对图 7.8(a) 所示的单元体,在 σ_x 与 σ_y 共同作用下为均匀应力状态（$\sigma_x = \sigma_y$）,图中 30° 角无变化,因此只需计算在切应力单作用下引起的 30° 角的改变量,如图 7.8(c) 所示。

切应变为

$$\gamma = \frac{\tau}{G} = \frac{2 \times (1 + 0.3) \times 10}{200 \times 10^3} = 0.13 \times 10^{-3}$$

对角线 AB 的转角为

$$\varphi_{a_1} = \frac{BP'}{AB} = \frac{BP\sin45°}{AB} = \frac{\gamma \cdot BC \cdot \sin45°}{BC/\sin45°} = \gamma\sin^2 45°$$

同理可求得与 AC 边夹 $15°$ 角的 AD 边的转角 $\varphi_{a2} = \gamma\sin^2 45°$，故 $30°$ 角的改变量

$$\varphi_a = \varphi_{a_1} - \varphi_{a_2} = \gamma(\sin^2 45° - \sin^2 15°) = 0.56 \times 10^{-4} \quad (夹角减小)$$

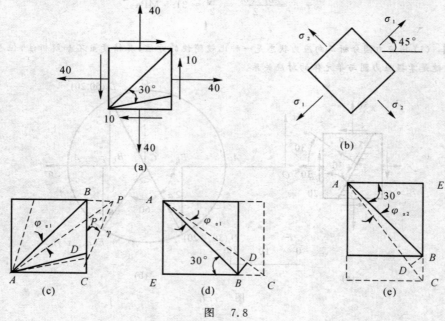

图　7.8

方法二　在图 7.8(b) 所示各在方向上的主应变，有

$$\varepsilon_1 = \frac{1}{E}(\sigma_1 - \mu\sigma_2) = 0.205 \times 10^{-3}$$

$$\varepsilon_2 = \frac{1}{E}(\sigma_2 - \mu\sigma_1) = 0.075 \times 10^{-3}$$

ε_1 单独作用时（见图(d)）AB 边转角 φ_{a1} 为

$$\varphi_{a_1} = \frac{BD}{AB} = \frac{BC\sin30°}{EB/\cos30°} = \frac{\varepsilon_1 \cdot EB\sin30°\cos30°}{EB} = \varepsilon_1\sin30°\cos30°$$

同理可得 ε_2 单独作用时（见图 7.8(d)）AB 边转角 φ_{a2} 为

$$\varphi_{a_2} = \varepsilon_2\sin30°\cos30°$$

因此 $30°$ 角的改变量为

$$\varphi_a = \varphi_{a_1} - \varphi_{a_2} = (\varepsilon_1 - \varepsilon_2)\sin30°\cos30° = 0.56 \times 10^{-4} \quad (夹角减小)$$

【评注】　① 由于对角线方向为主方向，故可利用主应力坐标系的应力应变关系求主应变。对各向同性材料，xOy 坐标系中正应力与线应变的关系与主应力坐标系中主应力与主应变关系形式相同，只需把下标 x，y 分别换成下标 1 和 2 即可；② 求一般的平面应力，状态单元体任意两个方向夹角的改变量可采用叠加法。

例 7.5　（华中科技大学考研题）试求图 7.9(a) 所示的纯剪切应力状态旋转 $45°$ 后各面上的应力分量，并将其标于图 7.9(b) 中。并分别利用两种关系：(1) 图 7.9(a) 和图 7.9(b) 两种情形下的应变比能相等；(2) 图 7.9(a) 中 $45°$ 对角线方向上的应变和图(b)情形下 x' 方上的应变相等。证明：$G = \dfrac{E}{2(1+\mu)}$。

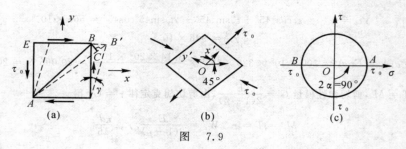

图 7.9

证明 (1) 图 7.9(a) 应力分量为 $\sigma_x = \sigma_y = 0, \tau_x = -\tau_0$,应力圆如图 7.9(c) 示,$A$ 点对应于图7.9(b)x' 方向主平面上应力,B 点对应 y' 向主平面上应力。有

$$\sigma_1 = \sigma'_x = \tau_o, \quad \sigma_2 = 0, \quad \sigma_3 = \sigma_y' = -\tau_0$$

图 7.9(a) 纯剪切应力状态的应变比能为

$$V = \frac{1}{2}\tau_0^2 / G \qquad \text{①}$$

图 7.9(b) 主应力状态的应变比能为

$$V = \frac{1}{2}\sigma_1\varepsilon_1 + \frac{1}{2}\sigma_2\varepsilon_2 + \frac{1}{2}\sigma_3\varepsilon_3 \qquad \text{②}$$

把 $\sigma_1 = \tau_0, \sigma_2 = 0, \sigma_3 = -\tau_0, \varepsilon_1 = \frac{1}{3}(\sigma_1 - \mu\sigma_3), \varepsilon_3 = \frac{1}{F}(\sigma_3 - \mu\sigma_1)$ 代入式 ② 得

$$V = \frac{1+\mu}{E}\tau_0^2 \qquad \text{③}$$

由式 ① 与式 ③ 可得

$$G = \frac{E}{2(1+\mu)}$$

(2) 设图 7.9(a) 正方形边长为 a,变形后 AB 变为 AB',伸长量

$$\Delta \overline{AB} = \overline{B'C} = \frac{\sqrt{2}}{2}\overline{BB'} = \frac{\sqrt{2}}{2} \times \overline{BD} \times \gamma = \frac{\sqrt{2}a\tau_0}{2G}$$

故

$$\varepsilon_{45°} = \frac{\Delta \overline{AB}}{AB} = \frac{\tau_0}{2G} \qquad \text{④}$$

图 7.9(b) 所示 x' 方向线应变为

$$\varepsilon_{x'} = \frac{1}{E}(\sigma_{x'} - \mu\sigma_{y'}) = \frac{1+\mu}{E}\tau_0 \qquad \text{⑤}$$

由式 ④⑤ 得

$$G = \frac{E}{2(1+\mu)}$$

【评注】 对于各向同性材料,弹性常数 E, G 和 μ 只有两个是独立的,本题给出了三者关系的两种证明方法,当然,还有其他证法喽。

例7.6 (同济大学考研题)一钢制圆轴受拉扭联合作用,如图 7.10 所示。已知圆轴直径 $d = 200$ mm,弹性模量 $E = 200$ GPa。现采用直角应变化测得轴表面 O 点的应变值为 $\varepsilon_a = 96 \times 10^{-6}, \varepsilon_b = 565 \times 10^{-6}, \varepsilon_c = 320 \times 10^{-6}$。试求载荷 F 和 M_e 的大小。

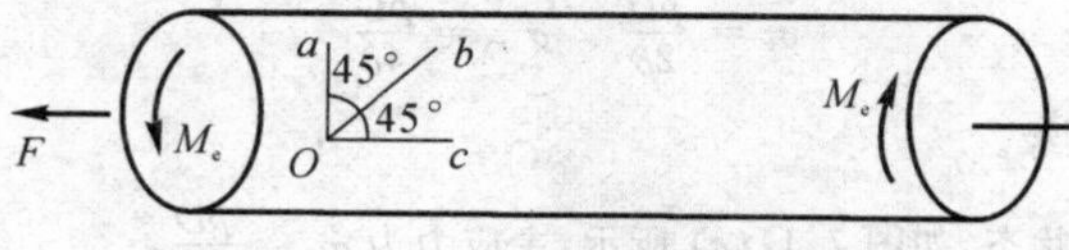

图 7.10

解 由题意知 $\varepsilon_x = \varepsilon_c = 320 \times 10^{-6}, \varepsilon_y = \varepsilon_a = -96 \times 10^{-6}$

由 45° 方向线应变 ε_b 为

$$\varepsilon_b = \varepsilon_{45°} = \varepsilon_x\cos^2 45° + \varepsilon_y\sin^2 45° + \gamma_{xy}\sin 45°\cos 45° = 565\times 10^{-6}$$

可解得

$$\gamma_{xy} = 906\times 10^{-6}$$

$$F = \sigma_x A = E\varepsilon_x A = 200\times 10^9 \times 320\times 10^{-6}\times\frac{3.14\times 20^2\times 10^{-6}}{4} = 20\ 096\ \text{N} = 20.1\ \text{kN}$$

因扭矩 $T = M_e$，剪切弹性模量 $G = \dfrac{E}{2(1+\mu)}$，由剪切胡克定律 $\tau = G\gamma$ 得

$$M_e = T = \tau_{max}W_t = \frac{E}{2(1+\mu)}\cdot\gamma_{xy}\cdot\frac{\pi d^3}{16}$$

式中泊松比可由下式求出：$\mu = -\dfrac{\varepsilon_y}{\varepsilon_x} = \dfrac{96}{320} = 0.3$

故

$$M_e = \frac{200\times 10^9}{2(1+0.3)}\times 906\times 10^{-6}\times\frac{3.14\times 0.2^3}{16} = 109\ \text{N}\cdot\text{m}$$

【评注】 泊松比需根据定义求出。

例7.7 （南京航空航天大学考研题）图7.11(a)所示薄壁容器外径 D_1，内径 D，壁厚 δ，内压强 p。材料弹性常数 E 和 μ 已知，试确定：

(1)考虑容器自重(可看成长度方向的均布体力)W 时，容器的危险截面和危险点位置；

(2)用单元体表示危险点的应力并计算出主应力；

(3)计算危险点水平方向的线应变。

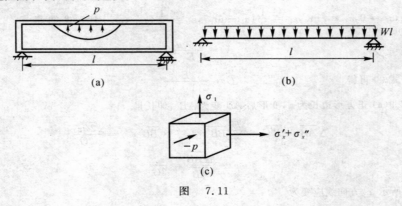

(a)　　　　　　　　(b)

(c)

图　7.11

解 (1)确定危险截面与危险点在自重作用下，容器的受力简图如图7.11(b)所示，自重作用下的梁最

大弯矩 $M_{max} = \dfrac{1}{8}Wl$。由于弯曲引起截面下边缘的弯曲正应力

$$\sigma'_x = \frac{M_{max}}{W} = \frac{\frac{1}{8}Wl}{\frac{\pi D_1^3}{32}\left[1-\left(\frac{D}{D_1}\right)\right]} = \frac{-4Wl}{\pi D_1^3\left[1-\left(\frac{D}{D_1}\right)^4\right]}$$

由于内压引起的周向应力与轴向应力如图7.11(c)所示，即

$$\sigma_t = \frac{pD}{2\delta},\quad \sigma''_x = \frac{pD}{4\delta}$$

危险点在中间截面的下边缘。

(2)危险点单元体的应力状态，如图7.11(c)所示，主应力为 $\sigma_1 = \dfrac{pD}{2\delta}$

$$\sigma_2 = \sigma'_x + \sigma''_x = \frac{4Wl}{\pi D_1^3[1-(D/D_1)^4]}\frac{pD}{4\delta},\quad \sigma_3 = -p$$

(3)危险点水平方向线应变为

$$\varepsilon_x = \frac{1}{E}[\sigma_2 - \mu(\sigma_1 + \sigma_3)] = \frac{1}{E}\left[\frac{4D_1Wl}{\pi(D_1^4 - D^4)} + \frac{1-2\mu}{4\delta}pD - \mu p\right]$$

【评注】 管道容器受外载荷及内压作用时,可根据叠加原理分别计算内压和外载荷引起的应力,然后叠加得总应力。计算内压引起的应力时,直接采用了薄壁圆筒受内压作用的应力公式。

例 7.8 (北京大学考研题)如图 7.12(a)所示,有一两端受扭矩 T 和拉力 F 作用的圆柱形薄壁压力容器。已知容器的筒壁半径为 $r = 40$ mm,壁厚 $t = 2$ mm,筒体的长度 $L = 1$ m,弹性模量 $E = 200$ GPa,泊松比 $\mu = 0.25$。内部压力 $p = 10$ MPa,扭矩 $T = 640\pi$ N·m。若筒壁内的许用拉应力为 200 MPa,根据第三强度理论,试求拉力 F 的最大容许值应为多少?并计算此时筒体的轴向伸长 ΔL 和圆筒半径 r 的改变 Δr。

解 取圆筒壁上一点的应力单元体如图 7.12(b)所示,有

$$\sigma_x = \frac{pD}{4t} + \frac{F}{A} = \frac{10 \times 10^6 \times 80}{4 \times 2} + \frac{F}{\pi \times 80 \times 2 \times 10^{-6}} = (100 + 2 \times 10^{-3}F) \text{ MPa}$$

$$\sigma_y = \frac{pD}{2t} = 200 \text{ MPa}$$

$$\tau_{xy} = \frac{T}{2A_0 t} = \frac{640\pi}{2\pi(40+1)^2 \times 2 \times 10^{-9}} = 95.2 \text{ MPa}$$

$$\sigma' = \frac{1}{2}(\sigma_x + \sigma_y) + \frac{1}{2}\sqrt{(\sigma_x - \sigma_y)^2 + 4\tau_{xy}^2} = (150 + 1 \times 10^{-3}p) +$$

$$\frac{1}{2}\sqrt{(2 \times 10^{-3}p - 100)^2 + 4 \times 95.2^2}$$

$$\sigma'' = (150 + 1 \times 10^{-3}p) - \frac{1}{2}\sqrt{(2 \times 10^{-3}p - 100)^2 + 4 \times 95.2^2}$$

$$\sigma''' = -p = -10 \text{ MPa}$$

因为 $\sigma_x > 0, \sigma_y > 0, p > 0$,所以有

$$\sigma_1 = \sigma', \quad \sigma_2 = \sigma'', \sigma_3 = \sigma'''$$

$$\sigma_{r3} = \sigma_1 - \sigma_3 = (150 + 10 \times 10^{-3}p) + \frac{1}{2}\sqrt{(2 \times 10^{-3}p - 100)^2 + 4 \times 95.5^2} + 10 \leqslant$$

$$[\sigma] = 200 \text{ MPa}$$

可得

$$p \leqslant 558 \text{ kN}$$

由广义胡克定律得筒体轴向应变为

$$\varepsilon_x = \frac{1}{E}[\sigma_x - \mu\sigma_y] = \frac{1}{200 \times 10^3}[100 + 2 \times 10^{-3}p \times 558 \times 10^3 - 0.25 \times \times 200 = 5.83 \times 10^{-3}$$

筒体周向应变为

$$\varepsilon_x = \frac{1}{E}[\sigma_y - \mu\sigma_x] = \frac{1}{200 \times 10^3}[200 - 0.25 \times (100 + 2 \times 558)] = -0.25 \times 10^{-3}$$

故,筒体半径 r 的改变量为

$$\Delta r = \varepsilon_y r = -0.52 \times 10^{-3} \times 40 = -0.02 \text{ mm}$$

筒体轴向伸长量为

$$\Delta L = L\varepsilon_x = 1 \times 5.83 \times 10^{-3} = 5.83 \text{ mm}$$

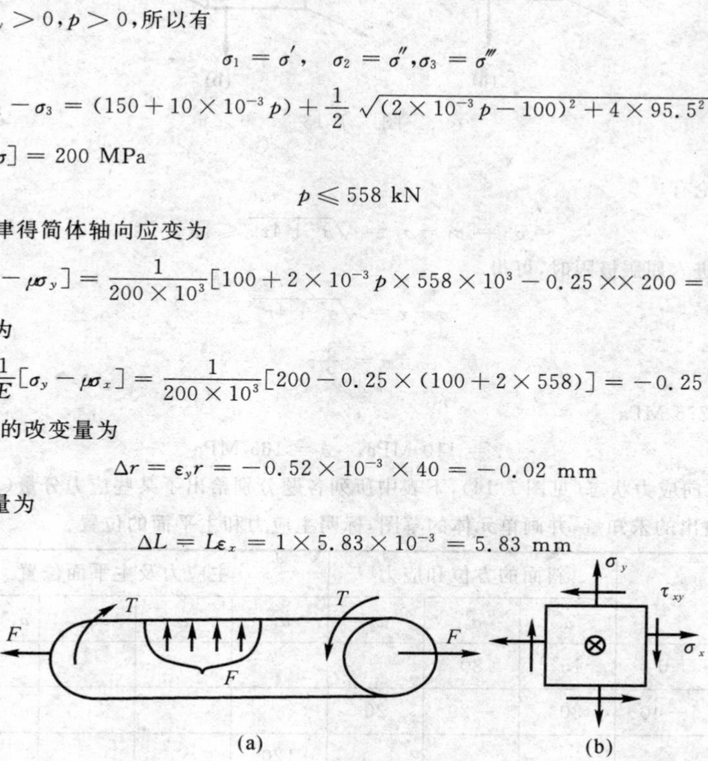

(a)   (b)

图 7.12

例 7.9 （河海大学考研题）图 7.13(a)(b) 表示同一材料的两个单元体。材料的屈服极限 $\sigma_S = 275$ MPa。试根据第三强度理论求两个元体同时进入屈服极限时的拉应力 σ 与切应力 τ 的值。若 $\sigma > \tau$。

解 （1）单元体如图 7.13(a) 的应力状态。$\sigma_x = \sigma_z = 0$，$\sigma_y = \sigma$，xOz 面上切应力等于零，故 σ_y 为其中一主应力，另外两个主应力为

$$\sigma = \frac{1}{2}(\sigma_x + \sigma_z) \pm \frac{1}{2}\sqrt{(\sigma_x - \sigma_z)^2 + 4\tau^2} = \pm\tau$$

由 $\sigma > \tau$ 得主应力为 $\qquad \sigma_1 = \sigma_2 = \tau, \sigma_3 = -\tau$

由第三强度理论有 $\qquad \sigma_{r3} = \sigma_1 - \sigma_3 = \sigma + \tau \leqslant [\sigma]$

（2）单元体如图 7.13(b) 的应力状态。$\sigma_x = 0$，$\sigma_y = \sigma$，$\sigma_z = 0$，由于 yOz 平面切应力等于零，则此面为主应力面,面上的应力为主应力,另两个主应力为

$$\sigma_{1,3} = \frac{1}{2}(\sigma_y + \sigma_z) \pm \frac{1}{2}\sqrt{(\sigma_y - \sigma_z)^2 + 4\tau^2} = \frac{1}{2}\sigma \pm \frac{1}{2}\sqrt{\sigma^2 + 4\tau^2}$$

得主应力为

$$\sigma_1 = \frac{\sigma + \sqrt{\sigma^2 + 4\tau^2}}{2}, \quad \sigma_2 = 0, \quad \sigma_3 = \frac{\sigma - \sqrt{\sigma^2 + 4\tau^2}}{2}$$

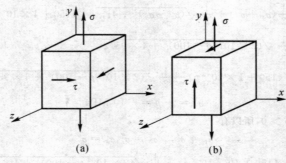

(a) $\qquad\qquad$ (b)

图 7.13

由第三强度理论有

$$\sigma_{r3} = \sigma_1 - \sigma_3 = \sqrt{\sigma^2 + 4\tau^2} \leqslant [\sigma]$$

两单元体同时进入屈服极限时,可得

$$\sigma + \tau = \sqrt{\sigma^2 + 4\tau^2}$$

解之得 $\qquad\qquad\qquad \sigma = \frac{3}{2}\tau$

代入 $\sigma + \tau = \sigma_S = 275$ MPa

故得 $\qquad\qquad\qquad \tau = 110$ MPa，$\quad \sigma = 165$ MPa

例 7.10 对二向应力状态（见图 7.14）,下表中所列各题分别给出了某些应力分量（单位为 MPa）或斜面的方位,试求表中空出的未知量,并画单元体的草图,标明主应力和主平面的位置。

σ_x	σ_y	τ_{xy}	斜面的方位和应力			主应力及主平面位置				τ_{max}
			α	σ_α	τ_α	α_1	α_2	α_3	α_4 的方向	
100	0	0	15°	80						
	−40		30°	−20	20					
80						120				70
32	60							−80		

解 (1) 已知 $\sigma_x = 100$ MPa，$\tau_{xy} = 0$，$\alpha = 15°$，$\sigma_\alpha = 80$ MPa

$$\sigma_\alpha = \frac{\sigma_x + \sigma_y}{2} + \frac{\sigma_x - \sigma_y}{2}\cos 2\alpha - \tau_{xy}\sin 2\alpha = \frac{100 + \sigma_y}{2} + \frac{100 - \sigma_y}{2}\cos 30° = 80 \text{ MPa}$$

解之得

$$\sigma_y = -198.5 \text{ MPa}$$

$$\tau_\alpha = \frac{\sigma_x - \sigma_y}{2}\sin 2\alpha + \tau_{xy}\cos 2\alpha = \frac{100 + 198.5}{2}\sin 30° + 0 = 74.6 \text{ MPa}$$

$$\sigma_{\min}^{\max} = \frac{\sigma_x + \sigma_y}{2} \pm \sqrt{\left(\frac{\sigma_x - \sigma_y}{2}\right)^2 + \tau_{xy}^2} = \frac{100 + (-198.5)}{2} \pm \sqrt{\left(\frac{100 + 198.5}{2}\right)^2 + 0} =$$

$$\begin{cases} 100 \text{ MPa} \\ -198.5 \text{ MPa} \end{cases}$$

主应力为

$$\sigma_1 = 100 \text{ MPa}, \quad \sigma_2 = 0, \quad \sigma_3 = -198.5 \text{ MPa}$$

主平面位置为

$$\tan 2\alpha_0 = -\frac{2\tau_{xy}}{\sigma_x - \sigma_y} = 0, \quad \alpha_0 = 0$$

最大切应力为

$$\tau_{\max} = \frac{\sigma_1 - \sigma_3}{2} = \frac{100 + 198.5}{2} = 149 \text{ MPa}$$

单元体草图如图 7.14(a₁) 所示。

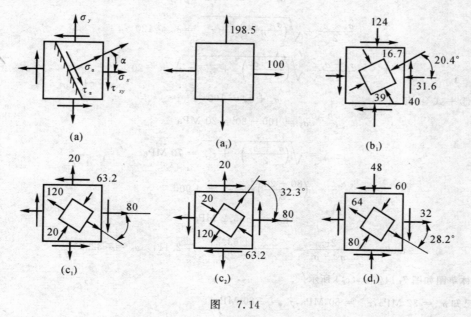

图 7.14

(2) 已知 $\tau_{xy} = -40$ MPa，$\tau_\alpha = 20$ MPa，$\alpha = 30°$，$\sigma_\alpha = -20$ MPa

$$\sigma_\alpha = \frac{\sigma_x + \sigma_y}{2} + \frac{\sigma_x - \sigma_y}{2}\cos 2\alpha - \tau_{xy}\sin 2\alpha = -20 \text{ MPa} \qquad ①$$

$$\tau_\alpha = \frac{\sigma_x - \sigma_y}{2}\sin 2\alpha + \tau_{xy}\cos 2\alpha = 20 \text{ MPa} \qquad ②$$

将 $\alpha = 30°$ 代入式 ①② 中，可解得

$$\sigma_x = -31.6 \text{ MPa}, \quad \sigma_y = -124 \text{ MPa}$$

主应力和主方向为

$$\sigma_{\min}^{\max} = \frac{\sigma_x + \sigma_y}{2} \pm \sqrt{\left(\frac{\sigma_x - \sigma_y}{2}\right)^2 + \tau^2} = \frac{-31.6 - 124}{2} \pm \sqrt{\left(\frac{-31.6 + 124}{2}\right)^2 + (-40)^2} =$$

$$\begin{cases} -16.7 \text{ MPa} \\ -139 \text{ MPa} \end{cases}$$

主应力为 $\quad\quad\quad\quad \sigma_1 = 0, \sigma_2 = -16.7 \text{ MPa}, \quad \sigma_3 = -139 \text{ MPa}$

主平面为

$$\tan 2\alpha_0 = -\frac{2\tau_{xy}}{\sigma_x - \sigma_y} = -\frac{2 \times (-40)}{-31.6 + 124} = 0.866, \quad \alpha_0 = 20.4°$$

最大切应力为

$$\tau_{\max} = \frac{\sigma_1 - \sigma_3}{2} = \frac{0 + 139}{2} = 69.5 \text{ MPa}$$

单元体草图见图 7.14(b_1)。

(3) 已知 $\sigma_1 = 120 \text{ MPa}, \sigma_x = 80 \text{ MPa}, \alpha = 30°, \tau_{\max} = 70 \text{ MPa}$

由 $\quad\quad\quad\quad \tau_{\max} = \frac{\sigma_1 - \sigma_3}{2} = \frac{120 - \sigma_3}{2} = 70 \text{ MPa}$

解之得 $\quad\quad\quad\quad \sigma_3 = -20 \text{ MPa}$

而 $\quad\quad \frac{\sigma_x + \sigma_y}{2} + \sqrt{\left(\frac{\sigma_x - \sigma_y}{2}\right)^2 + \tau_{xy}^2} = \sigma_1 = 120 \quad\quad ③$

$$\frac{\sigma_x + \sigma_y}{2} - \sqrt{\left(\frac{\sigma_x - \sigma_y}{2}\right)^2 + \tau_{xy}^2} = \sigma_3 = -20 \quad\quad ④$$

由式 ③ + 式 ④ 有 $\quad\quad\quad \sigma_x + \sigma_y = 100$

得 $\quad\quad\quad\quad \sigma_y = 100 - 80 = 20 \text{ MPa}$

因 $\quad\quad\quad \tau_{\max} = \sqrt{\left(\frac{\sigma_x - \sigma_y}{2}\right)^2 + \tau_{xy}^2} = 70 \text{ MPa}$

所以 $\quad\quad\quad \left(\frac{80 - 20}{2}\right)^2 - \tau_{xy}^2 = 4\,900$

解之得 $\quad\quad\quad\quad \tau_{xy} = \pm 63.2 \text{ MPa}$

$$\tan 2\alpha_0 = -\frac{2\tau_{xy}}{\sigma_x - \sigma_y} = -\frac{2 \times (\pm 63.2)}{80 - 20} = \mp 2.11, \quad \alpha_0 = \mp 32.3°$$

单元体草图如图 7.14(c_1),(c_2) 所示。

(4) 已知 $\sigma_x = 32 \text{ MPa}, \tau_{xy} = 60 \text{ MPa}, \sigma_3 = -80 \text{ MPa}$

$$\frac{\sigma_x + \sigma_y}{2} - \sqrt{\left(\frac{\sigma_x - \sigma_y}{2}\right)^2 + \tau_{xy}^2} = \sigma_3$$

$$\left[\frac{32 + \sigma_y}{2} - \sqrt{\left(\frac{32 - \sigma_y}{2}\right)^2 + 60^2}\right] = -80$$

解之得 $\quad\quad\quad\quad \sigma_y = -48 \text{ MPa}$

由 $\quad\quad \frac{\sigma_x + \sigma_y}{2} + \sqrt{\left(\frac{\sigma_x - \sigma_y}{2}\right)^2 + \tau_{xy}^2} = \sigma_1$

解之得

$$\sigma_1 = \frac{32-48}{2} + \sqrt{\left(\frac{32+48}{2}\right)^2 + 60^2} = 64 \text{ MPa}$$

最大切应力为

$$\tau_{max} = \frac{\sigma_1 - \sigma_3}{2} = \frac{64+80}{2} = 72 \text{ MPa}$$

按照主应力的记号规定,有

$$\sigma_1 = 64 \text{ MPa}, \quad \sigma_2 = 0, \quad \sigma_3 = -80 \text{ MPa}$$

故主方向为

$$\tan 2\alpha_0 = -\frac{2\tau_{xy}}{\sigma_x - \sigma_y} = -\frac{2 \times 60}{32+48} = -1.5, \quad \alpha_0 = -28.2°$$

单元体草图见图 7.14(d_1)。

例 7.11 工字形截面梁受力如图 7.15 所示,已知梁的$[\sigma] = 160$ MPa,$[\tau] = 100$ MPa,试按第三强度理论选择工字钢型号。

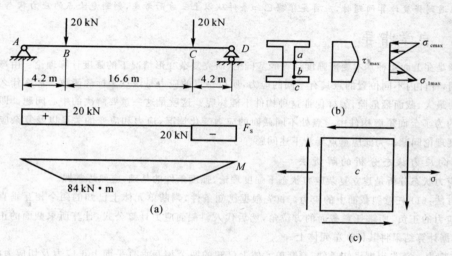

图 7.15

解 (1)作 F_s,M 图。梁弯曲后的 F_s,M 图如图 7.15(a)所示。由 F_s,M 图知,梁上 B,C 截面为危险截面,从而知

$$F_{smax} = 20 \text{ kN}, \quad M_{max} = 84 \text{ kN} \cdot \text{m}$$

(2)选择工字钢型号。由弯曲时危险截面上正应力、切应力分布规律知,危险截面上可能的危险点分别为 a,b,c 点,如图 7.15(b)所示。b 点是全梁正应力最大的地方,其切应力为零。由正应力强度条件:

$$\sigma_{max} = \frac{M_{max}}{W_z} \leqslant [\sigma]$$

可得

$$W_z \geqslant 525 \text{ cm}^3$$

查型钢表,取 28b 工字钢。

a 点是全梁切应力最大的地方,其正应力为零,需校核该点的切应力强度,则

$$\tau_{max} = \frac{F_{smax} S^*}{I_z b} = 78.6 \text{ MPa} < [\tau]$$

c 点是腹板与翼缘交界处,同时存在正应力和切应力,且正应力和切应力的数值分别接近全梁正应力最

大值和全梁切应力最大值,并处于二向应力状态,即

$$\sigma_c = \frac{My}{I_z} = 142 \text{ MPa}$$

$$\tau_c = \frac{F_S S^*}{I_z b} = 57.6 \text{ MPa}$$

c 点初始单元体如图 7.15(c) 所示,用第三强度理论进行强度校核,即

$$\sigma_{r3} = \sqrt{\sigma_c^2 + 4\tau_c^2} = 183 \text{ MPa} > 160 \text{ MPa} \quad (\text{不安全})$$

(3) 选择截面尺寸更大的工字钢进一步试算(略)。

【评注】 由本例知,利用强度理论能够对构件进行全面的强度计算。本例是强度计算中较复杂的情况,涉及了强度计算中可能遇到的三类危险点:

① 第一类,正应力最大点,如例中 B 截面上的 b 点,通常切应力为零,处于单向应力状态;

② 第二类,切应力最大点,如例中 B 截面上的 a 点,通常正应力为零,处于纯剪切状态;

③ 第三类,正应力、切应力都较大的点,如例中 B 截面上的 c 点,处于复杂应力状态,需用强度理论进行相应的强度计算。

今后在遇到强度计算问题时,应首先根据已知条件从以上三方面考虑,判断危险点的应力状态类型。

7.4 自学指导

这一章是在上面 4 种基本变形强度计算的基础上,研究复杂变形情况下的强度计算理论。由弯曲或扭转的研究表明,杆件内不同位置的点具有不同的应力,所以一点的应力是该点坐标的函数。那么什么点什么方位上的应力最大、截面最危险,怎样保证这种构件不破坏呢?这就是这一章要解决的中心问题。即研究应力状态的目的为了全面了解构件中一点处不同截面的应力变化情况,应力和应变的关系以及复杂应力状态下构件的强度理论问题。为此应重点弄清下述问题。

1. 二向应力状态分析的解析法

二向应力状态分析是建立复杂应力状态下强度理论、强度条件的基础,应熟练掌握。

解析方法:(1) 任意斜截面上的应力。首先根据已知条件,判断单元体上已知的两个相互垂直平面上正应力及切应力的正负、所求任意截面的方位角,然后代入斜截面应力计算公式,计算所求截面的正应力及切应力,并根据计算结果将其标在单元体上。

(2) 主应力。首先根据已知条件,判断单元体上已知的两个相互垂直平面上正应力及切应力的正负,然后代入主应力及其方位角计算公式,计算单元体的主应力及其方位角,并根据计算结果将主应力标在单元体上。

2. 广义胡克定律的应用

在线弹性范围内,广义胡克定律是联系力和变形的重要定律。

解析方法:在线弹性范围内,当已知力求变形或已知变形求力时,常常会用到胡克定律。在应用胡克定律时,首先需要判断所研究的问题是单向应力状态还是复杂应力状态,并据此采用单向应力状态下的胡克定律或复杂应力状态下的胡克定律。

3. 常用的 4 种强度理论及应用

4 种强度理论是进行复杂应力状态下强度分析的理论依据。要搞懂它们的应用范围,会解决工程中的实际计算问题。

解析方法:构件受力变形后,若危险点处于复杂应力状态,需用强度理论进行强度分析和计算。脆性材料采用第一、第二强度理论,塑性材料采用第三、第四强度理论。

请根据上述内容认真看懂相应典型例题 5 至 7 道,认真仔细做相应习题 8 至 13 道,亲自总结出解题的规律和技巧。

7.5　习题精选详解

7.1　构件受力如题图 7.1 所示。(1)确定危险点的位置。(2)用单元体表示危险点的应力状态。

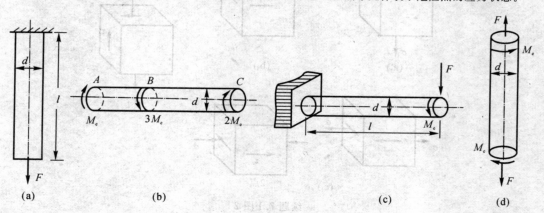

题 7.1 图

解　(1)画出各构件的内力图分别如续题 7.1 图 1(a₁)(b₁)(c₁)(d₁)所示,如考虑自重,杆顶端横截面上各点均为危险点如图(a₁)示,圆轴 BC 段横截面圆周上各点均为危险点如图(b₁)示,圆杆固定端横截面竖向直径上下端点 1,2 为危险点如图(c₁)示,圆杆外表面上各点均为危险点如图(d₁)示。

(2)题 7.1 图(a)(b)(c)(d)的危险点的应力状态分别用单元体表示在续题 7.1 图 2(a₂)(b₂)(c₂)(d₂)中。

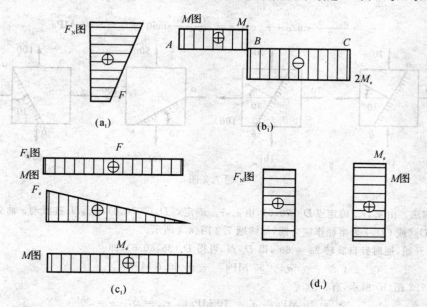

续题 7.1 图 1

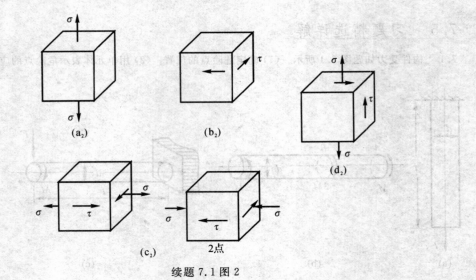

续题 7.1 图 2

7.2 在图示各单元体中,试用解析法和图解法求斜截面 ab 上的应力。应力的单位为 MPa。

解 1.如题 7.2 图(a) 所示,有

$$\sigma_x = 70 \text{ MPa}, \quad \sigma_y = -70 \text{ MPa}, \quad \tau_x = 0, \quad \alpha = 30°$$

(1)解析法

$$\sigma_a = \frac{\sigma_x + \sigma_y}{2} + \frac{\sigma_x - \sigma_y}{2}\cos2\alpha - \tau_{xy}\sin2\alpha = \frac{70-70}{2} + \frac{70+70}{2}\cos60° - 0 = 35 \text{ MPa}$$

$$\tau_a = \frac{\sigma_x - \sigma_y}{2}\sin2\alpha + \tau_{yx}\cos2\alpha = \frac{70+70}{2}\sin60° + 0 = 60.6 \text{ MPa}$$

题 7.2 图

(2)图解法。由 σ_x, τ_{xy} 确定点 $D_x(70,0)$,由 σ_y, τ_{yx} 确定点 $D_y(-70,0)$,D_x, D_y 连线与 σ 轴交于点 C,以 C 点为圆心,CD_x(或 CD_y)为半径作应力圆,如续题 7.2 图(a_1)所示。

由 CD_x 开始,逆时针自旋转 $2\alpha = 60°$,得 D_a 点,可得 $D_a(35, 60.6)$,即

$$\sigma_a = 35 \text{ MPa}, \quad \tau_a = 60.6 \text{ MPa}$$

2.如题 7.2 图(b) 所示,有

$$\sigma_x = 70 \text{ MPa}, \quad \sigma_y = 70 \text{ MPa}, \quad \tau_{xy} = 0, \quad \alpha = 30°$$

(1)解析法

$$\sigma_a = \frac{\sigma_x + \sigma_y}{2} + \frac{\sigma_x - \sigma_y}{2}\cos2\alpha - \tau_{xy}\sin2\alpha = \frac{70+70}{2} + \frac{70-70}{2}\cos60° - 0 = 70 \text{ MPa}$$

$$\tau_a = \frac{\sigma_x - \sigma_y}{2}\sin2\alpha + \tau_{xy}\cos2\alpha = \frac{70-70}{2}\sin60° + 0 = 0$$

(2)图解法。确定点 $D_x(70,0)$,$D_y(70,0)$,两点重合,应力圆脱化为一点(70,0),故有

$$\sigma_\alpha = 70, \quad \tau_\alpha = 0$$

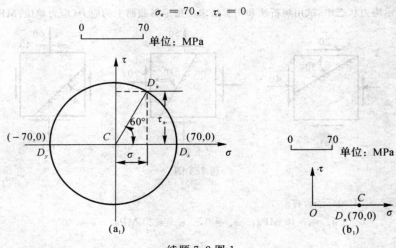

续题 7.2 图 1

3. 如题 7.2 图(c)所示,有

$$\sigma_x = 100 \text{ MPa}, \quad \sigma_y = 50 \text{ MPa}, \quad \tau_{xy} = 0, \quad \alpha = 60°$$

(1) 解析法

$$\sigma_\alpha = \frac{\sigma_x + \sigma_y}{2} + \frac{\sigma_x - \sigma_y}{2}\cos2\alpha - \tau_{xy}\sin2\alpha = \frac{100+50}{2} + \frac{100-50}{2}\cos120° - 0 = 62.5 \text{ MPa}$$

$$\tau_\alpha = \frac{\sigma_x - \sigma_y}{2}\sin2\alpha + \tau_{xy}\cos2\alpha = \frac{100-50}{2}\sin120° + 0 = 21.7 \text{ MPa}$$

(2) 图解法。先确定点 $D_x(100,0)$,点 $D_y(50,0)$,连 D_x,D_y 交 σ 轴于 C,以 C 为圆心,CD_x 为半径作应力圆如续题 7.2 图(c_1)所示,从 CD_x 逆时针转 $120°$ 得 $D_\alpha(62.5,21.7)$,所以有 $\sigma_\alpha = 62.5$ MPa,$\tau_\alpha = 21.7$ MPa。

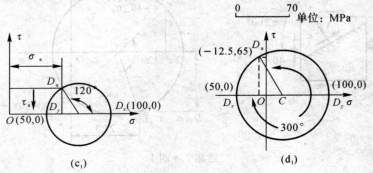

续题 7.2 图 2

4. 如题 7.2 图(d)所示。

$$\sigma_x = -50 \text{ MPa}, \quad \sigma_y = 100 \text{ MPa}, \quad \tau_{xy} = 0, \quad \alpha = 150°$$

(1) 解析法

$$\sigma_\alpha = \frac{\sigma_x + \sigma_y}{2} + \frac{\sigma_x - \sigma_y}{2}\cos2\alpha - \tau_{xy}\sin2\alpha = \frac{-50+100}{2} + \frac{-50-100}{2}\cos300° = -12.5 \text{ MPa}$$

$$\tau_\alpha = \frac{\sigma_x - \sigma_y}{2}\sin2\alpha + \tau_{xy}\cos2\alpha = \frac{-50-100}{2}\sin300° + 0 = 65 \text{ MPa}$$

(2) 图解法。确定 $D_x(-50,0)$,$D_y(100,0)$ 点。作应力圆如续题 7.2 图(d_1)所示。从图中可量得 D_α 点的坐标,此坐标便是 σ_α 和 τ_α 数值。

171

7.4　在图示应力状态中,试用解析法和图解法求出指定斜截面上的应力(应力单位:MPa)。

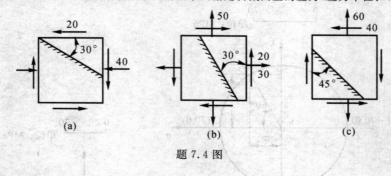

题 7.4 图

解　1. 如题 7.4 图(a)所示,有

$$\sigma_x = -40 \text{ MPa}, \quad \sigma_y = 0, \quad \tau_{xy} = 20 \text{ MPa}, \quad \alpha = 60°$$

(1) 解析法

$$\sigma_a = \frac{\sigma_x + \sigma_y}{2} + \frac{\sigma_x - \sigma_y}{2}\cos 2\alpha - \tau_{xy}\sin 2\alpha = \frac{-40+0}{2} + \frac{-40-0}{2}\cos 120° - 20\sin 120° = -27.3 \text{ MPa}$$

$$\tau_a = \frac{\sigma_x - \sigma_y}{2}\sin 2\alpha + \tau_{xy}\cos 2\alpha = \frac{-40-0}{2}\sin 120° - 20\cos 120° = -27.3 \text{ MPa}$$

(2) 图解法。由 σ_x,τ_{xy} 定 $D_x(-40,20)$ 点,由 σ_y,τ_{yx} 定 $D_y(0,-20)$ 点,连 D_x,D_y 交 σ 轴于 C 点,以 C 点为圆心,CD_x 为半径作应力圆如续题 7.4 图 1 所示。由 CD_y 起始,逆时针旋转 $2\alpha = 120°$,得 D_a 点。从图中可量得 D_a 点的坐标,此坐标便是 σ_a 和 τ_a 数值。

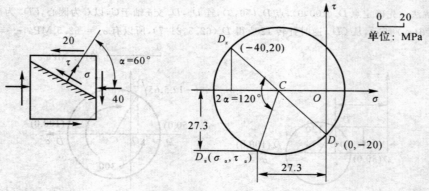

续题 7.4 图 1

2. 如题 7.5 图(b)所示,有

$$\sigma_x = 30 \text{ MPa}, \quad \sigma_y = 50 \text{ MPa}, \quad \tau_{xy} = -20 \text{ MPa}, \quad \alpha = 30°$$

(1) 解析法

$$\sigma_a = \frac{\sigma_x + \sigma_y}{2} + \frac{\sigma_x - \sigma_y}{2}\cos 2\alpha - \tau_{xy}\sin 2\alpha = \frac{30+50}{2} + \frac{30-50}{2}\cos 60° - (-20)\sin 60° = 52.3 \text{ MPa}$$

$$\tau_a = \frac{\sigma_x - \sigma_y}{2}\sin 2\alpha + \tau_{xy}\cos 2\alpha = \frac{30-50}{2}\sin 60° + (-20)\cos 60° = -18.7 \text{ MPa}$$

(2) 图解法。作应力圆如续题 7.4 图 2 所示。从图中可量得 D_a 点的坐标,此示便是 σ_a 和 τ_a 数值。

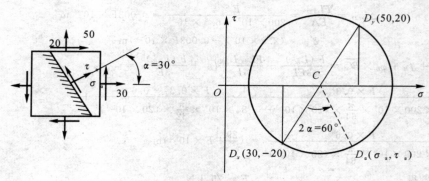

续题 7.4 图 2

3. 如题 7.4 图(c)所示，有

$$\sigma_x = 0, \quad \sigma_y = 60 \text{ MPa}, \quad \tau_{xy} = 40 \text{ MPa}, \quad \alpha = 45°$$

(1) 解析法

$$\sigma_a = \frac{\sigma_x + \sigma_y}{2} + \frac{\sigma_x - \sigma_y}{2}\cos2\alpha - \tau_{xy}\sin2\alpha = \frac{0 + 60}{2} + \frac{0 - 60}{2}\cos90° - 40\sin90° = -10 \text{ MPa}$$

$$\tau_a = \frac{\sigma_x - \sigma_y}{2}\sin2\alpha + \tau_{xy}\cos2\alpha = \frac{0 - 60}{2}\sin90° + 40\cos90° = -30 \text{ MPa}$$

(2) 图解法作应力圆如续题 7.4 图 3 所示。从图中可量得 D_a 点的坐标，此坐标便是 σ_a 和 τ_a 数值。

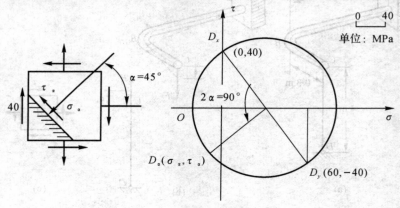

续题 7.4 图 3

7.8　钢制曲拐的横截面直径为 20 mm，C 端与钢丝相联，钢丝的横截面面积 $A = 6.5 \text{ mm}^2$。曲拐和钢丝的弹性模量同为 $E = 200 \text{ GPa}$，$G = 84 \text{ GPa}$。若钢丝的温度降低 50℃，且 $\alpha = 12.5 \times 10^{-6}/℃$，试求曲拐截面 A 的顶点的应力状态。

解　如题 7.8 图(b)所示。由于温度降低，钢丝 CD 缩短 ΔL_T，但无法自由收缩，它受曲拐 ABC 的约束，设 C 点处约束力为 F，在 F 力作用下，钢丝被拉长 ΔL_{CD}。钢丝 CD 的 C 端总位移为 $\delta'_C = \Delta L_T - \Delta L_{CD}$。曲拐 ABC 的 C 端在拉力 F 作用下，产生垂直位移 δ_C。δ_C 是由三部份变形组成，一是 BC 受的弯曲变形产生的 C 端位移 f_C，二是 AB 杆弯曲变形产生的 C 端位移 f_B，三是 AB 杆扭转变形产生的 C 端位移 $\varphi_B \times BC$，根据变形协调条件：

$$\delta'_C = \delta_C = f_C + f_B + \varphi_B \times \overline{BC}$$

则有

$$\Delta L_T - \Delta L_{CD} = f_C + f_B + \varphi_B \times \overline{BC}$$

其中
$$\Delta L_T = \alpha \Delta TL_{CD} = 12.5 \times 10^{-6} \times 50 \times 4 = 2.5 \times 10^3 \text{ m}$$

$$\Delta L_{CD} = \frac{FL_{CD}}{EA} = \frac{F \times 4}{200 \times 10^9 \times 6.5 \times 10^{-6}} = 0.003F \times 10^{-3} \text{ m}$$

$$\delta'_c = (2.5 \times 10^{-3} - 0.003F \times 10^{-3}) \text{m}$$ ①

$$\delta_C = f_C + f_B + \varphi_B \times \overline{BC} = \frac{F(L_{BC})^3}{3EI} + \frac{FL_{BC}L_{AB}}{GI_p}l_{BC} + \frac{F(L_{AB})^3}{3E} =$$

$$\frac{F \times 0.3^3}{3 \times 200 \times 10^9 \times \frac{\pi}{64} \times (20 \times 10^{-3})^4} + \frac{F \times 0.3^2 \times 0.6}{84 \times 10^9 \times \frac{\pi}{32} \times (20 \times 10^{-3})^4} +$$

$$\frac{F \times 0.6^3}{3 \times 200 \times 10^9 \times \frac{\pi}{64} \times (20 \times 10^{-3})^4} = (\frac{29.1}{\pi}F \times 10^{-5}) \text{m}$$ ②

解式 ①② 得 $$F = 26.1 \text{ N}$$

得 A 截面顶点的应力为

$$\sigma = \frac{F \times 0.6}{\frac{\pi}{32}d^3} = \frac{26.1 \times 0.6}{\frac{\pi}{32} \times (20 \times 10^{-3})^3} = 19.9 \text{ MPa}$$

$$\tau = \frac{F \times 0.3}{\frac{\pi}{16}d^3} = \frac{26.1 \times 0.3}{\frac{\pi}{16} \times (20 \times 10^{-3})^3} = 4.98 \text{ MPa}$$

A 截面顶点的应力状态用单元体如题 7.8 图(c)所示。

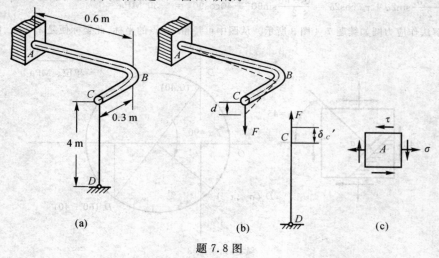

题 7.8 图

7.11 二向应力状态如图示,应力单位为 MPa。试求主应力,并作应力圆。

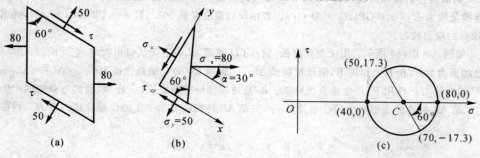

题 7.11 图

解 从题 7.11 图(a)中,切出楔形单元体如图(b)所示。已知 $\sigma_y = 50$ MPa,$\sigma_a = 80$ MPa,$\alpha = 30°$,$\tau_a = 0°$,根据:

$$\begin{cases} \sigma_a = \dfrac{\sigma_x + \sigma_y}{2} + \dfrac{\sigma_x - \sigma_y}{2}\cos2\alpha - \tau_{xy}\sin2\alpha \\ \tau_a = \dfrac{\sigma_x - \sigma_y}{2}\sin2\alpha + \tau_{xy}\cos2\alpha \end{cases}$$

得

$$\begin{cases} \dfrac{\sigma_x + 50}{2} + \dfrac{\sigma_x - 50}{2}\cos60° - \tau_{xy}\sin60° = 80 \\ \dfrac{\sigma_x - 50}{2}\sin60° + \tau_{xy}\cos60° = 0 \end{cases}$$

解之得

$$\sigma_x = 70 \text{ MPa}, \quad \tau_{xy} = -17.3 \text{ MPa}$$

主应力为为

$$\sigma_{\min}^{\max} = \frac{\sigma_x + \sigma_y}{2} \pm \sqrt{\left(\frac{\sigma_x - \sigma_y}{2}\right)^2 + \tau_{xy}^2} = \frac{70+50}{2} \pm \sqrt{\left(\frac{70-50}{2}\right)^2 + 17.3^2} = \begin{cases} 80 \text{ MPa} \\ 40 \text{ MPa} \end{cases}$$

其主应力

$$\sigma_1 = 80 \text{ MPa}, \quad \sigma_2 = 40 \text{ MPa}, \quad \sigma_3 = 0$$

应力圆如题 7.11 图(c)示。

7.14 以绕带焊接成的圆管,焊缝为螺旋线,如题 7.14 图所示。管的内径 300 mm,壁厚为 1 mm,内压 $p = 0.6$ MPa。求沿焊缝斜面上的正应力和切应力。

解 在焊缝斜面上的一点,取单元体如题 7.14 图(b)所示,轴向应力 σ_x 和环向应力 σ_y 分别为

$$\sigma_x = \frac{pd}{2t} = \frac{0.6 \times 10^6 \times 300 \times 10^{-3}}{2 \times 1 \times 10^{-3}} = 90 \text{ MPa}$$

$$\sigma_y = \frac{pd}{4t} = \frac{\sigma_x}{2} = 45 \text{ MPa}$$

故 $\tau_{xy} = 0$ 焊缝斜面上的正应力与切应力为

$$\sigma_a = \frac{\sigma_x + \sigma_y}{2} + \frac{\sigma_x - \sigma_y}{2}\cos2\alpha = \frac{90+45}{2} + \frac{90-45}{2}\cos(-80°) = 63.6 \text{ MPa}$$

$$\tau_a = \frac{\sigma_x - \sigma_y}{2}\sin2\alpha = \frac{90-4}{2}\sin(-80°) = 22.2 \text{ MPa}$$

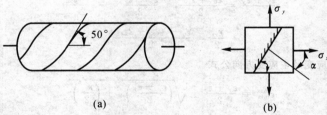

(a)   (b)

题 7.14 图

7.15 如图所示,木质悬臂梁的横截面是高为 200 mm、宽为 50 mm 的矩形。在 A 点木材纤维与水平线的倾角为 20°。试求通过 A 点沿纤维方向的斜面上的正应力和切应力。

解 因 A 点在梁的中性轴上,因此 A 点处于纯剪切应力状态,A 点所在横截面上的剪力 $F_S = 2$ kN。A 点的切应力为

$$\tau_{xy} = \frac{3}{2}\frac{F_S}{bh} = \frac{3}{2} \times \frac{2 \times 10^3}{200 \times 10^{-3} \times 50 \times 10^{-3}} = 0.3 \text{ MPa}$$

A 点的应力状态如题 7.15 图(b)所示。斜面上的正应力和切应力分别为

$$\sigma_a = \frac{\sigma_x + \sigma_y}{2} + \frac{\sigma_x - \sigma_y}{2}\cos2\alpha - \tau_{xy}\sin2\alpha = -0.3 \times \sin220° = 0.19 \text{ MPa}$$

$$\tau_a = \frac{\sigma_x - \sigma_y}{2}\sin\alpha + \tau_{xy}\cos2\alpha = 0.3 \times \cos220° = -0.23 \text{ MPa}$$

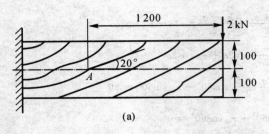
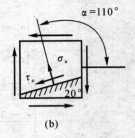

题 7.15 图

7.20 在直角应变化的情况下,试证明主应变的数值及方向可用以下公式计算:

$$\varepsilon_{\min}^{\max} = \frac{\varepsilon_{0°} + \varepsilon_{90°}}{2} \pm \frac{\sqrt{2}}{2}\sqrt{(\varepsilon_{0°} - \varepsilon_{45°}) + (\varepsilon_{45°} - \varepsilon_{90°})}$$

$$\tan2\alpha_0 = \frac{2\varepsilon_{45°} - \varepsilon_{0°} - \varepsilon_{90°}}{\varepsilon_{0°} - \varepsilon_{90°}}$$

证明 任一方向上的应变为

$$\varepsilon_\alpha = \frac{\varepsilon_x + \varepsilon_y}{2} + \frac{\varepsilon_x - \varepsilon_y}{2}\cos2\alpha - \frac{\gamma_{xy}}{2}\sin2\alpha$$

依次将 $\alpha = 0°$,$\alpha = 45°$ 和 $\alpha = 90°$ 代入上式,得

$$\frac{\varepsilon_x + \varepsilon_y}{2} + \frac{\varepsilon_x - \varepsilon_y}{2} = \varepsilon_{0°} \qquad ①$$

$$\frac{\varepsilon_x + \varepsilon_y}{2} - \frac{\gamma_{xy}}{2} = \varepsilon_{45°} \qquad ②$$

$$\frac{\varepsilon_x + \varepsilon_y}{2} - \frac{\varepsilon_x - \varepsilon_y}{2} = \varepsilon_{90°} \qquad ③$$

把式 ①②③ 视为关于未知数为 $\frac{\varepsilon_x + \varepsilon_y}{2}$,$\frac{\varepsilon_x - \varepsilon_y}{2}$,$\frac{\gamma_{xy}}{2}$ 的三元一次方程组,联立求解,可得

$$\frac{\varepsilon_x + \varepsilon_y}{2} = \frac{\varepsilon_{0°} + \varepsilon_{90°}}{2}, \qquad \frac{\varepsilon_x - \varepsilon_y}{2} = \frac{\varepsilon_{0°} - \varepsilon_{90°}}{2}$$

$$\frac{\gamma_{xy}}{2} = \frac{\varepsilon_{0°} + \varepsilon_{90°} - 2\varepsilon_{45°}}{2} \qquad ④$$

把以上关系代入主应变及主应变方向公式

$$\varepsilon_{\min}^{\max} = \frac{\varepsilon_x + \varepsilon_y}{2} \pm \sqrt{\left(\frac{\varepsilon_x - \varepsilon_y}{2}\right)^2 + \left(\frac{\gamma_{xy}}{2}\right)^2} \qquad ⑤$$

$$\tan2\alpha_0 = -\frac{\gamma_{xy}}{\varepsilon_x - \varepsilon_y} \qquad ⑥$$

得

$$\varepsilon_{\min}^{\max} = \frac{\varepsilon_{0°} + \varepsilon_{90°}}{2} \pm \sqrt{\left(\frac{\varepsilon_{0°} - \varepsilon_{90°}}{2}\right)^2 + \left(\frac{\varepsilon_{0°} + \varepsilon_{90°} - 2\varepsilon_{45°}}{2}\right)^2} \qquad ⑦$$

式 ⑦ 根号内部分可简化为

$$\left(\frac{\varepsilon_{0°} - \varepsilon_{90°}}{2}\right)^2 + \left(\frac{\varepsilon_{0°} + \varepsilon_{90°} - 2\varepsilon_{45°}}{2}\right)^2 = \left(\frac{\varepsilon_{0°} - \varepsilon_{90°}}{2}\right)^2 + \left(\frac{\varepsilon_{0°} + \varepsilon_{90°}}{2}\right)^2 + \varepsilon_{45°}^2 - (\varepsilon_{0°} + \varepsilon_{90°})\varepsilon_{45°} =$$

$$\frac{1}{2}[(\varepsilon_{0°} - \varepsilon_{45°})^2 + (\varepsilon_{45°} - \varepsilon_{90°})^2]$$

代入式 ⑦ 得

$$\varepsilon^{\max}_{\min} = \frac{\varepsilon_{0^\circ} + \varepsilon_{90^\circ}}{2} \pm \frac{\sqrt{2}}{2}\sqrt{(\varepsilon_{0^\circ} - \varepsilon_{45^\circ})^2 + (\varepsilon_{45^\circ} - \varepsilon_{90^\circ})^2}$$

将式 ④ 代入主应变方向公式 ⑥ 中得

$$\tan 2\alpha_0 = -\frac{\gamma_{xy}}{\varepsilon_x - \varepsilon_y} = \frac{2\varepsilon_{45^\circ} - \varepsilon_{0^\circ} - \varepsilon_{90^\circ}}{\varepsilon_0 - \varepsilon_{90^\circ}}$$

证毕。

7.21 等角应变化如图所示。3 个应变片的角度分为 $\alpha_1 = 0^\circ$，$\alpha_2 = 60^\circ$，$\alpha_3 = -120^\circ$。求证主应变的数值及方向可用以下公式计算：

$$\varepsilon^{\max}_{\min} = \frac{\varepsilon_{0^\circ} + \varepsilon_{60^\circ} + \varepsilon_{120^\circ}}{3} \pm \frac{\sqrt{2}}{3}\sqrt{(\varepsilon_{0^\circ} - \varepsilon_{60^\circ})^2 + (\varepsilon_{60^\circ} - \varepsilon_{120^\circ})^2 + (\varepsilon_{120^\circ} - \varepsilon_{0^\circ})^2}$$

$$\tan 2\alpha_0 = \frac{\sqrt{3}(\varepsilon_{60^\circ} - \varepsilon_{120^\circ})}{2\varepsilon_{0^\circ} - \varepsilon_{60^\circ} - \varepsilon_{120^\circ}}$$

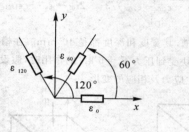

题 7.21 圈

证明 任一方向上的应变为

$$\varepsilon_\alpha = \frac{\varepsilon_x + \varepsilon_y}{2} + \frac{\varepsilon_x - \varepsilon_y}{2}\cos 2\alpha - \frac{\gamma_{xy}}{2}\sin 2\alpha$$

次将 $\alpha = 0^\circ$，$\alpha = 60^\circ$ 和 $\alpha = 120^\circ$ 代入上式，得

$$\begin{cases} \dfrac{\varepsilon_x + \varepsilon_y}{2} + \dfrac{\varepsilon_x - \varepsilon_y}{2}\cos 0^\circ - \dfrac{\gamma_{xy}}{2}\sin 0^\circ = \varepsilon_{0^\circ} & ① \\[2mm] \dfrac{\varepsilon_x + \varepsilon_y}{2} + \dfrac{\varepsilon_x - \varepsilon_y}{2}\cos 120^\circ - \dfrac{\gamma_{xy}}{2}\sin 120^\circ = \varepsilon_{60^\circ} & ② \\[2mm] \dfrac{\varepsilon_x + \varepsilon_y}{2} + \dfrac{\varepsilon_x - \varepsilon_y}{2}\cos 240^\circ - \dfrac{\gamma_{xy}}{2}\sin 240^\circ = \varepsilon_{120^\circ} & ③ \end{cases}$$

把式 ①②③ 视为关于未知数为 $\dfrac{\varepsilon_x + \varepsilon_y}{2}$，$\dfrac{\varepsilon_x - \varepsilon_y}{2}$，$\dfrac{\gamma_{xy}}{2}$ 的三元一次方组，联立求解，可得

$$\begin{cases} \dfrac{\varepsilon_x + \varepsilon_y}{2} = \dfrac{\varepsilon_{0^\circ} + \varepsilon_{60^\circ} + \varepsilon_{120^\circ}}{3} & ④ \\[2mm] \dfrac{\varepsilon_x - \varepsilon_y}{2} = \dfrac{2\varepsilon_{0^\circ} - \varepsilon_{60^\circ} - \varepsilon_{120^\circ}}{3} & ⑤ \\[2mm] \dfrac{\gamma_{xy}}{2} = \dfrac{\varepsilon_{120^\circ} - \varepsilon_{60^\circ}}{\sqrt{3}} & ⑥ \end{cases}$$

式 ④⑤⑥ 代入下式中，有

$$\varepsilon^{\max}_{\min} = \frac{\varepsilon_x + \varepsilon_y}{2} \pm \sqrt{\left(\frac{\varepsilon_x - \varepsilon_y}{2}\right)^2 + \left(\frac{\gamma_{xy}}{2}\right)^2} \qquad ⑦$$

$$\tan 2\alpha_0 = -\frac{\gamma_{xy}}{\varepsilon_x - \varepsilon_y} \qquad ⑧$$

得

$$\varepsilon^{\max}_{\min} = \frac{\varepsilon_{0^\circ} + \varepsilon_{60^\circ} + \varepsilon_{120^\circ}}{3} \pm \sqrt{\left(\frac{2\varepsilon_{0^\circ} - \varepsilon_{60^\circ} - \varepsilon_{120^\circ}}{3}\right)^2 + \left(\frac{\varepsilon_{120^\circ} - \varepsilon_{60^\circ}}{\sqrt{3}}\right)^2} \qquad ⑨$$

式 ⑨ 根号内部分可化简为

$$\left(\frac{2\varepsilon_{0^\circ} - \varepsilon_{60^\circ} - \varepsilon_{120^\circ}}{3}\right)^2 + \left(\frac{\varepsilon_{120^\circ} - \varepsilon_{60^\circ}}{\sqrt{3}}\right)^2 = \frac{1}{9}\left[(2\varepsilon_{0^\circ} - \varepsilon_{60^\circ} - \varepsilon_{120^\circ})^2 + 3(\varepsilon_{120^\circ} - 4\varepsilon_{60^\circ})^2\right] =$$

$$\frac{1}{9}(4\varepsilon_{0^\circ}^2 + 4\varepsilon_{60^\circ}^2 + 4\varepsilon_{120^\circ}^2 - 4\varepsilon_{0^\circ}\varepsilon_{60^\circ}) - 4\varepsilon_{60^\circ}\varepsilon_{120^\circ} - 4\varepsilon_{120^\circ}\varepsilon_{0^\circ} =$$

$$\frac{2}{9}\left[(\varepsilon_{0^\circ} - \varepsilon_{60^\circ})^2 + (\varepsilon_{60^\circ} - \varepsilon_{120^\circ})^2 + (\varepsilon_{120^\circ} - \varepsilon_{0^\circ})^2\right]$$

代回式 ⑨ 得

$$\varepsilon_{\min}^{\max} = \frac{\varepsilon_{0^\circ} + \varepsilon_{60^\circ} + \varepsilon_{120^\circ}}{3} \pm \frac{\sqrt{2}}{3}\sqrt{(\varepsilon_{0^\circ} - \varepsilon_{60^\circ})^2 + (\varepsilon_{60^\circ} - \varepsilon_{120^\circ})^2 + (\varepsilon_{120^\circ} - \varepsilon_{0^\circ})^2}$$

将式 ⑤⑥ 代入式 ⑧ 得

$$\tan 2\alpha_0 = -\frac{\gamma_{xy}}{\varepsilon_x - \varepsilon_y} = -\frac{(\varepsilon_{120^\circ} - \varepsilon_{60^\circ})/\sqrt{3}}{(2\varepsilon_{0^\circ} - \varepsilon_{60^\circ} - \varepsilon_{120^\circ})/3} = \frac{\sqrt{3}(\varepsilon_{60^\circ} - \varepsilon_{120^\circ})}{2\varepsilon_{0^\circ} - \varepsilon_{60^\circ} - \varepsilon_{120^\circ}}$$

证毕。

7.25 在一体积较大的钢块上开一个贯穿的槽,其宽度和深度都是 10 mm。在槽内紧密无隙地嵌入一铝质立方体,它的尺寸是 $10 \times 10 \times 10$ mm³。当铝块受到压力 $F = 6$ kN 的作用时,假设钢块不变形。铝的弹性模量 $E = 70$ GPa,$\mu = 0.33$。试求铝块的 3 个主应力及相应的变形。

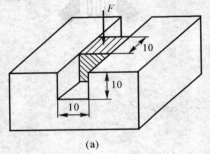 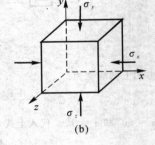

题 7.25 图

解 从铝块中取一单元体,如图(b)示,有

$$\sigma_y = -\frac{F}{A} = -\frac{6 \times 10^3}{(10 \times 10) \times 10^{-6}} = -60 \text{ MPa}$$

因 z 面为自由边界,所以 $\sigma_z = 0$。

又因 x 面受刚性约束,所以 $\varepsilon_x = 0$,应用广义胡克定律,有

$$\varepsilon_x = \frac{1}{E}[\sigma_x - \mu(\sigma_y + \sigma_x)] = 0$$

解之得

$$\sigma_x = \mu\sigma_y - 0.33 \times 60 = -19.8 \text{ MPa}$$

主应力为 $\sigma_1 = \sigma_z = 0$, $\sigma_2 = \sigma_x = -19.8$ MPa, $\sigma_3 = \sigma_y = -60$ MPa

据广义胡克定律得

$$\varepsilon_1 = \frac{1}{E}[\sigma_1 - \mu(\sigma_2 + \sigma_3)] = \frac{1}{70 \times 10^9}[0 - 0.33 \times (19.8 - 60) \times 10^6] = 3.76 \times 10^{-4}$$

$$\varepsilon_2 = \frac{1}{E}[\sigma_2 - \mu(\sigma_1 + \sigma_3)] = \frac{1}{70 \times 10^9}[-19.8 - 0.33 \times (0 - 60) \times 10^6] = 0$$

$$\varepsilon_3 = \frac{1}{E}[\sigma_3 - \mu(\sigma_1 + \sigma_2)] = \frac{1}{70 \times 10^9}[-60 - 0.33 \times (0 - 19.8) \times 10^6] = -7.64 \times 10^{-4}$$

相应的变形为

$$\Delta L_1 = \varepsilon_1 L_1 = 3.76 \times 10^{-4} \times 10 = 3.76 \times 10^{-3} \text{ mm}$$

$$\Delta L_2 = \varepsilon_2 L_2 = 0$$

$$\Delta L_3 = \varepsilon_3 L_3 = -7.64 \times 10^{-4} \times 10 = -7.64 \times 10^{-3} \ \text{mm}$$

7.27 如图示,直径 $D = 40$ mm 的铝圆柱,放在厚度为 $\delta = 2$ mm 的钢套内,且设两者之间无间隙。作用于圆柱上的轴向压力为 $F = 40$ kN。若铝的弹性模量及泊松比分别是 $E_1 = 70$ GPa,$\mu_1 = 0.35$;钢的弹性量是 $E = 210$ GPa,试求筒内的环向应力。

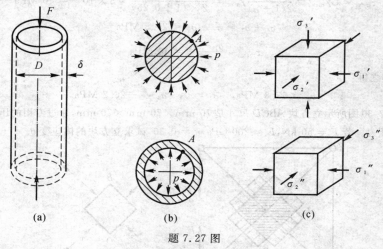

题 7.27 图

解 铝圆柱和钢套筒受力图如图(b)所示。用柱和筒任意接触点 A 的单元体所表示的应力状态如图(c)所示。

铝圆柱的轴向应力为

$$\sigma'_3 = \frac{F}{A} = \frac{4F}{\pi d^2} = \frac{4 \times 40 \times 10^3}{\pi \times (40 \times 10^{-3})^2} = 31.8 \ \text{MPa}$$

铝圆柱的环向应力和径向应力为

$$\sigma'_1 = \sigma'_2 = -p = -40 \ \text{kN}$$

钢套筒的受力和薄壁圆筒受内压作用相似,所以其环向应力为

$$\sigma''_1 = \frac{pD}{2\delta} = \frac{p \times 40 \times 10^{-3}}{2 \times 2 \times 10^{-3}} = 10p$$

径向应力和轴向应力分别为

$$\sigma''_2 \approx 0, \quad \sigma''_3 = 0$$

因铝圆柱和钢套筒互相紧压,无间隙,因此二者相接触的任意点处的环向应变相等,即

$$\varepsilon'_d = \varepsilon''_d = 0$$

由广义胡克定律,有

$$\varepsilon'_d = \frac{1}{E_1}[\sigma'_1 - \mu_1(\sigma'_2 + \sigma'_3)]$$

$$\varepsilon''_d = \frac{1}{E_2}[\sigma''_1 - \mu_1(\sigma''_2 + \sigma''_3)]$$

得

$$\frac{1}{E_1}[\sigma'_1 - \mu_1(\sigma'_2 + \sigma'_3)] = \frac{\sigma''_2}{E_2}$$

$$\frac{1}{70 \times 10^9}[-p - 0.35 \times (-p - 31.8)] = \frac{10p}{210 \times 10^9}$$

解上式,得

$$p = 2.8 \ \text{MPa}$$

钢套筒的环向应力为

$$\sigma''_1 = 10p = 10 \times 2.8 = 28 \text{ MPa}$$

7.28　在二向应力状态下,设已知最大剪应变 $\gamma_{max} = 5 \times 10^{-4}$,并已知两个相互垂直方向的正应力之和为 27.5 MPa。材料的弹性常数是 $E = 200 \text{ MPa}, \mu = 0.25$。试计算主应力的大小。

解　由剪切胡克定律,有

$$\tau_{max} = G\gamma_{max} = \frac{E}{2(1+\mu)}\gamma_{max} = \frac{200 \times 10^9}{2 \times (1+0.25)} \times 5 \times 10^{-4} = 40 \text{ MPa}$$

$$\sigma_1 + \sigma_3 = \sigma_x + \sigma_y = 27.5 \text{ MPa} \qquad ①$$

$$\tau_{max} = \frac{\sigma_1 - \sigma_3}{2} = 40 \text{ MPa} \qquad ②$$

由式①②,解之得

$$\sigma_1 = 53.8 \text{ MPa}, \quad \sigma_2 = 0, \quad \sigma_3 = -26.2 \text{ MPa}$$

7.30　如题 7.30 图所示立方块 $ABCD$ 尺寸是 70 mm×70 mm×70 mm,通过专用的压力机在其 4 个面上用均匀分布的压力。若 $F = 50 \text{ kN}, E = 200 \text{ GPa}, \mu = 0.30$,试求立方块的体应变 θ。

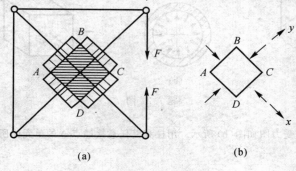

题 7.30 图

解　根据静力平衡条件,方块上面受到的压力为 $F_N = \sqrt{2}F$,则各面上的应力为

$$\sigma_x = \sigma_y = \frac{F_N}{A} = \frac{\sqrt{2} \times 50 \times 10^3}{(70 \times 70) \times 10^{-6}} = 14.4 \text{ MPa}$$

因方块 4 个面都无切应力,所以 4 个面都是主平面,主应力为

$$\sigma_1 = 0, \sigma_2 = \sigma_3 = -14.4 \text{ MPa}$$

体积应变为

$$\theta = \frac{1-2\mu}{E}(\sigma_1 + \sigma_2 + \sigma_3) = \frac{1-2\times0.3}{200\times10^9}\times(-14.4\times2)\times10^6 = -57.6\times10^{-6}$$

7.31　试证明弹性模量 E、切变模量 G 和体积弹性模量 K 之间的关系系是

$$E = \frac{9KG}{3K+G}$$

证　因为 $K = \dfrac{E}{3\theta} = \dfrac{(\sigma_x + \sigma_y + \sigma_z)}{3(\varepsilon_1 + \varepsilon_2 + \varepsilon_3)}$

所以

$$K = \frac{E}{3(1-2\mu)}, G = \frac{E}{2(1+\mu)}$$

由上二式可得

$$\mu = \frac{3K-E}{6K}, \quad \mu = \frac{E-2G}{2G}$$

则由 $\dfrac{E-2G}{2G} = \dfrac{3K-E}{6K}$,解之得 $E = \dfrac{9KG}{3K+G}$。

7.35　炮筒横截面如图所示。在危险点处,$\sigma_t = 550 \text{ MPa}, \sigma_r = 350 \text{ MPa}$,第三个主应力垂直于图面是拉应力,且其大小为 420 MPa。试按第三和第四强度理论,计算其当应力。

解　由 $\sigma_1 = \sigma_t = 550$ MPa，$\sigma_2 = \sigma_z = 420$ MPa，$\sigma_3 = \sigma_r = -350$ N

故得

$$\sigma_{r3} = \sigma_1 - \sigma_3 = 550 + 350 = 900 \text{ MPa}$$

$$\sigma_{r4} = \sqrt{\frac{1}{2}\left[(\sigma_1 - \sigma_2)^2 + (\sigma_2 - \sigma_3)^2 + (\sigma_3 - \sigma_1)^2\right]} =$$

$$\sqrt{\frac{1}{2} \times \left[(550 - 420)^2 + (420 + 350)^2 + (-350 - 550)^2\right]} = 842 \text{ MPa}$$

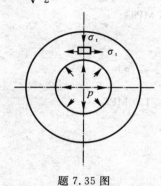
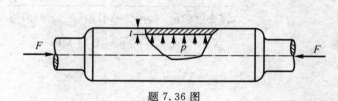

题 7.35 图　　　　　　　　　　题 7.36 图

7.36　铸铁薄壁圆管如图所示。管的外径为 200 mm，壁厚 $t = 15$ mm，内压强 $p = 4$ MPa，$F = 200$ kN。铸铁的抗拉及抗压许用应力分别为 $[\sigma_t] = 30$ MPa，$[\sigma_c] = 120$ MPa，$\mu = 0.25$。试用第二强度理论及莫尔强度理论校核薄管的强度。

解　环向应力为

$$\sigma' = \frac{pd}{2t} = \frac{4 \times 10^6 \times (200 - 2 \times 15) \times 10^{-3}}{2 \times 15 \times 10^{-3}} = 22.7 \text{ MPa}$$

轴向应力为

$$\sigma'' = -\frac{F}{A} + \frac{pd}{4t} = -\frac{200 \times 10^3}{\pi(200 - 15) \times 10^{-3} \times 15 \times 10^{-3}} +$$

$$\frac{4 \times 10^6 \times (200 - 2 \times 15) \times 10^{-3}}{4 \times 15 \times 10^{-3}} = -11.6 \text{ MPa}$$

径向应力为
$$\sigma''' = -p = -4 \text{ MPa}$$

主应力为　　　$\sigma_1 = 22.7$ MPa，　$\sigma_2 = -4$ MPa，　$\sigma_3 = -11.6$ MPa

按第二强度理论校核，有

$$\sigma_{r2} = \sigma_1 - \mu(\sigma_2 + \sigma_3) = 22.7 + 0.25 \times (11.6 + 4) = 26.6 \text{ MPa} < [\sigma_t]$$

接莫尔强度理论校核，有

$$\sigma_{rM} = \sigma_1 - \frac{[\sigma_t]}{[\sigma_c]}\sigma_3 = 22.7 + 0.25 \times 11.6 = 25.6 \text{ MPa} < [\sigma_t]$$

按两种强度理论校核，都满足强度要求。

7.37　钢制圆筒形薄壁容器直径为 800 mm，壁厚 $t = 5$ mm，$[\sigma] = 120$ MPa。试用强度理论确定可能承受的内压力 p。

解　环向应力为　　　　　　　　　$\sigma' = \frac{pd}{2t}$

轴向应力为　　　　　　　　　　　　$\sigma'' = \frac{pd}{4t}$

径向应力为　　　　　　　　　　　　$\sigma''' = -p$

主应力为　　　　　　$\sigma_1 = \sigma' = \frac{pd}{2t} = \frac{800}{2 \times 5}p = 80p$

$$\sigma_2 = \sigma'' = \frac{pd}{4t} = \frac{800}{4 \times 5}p = 40p$$

$$\sigma_3 = \sigma''' = -p$$

根据第三强度理论 $\sigma_1 - \sigma_3 \leqslant [\sigma]$，有

$$\frac{pd}{2t} + p \leqslant [\sigma]$$

$$p \leqslant \frac{2t[\sigma]}{d + 2t} = \frac{2 \times 5 \times 10^{-3} \times 120}{810 \times 10^{-3}} = 1.5 \text{ MPa}$$

根据第四强度理论，有

$$\sqrt{\frac{1}{2}\left[(\sigma_1 - \sigma_2)^2 + (\sigma_2 - \sigma_3)^2 + (\sigma_3 - \sigma_1)^2\right]} \leqslant [\sigma]$$

$$\sqrt{\frac{1}{2}\left[(80p - 40p)^2 + (41p)^2 + (-81p)^2\right]} \leqslant 120 \text{ MPa}$$

解之得 $\qquad p = 1.73 \text{ MPa}$

第8章 组合变形

8.1 教学基本要求

8.1.1 内容概述

前面几章分别介绍了杆件的拉压、剪切、扭转、弯曲等4种基本变形;而实际工程中的某些结构或机构的杆件,往往同时产生几种基本变形,由两种或两种以上基本变形组合的情况,称为组合变形。组合变形的情况相当复杂,可有几十种,但本章只研究拉(压)与弯曲、偏心压缩、弯曲与扭转组合变形。其分析组合变形的思路是:先将外力进行简化或分解,把构件上的外力转化成几组静力等效载荷,其中每一组载荷对应着一种基本变形。这样,可分别计算每一基本变形各自引起的内力、应力、应变和位移,然后将所得结果叠加,便是构件组合变形下的内力、应力、应变和位移。

8.1.2 目的要求

(1)了解组合变形的概念及其强度问题的分析方法。

(2)掌握拉伸(或压缩)与弯曲变形构件的应力分析方法和强度计算。

(3)掌握偏心压缩时构件的应力分析方法和强度计算公式;理解截面核心的概念,记住矩形、圆形截面核心的计算公式。

(4)掌握弯曲与扭转组合构件的应力分析方法和强度计算。

8.1.3 三基

(1)基本概念:组合变形的概念。拉(压)与弯曲组合、偏心压缩、截面核心和弯曲与扭转的组合。

(2)基本理论:小变形假设,线性理论,叠加原理。

(3)基本方法:组合变形的分解与叠加。

8.1.4 重点难点

重点:叠加原理,组合变形的概念,杆件偏心压缩时的应力计算及强度条件,弯曲与扭转的应力计算与强度条件。

难点:组合变形分解、叠加的分析方法及杆件组合变形对危险截面、危险点的判定。

8.2 教学建议

8.2.1 教学单元划分

本章共6学时,划分3个单元。

第一单元授课内容:组合变形和叠加原理,拉伸(或压缩)与弯曲组合。

第二单元授课内容:偏心压缩与截面核心。

第三单元授课内容:弯曲与扭转的组合、组合变形的普遍情况,小结。

三导

8.2.2　各单元教学重点内容建议

第一单元教学重点内容

1.组合变形的概念

杆件同时发生两种或两种以上基本变形时,称为组合变形。计算组合变形问题是以杆件发生"小变形"为前提,在此条件下,不同基本变形所引起的应力和变形,各自独立,互不影响,可以应用叠加原理。即先根据各内力分量分别计算杆件在每一种基本变形下的应力和变形,再把计算结果叠加,得到杆件在原载荷作用下的应力和变形。讲组合变形的概念,要用2至3个工程实例说明,根据叠加原理说清组合变形问题的解决思路。

2.拉伸(压缩)与弯曲的组合

杆在拉伸(压缩)与弯曲的组合变形时,分别计算拉伸(压缩)正应力和弯曲正应力,叠加后进行强度计算。

拉伸(压缩)时,横截面上的正应力为

$$\sigma_N = \frac{F_N}{A} \tag{8.1}$$

弯曲时,横截面上的最大拉压正应力为

$$\sigma_M = \pm\frac{M}{W} \tag{8.2}$$

拉伸(压缩)与弯曲的组合,横截面上的最大拉压正应力为

$$\sigma = \frac{F_N}{A} \pm \frac{M}{W} \tag{8.3}$$

强度条件:

$$\sigma_{max} = \frac{F_N}{A} + \frac{M}{W} \leqslant [\sigma] \tag{8.4}$$

$$\sigma_{min} = \frac{F_N}{A} - \frac{M}{W} \leqslant [\sigma] \tag{8.5}$$

第二单元教学重点内容

1.偏心压缩和截面核心

当作用在杆件上的轴向力作用线与杆的轴线平行但不重合时,称为偏心压缩或偏心拉伸,将偏心力向轴心平移,即变成压缩或拉伸与弯曲的组合,只要明确这一点,就将偏心压缩或偏心拉伸变成压缩(或拉伸)与弯曲组合的问题,本单元重点讲清截面核心的意义及圆、矩形截面核心的确定方法。所谓截面核心是指,当杆件受偏心压缩(或拉伸)时,其截面上存在这样一个区域:当偏心轴向力作用在某一范围时,截面上只产生压应力(或拉应力)。也就是说截面核心就是在偏心压缩或偏心拉伸时,截面上不产生压应力或拉应力时的外载荷的作用范围。它在工程上有非常重要的意义。

正应力的计算公式为

$$\sigma = -\frac{F}{A} \pm \frac{M_z y}{I_z} \pm \frac{M_y z}{T_y} \tag{8.6}$$

强度条件为

$$\sigma_{max} = -\frac{F}{A}\frac{M_z}{W_z} + \frac{M_y}{W_y} \leqslant [\sigma] \tag{8.7}$$

$$\sigma_{min} = -\frac{F}{A} - \frac{M_z}{W_z} - \frac{M_y}{W_y} \leqslant [\sigma] \tag{8.8}$$

截面核心的计算公式为

矩形截面:　　　　　$-\frac{h}{6} \leqslant e_1 \leqslant \frac{h}{6}, \quad \frac{b}{6} \leqslant e_2 \leqslant \frac{b}{6}$ 　　　　　(8.9)

圆形截面：
$$e \leqslant \frac{r}{4} \tag{8.10}$$

2．拉（压）与弯曲组合、偏心压缩习题课，要总结出解这方面题目的常见错误和解题技巧。

第三单元教学重点内容

1．弯曲与扭转组合的强度计算

图 8.1 为受弯曲与扭转组合变形构件危险点的应力状态，图中：

$$\text{弯曲正应力 } \sigma = \frac{M}{W}, \quad \text{扭转切应力 } \tau = \frac{T}{W_p} \tag{8.11}$$

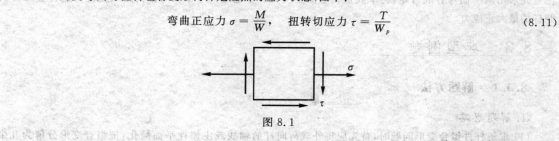

图 8.1

对于弯曲与扭转组合变形构件危险点的应力状态，可得第三强度理论的强度条件和第四强度理论的强度条件：

$$\sigma_{r3} = \sqrt{\sigma^2 + 4\tau^2} \leqslant [\sigma] \tag{8.12}$$

$$\sigma_{r4} = \sqrt{\sigma^2 + 3\tau^2} \leqslant [\sigma] \tag{8.13}$$

当杆截面为圆时，圆杆的 $W_p = 2W$，可得到圆杆弯曲和扭转组合变形以内力表示的强度条件为

$$\sigma_{r3} = \frac{1}{W} \sqrt{M^2 + T^2} \leqslant [\sigma] \tag{8.14}$$

$$\sigma_{r4} = \frac{1}{W} \sqrt{M^2 + 0.75T^2} \leqslant [\sigma] \tag{8.15}$$

在此注意当圆杆发生两面弯曲与扭转的组合变形时，要先求出两平面弯合成弯矩，再求其最大弯曲正应力。不能用两个平面弯曲的最大应力进行叠加而得到圆杆的最大正应力。这是本章的难点，在讲这方面的例题时，要放慢，一步一步讲清，并且反复强调、示例，以引起同学们的重视。要强调组合变形的解题思路，怎样判定用强度条件或是用强理论进行强度计算。

2．组合变形的普遍情况

当构件上同时受到几种基本变形的组合作用时，F_N, M_y, M_z 对应的是正应力，可按代数相加，而与 F_{Sy}，F_{Sz} 和 T 对应的是切应力，应按矢量相加，求得危险点的应力分量。根据杆件的破坏形式选择适当的强度理论进行强度计算。

3．通过弯曲与扭转组合变形的例题讲授，要总结出解这方面题目的常见错误和解题技巧。

8.2.3　考核内容

工程中大多数构件受载后都会产生组合变形，而组合变形的分析又是对基本变形的综合训练，因此在每套考题中都会出现组合变形类型的试题。一般以杆件受拉（压）与弯曲组合，圆轴受扭转与弯曲组合变形的强度计算为重点题型，有时还有其他类型的组合变形（如拉（压）与扭转等）试题。因此要求读者应理解组合变形的分析方法——叠加法，掌握外力分解或向截面形心简化的方法，分清构件会产生哪些基本变形，确定可能的危险截面，同时根据内力分量所对应的应力分布情况，确定危险点及其应力分量，并选择适当的强度理论对构件进行强度计算。

在有些试题中，还需求解构件在组合变形作用下的变形情况，这时仍可根据叠加原理，先求解基本变形的变形（或位移），然后进行变形（或位移）的叠加。其具体有下述主要考点。

（1）组合变形的概念，组合变形题的分析思路和解题方法。

（2）拉伸（压缩）与弯曲组合的强度计算：

1）杆件受拉伸（压缩）与弯曲组合时，弯曲变形的中性轴位置将偏移，要考核这方面的知识。

2）杆件受偏心拉伸（压缩）时，其截面上存在截面核心，当偏心轴向力作用在截面核心内时，截面上只产生拉应力（或压应力）。

（3）圆杆的弯曲与扭转组合变形的强度计算：当圆杆发生两面弯曲与扭转的组合变形时的强度计算。要注意先求出两平面弯合成弯矩，再求其最大弯曲正应力。不能用两个平面弯曲的最大正应力进行叠加得到圆杆的最大正应力。

8.3　典型例题

8.3.1　解题方法

1. 解题思路

（1）求解杆件组合变形问题时，首先应将外载荷向杆的轴线或主惯性平面简化，把组合变形分解为几个基本变形。

（2）分别绘出各基本变形的内力图，找出杆件的危险截面。

（3）拉伸（压缩）与弯曲组合变形的危险点处于单向应力状态，可按简单拉压强度条件进行强度计算。弯曲与扭转组合变形的危险点处于平面应力状态，应按相应的强度理论进行强度计算。

2. 拉伸（压缩）和弯曲组合

设计受拉伸（压缩）和弯曲组合变形杆的截面时，可先根据弯曲强度条件进行初选，然后再考虑拉伸（压缩）和弯曲组合进行校核。

3. 弯曲与扭转的组合

（1）求解弯曲与扭转的组合变形时，应绘出扭矩图及两个平面的弯矩图（一般不考虑弯曲剪力），只需找出最大合弯矩所在截面，并求出最大合弯矩值，而不必要绘出合弯矩图，有时有几个截面可能是危险截面时，可把几个截面的合弯算出来，进行比较找出危险截面。

（2）对于圆杆的弯曲与扭转组合，可用内力表示的强度条件，而对于非圆截面杆的弯曲与扭转组合，则须用应力表示强度条件。

（3）杆件拉伸（压缩）与扭转组合，杆件拉伸（压缩）与扭转及弯曲组合变形的险点的应力状态，也与图8.1一样。但进行强度计算时，须用应力表示强度条件。

综上所述，其组合变形的通用解题步骤为：

（1）将外载荷向杆的轴线和主惯性平面简化，给出杆的受力情况，使每一组载荷对应着一种基本变形，分别绘出各基本变形的内力图。

（2）对于每种基本变形，进行内力分析，判断杆件的危险截面。拉伸（压缩）与弯曲组合变形的危险点处于单向应力状态，简单拉压强度条件进行强度计算。弯曲与扭转的组合、拉伸（压与扭转组合、拉伸（压缩）与扭转及弯曲组合变形的危险点一般处于平面应力状态，应按相应的强度理论进得强度计算。

（3）分别计算出每一种基本变形在危险面上的应力，并将这些应力进行叠加，由此确定危险点的位置及其应力状态。

（4）根据危险点的应力状态，选择适当的强度理论或强度条件进行强度计算。

8.3.2　典型例题

例 8.1　简易摇臂吊车如图8.2（a）所示，吊重 $F = 8$ kN，梁由两根槽钢组成，许用应力 $[\sigma] = 120$ MPa。试按正应力强度条件选择槽钢的型号。

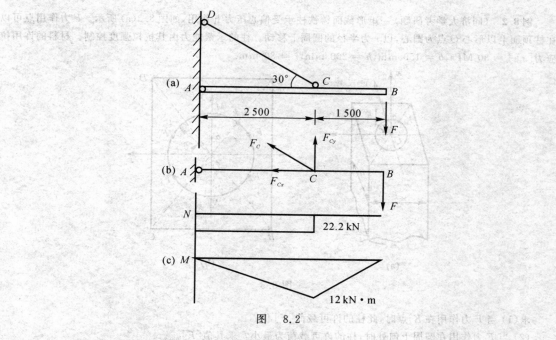

图 8.2

解 梁 AB 的受力简图如图 8.2(b) 所示,由平衡方程 $\sum M_A = 0$,得

$$F(2.5 + 1.5) - F_C \sin 30° \times 2.5 = 0$$

$$F_C = 25.6 \text{ kN}$$

力 F_C 在 x, y 方向的分量分别为

$$F_x = F_C \cos 30° = 22.2 \text{ kN}$$

$$F_{Cy} = F_C \sin 30° = 12.8 \text{ kN}$$

AB 梁受轴力 F_{Cx},横向力 F 及 F_{Cy} 作用发生压缩与弯曲组合变形,其轴力图和弯矩图如图8.2(c)所示,危险截面是 C 截面。C 截面的压缩应力和最大弯曲正应力分别为

$$\sigma_{FN} = \frac{F_N}{A} = \frac{22.2 \times 10^2}{A}, \quad \sigma_M = \frac{M_{max}}{W_z} = \frac{12 \times 10^6}{W_z}$$

压缩和弯曲的组合应力为

$$\sigma_{max} = \frac{F_N}{A} + \frac{M_{max}}{W_z} = \frac{22.2 \times 10^3}{A} + \frac{12 \times 10^6}{W_z} \leqslant [\sigma]$$

有两个未知参数,可先不考虑轴力的影响,按弯曲应力选取即

$$\frac{12 \times 10^6}{W_z} \leqslant [\sigma] = 12$$

得

$$W_z \geqslant 10 \times 10^4 \text{ mm}^3$$

每根槽钢 $W'_z \geqslant 5 \times 10^4$ mm³,查型钢表,选取 12.6 槽钢,其 $W'_z = 6.2 \times 10^4$ mm³,$A = 1\,569$ mm²。

根据压缩和弯曲的组合应力进行校核

$$\sigma_{max} = \frac{F_N}{A} + \frac{M_{max}}{W_z} = \frac{22.2 \times 10^3}{2 \times 1\,569} + \frac{12 \times 10^6}{2 \times 6.2 \times 10^4} = 104 \text{ MPa} < [\sigma]$$

强度满足,选定 12.6 槽钢。

【评注】 AC 段梁实际上是压缩和弯曲的组合,AC 段梁横截面上的应力为轴力产生的压应力和弯曲产生的负正应力之和,所计算出的最大压应力值是绝对值。设计受拉伸(压缩)和弯曲组合变形杆的截面时,可先根据弯曲强度条件进行初选,然后再考虑拉伸(压缩)和弯曲组合进行校核。

例 8.2 （同济大学考研题）一矩形截面铸铁柱承受偏心压力 F 作用,如图8.3(a)所示。F 力作用点可以在柱顶面上以形心 O 点为圆心,以 r 为半径的圆周上移动。柱的承载能力由其抗拉强度控制。材料的许用拉应力 $[\sigma]+ = 30 \text{ MPa}, b = 150 \text{ mm}, h = 200 \text{ mm}, r = 80 \text{ mm}$。

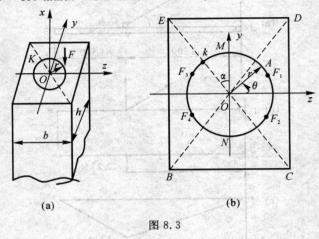

图 8.3

求(1)当 F 力作用在 K 点时,此柱的许可载荷 $[F]$ 值;

(2)当 F 力作用在圆周上何处时,柱的许可载荷为最小? 求其值 $[F]_{\min}$。

(3)当 F 力作用在圆周上何处时,柱的许可载荷为最大? 求其值 $[F]_{\max}$。

解 (1)当压力 F 作用在 K 点时,C 点拉应力最大,K 点坐标

$$\tan\alpha = \frac{b}{h} = 0.75, \quad \alpha = 36.9°$$

$$y_K = r\cos 36.9° = 64 \text{ mm}, \quad z_K = -r\sin 36.9° = -48 \text{ mm}$$

C 点拉应力为

$$\sigma_C = -\frac{F}{A} + \frac{M_y}{W_y} + \frac{M_z}{W_z} = F\left[-\frac{1}{0.15 \times 0.2} + \frac{0.048}{\frac{1}{6} \times 0.2 \times a15^2} + \frac{0.064}{\frac{1}{6} \times 0.15 \times 0.2^2}\right] =$$

$$94.7F \leqslant [\sigma] = 30 \times 10^6$$

解之得
$$[F] = 316.8 \text{ kN}$$

(2)利用对称性,只考虑载荷图(b)中第一象限内移动,此时 B 点拉应力最大,则

$$\sigma_B = -\frac{F}{A} + \frac{M_y}{W_y} + \frac{M_z}{W_z} = -\frac{F}{A} + \frac{Fr\cos\theta}{W_y} + \frac{Fr\sin\theta}{W_z} =$$

$$F\left[\frac{1}{015 \times 0.2} + \frac{r\cos\theta}{\frac{1}{6} \times 0.2 \times 0.15^2} + \frac{r\sin\theta}{\frac{1}{6} \times 0.15 \times 0.2^2}\right] =$$

$$F[-33.3 + 1\,333r\cos\theta + 1\,000r\sin\theta] \qquad\qquad ①$$

由 $\frac{\mathrm{d}\sigma_B}{\mathrm{d}\theta} = 0$,得 $\theta = 36.9°$。当 $\theta = 36.9°$ 时,σ_B 取最大值,此时许可载荷最小,其值可由式 ① 求得,即

$$F[-33.3 + 1333 \times 0.08 \times \cos 36.9° + 100 \times 0.08 \times \sin 36.9°] \leqslant [\sigma]$$

解之得
$$[F] = 299.9 \text{ kN}$$

因为
$$W_z > W_y$$

以当 $\theta = 90°$ 时,σ_B 取最小值,最大许可载荷可由式 ① 求得

$$F[-33.3 + 1000 \times 0.08] \leqslant [\sigma]$$

解之得
$$[F] = 642.4 \text{ kN}$$

结论:当载荷作用在圆周线上 M,N 点上时,柱的许可载荷为最大;当荷载作用在圆周线上 F_1,F_2,F_3,F_4

上时,柱的许可载荷最小。

【评注】 矩形截面杆承受拉伸(压缩)与弯曲组合变形时,最大的拉应力和最大的压应力一定出现在 4 个角点上。

例 8.3 (北方交通大学考研题)偏心拉伸杆,弹性模为 E,尺寸、受力如图 8.4 所示,试求:

(1)最大拉应力和最大压应力的位置和数值;(2)AB 长度的改变量。

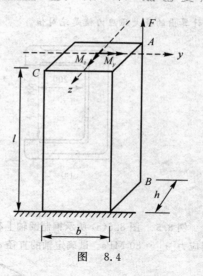

图 8.4

解 (1)把偏心力向形心简化,得到一轴心拉力 F,绕 z 轴弯矩 $M_z = \frac{1}{2}Fb$,绕 y 轴弯矩为 $\frac{1}{2}Fh$。最大拉应力出现在 A 点:

$$\sigma_A = \frac{F}{A} + \frac{M_z}{W_z} + \frac{M_y}{W_y} = \frac{F}{bh} + \frac{\frac{1}{2}Fb}{\frac{1}{6}hb^2} + \frac{\frac{1}{2}Fh}{\frac{1}{6}bh^2} = \frac{7F}{bh}$$

最大压应力出现在 C 点:

$$\sigma_C = \frac{F}{A} - \frac{M_z}{W_z} - \frac{M_y}{W_y} = \frac{F}{bh} - \frac{\frac{1}{2}Fb}{\frac{1}{6}hb^2} - \frac{\frac{1}{2}Fh}{\frac{1}{6}bh^2} = -\frac{5F}{bh}$$

(2)由于 AB 长度上各点应力相等,且均处于单向应力状态,所以其长度改变为

$$\Delta l_{AB} = \varepsilon_{AB}l = \frac{\sigma_A}{E}l = \frac{7\frac{F}{bh}l}{E} = \frac{7Fl}{Ebh}$$

【评注】 偏心拉伸或压缩问题,先将外力向杆的轴线平移,然后按拉(压)和弯曲组合变形计算其应力等。也就是说,偏心拉压实质上就是轴向拉压与弯曲的组合。

例 8.4 材料为铸铁的压力机框架如图8.5(a)所示。材料的许用应力$[\sigma^+] = 30$ MPa,$[\sigma^-] = 80$ MPa。试校核框架立柱的强度。

解 立柱的横截面上受轴力 F_N 和弯矩 M_y 作用,立柱产生拉和弯曲的组合变形,如图 8.5(c)所示。立柱截面的几何性质:

面积: $A = 50 \times 20 + 60 \times 20 + 100 \times 20 = 42 \times 10^2$ mm^2

截面形心位置:

$$z_2 = \frac{50 \times 20 \times 90 + 20 \times 60 \times 50 + 100 \times 20 \times 10}{42 \times 10^2} = 40.5 \text{ mm}$$

$$z_1 = 59.5 \text{ mm}$$

截面对 y 轴惯性矩:

$I_y = \frac{50 \times 20^3}{12} + 20 \times 50 \times 49.5^2 + \frac{20 \times 60^3}{12} + 20 \times 60 \times 9.5^2 + \frac{100 \times 20^3}{12} + 20 \times 100 \times 30.5^3 =$

488×10^4 mm^4

立柱横截面的内力为

$$F_N = 12 \text{ kN}, \quad M_y = 12 \times (200 + 40.5) \times 10^{-3} = 2.886 \text{ kN} \cdot \text{m}$$

立柱横截面上的应力为轴力产生的拉应力和弯曲产生的正应力之和为

$$\sigma_{max}^+ = \frac{F_N}{A} + \frac{M_y z_2}{I_y} = \frac{12 \times 10^3}{42 \times 10^2} + \frac{2.888 \times 10^6 \times 40.5}{488 \times 10^4} = 26.9 \text{ MPa} < [\sigma^+]$$

$$\sigma_{max}^- = -\frac{F_N}{A} + \frac{M_y z_1}{I_y} = -\frac{12 \times 10^3}{42 \times 10^2} + \frac{2.886 \times 10^6 \times 59.5}{488 \times 10^4} = 32.3 \text{ MPa} < [\sigma^-]$$

所以,立柱的强度足够。

【评注】 立柱实际上受偏心拉伸,立柱横截面上的应力为轴力产生的拉应力和弯曲产生的正应力之和,

189

三导

所计算出的最大压应力值是绝对值。

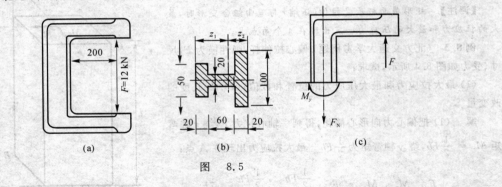

图　8.5

例 8.5　图 8.6(a) 所示钢制圆轴上有两个皮带轮 A 和 B，两直径 $D=1\ \mathrm{m}$，轮的自重 $Q=5\ \mathrm{kN}$，轴的许用应力 $[\sigma]=80\ \mathrm{MPa}$。试确定轴的直径 d。

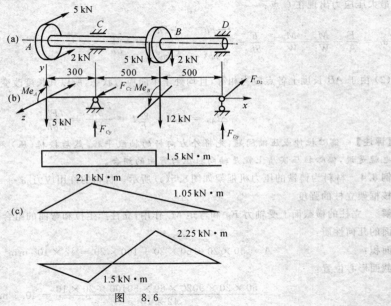

图　8.6

解　(1) 轴的计算简图。将两上皮带轮上皮带的拉力向轴线简化，如图 8.6(b) 所示。

外力偶为

$$T_A = T_B = (5-2)\frac{D}{2} = (5-2) \times \frac{1}{2} = 1.5\ \mathrm{kN \cdot m} \tag{a}$$

xy 平面内的支反力为

$$F_{Cy} = 12.5\ \mathrm{kN}, F_{Dy} = 4.5\ \mathrm{kN}$$

xz 平面内的支反力为

$$F_{Cz} = 9.1\ \mathrm{kN}, \quad F_{Dz} = 2.1\ \mathrm{kN}$$

(2) 内力图。轴的扭矩图、弯矩 M_y 和 M_z 图如图 8.6(c) 所示。由内力图看出 C, B 两个截面可能是危险截面，两个截面扭矩相同，合弯矩分别为

$$M_C = \sqrt{2.1^2 + 1.5^2} = 2.58\ \mathrm{kN \cdot m}$$

$$M_B = \sqrt{1.05^2 + 2.25^2} = 2.49\ \mathrm{kN \cdot m}$$

故，C 截面是危险截面。

（3）强度计算圆轴发生弯扭组合变形，按第三强度理论设计轴的直径，有

$$\sigma_{r3} = \frac{1}{w}\sqrt{M^2 + T^2} \leqslant [\sigma]$$

得轴的直径为

$$d \geqslant \sqrt[3]{\frac{32\sqrt{M^2+T^2}}{\pi[\sigma]}} = \sqrt[3]{\frac{32 \times \sqrt{2.58^2 + 1.5^2} \times 10^6}{\pi \times 80}} = 72.4 \text{ mm}$$

如按第四强度理论设计轴的直径，则有

$$\sigma_{r4} = \frac{1}{W}\sqrt{M^2 + 0.75T^2} \leqslant [\sigma]$$

得轴的直径为

$$d \geqslant \sqrt[3]{\frac{32\sqrt{M^2+0.75T^2}}{\pi[\sigma]}} = \sqrt[3]{\frac{32\sqrt{2.58^2 + 0.75 \times 1.5^2} \times 10^6}{\pi \times 80}} = 71.6 \text{ mm}$$

可以看出按第三强度理论设计的轴径要比按第四强度理论设计的轴径略大。

【评注】（1）圆轴弯扭组合强度计算的基本步骤是：① 将圆上齿轮或皮带轮等所受外力向轴线简化，得到圆轴的受力简图；② 画出轴的内力图（扭矩图及弯矩图），并由内力图判断出轴的危险截面；③ 用强度理论进行强度计算。

（2）当圆轴发生两个平面曲时，先求其合弯矩，然后计算合弯矩作用下的应力。

（3）圆轴每一个横截面的合弯矩矢量不一定在同一个纵向平面内，应直接由两个平面内的弯矩图，即 M_y 图和 M_z 图判断出轴的危险截面，计算出该截面的合弯矩值。如不能直接判断出哪一个截面最危险，则可分别计算出可能是危险截面的合弯矩值进行比较，找出危险截面。

例 8.6 已知直径 $D = 0.2$ m 的圆形截面图 8.7(a) 上有内力，轴力 $F_N = 100$ kN（拉），弯矩 $M_z = 10$ kN·m，$M_y = 5$ kN·m。

（1）计算 A, B, C, D 4 点处的正应力；

（2）定出危险点的位置，计算危险点处的正应力；

（3）确定中性轴位置，绘出该截面上的正应力分布图。

解（1）圆形截面图形几何性质：

$$A = \frac{\pi}{4}D^2 = \frac{\pi}{4} \times 0.2^2 = 3.14 \times 10^{-2} \text{ m}^2$$

$$I_y = I_z = \frac{\pi D^4}{64} = \frac{\pi}{64} \times 0.2^4 = 7.85 \times 10^{-5} \text{ m}^4$$

$$W_y = W_z = \frac{\pi}{32}D^3 = \frac{\pi}{32} \times 0.2^3 = 7.85 \times 10^{-4} \text{ m}^3$$

$$i_y^2 = i_z^2 = \frac{I}{A} = \frac{7.85 \times 10^{-5}}{3.14 \times 10^{-2}} = 2.5 \times 10^{-3} \text{ m}^2$$

（2）A, B, C, D 4 点处的正应力：

$$\sigma_A = \frac{F_N}{A} + \frac{M_z}{W_z} = \frac{100 \times 10^3}{3.14 \times 10^{-2}} + \frac{10 \times 10^3}{7.85 \times 10^{-4}} = 3.18 \times 10^6 + 12.7 \times 10^6 = 15.9 \text{ MPa}$$

$$\sigma_B = \frac{F_N}{A} + \frac{M_y}{W_y} = \frac{100 \times 10^3}{3.14 \times 10^{-2}} + \frac{5 \times 10^3}{7.85 \times 10^{-4}} = 3.18 \times 10^6 + 6.37 \times 10^6 = 9.55 \text{ MPa}$$

$$\sigma_C = \frac{F_N}{A} - \frac{M_z}{W_z} = 3.18 \times 10^6 - 12.7 \times 10^6 = -9.52 \text{ MPa}$$

$$\sigma_D = \frac{F_N}{A} - \frac{M_y}{W_y} = 3.18 \times 10^6 - 6.37 \times 10^6 = -3.19 \text{ MPa}$$

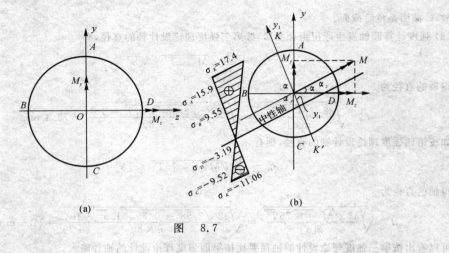

图　8.7

（3）危险点的最大正应力：

截面上的总弯矩 $M = \sqrt{M_z^2 + M_y^2} = \sqrt{10^2 + 5^2} = 11.18\ \text{kN·m}$

矢量与 Oz 轴的夹角的计算：

$$\tan\alpha = \frac{M_y}{M_z} = \frac{5}{10} = 0.5$$

得

$$\alpha = 26.56°$$

由此可确定危险点 K 的位置如图 8.7(b) 所示，该点处的最大正应力为

$$\sigma_{\max} = \frac{F_N}{A} + \frac{M}{W} = \frac{100 \times 10^3}{3.14 \times 10^{-2}} + \frac{11.18 \times 10^3}{7.85 \times 10^{-4}} = 17.4\ \text{MPa}$$

同理，有

$$\sigma_{\max} = \frac{F_N}{A} - \frac{M}{W} = 3.18 \times 10^6 - 14.24 \times 10^6 = -11.06\ \text{MPa}$$

发生在截面周边上的 K' 点（见图(b)）。

（4）确定中性轴位置（见图(b)）：

方法一　由中性轴上位于第一象限内的任一点 (z_0, y_0) 处的正应力为零，即由

$$\sigma = \frac{F_N}{A} + \frac{M_z}{I_z}y_0 + \frac{M_y}{I_y}z_0 = 0$$

得到中性轴的方程为

$$\frac{100 \times 10^3}{3.14 \times 10^{-2}} + \frac{10 \times 10^3}{7.85 \times 10^{-5}}y_0 - \frac{5 \times 10^3}{7.85 \times 10^{-5}}z_0 = 0$$

并由方程解得：中性轴在两坐标轴上的截距为 $a_z = 50\ \text{mm}$ 和 $a_y = -25\ \text{mm}$，绘中性轴于图8.7(b)中。

方法二　由于中性轴与总弯矩矢量相平行，所以，只要得到中性轴在 y_1 轴（与弯矩矢量相垂直）上的截距，中性轴的位置也就确定了，即由

$$\sigma = \frac{F_N}{A} + \frac{M}{I}y_1 = 0$$

得到中性轴的方程为

$$\frac{100 \times 10^3}{3.14 \times 10^{-2}} + \frac{11.18 \times 10^3}{7.85 \times 10^{-5}}y_1 = 0$$

解得中性轴在 y_1 轴上的截距 $y_1 = -22.4\ \text{mm}$，然后过 $y_1 = -22.4\ \text{mm}$ 处作与总弯矩矢量的平行线，便可得到与上述完全一致中性轴。

（5）绘正应力分布如图 8.7(b) 所示。

【评注】 为了确定中性轴位置,还可将 M_z 写成 $M_z = m_z = Fe_y$,将 M_y 写成 $M_y = m_y = Fe_z$,算出偏心力 F 的作用点坐标 (e_z, e_y),然后再由 $a_y = -\dfrac{i_z^2}{e_y}$, $a_z = -\dfrac{i_y^2}{e_z}$ 计算出中性轴的截距 a_z 和 a_y。读者不妨试一试。

例 8.7 矩形截面的悬臂梁承受载荷如图 8.8(a) 所示。试确定危险截面、危险点所在位置,计算梁内最大正应力的值。若将截面改为直径 $D = 50$ mm 的圆形,试确定危险点的位置,并计算最大正应力。

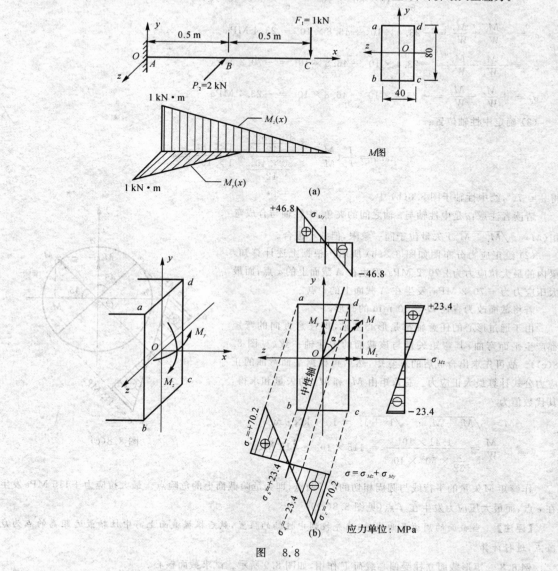

图 8.8

应力单位:MPa

解 此梁在 F_1 力作用下将在 xOy 平面内发生平面弯曲,在 F_2 作用下将在 xOz 平面内发生平面弯曲,故此梁的变形为两个平面弯曲的组合。

分别绘出 $M_z(x)$ 和 $M_y(x)$ 图如图 8.8(a) 所示,两个平面内的最大弯矩都发生在固定端 A 截面上,其值分别为

$M_z = 1 \times 1 = 1$ kN·m(ad 边受拉,bc 边受压)(见图(b))

$M_y = 2 \times 0.5 = 1$ kN·m(ab 边受拉,cd 边受压)(见图(b))

由于此梁为等截面杆,故 A 截面为该梁的危险截面。

危险截面上应力分析：

(1) 绘 σ_{Mz}，σ_{My} 分布图(见图(b))。

角点应力计算：

$$\sigma_a = +\frac{M_z}{W_z} + \frac{M_y}{W_y} = +\frac{1 \times 10^3}{\frac{1}{6} \times 40 \times 80^2 \times 10^{-9}} + \frac{1 \times 10^3}{\frac{1}{6} \times 80 \times 40^2 \times 10^{-9}} = 70.2 \text{ MPa}$$

$$\sigma_b = -\frac{M_z}{W_z} + \frac{M_y}{W_y} = -23.4 \times 10^6 + 46.8 \times 10^6 = 23.4 \text{ MPa}$$

$$\sigma_C = -\frac{M_z}{W_z} - \frac{M_y}{W_y} = -23.4 \times 10^6 - 46.8 \times 10^6 = -70.2 \text{ MPa}$$

$$\sigma_d = +\frac{M_x}{W_x} - \frac{M_y}{W_y} = +23.4 \times 10^6 - 46.8 \times 10^6 = -23.4 \text{ MPa}$$

(3) 确定中性轴位置：

$$\tan\alpha = \frac{I_z}{I_y}\left(\frac{M_y}{M_z}\right) = \frac{\frac{40 \times 80^3}{12}}{\frac{80 \times 40^3}{12}} \times \frac{1 \times 10^3}{1 \times 10^3} = 4$$

得 $\alpha = 76°$，绘中性轴于图 8.8(b) 中。

请读者注意：α 是中性轴与 z 轴之间的夹角，中性轴与合成弯矩（$M = \sqrt{M_z^2 + M_y^2}$）矢量位于同一象限，但并不重合。

(2) 绘正应力分布图如图 8.8(b) 所示。根据上述计算知，梁内的最大拉应力为 $+70.2$ MPa，发生在 A 截面上的 a 点；而最大压应力为 -70.2 MPa，发生在 A 截面上的 c 点。

若将截面改为直径 $D = 50$ mm 的圆形。

由于通过形心的任意轴都是形心主轴，即任意方向的弯矩都产生平面弯曲，其弯矩矢量与该截面的中性轴一致(见图 8.8(c))。故可先求出合成后的总弯矩，然后再根据平面弯曲的正应力公式计算最大正应力。总弯矩由 M_z 和 M_y 的矢量和求得，其代数值为

$$M = \sqrt{M_z^2 + M_y^2} = \sqrt{1^2 + 1^2} = 1.41 \text{ kN} \cdot \text{m}$$

$$\sigma_{max} = \frac{M}{W} = \frac{1.41 \times 10^3}{\frac{\pi}{32} \times 50^3 \times 10^{-9}} = 115 \times 10^6 = 115 \text{ MPa}$$

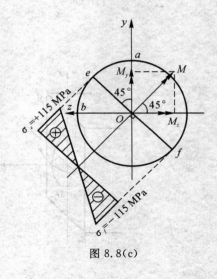

图 8.8(c)

作弯矩 M 矢量的平行线与圆周相切的 e，f 两点，即为危险截面上的危险点。最大拉应力 $+115$ MPa 发生在 e 点，而最大压应力发生在 f 点(见图 8.8(c))。

【评注】 当截面的周边是曲线时，应先找到中性轴的位置，然后根据截面上离中性轴最远距离的点为危险点，进行计算。

例 8.8 矩形截面立柱受偏心载荷 F 作用，如图 8.9 所示。试求截面核心。

解 设外力 F 作用点的坐标为 y_P，z_P。把力 F 向立柱轴线简化，立柱任一横截面上将有轴力 F，xy 平面内的弯矩 M_z 和 xz 平面内弯矩 M_y，立柱承受轴向压缩与两个平面弯曲的组合变形。轴力 $F_N = F$，$M_z = F \cdot y_P$，$M_y = F \cdot z_P$

横截面上任一点 y，z 处的应力为

$$\sigma = -\left(\frac{F}{A} + \frac{F \cdot z_P}{I_y}z + \frac{F \cdot y_P}{I_z}y\right)$$

中性轴方程为

$$\sigma = -\left(\frac{F}{A} + \frac{F \cdot z_P}{I_y}z + \frac{F \cdot y_P}{I_z}y\right) = 0$$

设其上点的坐标为 y_0, z_0,中性轴方程可写为

$$1 + \frac{z_P}{i_y^2}z_0 + \frac{y_P}{i_z^2}y_0 = 0$$

它在 y, z 轴上的截距分别为

$$y_{0t} = -\frac{i_z^2}{y_P}, \quad z_{0t} = -\frac{i_y^2}{z_P}$$

如图 8.9(c) 所示,设 AB 边为中性轴,AB 边的截距分别为

$$y_{0t} = \infty, \quad z_{0t} = \frac{h}{2}$$

则由上式得到外力 F 作用点的坐标为:$y = 0, z_p = -h/6$。在 z 轴的负方向得到相应的点 1,1 点即为截面核心上的一点。

再设 BC 边为中性轴,BC 边的截距分别为

$$y_{0t} = -\frac{b}{2}, \quad z_{0t} = \infty$$

外力 F 作用点的坐标为:$y_P = -b/6, z_P = 0$。在 y 轴的正方向得到相应点 2,2 点为截面核心上的另一点。

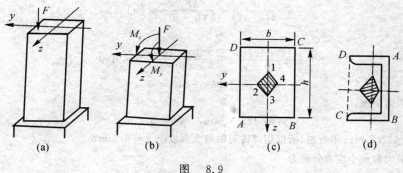

图 8.9

以此类推,可以得到 CD 边和 DA 边所对应的点 3 和点 4,当中性轴绕 B 点由 AB 逐渐旋转到 BC 边时,外力 F 作用点将由点 1 逐渐移动到点 2,这时中性轴始终通过 B 点,把 B 点的坐标 $y = -b/2, z = h/2$ 代入中性轴方程,得

$$1 + \frac{6z_P}{h} - \frac{6y_P}{b} = 0$$

这是外力 F 作用点将由点 1 逐渐移动到点 2 的轨迹方程,是一个直线方程,点 1 与点 2 之间为一条直线,即点 1 和点 2 的连线。同样,连接点 2 和点 3,点 3 和点 4 及点 4 和点 1 得到图 8.9(c) 中的菱形阴影部分,即为矩形截面的截面核心。

【评注】 对于任意多边形截面,均可按本题方法求其截面核心。当多边形有内凹角时(如工字形,槽形等截面),如图 8.9(d) 所示槽形截面,可将 C, D 两点连接起来,作为一个边界来处理。

例 8.9 截面为 $40 \text{ mm} \times 5 \text{ mm}$ 的矩形截面直杆,受轴向拉力 $F = 12 \text{ kN}$ 作用,现将该杆开一切口,如图 8.10(a) 所示。材料的许用应力 $[\sigma] = 100 \text{ MPa}$。

试求:(1) 切口许可的最大深度,并画出切口处截面的应力分布图。

(2) 如在杆的另一侧切出同样的切口,应力有何变化?

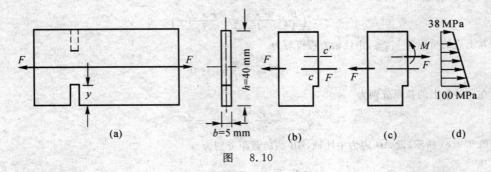

图 8.10

解 (1) 切口许可的最大深度。如图 8.10(b) 所示，切口截面的形心已从 c 点移到 c' 点，显然，杆在切口附近承受偏心拉伸，偏心距 $e = y/2$。切口截面的内力如图 8.10(c) 所示，有轴力 $F_N = F$ 和弯矩 $M = Fy/2$。

切口许可的最大深度 y 由杆的强度条件确定，即

$$\sigma_{max} = \frac{F_N}{A} + \frac{M}{W_z} \leqslant [\sigma]$$

式中，切口截面的面积 $A = b(h/y)$；抗弯截面系数 $W_z = \dfrac{b(h-y)^2}{6}$，代入上式，得

$$\frac{F}{b(h-y)} + \frac{3Fy}{b(h-y)^2} \leqslant [\sigma]$$

代入数据，得

$$\frac{12 \times 10^3}{5 \times (40-y)} + \frac{3 \times 10 \times 10^3 \times y}{5 \times (40-y)^2} \leqslant 100$$

即

$$y^2 - 128y + 640 = 0$$

解方程得到两个解：

$$y_1 = 122.8 \text{ mm}, \quad y_2 = 5.2 \text{ mm}$$

显然 $y_1 = 122.8$ mm 不合理，所以切口许可的最大深度 $[y] = 5.2$ mm

截面上的最大和最小应力分别为

$$\sigma_{max} = \frac{F_N}{A} + \frac{M}{W_z} = \frac{12 \times 10^3}{5 \times (40-5.2)} + \frac{3 \times 12 \times 10^3 \times 5.2}{5 \times (40-5.2)^2} = 100 \text{ MPa}$$

$$\sigma_{min} = \frac{F_N}{A} - \frac{M}{W_z} = \frac{12 \times 10^3}{5 \times (40-5.2)} - \frac{3 \times 12 \times 10^3 \times 5.2}{5 \times (40-5.2)^2} = 38 \text{ MPa}$$

切口截面的应力分布如图 8.10(d) 所示。

(2) 如在杆的另一侧，切出同样的切口，切口截面处又变为轴向拉伸，其应力为

$$\sigma = \frac{F_N}{A} = \frac{F_N}{b(h-2y)} = \frac{12 \times 10^3}{5 \times (40-2 \times 5.2)} = 81.1 \text{ MPa}$$

由计算结果可以看出，杆的两侧切口虽然截面面积减少，但应力却比一侧切口小。

【评注】 当杆件危险截面合力不通过截面形心时，杆件将产生偏心拉压，应先计算出偏心距，求出轴力和弯矩，分别计算轴向压应力和弯曲应力，然后叠加。

例 8.10 标语牌由钢管支承，如图 8.11(a) 所示。标语牌自重 $W = 150$ N，受到水平风力 $F = 120$ N，钢管的外径 $D = 50$ mm，内径 $d = 45$ mm，许用应力 $[\sigma] = 70$ MPa。试按第三强度理论校核钢管的强度。

解 (1) 把标语牌的外力向钢管轴心简化。自重 W 向钢管轴心简化得到轴向力和 xy 平面内的力偶 M_z，风力 F 向钢管轴心简化得到 xz 平面内的横向力和转矩 M_x。这样，钢管发生压缩、扭转和弯曲的组合变形，如图 8.11(b) 所示。

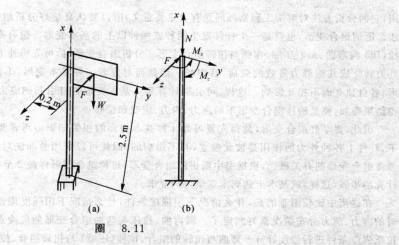

图 8.11

（2）钢管的内力：

轴力为
$$F_N = 150 N$$

扭矩为
$$M_N = M_x = 120 \times 0.2 = 24 \text{ N} \cdot \text{m}$$

zy 平面内的弯矩为
$$M_z = 150 \times 0.2 = 30 \text{ N} \cdot \text{m}$$

xz 平面内的弯矩 M_y，在固定端最大，即
$$M_{ymax} = 120 \times 2.5 = 300 \text{ N} \cdot \text{m}$$

固定端截面是危险截面，其合弯矩为
$$M = \sqrt{M_{ymax}^2 + M_z^2} = \sqrt{300^2 + 30^2} = 301.5 \text{ N} \cdot \text{m}$$

（3）强度计算。钢管截面几何性质：
$$A = \frac{\pi}{4}(D^2 - d^2) = \frac{\pi}{4} \times (50^2 - 45^2) = 373 \text{ mm}^2$$

$$W_p = \frac{\pi D^3}{16}(1 - \alpha^4) = \frac{\pi \times 50^3}{16} \times \left[1 - \left(\frac{45}{50}\right)^4\right] = 8\,440 \text{ mm}^3$$

$$W = W_p/2 = 4\,220 \text{ mm}^3$$

钢管固定端截面的应力为
$$\sigma_N = \frac{F_N}{A} = \frac{150}{373} = 0.402 \text{ MPa}$$

$$\sigma_M = \frac{M}{W} = \frac{301.5 \times 10^3}{4220} = 71.45 \text{ MPa}$$

$$\sigma = \sigma_N + \sigma_M = 0.402 + 71.45 = 71.85 \text{ MPa}$$

$$\tau = \frac{M_N}{W_D} = \frac{24 \times 10^3}{8440} = 2.84 \text{ MPa}$$

$$\sigma_{r3} = \sqrt{\sigma^2 + 4\tau^2} = \sqrt{71.85^2 + 4 \times 2.84^2} = 72.1 \text{ MPa} > [\sigma]$$

相当应力大于许用应力。但未超过许用应力的 5%，所以钢管安全。

【评注】 在工程实际中，当构件的工作应力未超过许用应力的 5% 时，考虑到安全系数，仍认为构件是安全的。

8.4　自学指导

前面第 2～6 章分别讲述了拉压、剪切、扭转和弯曲 4 种基本变形的内力、应力与变形，第 7 章综合讲了应力、应变分析和强度理论。其实，组合变形实际上就是上述 4 种基本变形的有关知识在一定条件下的综合运用,它的分析方法对解决工程实际问题有着重要意义,所以要认真学好分析组合变形的原理及处理问题的方法。所谓组合变形,也就是一个杆件发生两种或两种以上的基本变形。组合变形的情况很复杂,本章只研究拉(压)与弯曲、偏心压缩、弯曲与扭转组合变形。分析组合变形时,可先将外力进行简化或分解,把构件上的外力转化成几组静力等效的载荷,其中每一组载荷对应着一种基本变形,不同基本变形所引起的应力和变形,各自独立而不相互影响。这样,可分别计算每一基本变形各自引起的应力、内力、应变和位移,然后将所得结果叠加,便是构件组合变形下的应力、内力、应变和位移。

因此,要学好组合变形,就得先复习好 4 种基本变形的相关知识。再者要明确,在小变形和线弹性条件下,杆件上各种外力的作用是彼此独立,互不影响的,因此可以采用叠加法对组合变形进行强度分析。即先弄懂组合变形的有关概念,根据书中所讲的组合变形,每种组合变形详做 2 至 4 题,自已总结出组合变形强度计算的步骤,这样,就基本上达到本章学习的要求。

在这当中比较困难的是,什么情况下用强度条件,什么情况下用强度理论,其实只要分析清各组合变形时的内力、应力分布情况就好判定了。斜弯曲、拉压与弯曲组合变形的危险点处于单向应力状态,可按简单拉压强度条件进行强度计算。弯曲与扭转的组合、拉伸(压缩)与扭转组合、拉伸(压缩)与扭转及弯曲组合变形危险点一般都处于平面应力状态,应按相应的强度理论进行强度计算。

(1)拉(压)组合变形的危险点处于单向应力状态,解析方法:首先根据受力判断构件是否产生拉伸和弯曲组合变形,对于拉弯组合变形,可根据外力作用下的轴力、弯矩图确定最危险截面,最危险截面上离开中性轴最远处为危险点。若不考虑弯曲切应力影响,拉(压)弯曲组合变形时危险点处于单向应力状态,属于强度计算中的第一类危险点。

(2)偏心拉压。偏心拉压的危险点处于单向应力状态。对于机械、土木各专业,截面核心的概念不论是在后续课还是今后的实际工程都会经常遇到,应给予重视。解析方法:首先根据受力判断构件是否产生偏心拉压,对于偏心拉压,可根据外力作用下产生的轴力、弯矩图确定最危险截面,最危险截面上离开中性轴最远处为危险点。若不考虑弯曲切应力影响,偏心拉压时危险点处于单向应力状态,属于强度计算中的第一类危险点。

(3)弯扭组合。弯扭组合的难点是判断危险点,并用单元体表示危险点的应力状态。解析方法:首先根据受力判断是否产生弯扭组合,对于弯扭组合,可根据外力作用下产生的扭矩、弯矩值确定危险截面。一般地,危险截面上正应力、切应力均较大的点为危险点。弯扭组合,危险点处于复杂应力状态,属于强度计算中的第三类危险点。

请根据上述内容认真看懂相应典型例题 5 至 6 道,认真仔细做相应习题 8 至 12 道,亲自总结出解题的规律和技巧。

8.5 习题精选详解

8.1 试求图示各构件在指定截面上的内力分量。

解 (1)如题 8.1 图(a)所示,有
$$F_N = F\cos\theta, \quad F_S = F\sin\theta, \quad M = Fa\cos\theta + FL\sin\theta$$
(2)如题 8.1 图(b)所示,有
$$F_N = F_y, \quad F_{Sz} = F_z, \quad F_{Sr} = F_x$$
$$M_x = 2F_y - F_z L, \quad M_z = F_x L - 3F_y, \quad T = 2F_x - 3F_z$$
(3)如题 8.1 图(c)所示,有

Ⅰ - Ⅰ 截面:
$$F_{Sy} = \frac{F_2}{2}, \quad F_{Sr} = \frac{F_1}{2}$$
$$M_z = F_1 a, \quad M_y = F_2 a, \quad T = \frac{F_1 a}{2}$$

Ⅱ - Ⅱ 截面:

$$F_N = \frac{F_2}{2}, \quad F_{Sy} = \frac{F_1}{2}, \quad M_x = \frac{3}{4}F_1 a$$

$$M_y = \frac{F_2}{2}a, \quad T = -\frac{F_1}{2}a$$

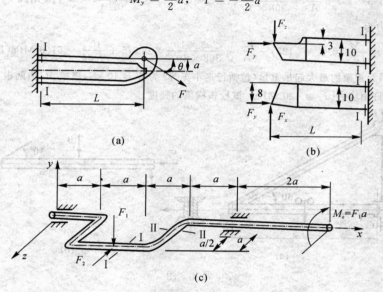

题 8.1 图

8.2 人字架及承受的载荷如图所示。试求截面 Ⅰ－Ⅰ上最大正应力和 A 点的正应力。

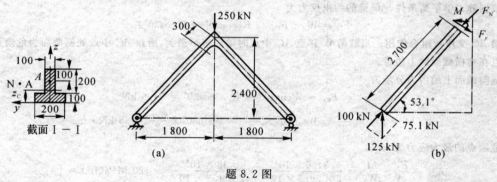

题 8.2 图

解 沿 Ⅰ－Ⅰ截面将人字架截开,取左半部分为研究对象,受力如图(b)所示,由平衡条件,Ⅰ－Ⅰ截面上的内力分量为

$$F_N = 100 \text{ kN}, \quad F_S = 75.1 \text{ kN}, \quad M = 203 \text{ kN} \cdot \text{m}$$

截面形心位置:

$$y_C = 0$$

$$z_C = \frac{0.1 \times 0.2 \times 0.2 + 0.2 \times 0.1 \times 0.05}{0.1 \times 0.2 + 0.2 \times 0.1} = 0.125 \text{ m}$$

截面形心主惯性矩:

$$I_{N \cdot A} = \frac{1}{12} \times 0.1 \times 0.2^3 + 0.02 \times (0.2 - 0.125)^2 + \frac{0.2 \times 0.1^3}{12} +$$

$$0.02 \times (0.125 - 0.05)^2 = 308 \times 10^{-6} \text{ m}^4$$

Ⅰ－Ⅰ截面上的最大正应力为

$$\sigma_{max}^{+} = \frac{M}{I_{N\cdot A}}z_c - \frac{F_N}{A} = \frac{203 \times 10^3}{308 \times 10^{-6}} \times 0.125 - \frac{100 \times 10^3}{0.04} = 79.9 \text{ MPa}$$

$$\sigma_{max}^{-} = \frac{M}{I_{NA}}(0.3 - z_c) + \frac{F_N}{A} = \frac{203 \times 10^3}{308 \times 10^{-6}}(0.3 - 0.125) + \frac{1\ 100 \times 10^3}{0.04} = 118 \text{ MPa}$$

A 点的正应力为

$$\sigma_A = \frac{M}{I_{N\cdot A}}(0.2 - 0.125) + \frac{F_N}{A} = \frac{203 \times 10^3}{308 \times 10^{-6}} \times 0.075 + \frac{10^5}{0.04} = 51.9 \text{ MPa(压)}$$

8.3 图所示起重架的最大起吊重量(包括行走小车等)为 $W = 40$ kN,横梁 AC 由两根 No.18 槽钢组成,材料为 Q235 钢,许用应力$[\sigma] = 120$ MPa。试校核横梁的强度。

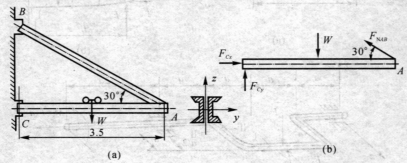

题 8.3 图

解 查型钢表,No.18 槽钢:

$$A = 29.30 \text{ cm}^2, \quad I_y = 1\ 370 \text{ cm}^4, \quad W_y = 152 \text{ cm}^3$$

根据静力学平衡条件,AC 梁的约束反力为

$$F_N = W, \quad F_{c_y} = F_N\cos30° = W\cos30°$$

梁 AC 受压弯组合作用。当载荷 W 移至 AC 中点时梁内弯炬最大,所以 AC 中点处横截面为危险截面。危险点在梁横截面的上边缘。

危险截面上的内力分量为

$$F_N = F_{Cx} = W\cos30° = 40 \times \cos30° = 34.6 \text{ kN}$$

$$M = F_{Cy} \times \frac{3.5}{2} = W\sin30° \times \frac{3.5}{2} = 40\sin30° \times \frac{3.5}{2} = 35 \text{ kN} \cdot \text{m}$$

危险点的最大应力为

$$\sigma_{max} = \frac{F_N}{A} + \frac{M_y}{W_y} = \frac{34.6 \times 10^3}{2 \times 29.3 \times 10^{-4}} + \frac{35 \times 10^3}{2 \times 152 \times 10^{-6}} = 120 \text{ MPa(压)} = [\sigma]$$

故横梁满足强度条件。

8.5 单臂液压机架及其立柱的横截面尺寸如图所示。$F = 1\ 800$ kN,材料的许用应力$[\sigma] = 160$ MPa。试校核机架立柱强度(关于立柱横截面几何性质的计算,可参阅附录Ⅰ例 1.3)。

解 由

$$y_C = \frac{1\ 400 \times 860 \times 700 - 1\ 334 \times 828 \times (50 + 667)}{1\ 400 \times 860 - 1\ 334 \times 828} = 511 \text{ mm}$$

$$I_z = \frac{1}{12} \times 860 \times 1\ 400^3 + 860 \times 1\ 400 \times (700 - 511)^2 - \frac{1}{12} \times 828 \times 1334^3 -$$

$$1\ 334 \times 828 \times (50 + 667 - 511)^2 = 2.9 \times 10^{10} \text{ mm}^4 = 2.9 \times 10^{-2} \text{ m}^4$$

得

$$A = 1400 \times 860 - 1334 \times 828 = 9.95 \times 10^4 \text{ mm}^2 = 9.95 \times 10^{-2} \text{ m}^2$$

$$M = F(900 + 511) = 1411 \times 10^{-3} F$$

则最大拉应力在 AB 处,即拉弯组合,最大(拉)应力产生在横截面 Ⅰ-Ⅰ 的 AB 边上,有:

$$\sigma_{max} = \frac{F}{A} + \frac{F(y_C + 900)y_C}{I_z} = \frac{1\ 800 \times 10^3}{[1\ 400 \times 860 - (1\ 400 - 50 - 16)(860 - 32)] \times 10^{-6}}$$

$$\frac{1.8 \times 10^6 \times [(900 + 1\,400 - 890) \times (1\,400 - 890)] \times 10^{-6}}{0.029} =$$

$$62.7\ \text{MPa(拉)} < [\sigma] = 160\ \text{MPa}$$

故立柱满足强度条件。

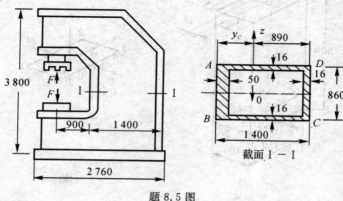

题 8.5 图

8.7 如图所示短柱受载荷 F_1 和 F_2 的作用,试求固定端截面上角点 A, B, C 及 D 的正应力,并确定其中性轴的位置。

解 偏心压缩。危险截面 $ABCD$ 上的内力分量如题 8.7 图(b) 所示,有

$$F_N = F_1 = 25\ \text{kN}$$
$$M_y = F_1 \times 0.025 = 25 \times 10^3 \times 0.025 = 625\ \text{N} \cdot \text{m}$$
$$M_z = F_2 \times 0.6 = 5 \times 10^3 \times 0.6 = 3\,000\ \text{N} \cdot \text{m}$$
$$F_{Sy} = F_2 = 5\ \text{kN}$$

A, B, C, D 各点的正应力分别为

$$\sigma_A = -\frac{F_N}{A} + \frac{M_v}{W_y} + \frac{M_z}{W_z} = -\frac{25 \times 10^3}{0.15 \times 0.1} + \frac{6 \times 625}{0.15 \times 0.1^2} + \frac{6 \times 3\,000}{0.1 \times 0.15^2} = 8.83\ \text{MPa}$$

$$\sigma_B = -\frac{F_N}{A} - \frac{M_y}{W_y} + \frac{M_z}{W_z} = -\frac{25 \times 10^3}{0.15 \times 0.1} - \frac{6 \times 625}{0.15 \times 0.1^2} + \frac{6 \times 3\,000}{0.1 \times 0.15^2} = 3.83\ \text{MPa}$$

$$\sigma_C = -\frac{F_N}{A} - \frac{M_y}{W_y} - \frac{M_z}{W_z} = -\frac{25 \times 10^3}{0.15 \times 0.1} - \frac{6 \times 625}{0.1.5 \times 0.1^2} - \frac{6 \times 3\,000}{0.1 \times 0.15^2} = -12.2\ \text{MPa}$$

$$\sigma_D = -\frac{F_N}{A} + \frac{M_y}{W_y} - \frac{M_z}{W_z} = -\frac{25 \times 10^3}{0.15 \times 0.1} + \frac{6 \times 625}{0.15 \times 0.1^2} - \frac{6 \times 3000}{0.1 \times 0.15^2} = -7.17\ \text{MPa}$$

设 y_0, z_0 为中性轴上任意一点的坐标,则

$$\sigma(y_0\ z_0) = -\frac{F_N}{A} + \frac{M_y z_0}{W_y} \frac{M_z y_0}{W_z} = 0$$

即

$$-\frac{25 \times 10^3}{0.1 \times 0.15} + \frac{625 \times 12}{0.15 \times 0.1^3} z_0 + \frac{3000 \times 12}{0.1 \times 0.1^3} y_0 = 0$$

得中性轴方程:

$$29.9 z_0 + 63.9 y_0 - 1 = 0$$

若令 $z_0 = 0$,得

$$a_y = \frac{1}{63.9}\ \text{m} = 15.6\ \text{mm}$$

令 $y_0 = 0$,得

$$a_z = \frac{1}{29.9}\ \text{m} = 33.4\ \text{mm}$$

故 a_y, a_z 分别是中性轴与 y, z 轴的截距,如题 8.7 图(b)所示。

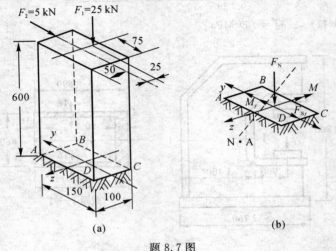

题 8.7 图

8.11　如图示,槽形截面的截面核心为 $abcd$,若有垂直于截面的偏心压力 F 作用于 A 点,拭指出这时中性轴的位置。

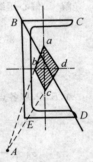

解　对于偏心受压(拉)的杆,其中性轴方程为

$$1 + \frac{y_0}{i_z^2}y_F + \frac{z_0}{i_y^2}z_F = 0$$

式中,y_0, z_0 为力作用点的坐标。当 y_F, z_F 为已知时,上式为 y_0, z_0 的一次式,即中性轴为一直线。反之,y_0, z_0 已知(即某一应力零点固定不变),则上式为 y_F, z_F 的一次式,即力的作用点沿直线移动,中性绕某一点转动。本题中已知四边形 $abcd$ 为截面核心,可见力作用在 d 点时,中性轴为 EB,力作用在 C 点时,中件轴为 BC,交点在 B 点时力的作用点沿 dc 移动时,中性轴必定绕 B 点转动。同样,作用点沿 ab 移动时,中性轴必绕点 D 转动,A 点为 dc 和 ab 两直线的交点。故当力的作用点在 A 时,中性轴必定通过 B, D 两点的直线,即 BD 线为中性轴。

题 8.11 图

8.12　手摇绞车如图所示,轴的直径 $d = 30$ mm,材料为 Q235 钢,$[\sigma] = 80$ MPa。试按第三强度理论,求绞车的最大起吊重量 P。

解　此题为弯扭组合。圆轴受力图,扭矩图,弯矩图如图(b)所示,危险截面为 C 截面,其扭矩和弯矩分别为

$$T = 0.18P(\text{N} \cdot \text{m}), \quad M_x = \frac{Pl}{4} = 0.2P(\text{N} \cdot \text{m})$$

按第三强度理论,有

$$\sigma_{r3} = \frac{\sqrt{T^2 + M_x^2}}{W} \leqslant [\sigma]$$

由上式,得

$$P \leqslant \frac{80 \times 10^6 \times \left(\frac{\pi}{32} \times 0.03^3\right)}{\sqrt{0.18^2 + 0.2^2}} = 788 \text{ N}$$

故绞车最大起吊重量为 $P = 788$ N。

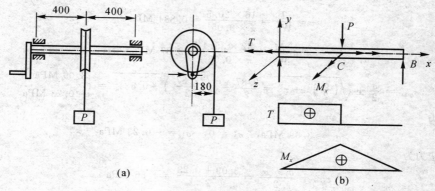

(a)

(b)

题 8.12 图

8.15 某型水轮机主轴的示意图如图所示。水轮机输出功率为 $P = 37\,500$ kW,转速 $n = 150$ r/min。已知轴向推力 $F_x = 4\,800$ kN,转轮重 $W_1 = 390$ kN;主轴的内径 $d = 340$ mm,外径 $D = 750$ mm,自重 $W = 285$ kN。主轴材料为 45 钢,其许用应力 $[\sigma] = 80$ MPa。试按第四强度理论校核主轴的强度。

解 这是一个拉扭组合变形问题,危险截面在主轴根部。该处的内力分量为

$$F_N = F_x + W_1 + W = 4\,800 + 390 + 285 = 5\,475 \text{ kN}$$

$$T = 9549\,\frac{N}{n} = 9\,549 \times \frac{37\,500}{150} = 2.4 \times 10^6 \text{ N} \cdot \text{m}$$

危险点的应力分量,有

$$\tau = \frac{T}{W} = \frac{16 \times 2.4 \times 10^3}{\pi \times 0.75^3 \times [1 - (340/750)^4]} = 30.1 \text{ MPa}$$

$$\sigma = \frac{F_N}{A} = \frac{5\,475 \times 10^3 \times 4}{\pi(0.75^2 - 0.34^2)} = 15.6 \text{ MPa}$$

按第四强度理论,有

$$\sigma_{r4} = \sqrt{\sigma^2 + 3\tau^2} = \sqrt{15.6^2 + 3 \times 30.1^2} = 54.4 \text{ MPa} < [\sigma] = 80 \text{ MPa}$$

故主轴满足强度条件,安全。

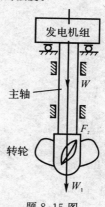

题 8.15 图

8.16 图(a)为某精密磨床砂轮轴的示意图。已知电动机功率 $P = 3$ kW,转子转速 $n = 1\,400$ r/min,转子重量 $W_1 = 101$ N。砂轮直径 $D = 250$ mm,砂轮重量 $W_2 = 275$ N。磨削力 $F_y : F_z = 3 : 1$,砂轮轴直径 $d = 50$ mm,材料为轴承钢,$[\sigma] = 60$ MPa。

(1) 试用单元体表示出危险点的应力状态,并求出主应力和最大切应力。

(2) 试用第三强度理论校核轴的强度。

解 这是一个弯扭组合变形问题,砂轮轴的受力图和内力图如图(b)所示,砂轮轴承受的扭矩为

$$T = 9\,549\,\frac{N}{n} = 9\,549 \times \frac{3}{800} = 20.5 \text{ N} \cdot \text{m}$$

磨削力为

$$F_z = \frac{T}{D/2} = \frac{20.5}{0.25/2} = 164 \text{ N}, \quad F_y = 3F_z = 492 \text{ N}$$

由内力图如图(b)所示,可以判定危险截面在左支座处。该截的扭矩为

$$T = 20.5 \text{ N} \cdot \text{m}$$

总弯矩为

$$M = \sqrt{M_y^2 + M_z^2} = \sqrt{21.3^2 + 28.2^2} = 35.4 \text{ N} \cdot \text{m}$$

危险点的应力分量:

$$\tau = \frac{T}{W_1} = \frac{16 \times 20.5}{\pi \times 0.05^3} = 0.834 \text{ MPa}$$

$$\sigma = \frac{M}{W_1} = \frac{32 \times 35.4}{\pi \times 0.05^3} = 2.87 \text{ MPa}$$

$$\sigma_{max} = \frac{\sigma}{2} \pm \sqrt{\left(\frac{\sigma}{2}\right)^2 + \tau^2} = \frac{2.87}{2} \pm \sqrt{\left(\frac{2.87}{2}\right)^2 + 0.834^2} = \begin{cases} 3.09 \text{ MPa} \\ -0.23 \text{ MPa} \end{cases}$$

主应力为

$$\sigma_1 = 3.09 \text{ MPa}, \quad \sigma_2 = 0, \quad \sigma_3 = -0.23 \text{ MPa}$$

最大切应力为

$$\tau_{max} = \frac{\sigma_1 - \sigma_3}{2} = \frac{3.09 + 0.23}{2} = 1.66 \text{ MPa}$$

危险点的应力状态用单元体表示在图(c)中。按第三强度理论,有

$$\sigma_{r3} = \sigma_1 - \sigma_3 = 3.09 + 0.23 = 3.32 \text{ MPa} < [\sigma] = 60 \text{ MPa}$$

故轴满足强度条件,安全。

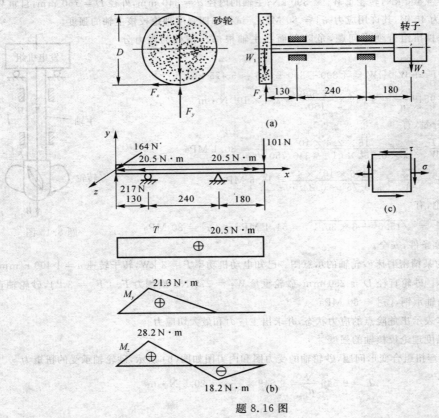

题 8.16 图

8.18　如图所示某滚齿机变速箱第 Ⅱ 轴为直径 $d = 35$ mm 的花键轴。传递功率 $P = 3.2$ kW,转速 $n = 315$ r/min。轴上齿轮 ① 为直齿圆柱齿轮,节圆直径 $d_1 = 108$ mm。传动力分解为周向力 F_1 和径向力 F_{r1},且 $F_{r1} = F_1 \tan 20°$。齿轮 ② 为螺旋角 $\beta = 17°20'$ 的斜齿轮,节圆直径 $d_2 = 141$ mm。传动力分解为周向力 F_2、径向力 F_{r2} 和轴向力 F_{a2},且 $F_{r2} = \frac{F_2 \tan 20°}{\cos 17°20'}$,$F_{a2} = F_2 \tan 17°20'$。轴材料为 45 钢,调质,$[\sigma] = 85$ MPa。试校核轴的强度。

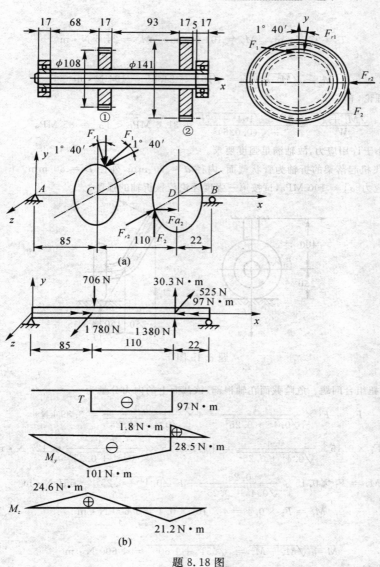

题 8.18 图

解 这是个弯扭组合弯形问题,轴承受的扭矩为

$$T = 9\ 549\ \frac{P}{n} = 9\ 549 \times \frac{32}{35} = 97\ \text{N} \cdot \text{m}$$

由平衡条件,得

$$F_1 = \frac{T}{d_1/2} = \frac{97 \times 2}{0.108} = 1\ 796\ \text{N}$$

$$F_2 = \frac{T}{d_2/2} = \frac{2 \times 97}{0.141} = 1\ 376\ \text{N}$$

$$F_{r1} = F_1 \tan 20° = (1\ 796 \times \tan 20°) = 654\ \text{N}$$

$$F_{r2} = F_2 \frac{\tan 20°}{\cos 17.3°} = 525\ \text{N}$$

$$F_{a2} = F_2 \tan 17.3° = 430\ \text{N}$$

轴的受力图和内力图如题 8.18 图(b)所示,根据内力图可判定危险截面在左支座处,该截面上的内力分

量为

$$T = 97 \text{ N} \cdot \text{m}, \quad M_y = 101 \text{ N} \cdot \text{m}, \quad M_z = 24.6 \text{ N} \cdot \text{m}$$

合成弯矩为

$$M = \sqrt{M_y^2 + M_z^2} = \sqrt{101^2 + 24.6^2} = 104 \text{ N} \cdot \text{m}$$

应用第三强度理论,有

$$\frac{\sqrt{M^2 + T^2}}{W} = \frac{32 \times \sqrt{104^2 + 97^2}}{\pi \times (0.036)^3} = 31.6 \text{ MPa} < [\sigma] = 85 \text{ MPa}$$

最大工作应力小于许用应力,故轴满足强度要求。

8.19 如图示飞机起落架的折轴为管状截面,内径 $d = 70$ mm,外径 $D = 80$ mm。$F_1 = 1$ kN,$F_2 = 4$ kN。材料的许用应力$[\sigma] = 100$ MPa,试按第三强度理论校核折轴的强度。

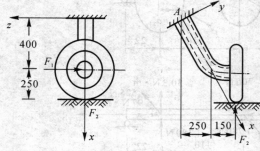

题 8.19 图

解 这是个弯扭组合问题。危险截面在轴根部,该截面上的内力分量为

$$F_N = F_2 \times \frac{0.4}{\sqrt{0.4^2 + 0.25^2}} = 4 \times \frac{0.4}{\sqrt{0.4^2 + 0.25^2}} = 3.39 \text{ kN}$$

$$T = F_1 \times 0.15 \times \frac{0.4}{\sqrt{0.4^2 + 0.25^2}} = 10^3 \times 0.15 \times \frac{0.4}{\sqrt{0.4^2 + 0.25^2}} = 127 \text{ N} \cdot \text{m}$$

$$M_y = F_1 \times 0.15 \times \frac{0.25}{\sqrt{0.4^2 + 0.25^2}} + F \sqrt{0.4^2 + 0.25^2} = 551 \text{ N} \cdot \text{m}$$

$$M_z = F_2 \times 0.4 = 4 \times 10^3 \times 0.4 = 1\,600 \text{ N} \cdot \text{m}$$

合成弯矩为

$$M = \sqrt{M_y^2 + M_z^2} = \sqrt{551^2 + 1\,600^2} = 1\,690 \text{ N} \cdot \text{m}$$

危险点的应力分量为

$$\sigma = \frac{F_N}{A} + \frac{M}{W} = \frac{3\,390}{\frac{\pi}{4}(0.08^2 - 0.07^2)} + \frac{1\,690}{\frac{\pi}{32} \times 0.08^3 \times [1 - (\frac{7}{8})^4]} = 84.2 \text{ MPa}$$

$$\tau = \frac{T}{W_1} = \frac{127}{\frac{\pi}{16} \times 0.08^3 \times [1 - (\frac{7}{8})^2]} = 3.06 \text{ MPa}$$

应用第三强度理论,有

$$\sqrt{\sigma^2 4\tau^2} = \sqrt{84.2^2 + 4 \times 3.06^2} = 84.5 \text{ MPa} < [\sigma] = 100 \text{ MPa}$$

故满足强度要求,安全。

8.20 如图所示,截面为正方形 4 mm×4 mm 的弹簧垫圈,若两个 F 力可视为作用在同一直线上,垫圈材料的许用应力$[\sigma] = 600$ MPa,试用第三强度理论求许可载荷 F。

解 这是个关于 AC 平面的反对称问题,可以假设 C 截面固定,只对 ABC 半圆环求解(见题8.20图(b))。

弹簧垫圈受力后,产生弯扭组合变形。而且还是个方形截面的扭转问题。对任意截面,其弯矩为

$$M = FR\sin\varphi \qquad ①$$

其扭矩为

$$T = FR(1 - \cos\varphi) \qquad ②$$

该截面上危险点的应力状态如题 8.20 图(c)所示。其应力分量为

$$\sigma = \frac{M}{W} = \frac{6M}{t^3} \qquad ③$$

$$\tau = \frac{T}{0.208t^3} = \frac{4.81T}{t^3} \qquad ④$$

第三强度理论的相当应力为

$$\sigma_{r3} = \sigma_1 - \sigma_3 = \sqrt{\sigma^2 + 4\tau^2} \qquad ⑤$$

将式 ①②③④ 代入式 ⑤ 中并简化,得

$$\sigma_{r3} = \frac{FR}{t^3}\sqrt{36\sin^2\varphi + 92.5(1 - \cos\varphi)^2}$$

σ_{r3} 是 φ 的函数,可求出,当 $0 \leqslant \varphi \leqslant \pi, \dfrac{\mathrm{d}\sigma_{r3}}{\mathrm{d}\varphi} > 0$。

即 σ_{r3} 是 φ 的增函数,危险点在 $\varphi = \pi$ 处,即 C 截面。

$$\sigma_{r3} = 19.2\frac{FR}{t^3} \leqslant [\sigma] = 600 \times 10^6 \text{ Pa}$$

解上式可得许用载荷为

$$[F] = \frac{[\sigma]t^3}{19.2R} = \frac{600 \times 10^6 \times (4 \times 10^{-3})^3}{19.2 \times 12 \times 10^{-3}} = 166 \text{ N}$$

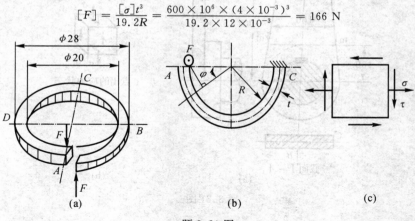

题 8.20 图

8.21 铸铁曲柄如图示。已知材料的许用应力 $[\sigma] = 120$ MPa,$F = 30$ kN。试用第四强度理论校核曲柄 m-m 截面的强度。

解 这是个弯扭组合变形问题。m-m 截面上的内力分量为:

弯矩:

$$M_y = 0.2F = 0.2 \times 30 = 6 \text{ kN} \cdot \text{m}$$

扭矩:

$$T = (0.048 + 0.02)F = (0.048 + 0.02) \times 30 = 2.04 \text{ kN} \cdot \text{m}$$

m-m 截面上短边中点 C 点的应力分量(见题 8.21 图(b)):

弯曲正应力为

$$\sigma_c = \frac{M_y z}{I_y} = \frac{6 \times 10^3 \times 0.08}{\frac{1}{12} \times 0.04 \times 0.16^3} = 35.1 \text{ MPa}$$

扭转切应力为

$$\tau_c = v \tau_{max} = v \frac{T}{\alpha h b^2}$$

因 $h/b = 160/40 = 4$，查表教材表得 $\alpha = 0.283, v = 0.754$

得

$$\tau_c = 0.754 \times \frac{2.04 \times 10^3}{0.283 \times 0.16 \times 0.04^2} = 21.2 \text{ MPa}$$

弯曲切应力 $\tau_s = 0$，应用第四强度理论，有

$$\sigma_{r4} = \sqrt{\sigma_c + 3\tau_c} = \sqrt{35.1^2 + 3 \times 21.2^2} = 54.8 < [\sigma] = 120 \text{ MPa}$$

m－m 截面上长边中点 B 点的强度：

因 B 点在中性轴上，所以 B 点弯由正应力 $\sigma_B = 0$，应力分量只有扭转切应力为

$$\tau_B = \frac{T}{\alpha h b^2} \frac{204 \times 10^3}{0.283 \times 0.16 \times 0.04^2} = 28.2 \text{ MPa}$$

弯曲应力为

$$\tau_s = \frac{3}{2} \times \frac{F_s}{A} \frac{3}{2} \times \frac{30 \times 10^3}{0.16 \times 0.04} = 7.03 \text{ MPa}$$

应用第四强度理论，有

$$\sigma_{r4} = \sqrt{\sigma_B^2 + 3(\tau_B \tau_s)^2} = \sqrt{3 \times (28.27.03)^2} = 65 \text{ MPa} < [\sigma] = 120 \text{ MPa}$$

m－m 截面满足强度要求。

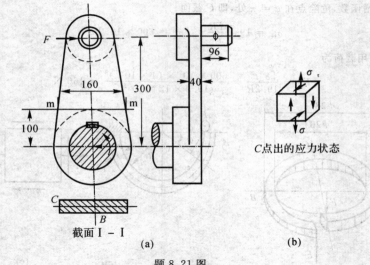

C点出的应力状态

截面 I－I

(a)　　　　　　　　(b)

题 8.21 图

8.23　如图所示，折轴杆的横截面为边长 12 mm 的正方形。用单元体表示 A 点的应力状态，确定其主应力。

解　外力的 3 个正交分量 $F_x = 2 \text{ kN}, F_y = 2 \text{ kN}, F_z = 1 \text{ kN}$

A 点所在横截面上的内力（见题 8.23 图(b)）：

$$F_{Sx} = F_x = 2 \text{ kN}, \quad F_{Sz} = F_z = 1 \text{ kN}, \quad F_N = F_y = 2 \text{ kN}$$

$$M_x = 0.1 F_x = 0.1 \text{ kN} \cdot \text{m}, \quad T = 0.2 F_z = 0.2 \text{ kN} \cdot \text{m}$$

$$M_z = 0.2 F_y + 0.1 F_x = 0.2 \times 2 + 0.1 \times 2 = 0.6 \text{ kN} \cdot \text{m}$$

A 点的应力为

$$\sigma = -\frac{F_N}{A} + \frac{M_x}{W} = -\frac{2 \times 10^3}{0.012^2} + \frac{6 \times 0.1 \times 10^3}{0.012^3} = 333 \text{ MPa}$$

$$\tau = \frac{T}{\alpha h b^2} + \frac{3}{2} \times \frac{F_{Sx}}{A} = \frac{0.2 \times 10^3}{0.208 \times 0.012^3} + \frac{3}{2} \times \frac{2 \times 10^3}{0.012^2} = 577 \text{ MPa}$$

弯矩 M_z 产生的正应力及 F_{Sz} 产生的切应力在 A 点均为零。主应力为

$$\left.\begin{array}{l}\sigma_{\max}\\\sigma_{\min}\end{array}\right\}=\frac{\sigma}{2}\pm\sqrt{\left(\frac{\sigma}{2}\right)^2+\tau^2}=\frac{333}{2}\pm\sqrt{\left(\frac{333}{2}\right)^2+577^2}=\begin{cases}768\text{ MPa}\\-434\text{ MPa}\end{cases}$$

按照主应力的记号规定为

$$\sigma_1=768\text{ MPa},\quad\sigma_2=0,\quad\sigma_3=-434\text{ MPa}$$

A 点的应力状态被表示在图(c)中。

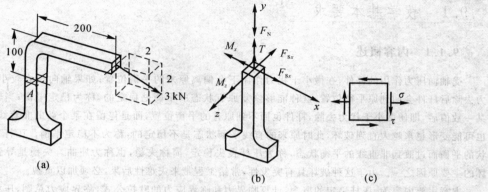

题 8.23 图

第9章 压杆稳定

9.1 教学基本要求

9.1.1 内容概述

受轴向压力作用的杆件,在微小干扰力作用下会偏离原来的平衡位置;如果轴向压力较小,当微小干扰力去除后杆件会回到原平衡位置,这种能够恢复原有状态的平衡是稳定的,称为稳定平衡;当轴向压力加到某一数值后,即使微小干扰力去除,杆件也回不到原有的平衡位置,而是停留在某个新的非直线的平衡位置,也可能变形越来越大直到破坏,此时原来的直线平衡状态是不稳定的,称为不稳定平衡。压杆丧失其直线形状的平衡而过渡到非直线的平衡状态,称为压杆丧失稳定,简称失稳,也称为屈曲。失稳是导致细长压杆破坏的主要原因之一。由于这种破坏具有突发性,常给工程带来灾难性后果,必须加以重视。

本章主要内容为:压杆稳定的概念,计算临界力和临界应力的欧拉公式,临界应力总图,压杆稳定性计算及提高压杆稳定性的措施等。

9.1.2 目的要求

(1)理解压杆稳定性的概念,明确压杆稳定计算的重要意义。
(2)掌握计算细长杆临界力的欧拉公式及其适用范围。
(3)了解中长杆临界应力的经验计算公式。
(4)掌握压杆稳定性的计算。
(5)了解提高压杆稳定性的措施。

9.1.3 三基

(1)基本概念:理想受压直杆,稳定平衡与不稳定平衡,临界力,临界应力,压杆长度因数,柔度,折减系数。
(2)基本理论:计算细长杆临界力与临界应力的欧拉公式,中柔度杆的经验公式,小柔度杆的强度破坏。
(3)基本方法:压杆稳定计算的稳定安全因数法及稳定折减系数法。

9.1.4 重点难点

重点:理想压杆稳定性的概念,柔度,欧拉公式,压杆稳定的计算方法。
难点:如何将压杆两端的实际约束情况抽象成力学模型,截面设计柔度的计算。

9.2 教学建议

9.2.1 教学单元划分

本章共 6 学时,划分为 3 个教学单元。
第一单元授课内容:压杆稳定的概念,两端铰支细长压杆的临界力,其他条件下细长压杆的临界力。
第二单元授课内容:欧拉公式适用范围,经验公式,压杆的稳定校核。
第三单元授课内容:提高压杆稳定性的措施,介绍纵横弯曲的概念,稳定计算习题课。

9.2.2 各单元教学重点内容建议

第一单元重点讲授内容

1. 压杆稳定的概念

讲压杆稳定,建立压杆稳定的概念很重要,建议这样建立稳定性的概念。如图9.1所示的小球,在 A 位置会说它是稳定的,因将它被提到虚线位置放开后,小球会绕着 A 点来回摆动,最终停在 A 点处;在 B 位置会说它是不稳定的,因为稍微用力一推它就会沿着斜坡往下滚,若不加外力再也回不到原来位置;而小球在 C 位置会说它是随遇稳定的,因为将它放在什么位置就在什么位置不动。但当离开原位置后,在没有外力的情况下,也是再也回不到原位置。也就是说 C 位置球的稳定与 A 位置球的稳定是不一样的。通常将物体离开原来位置,在没有外力作用下能回到原来位置的现象,称为稳定平衡;将物体离开原来位置后,在没有外力作用下,再也不能回到原来位置的现象,称为不稳定平衡。也就是说,B,C 位置的小球都处于不稳定平衡状态,只是二者不稳定平衡状态有所不同罢了。

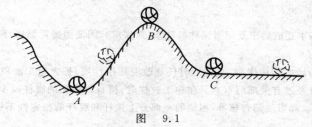

图 9.1

其实,上述情况比比皆是。请看下面小试验。将一根小锯条竖直放在桌面上,用食指逐渐对锯条施加压力(见图9.2(b)),其计算简图如图9.2(a)所示。也就是说,这时的锯条相当于工程中的简支压杆。当压力没有达到某一量值时,给锯条一个横向干扰力,锯条会来回摆动,最终停留在直线位置,它相当于小球处于 A 位置,即锯条处于稳定平衡状态,简称稳定;当压力继续增大达到某一量值时,锯条仍然处于直线状态。但是,若给锯条一个横向推力,推到什么位置锯条就会在什么位置停下来,它相当于小球 C 位置,即锯条处于临界稳定平衡状态,而临界稳定平衡状态时的压力,称为临界力,常用 F_{cr} 表示;当压力增加到大于某一量值时,锯条会突然变弯(见图9.2(c)),这时的锯条已经丧失了承载能力,若与小球相比拟,相当于小球处于 B 状态,这种现象叫压杆失去稳定性,简称失稳。

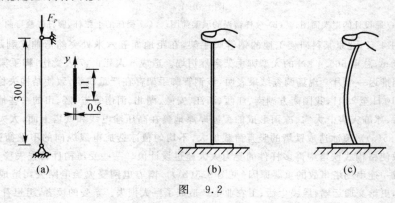

图 9.2

试问,为什么要研究这种失稳现象呢?通过下面的具体计算和工程上一些破坏现象就明白了。

按第5章讲的压杆强度条件,可计算出锯条的许可荷载。锯条宽 0.6 mm,厚 0.6 mm,许用应力 $[\sigma] = 200 \times 10^6$ MPa。其许可荷载为

$$[F_P] \leqslant A \cdot [\sigma] = 11 \text{ mm} \times 0.6 \text{ mm} \times 200 \text{ MPa} = 1\ 320 \text{ N}$$

1 320 N 即 132 公斤,它是两个中等小伙子的重量。然而食指在此处施加的压力小得不能与人的重量相比。由此可见,轴向受压直杆的承载能力除了强度方面之外,还有一个重要方面,那就是压杆的失稳问题。且大量压杆破坏实例证明,轴心压杆的破坏大部分为失稳破坏,试举几个有名的工程失稳案例如下:

1907 年 8 月 9 日,在加拿大魁北克城 14.4 km 处,横跨圣劳伦斯河的大铁桥在施工中突然压杆失稳倒塌。事故发生在收工前 15 min,工程进展如图 9.3 所示,桥上有 74 人坠河遇难。

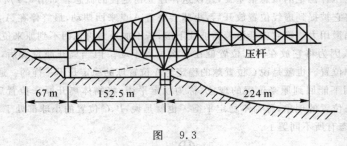

图 9.3

1973 年 8 月 28 日,基本建成的宁夏银川园林场礼堂(兼库房),因漏雨揭瓦翻修,屋盖突然倒塌,当即造成 3 人死亡,1 人重伤,2 人轻伤。

该工程原下达计划为砖木结构库房,在施工时任意改变使用性质,扩大施工面积,木屋架改成三铰式轻型钢屋架。施工图纸没有经过有关部门审查。在施工放样时,擅自将屋架的腹杆减少,增加了受压构件的自由长度(见图 9.4(a)(b))。经事故调查核算,屋架的一部分上弦杆和腹杆的稳定性不够是导致屋架倒塌的直接原因(见图 9.4(c))。

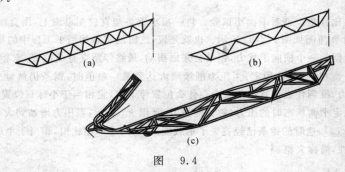

图 9.4

(a) 原设计的屋架简图; (b) 放样错误的屋架简图; (c) 受压的上弦杆、腹杆失稳弯曲

1983 年 10 月 4 日,北京某科研楼工地的钢管脚手架,在距地面五六米处突然弯曲。刹那间,这座高达 52.4 m,长 17.25 m,总重 565.4 kN 的大型脚手架轰然坍塌。造成 5 人死亡,7 人受伤;脚手架所用建筑材料大部分报废,工期推迟一个月。现场调查结果表明,该钢管脚手架存在严重缺陷,致使结构失稳坍塌。

2008 年 1 月 10 日至 29 日,我国南方湖南、江西、浙江、安徽、湖北、河南等省、区、市的一些地区遭受了百年一遇的低温、雨雪、冰冻灾害。大雪、冻雨形成的覆冰厚厚地裹在高压输电线和铁塔上面,大大超出了设防的覆冰厚度(见图 9.5(a)),覆冰造成铁塔的竖直荷载加大,不均匀覆冰造成电线纵向的不平衡张力,断线造成冲击等等因素,致使格构式铁塔中许多杆件的受力大大超过设计值。一些受压构件首先失稳弯曲,是引起铁塔倒塌,甚至形成一连串倒塔事故的重要原因(见图 9.5(b))。南方电网受灾给电网公司造成了严重的经济损失。长期停电,更给交通运输、居民生活、工农业生产造成了巨大损失。亲爱的读者,想想看,根据这些活生生地残痛教训,在工程中不考虑稳定性问题行吗?

除了压杆可能失稳之外,工程中还一些构件也可能失稳。图 9.6 所示为小实验模拟薄梁、薄壁圆筒的失稳状况。它们的失稳特征都表现为平衡形态的突然转变。

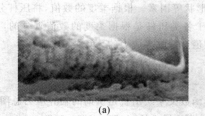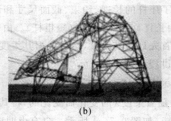

图　9.5

（a）电线上的覆冰；　（b）倒塌的电塔

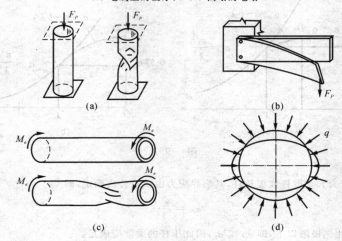

图　9.6

（a）薄纸筒受压失稳；　（b）硬纸片梁突然失稳；

（c）薄纸筒（端部衬瓶盖施力）扭转失稳；　（d）饮料瓶在均布径向压力作用下失稳

2. 压杆常见支承的临界压力

使压杆从稳定平衡过渡到不稳定平衡的压力称为临界压力或临界力，记为 F_{cr}。

计算细长压杆临界力的欧拉公式为

$$F_{cr} = \frac{\pi^2 EI}{(\mu l)^2} \qquad (9.1)$$

式中，E 为压杆材料的弹性模量；I 为压杆在失稳方向横截面的惯性矩；l 为压杆的长度；μ 为长度因数，反映了压杆支承方式对临界力的影响。

当压杆为两端铰支时，$\mu = 1$；当压杆为一端固定，一端自由时，$\mu = 2$；当压杆为两端固定时，$\mu = 0.5$；当压杆为一端固定，一端铰支时，$\mu = 0.7$。

欧拉公式的适用范围：① 材料应力在比例极限范围内；② 小挠度压杆。

由临界力 F_{cr} 除以杆件横截面面积 A，得临界应力 σ_{cr}。

本内容概念很重要，要详细推导两端简支压杆的临界力公式及临界应力公式。

3. 柔度

柔度又称长细比，用 λ 表示，即

$$\lambda = \frac{\mu l}{i} \qquad (9.2)$$

式中，μ 为长度因数；l 为杆长；i 为横截面的惯性半径，即

$$i = \sqrt{\frac{I}{A}} \qquad (9.3)$$

　　柔度集中反映了压杆的长度、约束、截面尺寸和形状等因素。根据柔度的数值,将压杆分为大柔度杆(细长杆)、中柔度杆(中长杆)和小柔度杆(短粗杆)。由于各类压杆是根据柔度的数值划分的,因此在讨论压杆的稳定性时往往应首先计算其柔度,然后根据其柔度值选择临界应力的计算公式。

第二单元重点讲授内容

　1.临界应力总图

　　临界应力 σ_{cr} 是随着柔度 λ 的变化而变化的,将其函数关系绘出就是所谓的临界应力总图。临界应力总图一般由三段曲线组成,如图 9.7(a) 所示。也有由两段曲线组成的,如图 9.7(b) 所示。

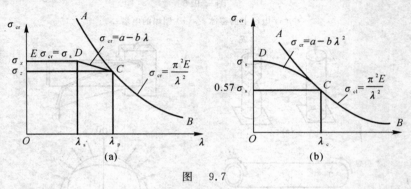

图　9.7

　　(1) $\lambda \geqslant \lambda_1$ 的压杆为大柔度杆或细长杆,其临界应力由欧拉公式确定,即

$$\sigma_{cr} = \frac{\pi^2 E}{\lambda^2} \qquad (9.4)$$

其适用范围是应力在比例极限以下,即 $\sigma_{cr} \leqslant \sigma_p$,因此压杆的柔度应满足:

$$\lambda \geqslant \lambda_1 = \lambda_p = \sqrt{\frac{\pi^2 E}{\sigma_p}} \qquad (9.5)$$

　　(2) $\lambda_2 \leqslant \lambda \leqslant \lambda_1$ 的压杆为中柔度杆或中长杆,失稳时应力将超过屈服极限产生塑性变形。虽然也有理论研究成果,但在工程上通常使用的是基于实验结果的经验公式。常用的经验公式有直线公式(见图 9.7(a))和抛物线公式(见图 9.7(b))。

直线公式:
$$\sigma_{cr} = a - b\lambda \qquad (9.6)$$

抛物线公式:
$$\sigma_{cr} = a_1 - b_1\lambda^2 \qquad (9.7)$$

式中,a,b,a_1,b_1 是与材料性质有关的常数。

　　当使用直线公式时,中柔度杆临界应力适用于 $\sigma_p \leqslant \sigma_{cr} \leqslant \sigma_s$ 的范围内的压杆(见图 9.7(a)),其柔度应满足 $\lambda_2 \leqslant \lambda \leqslant \lambda_1$,其中:

$$\lambda_2 = \lambda_s = \frac{a - \sigma_s}{b} \qquad (9.8)$$

　　当使用抛物线公式时,中柔度杆临界应力适用于 $\sigma_c \leqslant \sigma_{cr} \leqslant \sigma_s$ 的范围内的压杆,其中 σ_c 是经验公式的抛物线与欧拉公式的双曲线之交点所对应的应力,相应的强度值为 σ_c。

　　对于 Q235 钢,$\sigma_p = 200$ MPa,$\sigma_s = 235$ MPa,$E = 2.06 \times 10^5 = 235$ MPa,$a_1 = 0.006\ 66$ MPa。可计算出 $\sigma_c = 123$,$\sigma_c = 1\ 340$ MPa $= 0.57\sigma_s$(见图 9.7(b))。

　　(3) $\lambda \leqslant \lambda_2$ 的压杆称为小柔度杆或短粗杆。采用直线公式时,认为这类压杆的破坏不再是失稳破坏而是强度破坏。所以,对塑性材料,其临界应力为屈服极限,即 $\sigma_{cr} = \sigma_s$;对于脆性材料,其临界应力是强度极限,即 $\sigma_{cr} = \sigma_b$。应当指出的是,此时的临界应力实际指的是第2章中的极限应力,是不符合其真正含义的。

　　采用抛物线公式时,仍用中柔度计算方法。教材中主要使用直线公式。

　　由图 9.7(a) 可以看出,任意一段曲线延伸到另一部分后,都处于正确曲线的上方,这就意味着选用错了曲线,必然会得到偏大的临界力,显然会导致危险的后果。

2. 压杆的稳定性计算

压杆的稳定性计算通常有两种方法：

（1）稳定安全因数法：

$$n = \frac{\sigma_a}{\sigma} = \frac{F_{cr}}{F} \geqslant n_{st} \tag{9.9}$$

式中，n 为压杆的工作安全因数；n_{st} 为规定的稳定安全因数；F，σ 为杆件的工作压力和压应力。此法广泛用于机械工程各行业，教材中主要用此法。使用时必须先计算柔度以确定临界力或临界应力的计算方法。

（2）稳定折减因数法：

$$\sigma = \frac{F}{A} \leqslant \phi[\sigma] \tag{9.10}$$

式中，ϕ 为稳定因数（折减因数），$0 \leqslant \phi \leqslant 1$。此法广泛用于土木工程各行业。使用时也必须先计算柔度，查相应的规范中的表格得到 ϕ，但不用去研究此时压杆属于哪一类。

在压杆的稳定计算中应注意：

（1）同杆件的强度问题类似，稳定计算也存在 3 个方面的问题：稳定性校核，确定稳定时的许可荷载，设计压杆的截面。

（2）由于临界应力的大小与压杆的柔度有关，而截面尺寸未定无法确定其柔度，就无法选定计算临界应力的公式，也无法去查折减因数表。因此，无论用哪种方法设计压杆截面，都要用试凑法（试算法），反复计算才能得到理想的截面。用试算法时，首先假设 $\phi_1 = 0.5$，因为 ϕ 在 0 到 1 之间变化，取中值可减少计算次数；第二次假设为

$$\phi_2 = \frac{(\phi_1 + \phi'_1)}{2} \tag{9.11}$$

具体分析一个题目时，往往需要两 3 次或更多次试算。

（3）由于压杆失稳是一种整体性破坏行为，故杆件的局部削弱，如打孔等，对杆件的截面积影响不大，因此在进行稳定性计算时仍按未消弱时的截面尺寸计算。当然，如果局部削弱较大，则应对此局部进行强度校核。

第三单元重点讲授内容

1. 提高压杆稳定性措施

可以这样认为，提高压杆的稳定性，基本上就是设法减小其弯曲变形。

（1）选择合理的截面形状。尽可能减小柔度的数值，从而提高临界应力。应当指出的是，对变形平面不定的压杆，不能有明显薄弱的变形方向。因此柱子通常使用圆截面和方截面，这与弯曲时是不同的。

（2）改变压杆的约束条件。通过改变约束形式，减小压杆的相当长度 μl 来达到减小柔度的目的。

（3）合理选择材料。对于中柔度杆，临界应力与材料强度有采用优质材料在一定程度上可以提高临界力的数值。但对大柔度杆，其临界应力的大小仅与材料的弹性模量 E 有关，而各种钢材的 E 大致相等，故选用优质钢材对临界力并无多大提高。

2. 纵横弯曲的概念

对于大柔度杆，受到横向力和纵向力同时作用，称为纵横弯曲。当压杆受到纵横弯曲时，轴向力对弯曲变形的影响不能忽略，其变形量与弯矩和轴力的关系是非线性的，不能使用叠加原理，需考虑横向力产生的变形对纵向力产生弯矩带来的影响。

3. 压杆稳定性计算的习题课

9.2.3　考核内容

稳定性问题是材料力学三大任务之一，在每套试题中，都有这方面内容的考题。有时是单独研究压杆稳定的题目，有时是综合性的题目；如超静定问题、动载荷、组合变形等与压杆稳定的综合练习。但不论是哪一

种题型,对压杆的稳定性问题,都要求考生首先要理解压杆稳定的概念,明确临界压力的含义,它是压杆承载能力的一个极限值,随压杆长度、截面形状与尺寸、杆端支承情况以及材料性质变化而变化,因此临界压力的计算是压杆稳定问题的考点。在计算题中,首先要计算压杆的柔度(长细比)λ,从而确定压杆是大柔度杆、中柔度杆还是小柔度杆,再根据临界应力总图分别选取不同的临界应力公式,因此压杆的柔度计算是非常重要的,其中长度因数概念和数值、截面惯性半径的计算都是压杆稳定问题的考点。具体有以下考点:

(1)稳定性的概念。教材中通常只涉及弹性压杆的稳定性概念,但稳定性概念可推广到其他体系,如带有弹性元件的刚体系统。

(2)临界力或临界应力的计算:包括不同系统稳定性的比较等。

(3)稳定性计算:包括稳定性校核、截面设计和确定许用载荷三方面的问题。进行截面设计时要经常进行判断,选择正确的试算方法,不要只埋头进行数学循环迭代。

(4)超静定结构的稳定问题。

(5)考虑稳定性的综合问题。

9.3　典型例题

9.3.1　解题方法

(1)临界稳定状态就是一个非寻常的平衡状态。将结构或体系置于这种状态下,利用平衡方法,就可计算出临界力。

(2)柔度λ是一个重要的稳定性指标,一般应首先计算出来。比较稳定性、选择正确的临界应力计算公式都要使用柔度。

(3)进行截面设计时要经常进行判断,选择正确的试算方法,不能只埋头进行数学循环迭代。

(4)对于超静定结构的稳定问题,一般要首先解超静定,然后再计算稳定问题。

(5)对综合性问题中的每一个构件都要细致地分析受力,确定哪些要考虑强度问题,哪些要分析稳定性。

综上所述,稳定性问题的计算与校核可按下列步骤进行:

(1)作结构分析,根据各杆的受力情况确定出拉杆和压杆。

(2)计算压杆的惯性半径 $i = \sqrt{\dfrac{I}{A}}$。

(3)根据压杆的杆端约束情况确定支座因数 μ,计算出该压杆的柔度值 $\lambda = \mu l / i$。

(4)将压杆的柔度 λ 与压杆分类的界限值 λ_p 和 λ_s 比较,确定该杆是何类压杆,然后选取相应临界应力公式,计算压杆的临界应力(或临界力)。

(5)根据结构的受力情况,计算出压杆的实际工作应力,由临界应力与工作应力的比值得到压杆实际稳定安全因数,比较压杆实际稳定安全因数和规定的稳定安全因数即可判断压杆的稳定性。

(6)由上面的数据,如果需要也可进一步做许可载荷和截面设计等计算工作。

其注意事项:

(1)切忌不判断压杆的类别,而直接用欧拉临界应力(或临界力)公式计算临界应力(或临界力)。

(2)当压杆分类的临界柔度值 λ_p 和 λ_s 未知时,应由材料性能数据计算出来。

(3)进行压杆稳定性的校核时,通常用安全因数法。在建筑等行业常用折减系数法。

(4)工程中,考虑到压杆的初曲率、载荷的偏心、材料的不均匀及失稳破坏的突发性等因素对压杆临界力附影响,因而规定稳定安全因数大于强度安全因数。

(5)对于截面有局部削弱(如油孔等)的压杆,除校核稳定性外,还须对局部削弱处进行强度桉核,其计算面积是扣除孔洞削弱后的实际面积(称为净面积)。

(6)当压杆在各弯曲平面内的支座因数及惯性矩不相同时,应分别计算压杆在各弯曲平面的柔度,选用较大的柔度计算压杆的临界应力。

(7) 当压杆不是粗短杆且又没有局部削弱时,就不需要再校该杆的压缩强度。

(8) 对于超静定结构,当其中有一杆失稳时,仍有可能还有继续承受载荷的能力,因此在计算结构的许可载荷时,应考虑到这一点。

9.3.2　典型例题

例 9.1　如图 9.8 所示托架中的 AB 杆为圆截面直杆,直径 $d = 40$ mm,长度 $l = 800$ mm,其两端可视为铰接,材料为 Q235 钢。试求:

(1) AB 杆的临界载荷 F_{cr};

(2) 若已知工作载荷 $F = 70$ kN,AB 杆规定稳定安全因数 $[n_w] = 2$,问此托架是否安全?

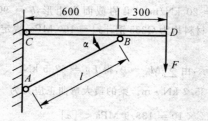 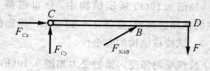

图　9.8

解　(1) 计算压杆柔度,判断压杆类型。圆截面的惯性半径为

$$i = \sqrt{\frac{I}{A}} = \sqrt{\frac{\dfrac{\pi d^4}{64}}{\dfrac{\pi d^2}{4}}} = \frac{d}{4} = \frac{40}{4} = 10 \text{ mm}$$

压杆两端铰支:
$$\mu = 1$$

柔度:
$$\lambda = \frac{\mu l}{i} = \frac{1 \times 800}{10} = 80$$

$\lambda_s < \lambda < \lambda_p$,$AB$ 杆为中柔度杆,所以临界力为

$$F_{cr} = (a - b\lambda)A = (310 \times 10^6 - 1.14 \times 80 \times 10^6) \times \frac{\pi (40 \times 10^{-3})^2}{4} = 275 \text{ kN}$$

(2) 取杆 CBD 为研究对象,由 $\sum M_c = 0$,有

$$(300 + 600)F - 600 F_{NAB} \sin\alpha = 0$$

$$F_{NAB} = \frac{9F}{6\sin\alpha} = \frac{9 \times 70 \times 10^3}{6 \times \dfrac{\sqrt{7}}{4}} = 158.7 \text{ kN}$$

$$n = \frac{F_{cr}}{F_{NAB}} = \frac{27.5 \times 10^4}{15.87 \times 10^4} = 1.73 < 2$$

由上知,AB 杆稳定性不够,故此托架不安全。

【评注】　计算结果表明,托架 AB 杆稳定性不够,有待修改设计。在不改变结构形式的前提下,提高压杆的稳定性可从以下几方面考虑:① 改善压杆的端部约束;② 选择合适的截面形状和尺寸;③ 在结构允许的情况下,缩短压杆的长度;④ 对中、小柔度压杆,选用适当的材料(对大柔度杆意义不大);⑤ 尽可能使压杆在互相垂直的两个主惯性平面内柔度相等。

例 9.2　(大连理工大学考研试题)求图 9.9 示压杆中点受力 F 的临界值。两杆端支承均为固定铰支承,不发生任何方向的位移。杆的惯性矩 $I =$ 常数,弹性模量为 E(忽略杆件自重的影响)。

解　由受力分析知,AC 杆受拉,BC 杆受压。两杆的轴力分别为 F_{NAC},F_{NBC},由平衡条件,得

$$F_{NAC} + F_{NBC} = F$$

由变形协调条件,有

$$\Delta_{AC} = \Delta_{BC}$$

因其两杆的长度,弹性模量 E,横截面均相同,则有

$$F_{NAC} = F_{NBC} = F/2$$

BC 杆的临界压力为

$$F_{crBC} = \frac{\pi^2 EI}{l^2} = F_{NBC} = F/2$$

$$F = \frac{2\pi^2 EI}{l^2}$$

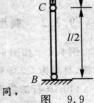

图 9.9

【评注】 两杆不发生任何方向的位移,且又等截面等长,E 也一样,故两杆承受力相同,其轴向内力皆为 $F/2$。

例 9.3 如图 9.10(a)所示结构中,分布载荷 $q = 20$ kN/m。梁的截面为矩形,$b = 90$ mm,$h = 130$ mm。柱的截面为圆形,直径 $d = 80$ mm。梁和柱的材料均为 Q235 钢,$[\sigma] = 160$ MPa,规定的稳定安全因数 $[n_w] = 3$。试校核结构的安全性。

解 (1)校核梁的强度。梁的受力如图 9.10(b)所示,由 $\sum M_A = 0$,得 $F_B = 62.5$ kN。

作梁的弯矩图如图 9.10(c)所示,最大弯矩 $M_{max} = 35.2$ kN·m。梁的最大弯曲正应力为

$$\sigma_{max} = \frac{M_{max}}{W_z} = \frac{6M_{max}}{bh^2} = 6 \times 35.2 \times 10 = 138.9 \text{ MPa} < [\sigma]$$

故梁的弯曲强度足够。

(2)柱的稳定性校核。柱所受的压力 $F = F_B = 62.5$ kN,柱的两端铰支:

$$\mu = 1, \quad i = \frac{d}{4} = \frac{80}{4} = 20 \text{ mm}, \quad \lambda = \frac{\mu l}{i} = \frac{4\,000}{20} = 200$$

$\lambda > \lambda_p$,故柱 BC 是大柔度杆。

柱的临界力为

$$F_{cr} = \frac{\pi^2 EI}{l^2} = \frac{\pi^2 \times 200 \times 10^3}{4\,000^2} \times \frac{\pi \times 80^4}{64} = 248 \text{ kN}$$

柱的实际稳定安全因数为

$$n = \frac{F_{cr}}{F} = \frac{248}{62.5} = 3.97 > [n_w]$$

故柱的稳定性足够,所以结构安全。

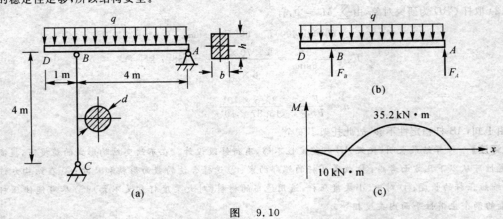

图 9.10

【评注】 本例是梁、柱混合结构,在校核结构安全性时,应对梁做强度校核;对受压的柱主要做稳定性校核,如果柱没有截面削弱就不必做强度校核。

例9.4 如图9.11所示梁、柱混合结构，A,B,C处均为铰接。当重物$W = 2.88$ kN从高度$H = 60$ mm 处自由下落到AB梁上时，试校核立柱BC的稳定性。

已知AB梁的弹性模量$E = 100$ GPa，截面惯性矩$I = 1 \times 10^{-6}$ m⁴，$l = 2$ m。BC柱的弹性模量$E_1 = 72$ GPa，横截面积$A_1 = 1 \times 10^{-4}$ m²，截面惯性矩$I_1 = 6.25 \times 10^{-8}$ m⁴，柱长$h = 1$ m，$\lambda_p = 62.8$，$\lambda_s = 30$，$a = 373$ MPa，$b = 2.15$ MPa，稳定安全因数为$[n_w] = 3$。

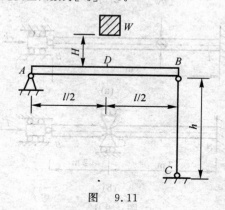

图 9.11

解 AB梁中点D的静变形为

$$\Delta i = \frac{Wl^3}{48EI} + \frac{\frac{W}{2} \cdot h}{2E_1A_1} = \frac{2.88 \times 10^3 \times 2^3}{48 \times 100 \times 10^9 \times 1 \times 10^{-6}} + \frac{1.44 \times 10^3 \times 1}{2 \times 72 \times 10^9 \times 1 \times 10^{-4}} = 4.9 \text{ mm}$$

动荷因数为

$$K_d = 1 + \sqrt{1 + \frac{2H}{\Delta j}} = 1 + \sqrt{1 + \frac{2 \times 60}{4.9}} = 6.05$$

BC柱所受动压力为

$$F_{Nd} = K_d \cdot \frac{W}{2} = 6.05 \times 1.44 = 8.71 \times 10^3 \text{ N}$$

惯性半径为

$$i = \sqrt{\frac{I_1}{A_1}} = \sqrt{\frac{6.25 \times 10^{-8}}{1 \times 10^{-4}}} = 25 \text{ mm}, \quad \lambda = \frac{\mu h}{i} = \frac{1 \times 1000}{25} = 40$$

得BC为中柔度杆。

$$\sigma_{cr} = a - b\lambda = 373 - 2.15 \times 40 = 287 \text{ MPa}$$

$$F_{cr} = A_1\sigma_{cr} = 1 \times 10^{-4} \times 287 \times 10^6 = 28.7 \text{ kN}$$

$$n = \frac{F_{cr}}{F_{Nd}} = \frac{28.7 \times 10^3}{8.71 \times 10^3} = 3.3 > [n_w]$$

故立柱BC的稳定性足够。本结构安全。

【评注】 本例是梁、柱混合的静定结构在冲击载荷作用下的稳定性问题，这里要注意，计算冲击点的静位移时，不要忘记支承柱的压缩变形所引起的冲击点的位移。

例9.5 如图9.12(a)所示一端固定、一端铰支的圆截面杆AB，直径$d = 100$ mm。已知杆的材料为Q235钢，稳定安全因数为$[n_w] = 2.5$。

试求：(1)许可载荷；(2)为提高承载能力，在AB杆C处增加中间球铰链支承，把AB杆分成AC,CB两段，如图9.12(b)所示。试问增加中间球铰链支承后，结构承载能力是原结构的多多倍？

解 (1)
$$i = \frac{d}{4} = \frac{100}{4} = 25 \times 10^{-3} \text{ m}$$

三导

$$\lambda = \frac{\mu l}{i} = \frac{0.7 \times 5}{0.025} = 140 > \lambda_p，是大柔度杆。$$

$$F_{cr} = \frac{\pi^2 EI}{(\mu l)^2} = \frac{\pi \times 200 \times 10^9 \times \pi \times 0.1^4}{(0.7 \times 5)^2 \times 64} = 790.98 \times 10^3 \text{ N}$$

$$[F] = \frac{F_{cr}}{[n_W]} = \frac{790.98}{2.5} = 316.39 \text{ kN}$$

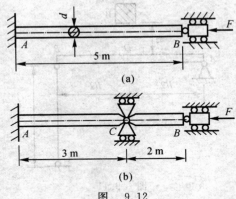

图　9.12

(2)AC 段：$\lambda = \dfrac{0.7 \times 3}{0.025} = 84 < \lambda_p，是中柔度杆。$

$$F_{cr} = (a - b\lambda)A = (310 - 1.14 \times 84) \times \frac{\pi}{4} \times 100^2 = 1\,683 \text{ kN}$$

CB 段：$\lambda = \dfrac{1 \times 2}{0.025} = 80 < \lambda_p，是中柔度杆。$

$$F_{cr} = (a - b\lambda)A = (310 - 1.14 \times 80) \times \frac{\pi}{4} \times 100^2 = 1\,718 \text{ kN}$$

$$[F] = \frac{F_{cr}}{[n_W]} = \frac{1\,683}{2.5} = 673.2 \text{ kN}$$

故结构承载能力是原结构的 $\dfrac{673.2}{316.39} = 2.13$ 倍。

【评注】 本例说明，缩短压杆长度是提高压杆临界力的一项重要措施。

例9.6 （河海大学考研试题）图 9.13 中 AB,BC 两杆截面均为方形，边长分别是 a 和 $a/3$。已知 $l = 5a$，两杆材料相同，弹性模量为 E。设材料能采用欧拉公式的临界柔度为100，试求 BC 杆失稳时均布载荷 q 的临界值。

解 由变形协调条件，有

$$y_B = \frac{ql_{AB}^4}{8EI_{AB}} - \frac{F_{BC} \cdot l_{AB}^3}{3EI_{AB}} = \frac{F_{BC} \cdot l_{BC}}{EA_{BC}}$$

已知　　　　　$l_{AB} = 5a, \quad l_{BC} = 10a$

$$I_{AB} = \frac{1}{12}a^4, \quad A_{BC} = \left(\frac{a}{3}\right)^2 = \frac{1}{9}a^2$$

代入式 ①，整理得：

$$F_{BC} = \frac{375}{236}qa$$

分析压杆 BC 柔度为

$$i_{BC} = \left(\frac{a}{3}\right) \cdot \sqrt{\frac{1}{12}}$$

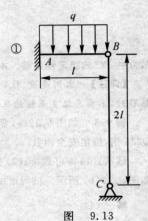

图　9.13

$$\lambda = \frac{\mu l_{BC}}{i_K} = \frac{1 \times 10a}{\frac{1}{3}\sqrt{12}a} = 30\sqrt{12} = 104 > \lambda_p = 100$$

因此，BC 为大柔度杆，可使用欧拉公式，有

$$F_{cr} = \frac{\pi^2 EI_{BC}}{l_{BC}^2} = \frac{\pi^2 \times \frac{1}{12}\left(\frac{a}{3}\right)^4 E}{(10a)^2} = \frac{\pi^2}{100 \times 12 \times 81}Ea^2$$

$$q_{cr} = \frac{1}{a} \cdot \frac{236}{375} \cdot \frac{\pi^2}{100 \times 12 \times 81}Ea^2 = 6.39 \times 10^{-5}Ea$$

【评注】 本例是梁、柱混合结构,在求压杆失稳许用载荷的允许值时,利用梁柱的变形协调条件求出柱的轴向力,再利用求压杆临界的力的方法,求杆失稳时均布载荷 q 的临界值。

例 9.7 （南京理工大学考研试题）实心钢杆的直径 $d = 100$ mm,长 $l = 5$ m,弹性模量 $E = 200$ GPa,比例极限 $\sigma_p = 220$ MPa,线膨胀系数 $\alpha = 12.5 \times 10^{-6}(1/℃)$。当温度升高多少度时,此杆失稳。

解 (1)变形协调方程。由于温度升高,使杆件产生变形及内力 F_N,温度升高产生的变形量等于内力引起的变形,即

$$\Delta l_T = \Delta l$$

其中

$$\Delta l_T = \alpha \cdot \Delta T \cdot l, \quad \Delta l = \frac{F_N l}{EA}$$

则

$$\alpha \cdot \Delta T \cdot l = \frac{F_N l}{EA}$$

$$F_N = \alpha \cdot \Delta T \cdot EA$$

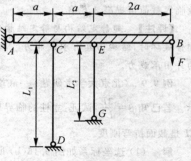

图 9.14

(2)杆的临界载荷柔度的分界值为

$$\lambda_p = \sqrt{\frac{\pi^2 E}{\sigma p}} = \sqrt{\frac{\pi^2 \times 200 \times 10^3}{220}} = 94.07$$

杆的柔度为

$$\lambda = \frac{\mu l}{i} = \frac{4\mu l}{d} = \frac{4 \times 0.5 \times 5 \times 10^3}{100} = 100$$

由于 $\lambda > \lambda_p$,属于大柔度杆。

临界应力为

$$\sigma_{cr} = \frac{\pi^2 E}{\lambda^2} = \frac{\pi^2 \times 200 \times 10^9}{100^2} = 197 \text{ MPa}$$

此时

$$F = F_{cr} = \sigma_{cr} \cdot A$$

故得

$$\Delta T = \frac{\sigma_{cr}}{\alpha \cdot E} = \frac{197 \times 10^6}{12.5 \times 10^{-6} \times 200 \times 10^9} = 78.8℃$$

【评注】 超静定结构与静定结构的破坏过程不完全相同,因为超静定结构中有多余约束,所以其中某些部件破坏时,结构仍具有承载能力。所以超静定杆件在温度发生变化的情况下也会产生内力使压杆失稳。

例 9.8 （武汉大学考研试题）如图 9.15 所示结构系统,已知其水平杆 AB 假定为刚性,A 端为光滑铰支,B 端作用有垂直向下的集中力 F;竖直杆 CD 和竖直杆 EG 均假设为细长（大柔度）杆,且杆 CD 的长度为 L_1,杆 EG 的长度为 L_2,杆 CD 与杆 EG 的 EA 和 EI 相同,C,D,E 和 G 处均假设为光滑铰支,试计算:

(1)如果 $L_1 = L_2 = L$,当集中力 F 为何值时结构系统将发生稳破坏?

(2)在集中力 F 的作用下,如果假设 $L_1 = L$,则 L_2 应满足什么条件时,杆 CD 和杆 EG 将同时发生失稳破坏?

(3)发生失稳破坏时,问题(2)的 F 值与问题(1)的 F 值相比有何变化?

解 (1)求杆 CD,杆 EG 的轴力

图 9.15

平衡方程 $\Sigma M_A = 0$，$F_{N,CD} \times a + F_{N \cdot BG} \times 2a = F \times 4a$，即

$$F_{N,CD} + 2F_{N \cdot BG} = 4F \qquad ①$$

两杆均受压，变形协调条件为

$$2\Delta L_{CD} = \Delta L_{BG}$$

$$\Delta L_{CD} = \frac{F_{N,CD} \cdot L_1}{EA}, \quad \Delta L_{BG} = \frac{F_{N \cdot BG} \cdot L_2}{EA}$$

则

$$2\frac{F_{N,CD} \cdot L_1}{EA} = \frac{F_{N \cdot BG} \cdot L_2}{EA}$$

$$2F_{N,CD} \cdot L_1 = F_{N \cdot BG} \cdot L_2 \qquad ②$$

式①②，解方程，得

$$F_{N,CD} = \frac{4FL_2}{4L_1 + L_2}, \quad F_{N,BG} = \frac{8FL_1}{4L_1 + L_2}$$

（2）若 $L_1 = L_2 = L$，则

$$F_{N,CD} = \frac{4}{5}F, \quad F_{N,BG} = \frac{8}{5}F$$

EF 杆先发生失稳，此时临界载荷为

$$F_{cr} = \frac{5}{8}F_{crEG} = \frac{5}{8}\frac{\pi^2 EI}{L^2}$$

EF 杆失稳后，载荷由 CD 杆承受，使 CD 杆也发生失稳，结构才发生失稳破坏。

（3）若假设 $L_1 = L$，使杆 CD 和杆 EG 同时发生失稳破坏，即使两杆的轴力应都达到各自的临界压力，有

$$F_{N,CD} = \frac{4FL_2}{4L + L_2} = \frac{\pi^2 EI}{L^2}$$

$$F_{NEG} = \frac{8FL}{4L + L_2} = \frac{\pi^2 EI}{L_2^2}$$

由上面两式，得

$$4FL_2 \cdot L^2 = 8FL \cdot L_2^2$$

$$L_2 = \frac{1}{2}L$$

（4）当两杆同时发生失稳破坏，F 值为

$$\frac{4F \cdot \frac{1}{2}L}{4L + \frac{L}{2}} = \frac{\pi^2 EI}{L^2}$$

$$F = \frac{9\pi^2 EI}{4L^2}$$

则

$$\frac{9\pi EI}{4L^2} \bigg/ \frac{5\pi^2 EI}{8L^2} = 3.6$$

故临界载荷可提高 3.6 倍。

【评注】 超静定结构与静定结构的破坏过程不完全相同，因为超静定结构中有多余约束，所以其中某些部件破坏时，结构仍具有承载能力。所以要分别计算超静定结构压杆失稳的临界力，其中最小者，即为结构的许用承载力。

例 9.9 （北京大学考研题）一底端固定而顶端由一刚度为 β 的线性弹簧所支撑的立柱，如图 9.16(a) 所示。若已知 $\beta = \frac{3E}{L^3}$，试证：立柱的临界压力 F_{cr}，所满足的特征方程为 $\tan kL - kL + \frac{k^3 L^3}{3} = 0$。其中，$k^2 = \frac{F}{E}$，$EI$ 是截面抗弯刚度。

解 （1）选坐标系如图 9.16(b) 所示，曲线平衡时得任一截面的弯矩为

$$M(x) = F(\delta + y) - \beta\delta(L - x)$$

式中,δ 为弹性支座处弹簧伸长量,β 是弹簧刚度,则挠曲线方程为

$$EIy'' = -F(\delta + y) + \beta\delta(L - x)$$

$$EIy'' + Fy = \beta\delta(L - x) - F\delta$$

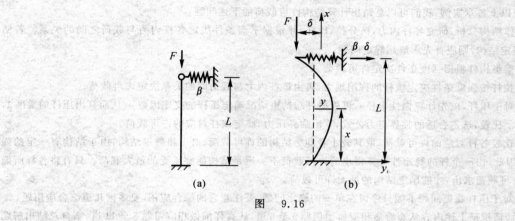

图　9.16

令 $k^2 = \dfrac{F}{EI}$,得

$$y'' + k^2 y = \frac{1}{EI}[\beta\delta(L - x) - F\delta]$$

此方程通解为

$$y = A\sin kx + B\cos kx + \delta\left[\frac{\beta}{F}(L - x) - 1\right]$$

(2)边界条件。当 $x = 0$ 时,$y = 0$,$y' = 0$;当 $x = L$ 时,$y = -\delta$,代入通解方程,可以得到以 A,B,δ 为未知数的线性代数方程组:

$$B + \delta\left(\frac{\beta L}{F} - 1\right) = 0$$

$$A \cdot k - \delta\frac{\beta}{F} = 0$$

$$A\sin kL + B\cos kL = 0$$

在以上方程组中,系数 A,B,δ 不能全为零,$F = k^2 EI$,故上述方程组系数的行列式必须为 0,则

$$\begin{vmatrix} 0 & 1 & \dfrac{\beta L}{k^2 EI} - 1 \\[2mm] k & 0 & -\dfrac{\beta}{k^2 EI} \\[2mm] \sin kL & \cos kL & 0 \end{vmatrix} = 0$$

则得到其特征方程为

$$\tan kL = kL - \frac{(kL)^3 EI}{\beta L^3}$$

整理后,得

$$\tan kL - kL + \frac{k^3 L^3}{3} = 0$$

9.4　自学指导

压杆稳定计算是材料力学中的一种独特计算,首先要联系工程实际牢固地建立压杆稳定的概念。只有这样,在学习或讲授这一章时才不会出概念性的错误。压杆稳定的主要计算内容为求临界力和稳定性计

算。一般讲静定压杆稳定计算较容易,而超静定压杆的稳定计算较困难。解决办法是,通过具体计算先搞清静定压杆的稳定计算,然后再搞清超静定压杆的稳定计算。由实践证实,结构的稳定破坏,不仅是杆件的失稳,而且还有结构的失稳问题。为了提高对压杆稳定的深入认识,还应学点简单结构的稳定问题。

通过以上各章实例,我们可以总结出计算结构许可载荷的下述问题。

(1) 作结构分析,研究各杆内力,区分拉、压杆,并根据平衡条件决定各杆内力与载荷之间的关系。若结构为超静定结构,则应首先求解超静定问题。

(2) 梁类构件根据强度条件决定许可载荷。

(3) 拉杆按强度条件决定该杆的许用轴力,再由该杆内力与载荷间的关系决定许可载荷。

(4) 对于压杆,应先计算惯性半径 i,再根据杆端约束情况确定压杆的支座因数 μ,从而算出压杆的柔度 λ,并与 λ_1,λ_p 比较,选定合适的临界应力公式,算出临界压力,确定该杆对应的许可载荷。

(5) 比较各杆对应的许可载荷,取其较小者即为结构的许可载荷;对于超静定结构,由于结构有一定的强度储备,因此,由一个杆的稳定性计算得出的许可载荷不一定是结构能够承受的最大载荷。只有将各杆所能承受的许可载荷求出,才能确定结构的最大许可载荷。

(6) 对于压杆稳定问题不能只停留在单一的稳定问题,要注意它的综合应用,要多做几道综合应用题。

最后,请根据上述内容认真看懂相应典型例题 5 至 6 道,认真仔细做相应习题 8 至 11 道,亲自总结出解题的规律和技巧。

9.5　习题精选详解

9.1　柴油机的挺杆长度 $L = 257$ mm,圆形横截面的直径 $d = 8$ mm,钢材的 $E = 210$ GPa,$\sigma_p = 240$ MPa。挺杆所受最大压力 $F = 1.76$ kN。规定的稳定安全因数 $n_w = 2 \sim 3.5$。试校核挺杆的稳定性。

解　计算挺杆柔度

$$\lambda_1 = \sqrt{\frac{\pi^2 E}{\sigma_p}} = \sqrt{\frac{\pi^2 \times 210 \times 10^9}{240 \times 10^6}} = 92.9$$

$$\lambda = \frac{\mu L}{i} = \frac{1 \times 0.25 \times 4}{0.008} = 128.5$$

其中

$$i = \frac{d}{4}$$

可见挺杆为大柔度压杆,可以用欧拉公式

$$F_{cr} = \frac{\pi^2 EI}{(\mu L)^2} = \frac{\pi^2 E \frac{\pi}{64} d^4}{(\mu L)^2} = \frac{\pi^3 \times 210 \times 10^9 \times 0.008^4}{64 \times 0.257^2} = 6.3 \times 10^3 \text{ N}$$

$$n = \frac{F_{cr}}{F} = \frac{6.3 \times 10^3}{1.76 \times 10^3} = 3.58 > n_{st}$$

故安全。

9.3　题 9.3 图所示为蒸汽机的活塞杆 AB,所受的压力 $F = 120$ kN,$L = 1.8$ m,横截面为圆形,直径 $d = 75$ mm。材料为 Q255 钢,$E = 210$ GPa,$\sigma_p = 240$ MPa。规定 $n_{st} = 8$,试校核活塞杆的稳定性。

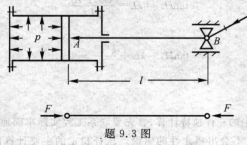

题 9.3 图

解 计算活塞杆柔度：

$$\lambda_1 = \sqrt{\frac{\pi^2 E}{\sigma_p}} = \sqrt{\frac{\pi^2 \times 210 \times 10^9}{240 \times 10^6}} = 93$$

$$\lambda = \frac{\mu L}{i} = \frac{4\mu L}{d} = \frac{4 \times 1 \times 1.8}{0.075} = 96 > \lambda_1$$

为大柔度杆，可以使用欧拉公式，有

$$F_{cr} = \frac{\pi^2 EI}{(\mu L)^2} = \frac{\pi^3 L^4}{64(\mu L)^2} = \frac{\pi^3 \times 210 \times 10^9 \times 0.075^4}{64 \times 1.8^2} = 994 \times 10^3 \text{ N}$$

$$n = \frac{F_{cr}}{F} = \frac{994 \times 10^3}{120 \times 10^3} = 8.28 > n_{st} = 8$$

故该活塞杆安全。

9.4 题 9.4 图所示为某型飞机起落架中承受轴向压力的斜撑杆。杆为空心圆管，外径 $D = 54$ mm，内径 $d = 46$ mm，$L = 950$ mm。材料为 30CrMnSiNi2A，$\sigma_b = 1\,600$ MPa，$\sigma_p = 1\,200$ MPa，$E = 210$ G。试求斜撑杆的临界压力 F_{cr} 和临界应力 σ_{cr}。

题 9.4 图

解 计算斜撑杆柔度：

$$I = \frac{\pi}{64}(D^4 - d^4), \quad A = \frac{\pi}{4}(D^2 - d^2)$$

$$i = \sqrt{\frac{I}{A}} = \sqrt{\frac{\frac{\pi}{64}(D^4 - d^4)}{\frac{\pi}{4}(D^2 - d^2)}} = \frac{1}{4}\sqrt{D^2 + d^2}$$

$$\lambda_1 = \sqrt{\frac{\pi^2 E}{\sigma_p}} = \sqrt{\frac{\pi^2 \times 210 \times 10^9}{1200 \times 10^6}} = 41.6$$

$$\lambda = \frac{\mu L}{i} = \frac{4\mu L}{\sqrt{D^2 + d^2}} = \frac{4 \times 1 \times 0.95}{\sqrt{0.054^2 0.46^2}} = 54.8 > \lambda_1$$

可以使用欧拉公式

$$F_{cr} = \frac{\pi^2 EI}{(\mu L)^2} = \frac{\pi^3 E(D^4 - d^4)}{64(\mu L)^2} = \frac{\pi^3 \times 210 \times 10^9 \times (0.054^4 - 0.046^4)}{64 \times 0.95^2} = 454 \text{ kN}$$

$$\sigma_{cr} = \frac{F_{cr}}{A} = \frac{4F_{cr}}{\pi(D^2 - d^2)} = \frac{4 \times 454 \times 10^3}{\pi(0.054^2 - 0.046^2)} = 722 \times 10^6 \text{ Pa} = 722 \text{ MPa}$$

9.7 无缝钢管厂的穿孔顶杆如题 9.7 图所示。杆端承受压力。长 $L = 4.5$ m，横截面直径 $d = 160$ mm。材料为低合金钢，$E = 210$ GPa。顶杆两端可简化为铰支座，规定的稳定安全因数为 $n_{st} = 3.3$。试求顶杆的许可载荷。

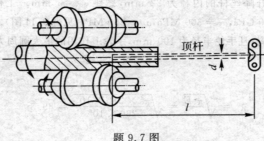

题 9.7 图

解 由 $\lambda_1 = \sqrt{\dfrac{\pi^2 E}{\sigma_p}}$ 可知,工程中所用钢材,其 E 均相差无几,而低合金钢的比例极限 σ_p 大于低碳钢 σ_p,因此低合金钢的 λ_1 要比低碳钢 λ_1 小。由教材知,低碳钢 $\lambda_1 = 100$。

对于所研究顶杆,有

$$\lambda = \frac{\mu L}{i} = \frac{4\mu L}{d} = \frac{4 \times 1 \times 4.5}{0.16} = 112.5 > \lambda_1$$

$$F = \frac{F_{cr}}{n_{st}} = \frac{\pi^2 EI}{n_{st} \cdot (\mu L)^2} = \frac{\pi^3 E d^4}{64 n_{st} \cdot (\mu L)^2} = \frac{\pi^3 \times 210 \times 10^9 \times 0.15^4}{64 \times 3.3 \times 4.5^2} = 998 \text{ kN}$$

9.9 由 3 根钢管构成的支架如题 9.9 图所示。钢管的外径为 30 mm,内径为 22 mm,长度 $L = 2.5$ m,$E = 210$ GPa。在支架的顶点三杆铰接。若取稳定安全因数 $n_{st} = 3$,试求许可载荷 F。

解 该支架各杆均为二力杆件,且对称布置。设各杆所受外力为 F_1,由平衡方程可得

$$3F_1 \cos\alpha = F$$

$$F_1 = \frac{F}{3\cos\alpha} = \frac{F}{3} \cdot \frac{2.5}{2} = 0.417F$$

由于题中未给杆件材料,设为 Q235 钢。

$\lambda = \dfrac{\mu L}{i}$,由题 9.4 知 $i = \dfrac{\sqrt{D^2 + d^2}}{4}$,于是有

$$\lambda = \frac{\mu L}{i} = \frac{4\mu L}{\sqrt{D^2 + d^2}} = \frac{4 \times 1 \times 2.5}{\sqrt{0.03^2 + 0.022^2}} = 268 > \lambda_1$$

$$F_{cr} = \frac{\pi^2 EI}{(\mu L)^2} = \frac{\pi^3 E(D^4 - d^4)}{64(\mu L)^2} = \frac{\pi^3 \times 210 \times 10^9 \times (0.03^4 - 0.022^4)}{64 \times 2.5^2} =$$
$$9.37 \times 10^3 \text{ N} = 9.37 \text{ kN}$$

许可载荷为

$$F = \frac{1}{0.417}F = \frac{1}{0.417}\frac{F_{cr}}{n_{st}} = \frac{1}{0.417} \times \frac{9.37}{3} = 7.49 \text{ kN}$$

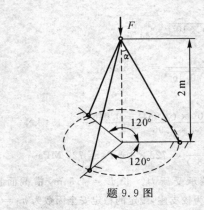

题 9.9 图

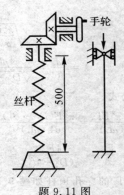

题 9.11 图

9.11 万能铣床工作台升降丝杆的内径为 22 mm,螺距 $s = 5$ mm。工作台升至最高位置时,$L = 500$ mm。丝杆钢材的 $E = 210$ GPa,$\sigma_s = 300$ MPa,$\sigma_p = 260$ MPa(见题 9.11 图)。若伞齿轮的传动比为 1/2,即手轮旋转 1 周,丝杆旋转半周,且手轮半径为 100 mm,手轮上作用的最大圆周力为 190 N,试求丝杆的工作安全因数。

解 分析丝杆柔度

$$\lambda_1 = \sqrt{\frac{\pi^2 E}{\sigma_p}} = \sqrt{\frac{\pi^2 \times 210 \times 10^9}{260 \times 10^6}} = 89.3$$

查教材中表 9.2,得

$$a = 461 \text{ MPa}, \quad b = 2.568 \text{ MPa}$$

$$\lambda = \frac{\mu L}{i} = \frac{4\mu L}{d} = \frac{4 \times 0.7 \times 0.5}{0.22} = 63.6$$

$$\lambda_2 = \frac{a - \sigma_s}{b} = \frac{461 - 300}{2.568} = 62.7$$

$\lambda_2 < \lambda < \lambda_1$,为中柔度杆,用直线公式计算,得

$$\sigma_{cr} = a - b\lambda = 461 - 2.568 \times 63.6 = 298 \text{ MPa}$$

$$F_{cr} = \sigma_{cr} \frac{\pi d^2}{4} = 298 \times 10^6 \times \frac{\pi \times 0.022^2}{4} = 113 \times 10^3 \text{ N}$$

因为传动比 $i = 1/2$,所以手轮旋转 1 周,工作台上升的距离为

$$1/2 \times s = 1/2 \times 5 = 2.5 \text{ mm}$$

手轮旋转 1 周切向力所做的功 W 为

$$W = 200 \times \pi \times 190 \text{ N} \cdot \text{mm}$$

它等于丝杆压力 F 把工作台上升 2.5 mm 所完成的功,即

$$F \times 2.5 = 200 \times \pi \times 190$$

得

$$F = 47.75 \text{ kN}$$

$$n = \frac{F_{cr}}{F} = \frac{113}{45.75} = 2.37$$

9.13 蒸汽机车的连杆如题 9.13 图所示,截面为工字形,材料为 Q235 钢。连杆所受最大轴向压力 F 为 465 kN。连杆在摆动平面(xOy 平面)内发生弯曲时,两端可认为是铰支;而在与摆动平面垂直的 xz 平面内发生弯曲时,两端可认为是固定端。试确定其工作安全因数。

解 (1)工字型截面几何性质:

$$I_y = \frac{1}{12} \times 85 \times 14^3 + 2 \times \frac{1}{12} \times 27.5 \times 96^3 = 4.07 \times 10^6 \text{ mm}^4$$

$$I_z = \frac{1}{12} \times 14 \times 85^3 + 2\left[\frac{1}{12} \times 96 \times 27.5^3 + 27.5 \times 96 \times 56.2^2\right] = 17.76 \times 10^6 \text{ mm}^4$$

$$A = 140 \times 96 - 85 \times (96 - 14) = 64.7 \times 10^2 \text{ mm}^2$$

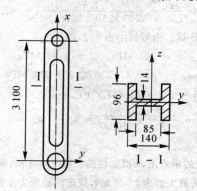

题 9.13 图

(2)分析连杆柔度。在 xOy 平面内,$\mu_1 = 1$,则有

$$i_z = \sqrt{\frac{I_z}{A}} = \sqrt{\frac{17.76 \times 10^6}{64.7 \times 10^2}} = 52.4 \text{ mm}$$

$$\lambda_y = \frac{\mu_1 l}{i_z} = \frac{3100}{52.4} = 59.2$$

在 xOz 平面内,$\mu = 0.5$,则有

$$i_y = \sqrt{\frac{I_y}{A}} = \sqrt{\frac{4.07 \times 10^6}{64.7 \times 10^2}} = 25.1 \text{ mm}$$

$$\lambda_y = \frac{\mu l}{i_y} = \frac{0.5 \times 3100}{25.1} = 61.8$$

由此可见，λ 应取 λ_y 和 λ_z 中最大的为 61.8。

对 Q235 钢 $E = 200$ GPa，$\sigma_p = 200$ MPa，$\sigma_s = 240$ MPa，得

$$\lambda_1 = \sqrt{\frac{\pi^2 E}{\sigma_p}} = 100$$

查教材中表 9.2 得，$a = 304$ MPa，$b = 1.12$ MPa，则有

$$\lambda_2 = \frac{a - \sigma_s}{b} = \frac{304 - 240}{1.12} = 57$$

因此选用直线公式，得

$$\sigma_{cr} = 304 - 1.12 \times 61.8 = 235 \text{ MPa}$$

$$\sigma = \frac{F}{A} = \frac{465 \times 10^3}{64.7 \times 10^{-4}} = 71.9 \text{ MPa}$$

$$n = \frac{\sigma_{cr}}{\sigma} = \frac{235}{71.9} = 3.27$$

9.15　某厂自制的简易起重机如题 9.15 图所示，其压杆 BD 为 20 号槽钢，材料为 Q235 钢。起重机的最大起重量是 $W = 40$ kN。若规定的稳定安全因数为 $n_{st} = 5$，试校核 BD 杆的稳定性。

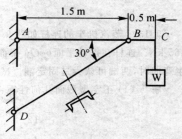

题 9.15 图

解　设 BD 杆承受的轴向压力为 F_{BD}，由 $\sum M_A = 0$ 得

$$F_{BD} \sin 30° \times 1.5 = 2W$$

$$F_{BD} = \frac{4}{1.5} W = \frac{4 \times 40}{1.5} = 106.7 \text{ kN}$$

Q235 钢 $\lambda_1 = 100$，查教材中附录 Ⅱ 表 3，得

$$i_{min} = 2.09 \text{ cm}, \quad A = 32.837 \text{ cm}^2$$

$$\lambda = \frac{\mu l}{i_{min}} = \frac{1.5}{2.09 \times 10^{-2} \times \cos 30°} = 82.9$$

$\lambda < \lambda_1$，使用直线公式 $\sigma_a = a - b\lambda$ 计算。由教材中表 9.2，得

$$a = 304 \text{ MPa}, \quad b = 1.12 \text{ MPa}$$

$$\sigma_{cr} = 304 - 1.12 \times 82.9 = 211 \text{ MPa}$$

$$F_{cr} = \sigma_{cr} A = 211 \times 32.837 \times 10^2 = 693 \times 10^3 = 693 \text{ kN}$$

$$n = \frac{F_{cr}}{F_{BD}} = \frac{693}{106.7} = 6.5 > n_{st} = 5$$

故 BD 杆安全。

9.19　题 9.19 图（a）为万能机的示意图，4 根立柱的长度 $L = 3$ m，钢材的 $E = 210$ GPa。立柱丧失稳定后的变形曲线如图（b）所示。若 F 的最大值为 1 000 kN，规定的稳定安全因 $n_{st} = 4$，试按稳定条件设计立柱的直径。

解　从图（b）一个立柱失稳情况看，相当于长 $L/2$，一端固定，一端自由杆的失稳，$\mu L = 2 \times L/2 = L$，所以以整个立柱来考虑，长度度因数 $\mu = 1$。

设欧拉公式适用，则有

$$F_{cr} = \frac{F}{4} n_{st} = 1\ 000 \text{ kN} = \frac{\pi^2 EI}{(\mu L)^2}$$

$$\frac{\pi}{64} d^4 \geqslant \frac{1000 \times 10^3 \times 3^2}{210 \times 10^9 \pi^2}$$

$$d \geqslant \sqrt[4]{\frac{64 \times 1000 \times 9 \times 10^3}{\pi^3 \times 210 \times 10^9}} = 0.097 \times 10^{-3}\ \text{m} = 97\ \text{mm}$$

$$\lambda = \frac{\mu L}{i} = \frac{4\mu L}{d} = \frac{4 \times 1 \times 3}{0.097} = 123.7 > \lambda_1 = 100$$

因此使用欧拉公式正确。故 $d = 97$ mm。

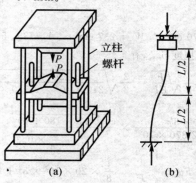

题 9.19 图

9.21　求题 9.21 图所示在均布横向载荷作用下,纵横弯曲问题的最大挠度及弯矩。若 $q = 20$ kN/m, $F = 200$ kN, $l = 3$ m,杆件为 20a 工字钢,试计算杆件的最大正应力及最大挠度。

题 9.21 图

解　由

$$M = \frac{1}{2}qlx - \frac{1}{2}qlx^2 - Fv$$

$$\frac{\mathrm{d}^2 v}{\mathrm{d}x^2} = \frac{M}{EI} = -\frac{F}{EI}v + \frac{qlx}{2EI} - \frac{qx^2}{2EI}$$

令 $k^2 = \dfrac{F}{EI}$,则有

$$v = A\sin kx + B\cos kx + \frac{ql}{2F}x - \frac{qx^2}{2F} - \frac{EI}{F^2}q$$

当 $x = 0$ 时,$v = 0$,$B = \dfrac{EI}{F^2}q$。

当 $x = 1$ 时,$v = 0$。得

$$A\sin kl + \frac{EIq}{F^2}\cos kl - \frac{EI}{F^2}q = 0,\quad A = -\frac{EIq}{F^2}\frac{\cos kl - 1}{\sin kl}$$

令 $u = \dfrac{1}{2}kl$,则有

$$A = -\frac{FIq}{F^2}\frac{\cos 2u - 1}{\sin 2u} = \frac{EIq}{F^2}\tan u$$

$$v = \frac{EIq}{F^2}(\tan u \sin kx + \cos kx - 1) + \frac{q}{2F}(lx - x^2)$$

最大挠度产生在梁中点处,则有

$$v_{\max} = \frac{EI}{F^2}q\left(\tan u \sin \frac{kl}{2} + \cos \frac{1}{2}kl - 1\right) + \frac{q}{2F}\left(\frac{l^2}{2} - \frac{l^2}{4}\right) =$$

$$\frac{EI}{F^2}q(\tan u \sin u + \cos u - 1) + \frac{q}{2F}\frac{l^2}{4} =$$

$$\frac{EI}{F^2}q\left(\frac{1}{\cos u} - 1\right) + \frac{ql^2}{8F} = \frac{EI}{F^2}q\left(\frac{1}{\cos u} - 1 + \frac{u^2}{2}\right) = \frac{5ql^4}{384EI}\frac{\dfrac{1}{\cos u} - 1 - \dfrac{u^2}{2}}{\dfrac{5}{24}u^4}$$

查教材附录 Ⅱ 型钢表:

$$I = 2370 \text{ cm}^4, \quad W = 237 \text{ cm}^3, \quad A = 35.578 \text{ cm}^2$$

代入公式计算出 u,并计算最大挠度 v_{max},有

$$u = \frac{1}{2}kl = \frac{l}{2}\sqrt{\frac{F}{EI}} = \frac{3}{2}\sqrt{\frac{200 \times 10^3}{210 \times 10^9 \times 2\ 370 \times 10^{-8}}} = 0.3$$

$$v_{max} = \frac{5 \times 20 \times 10^3 \times 3^4}{384 \times 210 \times 10^9 \times 2\ 370 \times 10^{-8}} \times \frac{\dfrac{1}{\cos(0.3 \times 180 \div \pi)} - 1 - \dfrac{0.3^2}{2}}{\dfrac{5}{24} \times 0.3^4} = 4.40 \times 10^{-3} \text{ m}$$

$$\sigma = \frac{M_{max}}{W} + \frac{F}{A} = \frac{\frac{1}{8}ql^2 + Fv_{max}}{W} + \frac{F}{A} = \frac{\frac{1}{8} \times 20 \times 10^3 \times 3^2 + 200 \times 10^3 \times 4.40 \times 10^{-3}}{237 \times 10^{-6}} +$$

$$\frac{200 \times 10^3}{35.57 \times 10^{-4}} = 158 \times 10^6 \text{ Pa} = 158 \text{ MPa}$$

9.23　偏心受压杆件如题 9.23 图所示,设 $F = 100$ kN,$Fe = 5$ kN·m。压杆两端铰支,$L = 2$ m。材料为 Q235 钢,$E = 210$ GPa,$\sigma_s = 235$ MPa。取安全因数 $n_{st} = 2.5$。试按教材 317 页 9.15 正割公式,用试凑法选择适用的工字梁型号。

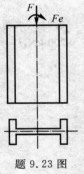

题 9.23 图

解　(1) 初选工字梁,则有

$$\frac{M}{W} = \frac{Fe}{W} \leqslant \frac{\sigma_s}{n}$$

$$W \geqslant \frac{nFe}{\sigma_s} = \frac{2.5 \times 5 \times 10^3}{235 \times 10^6} = 53.2 \text{ cm}^3$$

查教材中附录 Ⅱ 中表 4,选 No.12.6 号工字钢满足。该型钢

$$W = 77.5 \text{ cm}^3, \quad A = 18.118 \text{ cm}^2, \quad i = 5.20 \text{ cm}, \quad h = 12.6 \text{ cm}$$

代入教材 317 页 9.15 式,则有

$$\sigma_{max} = \frac{F}{A}\left(1 + \frac{e(h/2)}{i^2}\sec\frac{L}{i}\sqrt{\frac{F}{4EA}}\right) = \frac{100 \times 10^3}{18.118 \times 10^{-4}}\left[1 + \frac{(5/100) \times (12.6/2) \times 10^{-2}}{5.2^2 \times 10^{-4}} \times \right.$$

$$\left. \sec\left(\frac{2}{5.2 \times 10^{-2}}\sqrt{\frac{100 \times 10^3}{4 \times 210 \times 10^9 \times 18.118 \times 10^{-4}}}\right)\right] =$$

$$122.7 \times 10^6 \text{ Pa} = 122.7 \text{ MPa} > \frac{\sigma_s}{n} = \frac{235}{2.5} = 94 \text{ MPa}$$

(2) 选用 No.14 号工字钢,则有

$$W = 102 \text{ cm}^3, \quad A = 21.516 \text{ cm}^2, \quad i = 5.76 \text{ cm}, \quad h = 14 \text{ cm}$$

$$\sigma_{max} = \frac{F}{A}\left(1 + \frac{e(h/2)}{i^2}\sec\frac{L}{i}\sqrt{\frac{F}{4EA}}\right) = \frac{100 \times 10^3}{21.56 \times 10^{-4}}\left[1 + \frac{(5/100) \times 7 \times 10^{-2}}{5.76^2 \times 10^{-4}} \times \right.$$

$$\left. \sec\left(\frac{2}{5.67 \times 10^{-2}}\sqrt{\frac{100 \times 10^3}{4 \times 210 \times 10^9 \times 21.516 \times 10^{-4}}}\right)\right] = 97.19 \text{ MPa}$$

略大于许用应力,误差为 $\dfrac{97.2 - 94}{94} = 3.4\%$,小于 5% 的允许工程误差,可以使用。

第 10 章 动 载 荷

10.1 教学基本要求

10.1.1 内容概述

动载荷是相对于静载荷而言的。构件在动荷载作用下,其内力、应力、变形有时可达到很大的数值,有时还具有循环交变的特征,对构件的强度和刚度均产生不可忽视的影响。之前讨论的是静载荷问题,静载荷是指外力由零缓慢加载至终值,然后保持不变的载荷。对于实际工程问题,只要外力加载的加速度比较小,可以忽略不计时,均可以简化为静载荷问题。对于实际工程结构,外力加速度不能忽略的问题是大量的,情况也是多种多样的,其材料力学是不能完全解决其问题的,它仅讨论三类问题,即匀加速直线运动和匀速旋转运动、冲击及交变应力等。实验结果表明,只要应力不超过比例极限,胡克定律仍适用于动载荷下应力、应变的计算,弹性模量也与静载下的数值相同。本章主要介绍下述三个问题:① 构件有加速度时的应力计算,② 冲击,③ 振动。

10.1.2 目的要求

(1) 会判别动载和静载,明确动载荷的概念及特性。
(2) 会应用动静法计算惯性力引起的动应力。
(3) 会应用能量法计算简单的冲击应力。
(4) 了解动荷载作用时强度计算的特点,会计算动荷强度问题。
(5) 了解提高构件冲击能力的主要措施。

10.1.3 三基

(1) 基本概念:动载荷、动应力、动荷因数、冲击、振动等。
(2) 基本理论:胡克定律,牛顿第二定律,能量守恒定律。
(3) 基本方法:动静法,能量法。

10.1.4 重点难点

重点:动载荷概念,惯性力,动静法,动荷因数,冲击问题。
难点:不规则动荷因数的计算。

10.2 教学建议

10.2.1 单元划分

本章共 4 学时,分为两个教学单元。
第一教学单元讲动载荷概述,用动静法求应力和变形,受迫振动的应力计算。
第二教学单元讲杆件受冲击时的应力和变形,冲击韧性。

231
三导

10.2.2　各单元重点教学内容建议

第一教学单元重点教学内容

1. 动载荷概念

动载荷是相对于静载荷而言的。在本章之前主要讨论静载荷问题。所谓静载荷是指外力由零缓慢加载至终值,然后保持不变的载荷。对于实际工程问题,只要外力加载的加速度比较小,可以忽略不计时,均可以简化为静载荷问题。若构件承受随时间而变化的载荷,或者构件的速度发生明显变化,均属动载荷。加载过程中,构件各点的加速度显著,不能忽略。动载荷作用下,构件的变形和应力分别称为动变形和动应力。对于实际工程结构,外力加速度不能忽略的问题是大量的,情况也是多种多样。材料力学仅讨论其中最常见的动载荷问题,主要可以划分为三类:匀加速直线运动和匀速旋转运动、冲击、交变应力等。关于交变应力此处不予讨论。

2. 匀加速直线运动和等速转动的问题

匀加速直线运动时,物体的加速度保持不变。对于等速转动问题,物体上加速度大小不变,方向改变,角加速度为零。求解这类问题,可以利用牛顿第二定律或理论力学中的"动静法"。

3. 动静法

质点的惯性力大小等于质点的质量与加速度的乘积,方向与加速度相反。对加速度为 a 的质点,惯性力等于质点的质量 m 与 a 的乘积,方向则与 a 的方向相反。达朗伯原理指出,对作加速运动的质点系,如假想地在每一质点上加上惯性力,则质点系上的原力系与惯性力系组成平衡力系。这样,就可以把动力学问题在形式上作为静力学问题来处理,这就是动静法。按动静法解题,仅需加上惯性力,结构在外力和惯性力作用下处于平衡状态。这类问题的强度、刚度计算均按前面各章所述方法进行。即对惯性力问题进行强度计算时,仍用静载荷下的许用应力来建立强度条件

$$\sigma_d \leqslant [\sigma] \tag{10.1}$$

常见的惯性力问题有求杆件作等加速直线运动和作等速转动的应力问题等。用达朗伯原理求出动荷因数 K_d,即动应力与静应力的比值,这样,动载荷、动位移、动应力和静载荷、静位移、静应力的关系为

$$F_d = K_d F_{st}, \quad \Delta_d = K_d \Delta_{st}, \quad \sigma_d = K_d \sigma_{st} \tag{10.2}$$

第二教学单元重点教学内容

1. 冲击问题

冲击问题的特点是,结构受外力作用的时间极短,加速度的变化非常剧烈,难以精确计算某一瞬间结构所受的冲击载荷。根据能量守恒定律,如果忽略冲击过程中的能量损失,则当冲击系统的速度为零(冲击极限位置)时,冲击物的动能和势能全部转化为被冲击构件的弹性应变能。对于冲击问题,工程上使用能量法近似计算冲击时构件内的最大应力和最大变形。

建立冲击问题力学模型的基本假设:

(1)在整个冲击过程中,结构变形保持线弹性,即力与变形成正比,而且材料的应力应变关系与静载荷相同,满足胡克定律;

(2)被冲击物体,即结构的质量忽略不计;

(3)冲击物体的变形不计,即认为冲击物体是刚体;

(4)冲击过程的其他能量损耗,例如塑性变形能、声能和热能等忽略不计,全部冲击机械能转换为构件的变形能。

由于冲击问题的基本假设中,忽略了冲击物体的变形能,被冲击物体的能和其他能量损耗。冲击物体冲击前全部机械能转化为构件的动变形能。在此值得提出的是,此理论计算结果是相对保守的。

2. 动荷因数

对于动载荷问题,一般情况可以采用静载荷的应力和变形乘以动荷因数的形式得到动载荷时的应力和

变形。但是也有一些问题无法得到动荷因数,因此寻找动荷因数也不是求解动载荷问题的唯一方法。下面列出一些常见问题的动荷因数,望熟练掌握。

(1)垂直向上的匀加速直线运动:

$$K_d = 1 + \frac{a}{g} \tag{10.3}$$

(2)初速度为零的自由落体垂直冲击:

$$K_d = 1 + \sqrt{1 + \frac{2h}{\Delta_{st}}} \tag{10.4}$$

(3)接触时冲击物速度为 v 的水平冲击:

$$K_d = \sqrt{\frac{v^2}{g\Delta_{st}}} \tag{10.5}$$

(4)突加载荷:

$$K_d = 2 \tag{10.6}$$

应该指出,对于一个结构,动荷因数只有一个。其中静位移 Δ_{st} 是指冲击物体作为静载荷施加在结构时,冲击点沿冲击方向的位移。

3.冲击韧性

工程上衡量材料抗冲击能力的标准,是冲断试样所需能量的多少。当重摆从一定高度自由落下将试样冲断时,试样所吸收的能量等于重摆所作的功 W。以试样在切槽处的最小截面面积 A 除以 W,得 $\alpha_K = \frac{W}{A}$,α_K 称为冲击韧性,其单位为 J/mm^2。α_K 越大表示材料抗冲击力的能力越强,它的数值与试样的尺寸、形状、支承条件等因素有关,所以它是衡量材料抗冲击能力的一个相对指标。

4.强度计算

材料在冲击载荷下的强度要比静载荷下略高一些,通常对受冲击载荷作用的光滑构件进行强度计算时,仍用静载荷时的许用应力,即

$$\sigma_{dmax} \leqslant [\sigma] \tag{10.7}$$

5.提高构件承受冲击能力的途径

工程中常采用下列方法降低受冲击构件的动应力:① 尽可能降低 h 值;② 选用弹性模量较小的材料,或在冲击点覆盖弹性模量小的材料;③ 加大构件的长度;④ 减少"缺口效应";⑤ 选用塑性材料作受冲构件。

10.2.3 考核内容

动载荷一章主要考点为冲击问题,因此,要熟练掌握解决一般冲击问题的基本思路 —— 用机械能守恒去进行分析。一般无特殊要求,平时练习时可记住各种冲击时的动荷因数,考试时直接采用即可。一般考题均为复合题目,如冲击、弯曲强度、弯曲变形问题;冲击、组合变形(以弯扭组合多见)、应力态、强度理论问题;冲击、压杆稳定、弯曲强度问题等等。在计算动荷因数中静位移时,首先要明确一定是冲击点的静位移;其次,求位移的方法可任意选择,当然熟记一些结果则更方便;第三,有的题目要求动位的点不是冲击点,故应求出冲击点的静位移 Δ_{st},系统的动荷因数唯一确定,再求出要求位移点的静位移,乘以动荷因数即可。其具体考核以下问题。

(1)匀加速直线运动杆件和匀速转动圆环的应力和强度计算法。

(2)自由落体冲击应力和变形公式的推导过程和假设条件,掌握受冲击作用时简单结构的动应力和动变形的计算方法。

(3)能量法推导其地形式冲击时的动应力和动变形公式。

10.3 典型例题

10.3.1 解题分析方法

首先判断加速度是否已知,有了加速度后,就可计算惯性力;然后分析由主动力、约束反力、惯性力组成的"平衡"力系。分析问题的方法同静力学。

计算构件的应力和变形时,如果载荷平缓增加,构件上各点的加速度很小,可忽略不计,载荷加到最终值时也不再变化,称为静载荷;反之,如果构件上的载荷在短暂的时间内急剧变化,则称为动载荷。计算动荷问题的思路:

(1)判定所研究问题是否为动荷问题,若是,它属于什么动荷问题。

(2)在动载荷问题计算中,关键是先求出结构的动荷因数。

(3)由于动应力和构件的刚度有关,所以在设计承受动截荷的构件截面时,应用"渐近法"进行。

(4)对于超静定结构,应先求解超静定问题,然后再求解动载荷问题。

其具体方法与技巧:

(1)对于一般的加速度运动问题,只需在构件上加上相应的惯性力,就可作为平衡问题处理。

(2)重为 P 的物体,从高为 H 处自由落体垂直冲击时动荷系数为

$$K_d = 1 + \sqrt{1 + \frac{2H}{\Delta_{st}}}$$

但若自由下落时有一初速度 v_0,则应根据能量守恒把上式中的 H 换成自由下落的相当高度 H_1,则

$$H_1 = H + \frac{v_0^2}{2g}$$

上面公式中 Δ_{st} 是结构在受冲击点沿冲击方向的静位移,g 为重力加速度。

(3)重为 P 的物体以水平速度 v 水平冲击时的动荷系数,由功能原理导出,则

$$K_d = \sqrt{\frac{v^2}{g\Delta_{st}}}$$

(4)计算构件在振动荷载下的动应力时,先将载荷及杆件简化为一个质量和一个弹簧组成的系统,求出它的最大动变形 δ_d 及相应的静变形 δ_{st},则最大动应力为

$$\sigma_d = \sigma_{st}\delta_d/\delta_{st}$$

式中,σ_{st} 为相应的静应力。

10.3.2 典型例题

例 10.1 如图 10.1(a)所示起重机构的重量为 20 kN,装在由两根 32a 工字钢组成的梁上,今用绳索吊起重物 $Q = 60$ kN,并在第一秒钟内以等加速上升 2.5 m,试求绳内所受拉力及梁的最大正应力(考虑梁的自重)。

解 (1)加速度。由 $s = \frac{1}{2}at^2$,得

$$a = \frac{2s}{t^2} = 2 \times 2.5/1^2 = 5 \text{ m/s}^2$$

(2)动荷因数为 $K_d = 1 + \frac{a}{g} = 1 + \frac{5}{9.8} = 1.51$

(3)绳所受拉力为 $F_d = K_d Q = 1.51 \times 6 \times 10^4 = 9.06 \times 10^4 \text{ N}$

(4)梁的最大正应力。查型钢表得 32a 工字钢,得

$$q = 527 \text{ N/m}, \quad W_z = 692.2 \times 10^{-6} \text{ m}^3$$

梁受力如图 10.1(b)所示,其中

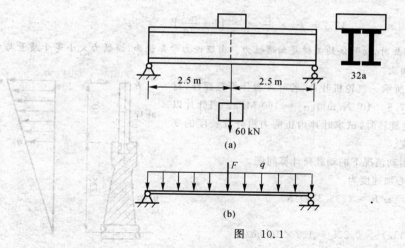

图 10.1

$$F = 9.06 \times 10^4 + 2 \times 10^4 = 11.06 \times 10^4 \text{ N}$$

$$M_{\max} = \frac{1}{4}Fl + \frac{1}{8}ql^2 = \frac{1}{4} \times 11.06 \times 10^4 \times 5 + \frac{1}{8} \times 2 \times 527 \times 5^2 = 14.2 \times 10^4 \text{ N·m}$$

梁的最大正应力为

$$\sigma_{\max} = \frac{M_{\max}}{W_z} = \frac{14.2 \times 10^4}{2 \times 692.2 \times 10^{-6}} = 102.6 \text{ MPa}$$

【评注】 这是等加速直线运动情况下的动载荷计算问题。对于这类问题先通过运动方程求得加速度，再求出动荷因数 K_d，从而求得动载荷，余下的与静载一样计算。

例 10.2 AD 轴以等角速度 ω 转动，在轴的纵向对称面内，轴线的两侧有两个重为 Q 的偏心载荷，如图 10.2(a) 所示，试求轴内最大弯矩。

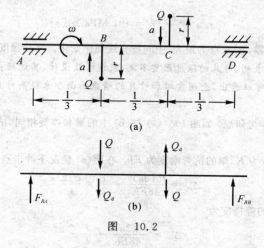

图 10.2

解 （1）加惯性力进行受力分析。 轴在转动过程中，当两个偏心载荷位于铅垂面内时，梁的受力最不利，此时轴的受力图如图 10.2(b) 所示，其中惯性力为

$$Q_d = ma = \frac{Q}{g}r\omega^2$$

（2）判断最不利位置，求轴内最大弯矩。对于图 10.2(b)，由梁的平衡方程 $\Sigma M_D = 0$，得

$$F_A = Q\left(1 + \frac{r\omega^2}{3g}\right)$$

最大弯矩在 B 截面上，即

$$M_{\max} = F_A \times \frac{L}{3} = \frac{QL}{3}\left(1 + \frac{r w^2}{3g}\right)$$

【评注】 当加速度已知时,动静法的关键是加惯性力。由理论力学知识知,惯性力大小等于质量与加速度的乘积,方向与加速度相反。

例 10.3 如图 10.3 所示一汽轮机叶片,若叶片看作等截面杆,材料的单位体积重量为 $\gamma = 7.8 \times 10^4$ N/m³,$[\sigma] = 160$ MPa。当叶片以 233.33 πrad/s 的等角速度旋转时,试求叶片内正应力沿叶片长度的变化规律,并校核叶片的强度。

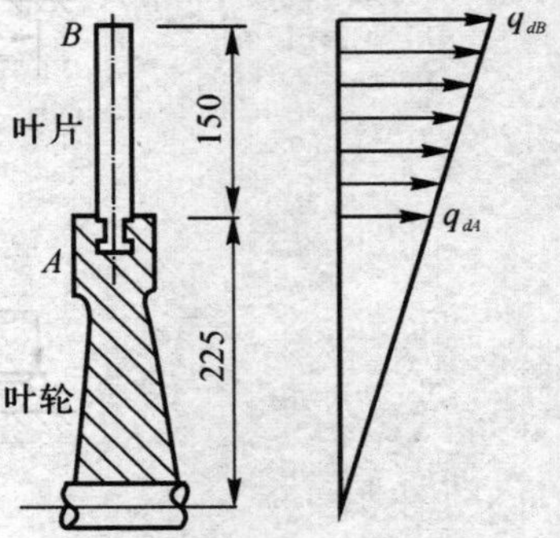

图 10.3

解 这是匀速圆周运动情况下的动载荷计算问题。

(1)叶片上各点的向心加速度为

$$a_n = \omega^2 R = (233.33\pi)^2 R$$

A 点的向心加速度为

$$a_{nA} = (233.33\pi)^2 \times 0.225 = 1.2 \times 10^5 \text{ m/s}^2$$

B 点的向心加速度为

$$a_{nB} = (233.33\pi)^2 \times 0.375 = 2 \times 10^5 \text{ m/s}^2$$

(2)分布惯性力为

$$q_d = \frac{\gamma A}{g} \cdot a_n$$

A 点:

$$q_{dA} = \frac{7.8 \times 10^4}{9.8} \times 1.2 \times 10^5 A = 9.55 \times 10^8 A$$

B 点:

$$q_{dB} = \frac{7.8 \times 10^4}{9.8} \times 2 \times 10^5 A = 15.92 \times 10^8 A$$

(3)求轴力。$F_{N\max}$ 发生在叶片根部,且

$$F_{N\max} = \frac{1}{2}(q_{dA} + q_{dB})l = \frac{1}{2} \times (9.55 + 15.92) \times 10^8 A \times 0.15 = 1.91 \times 10^8 A$$

(4)强度校核:

$$\sigma_{\max} = \frac{F_{N\max}}{A} = 191 \text{ MPa} > [\sigma]$$

叶片内应力在 B 点处为零,在 A 点为最大,中间按直线规律变化。叶片强度不足。

【评注】 本例计算结果表明,叶片的强度严重不足,应该修改设计,其途径:① 限制旋转速度;② 更换材特等等。但由本题计算结果可以看出,企图靠增加叶片的横截面面积来提高叶片的强度是不可能的,因为动应力与横截面无关。

例 10.4 (大连理工大学考研题)如图 10.4(a)与(b)中的梁和弹簧相同,试问哪一种的自由落体冲击动应力大?为什么?

解 设弹簧的弹簧常数为 K,梁的抗弯刚度为 EI。在图(a)情况下冲击点的静挠度为

$$\Delta_{st}^a = \frac{P(2a)^3}{48EI} + \frac{1}{2} \times \frac{P/2}{k}$$

在图(b)情况下冲击点的静挠度为

$$\Delta_{st}^b = \frac{P(2a)^3}{48EI} + \frac{P}{k}$$

动荷系数为

$$K_d = 1 + \sqrt{1 + \frac{2h}{\Delta_{st}}} \qquad\qquad\qquad (a)$$

由于 $\Delta_{st}^b > \Delta_{st}^a$,故 $K_d^a > K_d^b$,因为图(a)与图(b)两者的静应力相同,故

$$\sigma_d^a K_d^a \sigma_{st} > \sigma_d^b = K_d^b \sigma_{st}$$

故图(a)情况冲击动应力大。

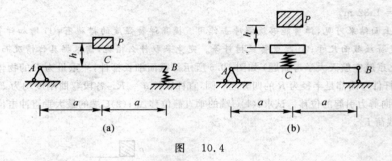

图 10.4

【评注】 此题是自由落体冲击时的动应力计算,动荷因数如式(a)所示,为计算最大冲击应力,需计算静挠度和静应力。

例 10.5 圆截面的钢杆,直径 $d = 20$ mm,杆长 $l = 2$ m,重物 $W = 500$ N,沿杆轴线从高度 A 处落下,如图 10.5 所示,已知 $[\sigma] = 160$ MPa,$E = 200$ GPa。试在下列两种情况下分别计算允许的冲击高度 h(只考虑强度条件):(1) 重物 W 自由落在小盘上;(2) 小盘上放有弹簧,其弹簧常数 $K = 2$ kN/mm。

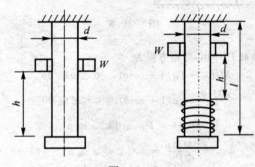

图 10.5

解 (1)由于
$$\Delta_{st} = \frac{Wl}{EA}, \quad \sigma_{st} = \frac{W}{A}$$

$$A = \frac{\pi}{4}d^2 = \frac{\pi}{4} \times 2^2 \times 10^{-4} = \pi \times 10^{-4}$$

$$\sigma_{st} = \frac{500}{\pi} \times 10^4 = \frac{5}{\pi} \times 10^6$$

$$K_d = 1 + \sqrt{1 + \frac{2h}{\Delta_{st}}} = 1 + \sqrt{1 + \frac{2EAh}{Wl}}$$

又由于
$$K_d = \frac{\sigma_{dmax}}{\sigma_{st}} = \frac{[\sigma]}{\sigma_{st}} = \frac{160 \times 10^6}{\frac{5}{\pi} \times 10^6} = 32\pi$$

得 $32\pi = 1 + \sqrt{1 + \frac{2 \times 2 \times 10 \times \pi \times 10 \times h}{500 \times 2}}$,$h = 7.88 \times 10^{-2}$ m。

(2)盘上放有弹簧时,有
$$\Delta_{st} = \frac{Wl}{EA} + \frac{W}{K} = \frac{500 \times 2}{2 \times 10^{11} \times \pi \times 10^{-4}} + \frac{500}{2000} \times 10^{-3} = 2.66 \times 10^{-4} \text{ m}$$

$$K_d = 32 = \pi 1 + \sqrt{1 + \frac{2h}{\Delta_{st}}} = 1 + \sqrt{1 + \frac{2h}{2.66 \times 10^{-4}}}$$

即
$$100.5 = 1 + \sqrt{1 + \frac{2h}{2.66 \times 10^{-4}}}$$

从而解得 $h = 1.32$ m。

【评注】 由上面结果可见,弹簧能够缓解冲击作用。提高弹簧强度的措施有:① 增加弹簧圈数;② 改变弹簧半经;③ 改变簧丝截面尺寸;④ 改变簧丝材料等。究竟采取什么措施,需根据具体情况而定。

例 10.6 (北京航空航天大学考研题)如图 10.6 所示等截面细长杆件,一重量为 P 的物体自 C 端正上方 H 处自由下落。杆件弯曲部是半径为 R 的四分之一圆,直杆段长 $a = R$。各段弯曲刚度均为 EI。不计杆的质量,不计轴力和横向剪力引起的位移。试求:(1)C 端的垂直静位移 Δ_{st};(2)C 端的最大垂直冲击位移 Δ_d;(3)杆件所受的最大冲击载荷 F_d。

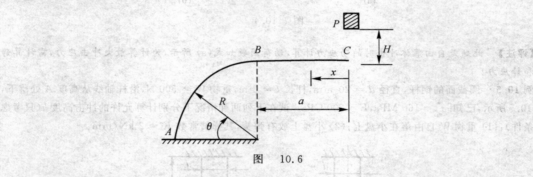

图 10.6

解 (1)C 端受垂直向下静载 P 作用,弯矩方程为

AB 段:

$$M(\theta) = Pa(1 + \cos\theta), \quad 0 \leqslant \theta \leqslant 90°$$

$$\frac{\partial M(\theta)}{\partial P} = a(1 + \cos\theta), \quad 0 \leqslant \theta \leqslant 90°$$

BC 段:

$$M(x) = Px, \quad 0 \leqslant x \leqslant a$$

$$\frac{\partial M(\theta)}{\partial P} = x, \quad 0 \leqslant x \leqslant a$$

由卡氏定理有

$$\Delta_{st} = \frac{\partial U}{\partial P} = \frac{1}{EI}\int_0^a M(x)\frac{\partial M(x)}{\partial P}dx + \frac{1}{EI}\int_0^{\pi/2} M(\theta)\frac{\partial M(\theta)}{\partial P}a\,d\theta =$$

$$\frac{1}{EI}\left(\int_0^a Px^2 dx + \int_0^{\pi/2} Pa^3(1 + \cos\theta)^2 d\theta\right) = 4.69\frac{Pa^3}{EI}$$

(2)动荷系数为

$$K_d = 1 + \sqrt{1 + \frac{2H}{\Delta_{st}}} = 1 + \sqrt{1 + 0.426\frac{EIH}{Pa^3}}$$

C 端最大垂直冲击位移为

$$\Delta_d = K_d\Delta_{st} = \left[1 + \sqrt{1 + 0.426\frac{EIH}{Pa^3}}\right]\frac{4.69Pa^3}{EI}$$

(3)杆件所受最大冲击载荷为

$$F_d = K_d P = P\left(1 + \sqrt{1 + 0.426\frac{EIH}{Pa^3}}\right)$$

【评注】 用卡氏定理求 C 点静位移时,由于 AB 为圆周线,C 为直线,列内力方程式必须分段。

例 10.7 (南京理工大学考研题)如图 10.7(a)所示悬臂梁的抗弯刚度为 EI,压杆 BC 的抗压刚度为 EA,若重量为 P 的重物突然作用在悬臂梁的中点处,求 BC 柱的最大压缩量。

解 本结构为一次超静定,选静定基本结构如图(b)所示,BC 杆内力为多余的约束力,变形条件为梁 AB 在 B 点的挠度等于压杆 BC 的压缩量,即

$$f_B = \delta_{BC} \qquad ①$$

$$f_B = \frac{Pa^3}{3EI} + \frac{Pa^2}{2EI} @a - \frac{F \cdot (2a)^3}{3FI}$$

$$\delta_{BC} = \frac{aF}{EA}$$

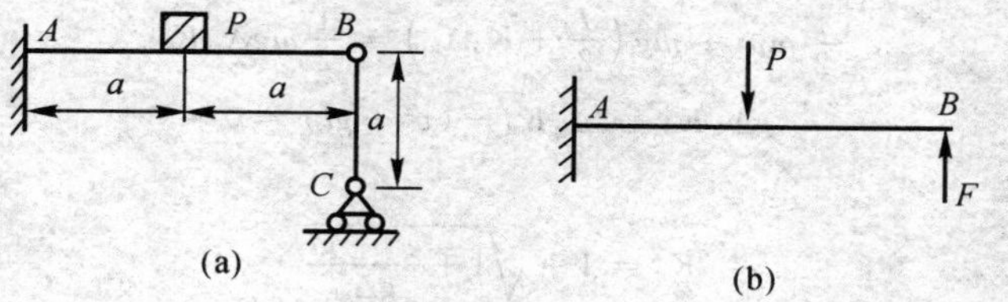

图 10.7

(a)   (b)

把以上结果代入式 ①,得

$$F = \frac{5a^2 A}{16Aa^2 + 6I}P$$

B 点静位移为

$$\Delta_{st} = \delta_{BC} = \frac{aF}{EA} = \frac{5Pa^3}{E(16Aa^2 + 6I)}$$

对突加荷载,动荷系数 $K_d = 2$,因此 BC 杆的最大压缩量

$$\Delta_d = K_d \Delta_{st} = 2\Delta_{st} = \frac{10Pa^3}{E(16Aa^2 + 6I)}$$

【评注】 本结构为一次超静定,首先运用变形连续条件解决超静定问题,然后再按静定结构进行处理。

例 10.8 装有飞轮的轴如图 10.8 所示,轴的直径 $d = 100 \text{ mm}$,轴长 $L = 1 \text{ m}$,转动惯量 $J = 0.5 \text{ kN·m·S}^2$,$G = 80 \text{ MPa}$,飞轮的转速 $n = 100 \text{ r/min}$。试求突然刹车时轴内的最大动应力。

解 (1)由理论力学动力学知识知,轴转动时飞轮所具有的动能为

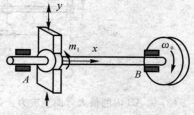

图 10.8

$$T = \frac{1}{2}J\omega^2$$

其中 $\omega_0 = \frac{n\pi}{30} = \frac{10\pi}{3}$。

(2)刹车时飞轮的动能将转化为轴的应变能,即

$$T = \frac{1}{2}J\omega^2 = v \frac{T_d^2 L}{2GI_P}$$

由上式得

$$T_d = \omega\sqrt{\frac{JGI_P}{L}}$$

(3)轴在刹车力偶作用下产生扭转变形,在横截面周边各点有最大切应力为

$$\tau_{dmax} = \frac{T_d}{W_t} = \omega\sqrt{\frac{2GI}{AL}} = 1\,057 \text{ MPa}$$

【评注】 转动轴突然刹车问题一般是通过分析冲击前、后整个系统的能量变化,根据机械能守恒建立等式,计算动载荷、动应力、动变形。

例 10.9 如图 10.9(a)所示结构中,重量为 mg 的物体 C 可绕 A 轴(垂直于纸面)做定轴转动,重物在铅垂位置时具有水平速度 v,然后冲击到 AB 梁的中点。梁的长度为 l,材料的弹性模量为 E,梁横截面的惯性矩为 I,抗弯截面系数为 W。如果 l,E,mg,I,W,v 均为已知,求梁 AB 内的最大弯曲正应力。

解 (1)动荷系数 K_d。 由机械能守恒定律有

三导

$$\frac{1}{2}mv^2 + mg\left(\frac{l}{2} + \Delta_{\mathrm{d}}\right) = \frac{1}{2}F_{\mathrm{d}}\Delta_{\mathrm{d}}$$

令 $K_{\mathrm{d}} = \dfrac{F_{\mathrm{d}}}{F_{\mathrm{st}}} = \dfrac{\Delta_{\mathrm{d}}}{\Delta_{\mathrm{st}}}$,且取 $F_{\mathrm{st}} = mg$,则

$$\frac{1}{2}mv^2 + mg\left(\frac{l}{2} + K_{\mathrm{d}}\Delta_{\mathrm{st}}\right) = \frac{1}{2}mg\Delta_{\mathrm{st}}K_{\mathrm{d}}^2$$

$$g\Delta_{\mathrm{st}}K_{\mathrm{d}}^2 - 2\Delta_{\mathrm{st}}K_{\mathrm{d}} - (v^2 + gl) = 0$$

可得到动荷系数为

$$K_{\mathrm{d}} = 1 + \sqrt{1 + \frac{v^2 + gl}{g\Delta_{\mathrm{st}}}}$$

当梁 AB 在冲击点作用静载荷 F_{st} 时,如图 10.9(b) 所示,冲击点位移 Δ_{st} 为

$$\Delta_{\mathrm{st}} = \frac{mgl^3}{48EI}$$

故得

$$K_{\mathrm{d}} = \left(1 + \sqrt{1 + \frac{48EI(v^2 + gl)}{mg^2l^3}}\right)$$

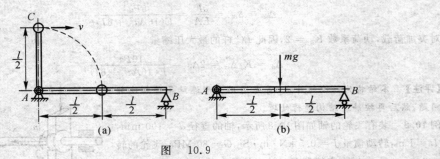

图　10.9

(2) 梁 AB 内的最大弯曲正应力。如图 10.13(b) 所示,当梁 AB 在冲击点作用静 mg 时,最大弯曲正应力为

$$\sigma_{\mathrm{stmax}} = \frac{M_{n\omega}}{W} = \frac{mgl}{4W}$$

最大冲击动应力为

$$\sigma_{\mathrm{dmax}} = k_{\mathrm{d}}\sigma_{\mathrm{stmax}} = \frac{mgl}{4W}\left(1 + \sqrt{1 + \frac{48EI(v^2 + gl)}{mg^2l^3}}\right)$$

【评注】　本例中,具有初始水平速度的冲击物,与被冲击物发生的落体冲击,既不是常规的自由落体问题,也不是常规的水平冲击问题,动荷因数就不能直接应用 $K_{\mathrm{d}} = 1 + \sqrt{1 + \dfrac{2h}{\Delta_{\mathrm{st}}}}$ 或 $K_{\mathrm{d}} = \sqrt{\dfrac{v^2}{g\Delta_{\mathrm{st}}}}$,而需首先分析冲击前、后整个系统的能量变化,根据机械能守恒建立等式,通过推导,获得动荷因数。

例 10.10　横截面积 $A = 1\,000\,\mathrm{mm}^2$ 的钢索,许用应力 $[\sigma] = 160\,\mathrm{MPa}$,起吊重量为 $W = 50\,\mathrm{kN}$ 的重物,以等速度 $v = 1.6\,\mathrm{m/s}$ 下降,如图 10.10 所示。当重物与绞车之间的钢索长度为 $l = 240\,\mathrm{m}$ 时,突然刹住绞车,试校核钢索的强度(不计钢索自重)。

解　(1) 动荷因数。设重物等速下降时,在 W 作用下钢索静变形为 Δ_{st},钢索静应变能为 $\dfrac{1}{2}W\Delta_{\mathrm{st}}$,重物动能为 $\dfrac{W}{2g}v^2$。突然刹车时,若钢索应变能为 $\dfrac{1}{2}F_{\mathrm{d}}\Delta_{\mathrm{d}}$,由机械能守恒定律,钢索应变能增量应等于重物动能和位能减少,即

$$\frac{1}{2}F_{\mathrm{d}}\Delta_{\mathrm{d}} - \frac{1}{2}W\Delta_{\mathrm{st}} = \frac{W}{2g}v^2W(\Delta_{\mathrm{d}} - \Delta_{\mathrm{st}})$$

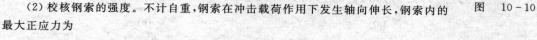

由于 $\dfrac{F_{\mathrm{d}}}{W} = \dfrac{\Delta_{\mathrm{d}}}{\Delta_{\mathrm{st}}}$，$F_{\mathrm{d}} = \dfrac{\Delta_{\mathrm{d}}}{\Delta_{\mathrm{st}}}W$，代入上式，得

$$\Delta_{\mathrm{d}} = \Delta_{\mathrm{st}}\left(1 + v\sqrt{\dfrac{1}{\Delta_{\mathrm{st}}g}}\right)$$

则动荷系数为

$$K_{\mathrm{d}} = \dfrac{\Delta_{\mathrm{d}}}{\Delta_{\mathrm{st}}} = 1 + v\sqrt{\dfrac{1}{\Delta_{\mathrm{st}}g}}$$

其中

$$\Delta_{\mathrm{st}} = \dfrac{Wl}{EA} = \dfrac{50\times10^{3}\times240}{210\times10^{9}\times1\,000\times10^{-6}} = 0.057\,1\ \mathrm{m}$$

（2）校核钢索的强度。不计自重，钢索在冲击载荷作用下发生轴向伸长，钢索内的
最大正应力为 图 10-10

$$\sigma_{\mathrm{d}} = K_{\mathrm{d}}\sigma_{\mathrm{st}} = \left(1 + v\sqrt{1 + \dfrac{1}{\Delta_{\mathrm{st}}g}}\right)\dfrac{W}{A} = \left(1 + 1.6\sqrt{\dfrac{1}{1 + 0.057\,1\times9.8}}\right)\dfrac{50\times10^{3}}{1\,000\times10^{-6}} = 157\ \mathrm{MPa}$$

$\sigma_{\mathrm{d}} < [\sigma] = 160\ \mathrm{MPa}$，故安全。

【评注】 本例中，冲击前冲击物具有初始速度，被冲击物具有初始应变能，不是常见的自由落体问题，确定动荷因数时不能直接应用 $K_{\mathrm{d}} = 1 + \sqrt{1 + \dfrac{2h}{\Delta_{\mathrm{st}}}}$，而需首先分析冲击前、后整个系统的能量变化，根据机械能守恒建立等式，获得动荷因数。

10.4 自学指导

动荷问题是工程中常遇的问题，且在现代化的今天会越来越多，因此要花点精力彻底弄懂这一问题。因此问题涉及面很广，材料力学不可能全都解决，若想进一步深造，还要学习其他方面的动荷资料，如结构动力学等。材料力学主要解决的动荷问题有三类：① 构件有加速度时的应力计算，② 冲击，③ 振动等。自学时请着重弄懂下述几个重点及难点问题。

（1）冲击动荷因数。动荷因数是冲击问题中引入的重要概念。在线弹性范围内，动载荷、动变形和动应力分别与相应的静载荷、静变形和静应力成比例，其比例系数称为冲击动荷因数（K_{d}）。K_{d} 表达式中包含丰富的含义，它对于减缓冲击应力、吸收冲击能量具有重要的意义。它既是学习的重点，又是难点，请在此问题上下点功夫。

请注意：依据国标 GB3101-93"物理量名称中所用术语的规则"的规定，凡不具有量的系数，一律称为因数。据此我国将动荷系数，改为动荷因数。

（2）动静法。利用动静法可方便地求解以下问题中的动应力：匀加速提升的构件、匀速旋转的圆环、匀速制动的飞轮轴、匀速转动的汽轮机叶片等。动静法一般是用于已知加速度构件的动应力分析。

解析方法：首先判断加速度是否已知，有了加速度后，即可计算惯性力；然后分析由主动力、约束反力、惯性力组成的"平衡"力系。分析问题的方法同静力学。

（3）冲击问题。利用能量守恒定律可方便地求解如下冲击问题的动应力（变形）：重物下落时构件的冲击、水平飞行物对构件的冲击、高速运动（旋转）构件急刹车造成的冲击等。解析方法：如果是自由落体或水平冲击，可以直接应用相应的动荷因数公式求解，注意其中的静变形一定是指冲击点的。对于其他冲击问题，则需根据能量守恒求解。

（4）动荷习题与考题多为复合题目，如冲击、弯曲强度、弯曲变形问题；冲击、组合变形（以弯扭组合多见）、应力态、强度理论问题；冲击、压杆稳定、弯曲强度问题等等。要注意动荷问题的综合应用，要多做动荷综合应用题。

（5）对于超静定结构的动荷问题，应先求解超静定问题，然后再按静定结构求解动载荷问题。

最后建议，请根据上述内容认真看懂相应典型例题 5 至 6 道，认真仔细做相应习题 7 至 9 道，亲自总结出解题的规律和技巧。

10.5　习题精选详解

10.1　如题 10.1 所示均质等截面杆,长为 l,重为 W,横截面面积为 A,水平放置在一排光滑的滚子上。杆的两端受轴向 F_1 和 F_2 的作用,且 $F_2 > F_1$。试求杆内正应力沿杆件长度分布的况(设滚动摩擦可以忽略不计)。

题 10.1 图

解　因为 $F_2 > F_1$,所以知杆有向右的加速度,大小为

$$a = \frac{F_2 - F_1}{W}g$$

则单位长度上的惯性力大小 q_d 为

$$q_d = \frac{W}{gl}a = \frac{F_2 - F_1}{l}$$

方向与加速度方向相反,水平向左。将杆从 x 截面处截开如图(b)所示,分析其受力情况,有

$$-F_1 - q_d \cdot x + F_{Nd} = 0$$

$$F_{Nd} = F_1 + \frac{F_2 - F_1}{l}x$$

杆内正应力沿杆件长度分布的情况为

$$\sigma_d = \frac{F_{Nd}}{A} = \frac{1}{A}\left[F_1 + \frac{x}{l}(F_2 - F_1)\right] = \frac{F_1 l(F_2 - F_1)}{Al}x$$

10.3　桥式起重机上悬挂一重量 $P = 50$ kN 的重物,以匀速 $v = 1$ m/s 向前移(在题 10.3 图中,移动的方向垂直于纸面)。当起重机突然停止时,重物像单摆一样向前摆动,若梁为 No.14 工字钢,吊索横截面面积 $A = 5 \times 10^{-4}$ m²,问此时吊索内及梁内的最大应力增加多少?设吊索的自重以及由重物摆动引起的影响都忽略不计。

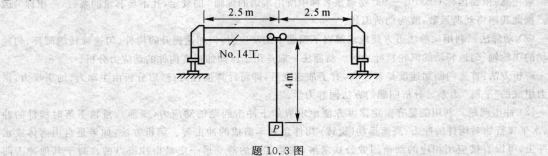

题 10.3 图

解　重物 P 摆动,产生向心加速度,故有与之方向相反的惯性力(离心力),大小为

$$F_g = \frac{P}{g}a_n = \frac{P}{g} \cdot \frac{v^2}{R} = \frac{50. \times 10^3}{9.8} \times \frac{1^2}{4} = 1\,275\ \text{N}$$

此离心力即为吊索及梁内应力增加的动载荷,故在吊索内最大应力增量为

$$\Delta \sigma'_{d\max} = \frac{F_g}{A} = \frac{1\,275}{5 \times 10^{-4}} = 2.55 \times 10^6\ \text{Pa} = 2.55\ \text{MPa}$$

梁内弯矩计算满足叠加原理,故查型钢表,得 No.14 工字钢 $W = 102\ \text{cm}^3$,则有

$$\Delta \sigma''_{d\max} = \frac{M_d}{W_z} = \frac{F_g L}{4 W_x} = \frac{1\ 275 \times 5}{4 \times 102 \times 10^{-6}} = 15.6 \times 10^6\ \text{Pa} = 15.6\ \text{MPa}$$

10.5 如题 10.5 图所示轴上装一钢质圆盘,盘上有一圆孔。若轴与盘以 $\omega = 40\ \text{rad/s}$ 的匀角速度旋转,试求轴内由这一圆孔引起的正应力。

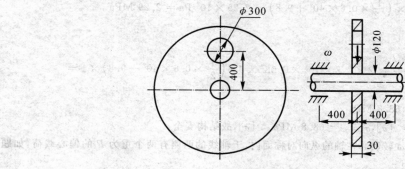

题 10.5 图

解 圆盘上开一孔,相当于有了负质量的偏心块,旋转时产生向心加速度 $a_n = \omega^2 r$,偏心块惯性力为

$$F_g = \frac{\pi d^2 t \gamma}{4g} a_n = \frac{\pi \times 0.3^2 \times 0.03 \times 7.8 \times 10^3 \times 9.8}{4 \times 9.8} \times 0.4 \times 40^2 = 10.59\ \text{kN}$$

因为偏心块质量为负,故惯性力方向与加速度方向可认为相同,则

$$\sigma_{dm\,\text{dx}} = \frac{Wd}{W} = \frac{\frac{1}{4}F_g l}{\frac{\pi}{12}d^3} = \frac{\frac{1}{4} \times 10\ 590 \times 0.8}{\frac{\pi}{12} \times 0.12^3} = 12.5 \times 10^6\ \text{Pa} = 12.5\ \text{MPa}$$

10.7 如题 10.7 图所示钢轴 AB 的直径为 80 mm,轴上有一空为 80 mm 的钢质圆杆 CD,CD 垂直于 AB。若 AB 以匀角速度 $\omega = 40\ \text{rad/s}$ 转动。材料的许用应力 $[\sigma] = 70\ \text{MPa}$,密度为 $7.8\ \text{g/cm}^3$。试校核 AB 轴及 CD 杆的强度。

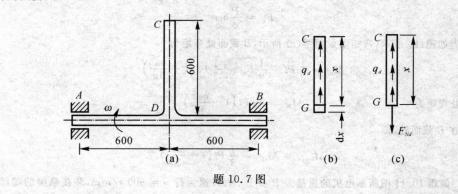

题 10.7 图

解 距 C 截面 x 处的微元 G 向心加速度 a_n 为

$$a_n = (r-x)\omega^2$$

该处单位长度上惯性力 q_d 大小为长度上惯性力 q_d 大小为

$$q_d = rAQ_n = rA(r-x)\omega^2$$

分析 G 以上部分杆受力情况,有

$$\int_0^x q_d\,\text{d}x + \gamma gAx - F_{NL} = 0$$

$$F_{Nd} = \int_a^x \gamma A(r-x)\omega^2 \, \mathrm{d}x + rgAx = \gamma A\omega^2 x\left(r - \frac{x}{2}\right) + \gamma gAx$$

根部 D 截面上正应力最大,有

$$\sigma'_{d\max} = \frac{F_{Nd\max}}{A} = \gamma\left[\omega^2 r\left(r - \frac{1}{2}\right) + rg\right] =$$

$$7.8 \times 10^3 \times 0.6 \times \left(\frac{1}{2} \times 0.6 \times 40^2 + 9.8\right) = 2.29 \times 10^6 \, \mathrm{Pa} = 2.29 \, \mathrm{MPa}$$

横杆 AB 的最大正应力为

$$\sigma''_{d\max} = \frac{M_d}{W} = \frac{\frac{1}{4} \cdot F_{Nd\max} l}{\frac{\pi}{32}d^3} = 2 \times 7.8 \times 10^3 \times 0.08^2 \times 0.6\left(\frac{1}{2} \times 0.6 \times 40^2 + 9.8\right) \times 1 =$$

$$68.8 \times 10^6 \, \mathrm{Pa} = 68.8 \, \mathrm{MPa}$$

因为 $\sigma'_{d\max} = 2.29 \, \mathrm{MPa} < [\sigma], \sigma''_{d\max} = 68.8 \, \mathrm{MPa} < [\sigma]$,故结构安全。

10.8　AD 轴以匀角速度 ω 转动。在轴的纵向对称面内,于轴线的两侧有两个重为 P 的偏心载荷,如题 10.8 图所示。试求轴内大弯矩。

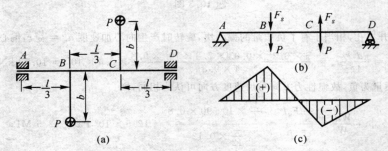

题 10.8 图

解　轴旋转时偏心球惯性力 F_g 为

$$F_g = \frac{P}{g}b\omega^2$$

则 AD 轴受力如图(b)所示,弯矩图如题图(c)所示,B 截面处弯矩为

$$M_d = \frac{1}{3}Pl + \frac{1}{9}F_g = \frac{1}{3}Pl\left(1 + \frac{b\omega^2}{3g}\right)$$

C 截面处弯矩为

$$M_{dC} = \frac{1}{3}Pl\left(1 - \frac{b\omega^2}{3g}\right)$$

故最大弯矩在 B 截面处,即

$$M_{d\max} = M_{dB} = \frac{1}{3}Pl\left(1 + \frac{b\omega^2}{3g}\right)$$

10.11　如题 10.11 图所示电机的重量为 $P = 1 \, \mathrm{kN}$,转速为行 $n = 900 \, \mathrm{r/min}$,装在悬梁的端部。梁为 No. 25a 槽钢,弹性模量 $E = 200 \, \mathrm{GPa}$。由于电机转子不平衡引起的离心惯性力 $F_d = 200 \, \mathrm{N}$,设阻尼因数 $n = 0$,且梁的质量可以不计。试求:

(1) 梁跨度 l 为多大时,将发生共振?

(2) 欲使梁的固有频率 ω_0 为干扰频率 ω 的 1.3 倍,l 应为多大? 计此时强迫振动的振幅 B 及梁内的最大正应力。

解　(1) 查型钢表知 No. 25a 槽钢知 $I = 176 \, \mathrm{cm}^4, W = 30.6 \, \mathrm{cm}^3$。

当阻尼因数 $n = 0$ 时,干挠频率 ω 与梁固有频率 ω_0 相等时,发生共振,则

$$\omega = \frac{2\pi n}{60} = \frac{2\pi \times 900}{60} = 94.2 \text{ rad/s}$$

$$\omega_0 = \sqrt{\frac{g}{\Delta_{st}}} = \sqrt{\frac{3EIg}{Pl^3}} \quad \Delta_{st} = \frac{Pl^3}{3EI}, \quad \omega = \omega_0$$

$$\frac{3EIg}{Pl^3} = \omega^2$$

$$l = \sqrt[3]{\frac{3EIg}{P\omega^2}} = \sqrt[3]{\frac{3 \times 200 \times 10^9 \times 176 \times 10^{-8}}{1 \times 10^3 \times 94.2^2}} = 1.05 \text{ m}$$

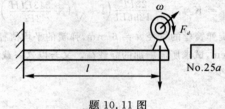

题 10.11 图

(2)
$$\Delta_{st} = \frac{q}{\omega_0} = \frac{g}{(1.3\omega)^2} = \frac{1 \times 10^3 \times l_1^3}{3 \times 200 \times 10^9 \times 176 \times 10^{-8}} = \frac{9.8}{(1.3 \times 94.2)^2}$$

$$l_1 = \sqrt[3]{\frac{9.8 \times 3 \times 200 \times 10^9 \times 176 \times 10^{-8}}{1 \times 10^3 \times (1.3 \times 94.8)^2}} = 0.884 \text{ m}$$

$$\beta = \frac{1}{\sqrt{\left[1 - \left(\frac{\omega}{\omega_0}\right)^2\right]^2 + 4\left(\frac{\delta}{\omega_0}\right)^2\left(\frac{\omega}{\omega_0}\right)^2}} = \frac{1}{\sqrt{\left[1 - \left(\frac{1}{1.3}\right)^2\right]^2}} = 2.45$$

$$\Delta_H = \frac{F_d l^3}{3EI} = \frac{200 \times 0.884^2}{3 \times 200 \times 10^9 \times 176 \times 10^{-8}} = 0.13 \text{ mm}$$

$$B = \beta \Delta_H = 2.45 \times 0.13 \times 10^{-3} = 0.319 \times 10^{-3} \text{ m} = 0.319 \text{ mm}$$

$$\sigma_{st} = \frac{Pl}{W} = \frac{1 \times 10^3 \times 0.884}{3.06 \times 10^{-6}} = 28.9 \times 10^6 \text{ Pa} = 28.9 \text{ MPa}$$

最大动正应力为

$$\sigma_{d\max} = \left(1 + \beta\frac{F_d}{P}\right)\sigma_{st} = \left(1 + 24.5 \times \frac{200}{1\,000}\right) \times 28.9 = 42.9 \text{ MPa}$$

10.12　如题 10.12 图所示，重量为 P 的重物自高度 H 下落冲击于梁的 C 点。设梁的 E, I 及抗弯截面因数 W 皆为已知量。试求梁内最大正应力及梁的跨度中点的挠度。

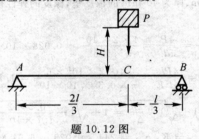

题 10.12 图

解　C 点静位移为

$$\Delta_{st} = \frac{P \times \frac{l}{3} \times \frac{2l}{3}}{6EIl}\left(l^2 - \frac{4l^2}{9} - \frac{l^2}{9}\right) = \frac{4Pl^3}{242EI}$$

动载荷系数为

$$K_d = 1 + \sqrt{1 + \frac{2H}{\Delta_{st}}} = 1 + \sqrt{1 + \frac{243EIH}{2Pl^3}}$$

三导

C 截面弯矩最大,最大正应力为

$$\sigma_{st} = \frac{M_{max}}{W} = \frac{\frac{1}{3}P \times \frac{2}{3}l}{W} = \frac{2Pl}{9W}$$

最大动正应力为

$$\sigma_{d\,max}K_d\sigma_{st} = \frac{2Pl}{9W}\left(1 + \sqrt{1 + \frac{243EIH}{2PL^3}}\right)$$

中点处静挠度为

$$f_{l/2} = \frac{P}{48FI}\frac{l}{3}\left(3l^2 - \frac{4l^2}{9}\right) = \frac{23Pl^3}{1296EI}$$

故中点的挠度为

$$f_d = K_d f_{l/2} = \frac{23Pl^3}{1296EI}\left(1 + \sqrt{1 + \frac{243EIH}{2Pl^3}}\right)$$

10.15 受压圆柱形密圈螺旋弹簧丝的直径 $d = 6$ mm,弹簧的平均值径 $D = 12$ cm,有效圈数 $n = 18$,$G = 80$ GPa。若使弹簧压缩 2.5 cm,试求所需施加的静载荷。又若以这一载荷自 10 cm 的高度落于弹簧上,则弹簧的最大应力及变形各为多少?

解 对于密螺旋弹簧,有

$$\Delta_{st} = \frac{8FD^3n}{Gd^4}$$

$$K_d = 1 + \sqrt{1 + \frac{2h}{\Delta_{st}}} = 1 + \sqrt{1 + \frac{2 \times 10}{2.5}} = 4$$

$$F = \frac{\Delta_{st}Gd^4}{8D^3n} = \frac{0.025 \times 80 \times 10^9 \times 0.006^4}{8 \times 0.012^3 \times 18} = 9.4 \text{ N}$$

设

$$c = \frac{D}{d} = \frac{120}{6} = 20$$

故得

$$k = \frac{4c-1}{4c-4} + \frac{2.615}{c} = \frac{4 \times 20 - 1}{4 \times 20 - 4} + \frac{2.615}{20} = 1.07$$

$$\tau_{st} = k\frac{8FD}{\pi d^3} = 1.07 \times \frac{8 \times 10.4 \times 0.12}{\pi \times 0.006^3} = 15.7 \times 10^6 \text{ Pa} = 14.2 \text{ MPa}$$

$$\tau_{d\,max} = K_d\tau_{st} = 4 \times 14.2 = 56.8 \text{ MPa}$$

$$\Delta_d = K_d\Delta_{st} = 4 \times 0.025 = 0.1 \text{ m}$$

10.16 直径 $d = 300$ mm、长为 $l = 6$ m 的木桩,下端固定,上端受重 $P = 2$ kN 的重锤作用。木材的 $E_1 = 10$ GPa。求以下 3 种情况下,木桩内的最大正应力。

(1) 重锤以静载荷的方式作用木桩上;

(2) 重锤从离桩顶 0.5 m 的高度自由落下;

(3) 在桩顶放置直径为 150 mm、厚为 40 mm 的橡皮垫,橡皮的弹性模量 $E_2 = 8$ MPa。重锤也是从离橡皮垫顶面 0.5 m 的高度自由高下。

解 (1) $\sigma'_{max} = \sigma_{st1} = \frac{P}{A} = \frac{4P}{\pi d^2} = \frac{4 \times 2 \times 10^3}{\pi \times 0.3^2} = 0.028 \times 10^6 \text{ Pa} = 0.028 \text{ MPa}$

(2)

$$\Delta_{st2} = \frac{Pl}{EA} = \frac{4Pl}{\pi d^2 E} = \frac{4 \times 2 \times 10^3 \times 6}{\pi \times 0.3^2 \times 10 \times 10^9} = 1.7 \times 10^{-5}. \text{ m}$$

$$K_{d2} = 1 + \sqrt{1 + \frac{2h}{\Delta_{st}}} = 1 + \sqrt{1 + \frac{0.5 \times 2}{1.7 \times 10^{-5}}} = 244$$

$$\sigma''_{max} = K_{d2}\Delta_{st2} = 244 \times 0.028 = 6.91 \text{ MPa}$$

(3)

$$\Delta_{st3} = \frac{Pl}{EA} + \frac{Pl_2}{E_2A_2} = 1.7 \times 10^{-5} + \frac{2 \times 10^3 \times 0.04 \times 4}{8 \times 10^6 \times \pi \times 0.15^2} =$$

$$1.7 \times 10^{-5} + 5.66 \times 10^{-4} = 5.831 \ 0^{-4} \text{ m}$$

$$K_{d3} = 1 + \sqrt{1 + \frac{2h}{\Delta_{st3}}} = 1\sqrt{1 + \frac{2 \times 0.5}{5.83 \times 10^{-4}}} = 42.4$$

$$\sigma''_{max} = K_{d3}\Delta_{st3} = 42.4 \times 0.028 = 1.20 \text{ MPa}$$

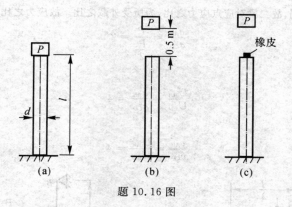

题 10.16 图

10.19　如题 10.19 图所示圆轴直径 $d = 6$ cm，$l = 2$ m，左端固，右端有一直径 $D = 40$ cm 的鼓轮。轮上绕以钢绳，绳的端点 A 悬挂吊盘。绳长 $L_1 = 10$ m，横截面面积 $A = 120$ mm²，$E = 200$ GPa。轴的切变模量 $G = 80$ GPa。重量 $P = 800$ N 的物块自 $h = 20$ cm 处落于吊盘上，求轴内最大切应力和绳内最大正应力。

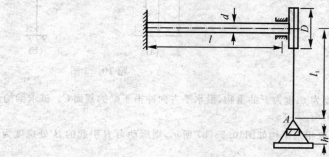

题 10.19 图

解

$$\Delta_{st} = \frac{Pl_1}{EA} + \frac{Tl}{GI_p} \times \frac{D}{2} = \frac{Pl_1}{EA} + \frac{P \times \dfrac{D}{2} \times l}{G \times \dfrac{\pi d^4}{32}} \times \frac{D}{2} = \frac{800 \times 10}{200 \times 10^9 \times 1.2 \times 10^{-4}} +$$

$$\frac{16 \times 800 \times 0.4^2 \times 2}{80 \times 10^9 \pi \times 0.06^4 \times 2} = 9.6 \times 10^{-4} \text{ m}$$

$$k_d = 1 + \sqrt{1 + \frac{2h}{\Delta_{st}}} = 1 + \sqrt{1 + \frac{2 \times 02}{9.6 \times 0^{-4}}} = 21.4$$

$$\tau_{stmax} = \frac{T}{W_t} = \frac{P \cdot \dfrac{D}{2}}{\dfrac{\pi d^3}{16}} = \frac{8 \times 800 \times 0.4}{\pi \times 0.06^3} = 3.77 \times 10^6 \text{ Pa} = 3.77 \text{ MPa}$$

$$\sigma_{st} = \frac{P}{A} = \frac{800}{1.2 \times 10^{-4}} = 6.67 \times 10^6 \text{ Pa} = 6.67 \text{ MPa}$$

故得，轴内最大切应力为

$$\tau_{dmax} K_d \tau_{stmax} = 21.4 \times 3.77 = 80.7 \text{ MPa}$$

绳内最大正应力为

$$\sigma_d = K_d \sigma_{st} = 21.4 \times 6.67 = 142.7 \text{ MPa}$$

10.22　AB 和 CD 二梁的材料相同，横截面相同。在题 10.22 图所示冲击载荷作用下，试求二梁最大应力之比和各自吸收能量之比。

解　根据静力学分析知，AB 梁上外载荷为 P，CD 梁上外载荷为 $P/2$，AB，CD 两梁材料、横截面、长度，受

载荷情况,动荷因数均相同,故二梁对应点应力之比,为所受外载之比。故应力之比为

$$\frac{\sigma_{AB}}{\sigma_{CD}} = \frac{P}{\frac{P}{2}} = 2$$

变形能比为

$$\frac{U_{AB}}{U_{CD}} = \frac{\sigma_{AB}^2}{\sigma_{CD}^2} = 4$$

吸收能量比为

$$\frac{v_{AB}}{v_{CD}} = \frac{U_{AB}}{U_{CD}} = 4$$

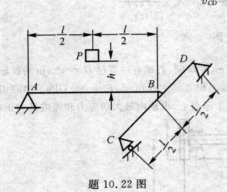

题 10.22 图

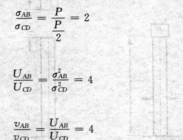

题 10.23 图

10.23 如题 10.23 图所示,速度为 v、重为 P 的重物,沿水平方向冲击于梁的截面 C。试求梁的最大动应力。设已知梁的 E,I 和 W,且 $a = 0.6l$。

解 AB 梁为一次超静定结构,取相当结构如图 10.23(b) 所示,则运动力 P 引起的 B 处挠度为

$$f_{BQ} = \frac{Pa^2}{6EI}(3l - a)$$

支反力 F_R 引起的 B 处挠度为

$$f_{BR} = -\frac{F_R l^3}{3EI}$$

B 处位移:

$$\Delta_B = f_{BQ} + f_{BR} = \frac{Pa^2}{6EI}(3l - a) - \frac{F_R l^3}{3EI} = 0$$

解之得

$$F_R = \frac{a^2}{2l^3}(3l - a)P = 0.432P$$

$$\Delta_{st} = \frac{Pa^3}{3EI} - \frac{F_R a^2}{6EI}(3l - a) = \frac{Pl^3}{EI}\left[\frac{1}{3} \times 0.6^3 - \frac{1}{6} \times 0.432 \times 0.6^2 \times 2.4\right] = 0.00979\frac{Pl^3}{EI}$$

$$K_d = \frac{\Delta_d}{\Delta_{st}} = \sqrt{\frac{v^2}{g\Delta_{st}}}$$

A 截面处弯矩为

$$M_A = F_R L - Pa = 0.432Pl - 0.6PL = -0.168Pl$$

而 C 截面处弯矩为

$$M_C = F_R(l - a) = 0.432 \times 0.4PL = 0.173Pl$$

则 C 截面为危险截面,可得

$$\sigma_{stmax} = \frac{M_{max}}{W} = \frac{0.173Pl}{W}$$

$$\sigma_{dmax} = K_d\sigma_{stmax}\sqrt{\frac{v^2}{g\Delta_{st}}}\frac{0.173Pl}{W} = \sqrt{\frac{3.06EIv^2P}{glW^2}}$$

第11章　交变应力

11.1　教学基本要求

11.1.1　内容概述

以前各章,我们接触到的工程案例都是应力为常量的情形。其实,在日常生活中,经常也会遇到工件的应力随时间而变化的情形,比如齿轮啮合传动,齿轮每啮合一周轮齿啮合一次,轮齿间的接触应力也随之呈周期性变化,这种随时间作周期性变化的应力,称之为交变应力。描述交变应力的参数有很多种,比如循环特征,应力幅,平均应力等等,最常见的是对称循环和脉动循环的交变应力,并重点研究对称循环下构件的疲劳强度计算。构件的材料疲劳特性可以由持久极限曲线表示,由此可以得出,提高构件疲劳强度的措施。

11.1.2　目的要求

(1)了解疲劳破坏机理和特点。
(2)掌握交变应力的应力幅度、平均应力和循环特性的概念和计算方法。
(3)了解材料疲劳极限的概念与测试疲劳特性的方法。
(4)了解影响构件疲劳极限的主要因素,重点掌握对称循环下构件的疲劳强度计算。
(5)了解持久极限曲线的概念,会不对称循环下构件的疲劳强度计算。
(6)掌握对称循环交变应力作用下,弯扭组合变形构件的疲劳强度计算。
(7)了解提高构件疲劳强度的主要措施。

11.1.3　三基

(1)基本概念:交变应力,平均应力,应力幅,疲劳破坏机理,材料疲劳极限的概念,循环特性,持久极限,疲劳强度等。
(2)基本理论:应力集中,脉动理论。
(3)基本方法:实验法,分析法。

11.1.4　重点难点

重点:(1)疲劳破坏的机理,疲劳破坏的断口。
(2)交变正应力和交变切应力。非对称循环交变应力可以看成由一个静应力和一个对称循环交变应力的叠加。
(3)疲劳强度计算。
难点:疲劳破坏机理和疲劳强度概念的建立,非对称循环交变应力的计算。

11.2　教学建议

11.2.1　单元划分

本章共 6 教学时,划分 3 个教学单元。

第一单元讲授交变应力与疲劳失效,交变应力的循环特征、应力幅和平均应力,持久极限。

第二单元讲授影响持久极限的因素,对称循环下构件的疲劳强度计算,持久极限曲线不对称循环下构件的疲劳强度计算。

第三单元讲授弯扭组合交变应力的强度计算,变幅交变应力,提高构件疲劳强度的措施及动应力问题小结。

11.2.2　各单元重点教学内容建议

第一单元重点教学内容

1. 疲劳强度的概念

交变应力:随时间而周期性交替变化的应力,称为交变应力。

疲劳破坏:构件在长期交变应力作用下,虽最大应力小于材料的静强度极限,而构件仍然发生断裂破坏,这种破坏称为疲劳破坏。

构件抵抗疲劳破坏的能力称为疲劳强度。疲劳强度的特点为:

(1)疲劳强度比静强度低。在交变应力的最大值小于材料的强度极限,甚至小于流动极限时,也可能发生破坏。

(2)疲劳强度和交变应力的大小及应力循环次数有关。无论是脆性材料还是塑性材料,破坏时无显著塑性变形,而是突然发生脆性断裂。

(3)疲劳破坏的断口有两个明显不同的区域:光滑区和粗糙区。光滑区是裂纹扩展的区域,其上有裂纹源;粗糙区是最后脆性断裂的区域。

(4)疲劳破坏需经损伤累积,微裂纹产生和扩展成宏观裂纹,以及宏观裂纹的扩展直至断裂。因此疲劳破坏需经应力多次重复后才会出现。简言之,疲劳破坏的机理和过程是:疲劳破坏是在长期交变应力作用下,构件裂纹萌生、扩展和最后断裂的过程。

2. 交变应力名词解释

(1)交变应力。图11.1所示的应力循环,从其上可见最大应力 σ_{max} 和最小应力 σ_{min}。这种最大应力和最小应力交替变化的应力,称为交变应力。

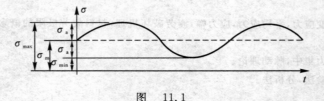

图　11.1

(2)平均应力

$$\sigma_m = \frac{1}{2}(\sigma_{max} + \sigma_{min}) \tag{11.1}$$

(3)应力幅值

$$\sigma_a = \frac{1}{2}(\sigma_{max} - \sigma_{min}) \tag{11.2}$$

(4)循环特性

$$r = \frac{\sigma_{min}}{\sigma_{max}} \tag{11.3}$$

(5)材料的持久极限 σ_{-1}。能经受无限多次循环而不发生破坏的最大交变应力值,称为材料的持久极限。材料持久极限由光滑标准小试件测得。材料抵抗对称循环交变能力最低,对称循环下的持久极限 σ_{-1} 为材料强度的基本指标。

(6)构件的持久极限 σ_{-1}^0。能经受无限多次循环,构件不发生疲劳破坏的最大交变应力值,称为构件的持久极限。构件的持久极限要受到尺寸、构件表面质量、外形的影响。

(7) 条件疲劳(持久)极限。能经受指定次数的循环而不发生破坏的最大交变应力值,称为条件疲劳(持久)极限。

第二单元重点教学内容

1. 影响构件疲劳极限的因素

(1) 构件外形构件外形的突然变化将引起应力集中,容易形成疲劳裂纹,构件的持久极限显著降低。

在对称循环下,若无应力集中光滑试件的持久极限为 σ_{-1},而有应力集中因素光滑试件的持久极限为 $(\sigma_{-1})_K$,则比值

$$K_\sigma = \frac{\sigma_{-1}}{(\sigma_{-1})_K} \tag{11.4}$$

称为有效应力集中系数。

(2) 尺寸大小持久极限一般是用直径 $7 \sim 10$ mm 的小试样测定的。随着试样的横截面尺寸的增大,持久极限却相应地降低。在对称循环下,若光滑小试件的持久极限为 σ_{-1},而光滑大试件的持久极限为 $(\sigma_{-1})_d$,则比值

$$\varepsilon_\sigma = \frac{(\sigma_{-1})_d}{\sigma_{-1}} \tag{11.5}$$

称为尺寸系数。

(3) 表面加工质量。一般情况下,构件的最大应力发生在表层,疲劳裂纹也多生于表层。表面划伤等将引起应力集中,降低持久极限。若表面磨光试件的持久极限为 σ_{-1},而表面为其他加工情况的构件的持久极限为 $(\sigma_{-1})_\beta$,则比值

$$\beta = \frac{(\sigma_{-1})_\beta}{\sigma_{-1}} \tag{11.6}$$

称为表面质量系数。

综合 3 种因素,在对称循环下,构件的持久极限为

$$\sigma_{-1}^0 = \frac{\varepsilon_\sigma \beta}{K_\sigma} \sigma_{-1} \tag{11.7}$$

除上述 3 个主要因素外,构件的工作环境,如温度、介质等也会对构件持久极限有影响。

第三单元重点教学内容

1. 构件疲劳强度校核

(1) 在对称循环下,构件的强度条件为

$$\sigma_{a\max} \leqslant \frac{\sigma_{-1}^0}{n} = \frac{\varepsilon_\sigma \beta \sigma_{-1}}{K_\sigma n} \tag{11.8}$$

或

$$n_\sigma = \frac{\sigma_{-1}}{\dfrac{K_\sigma}{\varepsilon_\sigma \beta} \sigma_{\max}} \geqslant n \tag{11.9}$$

式中,n 为规定的安全系数,n_σ 称为构件的工作安全系数。

(2) 非对称循环,利用简化曲线可得构件的强度条件为

$$n_\sigma = \frac{\sigma_{-1}}{\dfrac{K_\sigma}{\varepsilon_\sigma \beta} \sigma_a + \psi_\sigma \sigma_m} \tag{11.10}$$

其中,$\psi_\sigma = \dfrac{\sigma_{-1} - \sigma_0/2}{\sigma_0/2}$。

以上公式是对受正应力作用的构件疲劳强度校核而言,对受切应力作用的构件,只需将 σ 换成 τ 即可。

对一般塑性材料的构件,疲劳强度校核:在 $r < 0$ 的交变应力下,通常发生疲劳破坏,故应先进行疲劳强度

计算;而在 $r>0$ 的交变应力下,往往先出现显著的塑性变形,然后才发生疲劳破坏,这时要同时计算构件的疲劳强度和屈服强度。

2.弯扭组合疲劳强度条件

$$n_{\sigma\tau} = \frac{n_\sigma n_\tau}{\sqrt{n_\sigma^2 + n_\tau^2}} \geq n \tag{11.11}$$

式中, $n_{\sigma\tau}$ 为交变正应力与交变切应力组合时构件的实际安全因数; n_σ、n_τ 分别为只有交变正应力和只有交变切应力时的实际安全因数。

3.提高构件疲劳强度的主要措施

(1)合理设计构件形状,减少构件应力集中。

(2)提高表面质量,降低表层应力集中。

(3)进行表层处理,提高材料的持久极限,或在表层形成预压应力等。

4.动应力问题小结

动载荷与交变应力这两章关系密切,统一为下述小结。

(1)动载荷问题。当构件的运动状态发生改变时,因为惯性力将使构件出现不可忽视的动力效应,因动力效应引起的载荷叫动载荷。在动载荷作用下,构件产生的应力和变形分别称为动应力和动变形。动载荷问题的计算是建立在静力计算的基础上的。比值

$$K_d = \frac{动载荷}{静载荷} = \frac{动应力}{静应力} = \frac{动变形}{静变形}$$

称为动荷因数。由此可见,只要确定出 K_d,动载荷问题就迎刃而解了。

动载荷问题也可直接用下述方法求解:

① 当构件作匀加速直线运动或匀速转动时,可应用动静法求动变形与动应力。

② 对于构件受冲击的问题,可应用动能定理求解构件的最大冲击变形、最大冲击力和最大冲击应力。

(2)交变应力随时间作用周期性变化的应力叫交变应力。在交变应力作用下,构件突发的脆性断裂叫疲劳破坏。疲劳强度条件是:

$$工作安全系数 = \frac{构件的持久极限}{构件的最大工作应力} \geq 规定的安全系数$$

因此,疲劳强度计算的中心问题是确定构件的持久极限。

由于应力集中是疲劳破坏的主导因素,因此构件的外形、尺寸和表面质量状况等因素都对材料的持久极限(疲劳强度)有影响。这些影响分别用有效应力集中系数 K_σ 或 K_τ、尺寸系数 ε 和表面质量系数 β 来表达。因此,构件的持久极限,对于弯曲(拉压)对称循环为 $\sigma_{-1}^0 = \frac{\sigma_{-1}\varepsilon\beta}{K_\sigma}$,对于扭转对称循环为 $\tau_{-1}^0 = \frac{\tau_{-1}\varepsilon\beta}{K_\tau}$。

这些影响系数可由机械设计手册中查得。由此可见,构件的持久极限受众多因素的影响,不是一个固定的数值。要提高构件的疲劳强度,主要从降低应力集中的影响和提高构件表层的强度来考虑。

11.2.3 考试内容

构件的持久极限问题,不论对称循环、非对称循和组合交变应力强度计算,都要涉及一系列因数而查表。因此,具体构件的疲劳强度计算在一般考试中不常见,但为考察读者对基本内容掌握情况,会出一些基本概念的题目。对于计算题一定要给足基本数据。其主要有以下考试内容。

(1)疲劳破坏的机理和特点,交变应力的应力幅度、平均应力和循环特性的概念和计算方法。

(2)材料疲劳极限的概念,其测试原理及方法。

(3)影响构件疲劳极限的主要因素,对称循环下构件的疲劳强度计算。

(4)持久极限曲线的概念,不对称循环下构件的疲劳强度计算。

(5)对称循环交变应力作用下弯扭组合变形构件的疲劳强度计算。

11.3　典型例题

11.3.1　解题方法

关于构件的持久极限问题,不论对称循环、非对称循,还是关于组合交变应力强度计算,都要涉及一系列概念和因数而查表。这些概念包括:交变应力、持久(疲劳)极限(材料、构件)、循环特征、平均应力、应力幅、$S-N$ 曲线的获取、持久极限曲线及其简化折线的来由、给出持久极限曲线及 σ_a 和 σ_m 来判断是否引起疲劳等。例题及作业都是以读者了解计算方法,熟悉查表而获取相关参数为基本内容。本章做题的通用步骤为:

(1) 根据所给已知条件计算 σ_a,σ_m 和 r,据此判定发生什么疲劳破坏;

(2) 查表或查图选定所需数据;

(3) 计算结构危险截面危险点应力;

(4) 计算所需因数;

(5) 选择所用公式,进行具体计算。

11.3.2　典型例题

这一章概念性很强,实践证明,只要将概念弄清了,其强度计算并不难,在此特增加典型客观题。

一、典型客观题

(一) 是非判断题

1. 材料的持久极限仅与材料、变形形式和循环特征有关;而构件的持久极限仅与应力集中、截面尺寸和表面质量有关。　　　　　　　　　　　　　　　　　　　　　　　　　　　　　　　　　　　　　　(　　)

2. 塑性材料具有屈服阶段,脆性材料没有屈服阶段,因而应力集中对塑性材料持久极限的影响可忽略不计,而对脆性材料持久极限的影响必须考虑。　　　　　　　　　　　　　　　　　　　　　　　　　(　　)

3. 当受力构件内最大工作应力低于构件的持久极限时,通常构件就不会发生疲劳破坏的现象。　　(　　)

4. 在表示交变应力特征的参数 σ_{max},σ_{min},σ_a,σ_m 和 r 中只有两个参数是独立的。　　　　　(　　)

5. 交变应力是指构件内的应力,它随时间作周期性的变化,而作用在构件上的载荷可能是动载荷,也可能是静载荷。　　　　　　　　　　　　　　　　　　　　　　　　　　　　　　　　　　　　　　(　　)

6. 塑性材料在疲劳破坏时表现为脆性断裂,说明材料的性能在交变应力作用下由塑性变为脆性。　　(　　)

7. 构件在交变应力作用下,构件的尺寸越小,材料缺陷的影响越大,所以尺寸因数就越小。　　　(　　)

8. 在交变应力作用下,考虑构件表面加工质量的表面质量因数总是小于 1 的。　　　　　　　　(　　)

9. 两构件的截面尺寸,几何外形和表面加工质量都相同,强度极限大的构件,持久极限也大。　　(　　)

10. 提高构件的疲劳强度,关键是减缓应力集中和提高构件表面的加工质量。　　　　　　　　　(　　)

(二) 填空题

11. 疲劳破坏的主要特征有:(1)(　　　);(2)(　　　);(3)(　　　)。

12. 构件在交变应力作用下,一点的应力值从最小值变化到最大值,再变回到最小值,这一变化过程称为(　　　)。

13. 交变应力的应力变化曲线如图 11.2 所示,则其平均应力 $\sigma_m=$(　　　);应力幅值 $\sigma_a=$(　　　);循环特征 $r=$(　　　)。

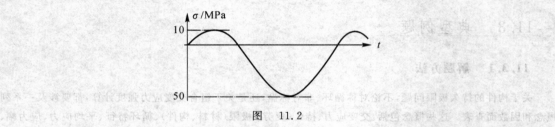

图 11.2

14.已知交变遍力的平均应力 $\sigma_m = 20$ MPa,应力幅值 $\sigma_a = 40$ MPa,则其循环应力的极值 $\sigma_{max} = ($),$\sigma_{min} = ($)和循环特征 $r = ($)。

15.已知交变应力的循环特征 r 和应力幅值 σ_a,则其交变应力的 $\sigma_{amx} = ($),$\sigma_{min} = ($)。

16.脉动循环交变应力的循环特征 $r = ($),静应力的循环特征 $r = ($)。

17.当交变应力的( )不超过材料的持久极限时,试件可经历无限多次应力循环而不会发生疲劳破坏。

18.同一材料,在相同的变形形式中,当循环特征 $r = ($)时,其持久极限最低。

19.已知构件危险点的最大工作应力为 σ_{max},材料和构件的持久极限分别为 σ_r 和 $\sigma_r^{构}$,则构件的工作安全因数为 $n_\sigma = ($)。

20.材料的静强度极限 σ_b、持久极限 σ_{-1},与构件的持久极限 $\sigma_{-1}^{构}$ 三者的大小次序为( )。

（三）选择题

21.在对称循环的交变应力作用下,构件的持久极限为( )。

(A) $\dfrac{K_\sigma \sigma_{-1}}{\varepsilon_\sigma \beta}$ (B) $\dfrac{\varepsilon_\sigma \beta \sigma_{-1}}{K_\sigma}$ (C) $\dfrac{K_\sigma \sigma_{max}}{\varepsilon_\sigma \beta}$ (D) $\dfrac{\varepsilon_\sigma \beta \sigma_{-1}}{K_\sigma \sigma_{max}}$

22.在对称循环的交变应力作用下,构件的疲劳强度条件为:$n_\sigma = \dfrac{\sigma_{-1}}{\dfrac{K_\sigma}{\varepsilon_\sigma \beta} \sigma_{max}} \geqslant n$;若按非对称循环的构件的

疲劳强度条件 $n_\sigma = \dfrac{\sigma_{-1}}{\dfrac{K_\sigma}{\varepsilon_\sigma \beta} \sigma_{max} + \phi_\sigma \sigma_m} \geqslant n$ 进行了疲劳强度校核,则( )。

(A) 是偏于安全的   (B) 是偏于不安全的

(C) 是等价的,即非对称循环的构件的疲劳强度条式也可以用来校核对称循环下的构件疲劳强度

(D) 不能说明问题,必须按对称循环情况重新校核

23.图 11.3 所示为传动轴在匀速运行中,危险截面危险点处,弯曲正应力的循环 r_σ 和扭转切应力的循环特征 r_τ 分别为( )。

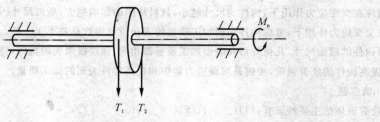

图 11.3

(A)$r_\sigma = -1, r_\tau = 1$ (B)$r_\sigma = 1, r_\tau = -1$ (C)$r_\sigma = r_\tau = -1$ (D)$r_\sigma = r_\tau = 1$

24.有效应力集中因数 K_σ 和尺寸因数 ε_σ 的数值范围分别为( )。

(A)$K_\sigma > 1, \varepsilon_\sigma < 1$ (B)$K_\sigma < 1, \varepsilon_\sigma < 1$ (C)$K_\sigma > 1, \varepsilon_\sigma > 1$ (D)$K_\sigma < 1, \varepsilon_\sigma > 1$

25.关于图 11.4 所示为阶梯圆轴($D/d \leqslant 2$) 有下列 4 个结论,其中( )是错误的。

(A) 设轴的尺寸 D, d, r 不变,则 K_σ 不随材料的 σ_b 变化而变化

(B) 设轴的尺寸 D, d, r 不变,则 K_σ 随材料的 σ_b 增大而增大

(C) 设轴的材料及尺寸 D, d 不变,则 K_σ 随圆角半径 r 增大而减小

(D) 设轴的材料及尺寸 d, r 不变,则 K_σ 随直径 D 的增大而增大

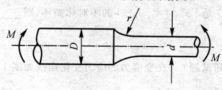

图　11.4

26. 关于理论应力集中因数 α 和有效应力集中因数 K_σ 有下面四个结论,其中(　　)是正确的。

(A) α 与材料性质无关,K_σ 与材料性质有关系

(B) α 与材料性质有关系,K_σ 与材料性质无关系

(C) α 和 K_σ 均与材料性质有关系

(D) α 和 K_σ 均与材料性质无关系

27. 材料的持久极限与试件的(　　)无关。

(A) 材料　　　　　(B) 变形形式　　　　　(C) 循环特征　　　　　(D) 最大应力

28. 在相同的交变载荷作用下,构件的横向尺寸增大,其(　　)。

(A) 工作应力减小,持久极限提高　　　　　(B) 工作应力增大,持久极限降低

(C) 工作应力增大,持久极限提高　　　　　(D) 工作应力减小,持久极限降低

29. 在非对称循环应力下,材料的持久极限为 $\sigma_r = \sigma_a + \sigma_m$,若构件的应力集中,表面质量和尺寸的综合影响因数为 α,则构件的持久极限 $\sigma_r^{构} = ($　　$)$。

(A) $\sigma_a + \sigma_m$　　(B) $\alpha(\sigma_a + \sigma_m)$　　(C) $\alpha\sigma_a + \sigma_m$　　(D) $\sigma_a + \alpha\sigma_m$

30. 在以下措施中,(　　)将会降低构件的持久极限。

(A) 增加构件表面光洁度　　　　　(B) 增加构件表面硬度

(C) 加大构件的几何尺寸　　　　　(D) 减缓构件的应力集中

典型客观题参考答案:

1. × 2. × 3. √ 4. √ 5. √ 6. × 7. × 8. × 9. × 10. √

11. (1) 破坏时应力远小于静应力下 σ_b 或 σ_s;(2) 即使塑性材料也会在无明显塑性变形下突然断裂;(3) 断口明显的呈现为光滑区和粗糙区。

12. 一次应力循环

13. $\sigma_m = -20$ MPa;$\sigma_a = 30$ MPa;$P = -5$

14. $\sigma_{max} = 60$ MPa;$\sigma_{min} = -20$ MPa;$P = -\dfrac{1}{3}$

15. $\sigma_{max} = \dfrac{2\sigma_a}{1-r}$;$\sigma_{min} = \dfrac{2r\sigma_a}{1-r}$　　16. $r = 0$;$r = 1$　　17. 最大应力　　18. $r = -1$

19. $n_\sigma = \dfrac{\sigma_r^{构}}{\sigma_{max}}$　　20. $\sigma_b > \sigma_{-1} > \sigma_{-1}^{构}$

21. B 22. C 23. A 24. A 25. A 26. A 27. D 28. D 29. C 30. C

二、典型计算例题

例 11.1　(中南工业大学考研试题)疲劳破坏原因是材料经长期工作后,材料起了变化,即质变了,因而导致骤然断裂,这种说法妥否?试解释之。

解　这种说法不妥。受交变应力作用的构件,因为表面上存在机械划痕,结构上存在内圆角、孔、缺口或突变截面或材料内部的缺陷,从而形成局部应力集中区,引起微裂纹,在交变应力作用下逐渐扩展,随着裂纹的扩展,构件截面逐步削弱,到一定极限时构件便突然断裂。

例 11.2　(东南大学考研试题)最大弯曲正应力 $\sigma_{\max}$ 相等的 3 根材料相同的梁,承受交变应力,其中(A)是对称循环;(B)是脉动循环;(C)是 $|\sigma_{\min}| < |\sigma_{\max}|$ 的不对称循环,则_____种循环的梁的疲劳强度为最低?

解　(A)

例 11.3　(西安交通大学考研试题)一交变应力的应力变化曲线如图 11.5 所示,则其平均应力 σ_m,应力幅 σ_a 和循环特性 r 为_____。

A. $\sigma_m = -20$ MPa,$\sigma_a = 30$ MPa,$\gamma = -5$

B. $\sigma_m = -20$ MPa,$\sigma_a = 30$ MPa,$\gamma = -\dfrac{1}{5}$

C. $\sigma_m = 30$ MPa,$\sigma_a = -20$ MPa,$\gamma = 5$

D. $\sigma_m = 30$ MPa,$\sigma_a = -20$ MPa,$\gamma = \dfrac{1}{5}$

解　从图可知,$\sigma_{\max} = 10$ MPa,$\sigma_{\min} = -50$ MPa,则有

$$\sigma_m = \frac{1}{2}(\sigma_{\max} + \sigma_{\min}) = -20 \text{ MPa}$$

$$\sigma_a = \frac{1}{2}(\sigma_{\max} - \sigma_{\min}) = 30 \text{ MPa}$$

$$\gamma = \frac{\sigma_{\min}}{\sigma_{\max}} = -5$$

故选 A。

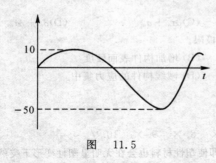

图　11.5

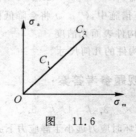

图　11.6

例 11.4　(哈尔滨工业大学考研试题)如图 11.6 所示,在 $\sigma_a - \sigma_m$ 坐标系中(σ_a 为交变应力的幅度,σ_m 为平均应力),C_1,C_2 两点均位于一条过原点 0 的直线上,设 C_1,C_2 两点对应的两个应力的循环特征为 r_1,r_2,最大应力分别为 $\sigma_{\max 1}$,$\sigma_{\max 2}$,则_____。

A. $\gamma_1 = \gamma_2 \sigma_{\max 1} > \sigma_{\max 2}$

B. $\gamma_1 = \gamma_2 \sigma_{\max 1} < \sigma_{\max 2}$

C. $\gamma_1 =. \gamma_2 \sigma_{\max 1} > \sigma_{\max 2}$

D. $\gamma_1 = \gamma_2 \sigma_{\max 1} < \sigma_{\max 2}$

解　在射线 OC_1 上,有

$$\sigma_a + \sigma_m = \sigma_{\max}$$

$$\tan\alpha = \frac{\sigma_a}{\sigma_m} = \frac{1-\gamma}{1+\gamma}$$

则 C_1,C_2 的循环特征相同,且 C_2 的最大应力比 C_1 的大。故选 A。

例 11.5　如图 11.7 所示重物 P 通过轴承对圆轴作用一垂直方向的力。已知 $P = 10$ kN,且轴在干30°范围内往复摆动,试求危险截面上 1,2,3,4 点的循环特性。

解　计算危险截面的弯矩,即轴的最大弯矩。

最大弯矩 $M_{\max} = \dfrac{PL}{4} = \dfrac{10 \times 10^3 \times 0.4}{4} = 1\ 000$ N·m,发生在力 P 作用的截面上。

危险截面上任一点处的弯曲正应力为

$$\sigma = \frac{M_{max}y}{I_z}$$

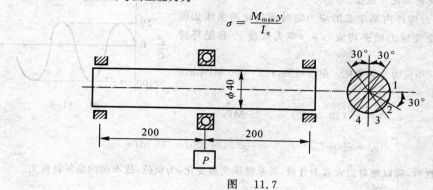

图 11.7

计算轴在∓30°范围内往复摆动时,图示危险截面上 1,2,3,4 点的循环特性:1 点的循环特性 r_1:1 点的中性轴上,当轴在∓30°范围内摆动时,有

$$\sigma_{max} = -\sigma_{min} = \frac{M_{max}R\sin30°}{I_z} \quad (R \text{ 为圆轴半径})$$

故

$$r_1 = \frac{\sigma_{min}}{\sigma_{max}} = -1$$

2 点的循环特性 r_2:当轴在∓30°范围内摆动时,2 点的最大弯曲正应力为

$$\sigma_{max} = \frac{M_{max}R\sin60°}{I_z}$$

最小弯曲正应力为 $\sigma_{min} = 0$

故

$$r_2 = \frac{\sigma_{min}}{\sigma_{max}} = 0$$

3 点的循环特性 r_3:当轴在∓30°范围内摆动时,3 点的最大弯曲正应力为

$$\sigma_{max} = \frac{M_{max}R}{I_z}$$

最小弯曲正应力为

$$\sigma_{min} = \frac{M_{max}R\cos30°}{I_z}$$

故

$$r_3 = \frac{\sigma_{min}}{\sigma_{max}} = \cos30° = \frac{\sqrt{3}}{2} = 0.866$$

4 点的循环特性 r_4:当轴在∓30°范围内摆动时,4 点的最大弯曲正应力为

$$\sigma_{max} = \frac{M_{max}R}{I_z}$$

最小弯曲正应力为

$$\sigma_{min} = \frac{M_{max}R\cos60°}{I_z}$$

故

$$r_4 = \frac{\sigma_{min}}{\sigma_{max}} = \cos60° = \frac{1}{2} = 0.5$$

【评注】 由上述 1 至 5 题看出:① 在交变应力中最大应力、最小应力等都是指同一截面上同一点处随时间变化过程的应力值。最大应力、最小应力的含义在各种不同的条件下是不同的。在强度计算时,横截面上因应力分布不均匀性所引起的危险点的应力也称为最大应力,在一点应力状态分析中 3 个主应力中代数值最大和最小的应力也称最大应力和最小应力。在分析构件的应力情况时,要针对不同的情况加以区别。② 在表示交变应力情况的各个量中,只有两个基本的,例如:可以用 σ_{max} 和 σ_{min} 表示 σ_a,σ_m 和 r,也可用 σ_a 和 σ_m 表示 σ_{max},σ_{min} 和 r。③ 确定交变应力下一点的应力变化情况的步骤是:分析每一个循环中载荷、构件变形及此点位置的变化情况;计算出每一循环中表示此点应力变化情况的各个量中的基本应力值;画出应力时间曲线;计

算表示应力变化情况的其他特征值。

例 11.6 若受力构件内某定点的应力随时间变化的曲线如图 11.8 所示,求该点交变应力的平均应力 σ_m,应力幅度 σ_a 和循环特性 r。

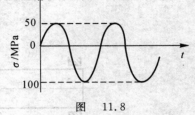

图 11.8

解 本题为拉、压应力交替变化。由图可见,$\sigma_{\max} = 50$ MPa,$\sigma_{\min} = -100$ MPa,故得

平均应力为 $\frac{1}{2}(\sigma_{\max} + \sigma_{\min}) = \frac{1}{2}(50 - 100) = -25$ MPa

应力幅度为 $\sigma_a = \frac{1}{2}(\sigma_{\max} - \sigma_{\min}) = \frac{1}{2}(50 + 100) = 75$ MPa

在计算循环特性时,应以绝对值大者为分母,若系拉压交替变化,为负值,故本例的循环特性为

$$r = -\frac{50}{100} = -\frac{1}{2}$$

【评注】 从来例可以看出:① 在交变应力的计算问题中,最大和最小工作应力的计算与静应力完全相同。② 在应力循环的五个特征值 $\sigma_{\max}$,$\sigma_{\min}$,σ_m,σ_a 与 r 中,只有两个是独立的。任意知道其中两个,其他三个特征值都可从公式中计算出来。

例 11.7 图 11.9 所示碳钢车轴上的载荷 $P = 40$ kN,外伸部分为磨削加工,材料的 $\sigma_b = 600$ MPa,$\sigma_{-1} = 250$ MPa。若规定安全因数为 $n = 2$,试问此轴是否安全。

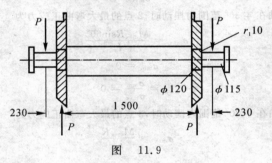

图 11.9

解 由 $\quad\quad \dfrac{r}{d} = \dfrac{10}{115} = 0.087, \quad\quad \dfrac{D}{d} = \dfrac{10^2}{115} = 1.043$

查教材中图 11.8(a) 及表 11.1 和 11.2,得

$$K_\sigma = 1.39, \quad \beta = 1, \quad \varepsilon_\sigma = 0.70$$

求 $\sigma_{\max}$,轴上最大弯矩为

$$M_{\max} = P \times 230 \times 10^{-3} = 9.2 \text{ kN} \cdot \text{m}$$

而

$$W = \frac{\pi d^3}{32} = \frac{\pi}{32} \times 115^3 \times 10^{-9} = 149.3 \times 10^{-6} \text{ m}^3$$

故

$$\sigma_{\max} = \frac{M_{\max}}{W} = 61.6 \text{ MPa}$$

构件的工作安全因数为

$$n_a = \frac{\varepsilon_\sigma \beta \sigma_{-1}}{k_\sigma \sigma_{\max}} = \frac{0.70 \times 1 \times 250}{1.39 \times 61.6} = 2.04 > n = 2$$

故此轴安全。

例 11.8 旋转圆截面钢梁,承受载荷如图 11.10 所示。$\sigma_b = 530$ MPa,$\sigma_s = 320$ MPa,$\sigma_{-1} = 250$ MPa。若取规定安全因数 $n = 3$。试求许可载荷 P。

解 先求过渡处对应的 P。由

$$\frac{r}{d}=\frac{2}{50}=0.04, \frac{D}{d}=\frac{100}{50}=2$$

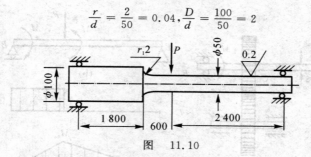

图　11.10

查教材中图 11.8(c) 及表 11.1 及 11.2,得

$$K_{\sigma}=2.03, \quad \varepsilon_{\sigma}=0.81, \quad \beta=1$$

而

$$n_{\sigma}=\frac{\varepsilon_{\sigma}\beta\sigma_{-1}}{k_{\sigma}\sigma_{\max}}\geqslant n$$

其中

$$\sigma_{\max}=\frac{M}{w}, \quad M=\frac{P}{2}\times 1.8=0.9P, \quad w=\frac{\pi d^{3}}{32}$$

故

$$P\leqslant\frac{\sigma_{-1}\varepsilon_{\sigma}\beta\pi d^{3}}{nK_{\sigma}\times 32\times 0.9}=\frac{250\times 10^{6}\times 0.8\times 1\times \pi\times 50^{3}\times 10^{-9}}{3\times 2.03\times 32\times 0.9}=448\ \text{N}$$

再求外力作用点处对应的力 P,由

$$\frac{\sigma_{-1}}{\sigma_{\max}}\geqslant n$$

而

$$\sigma_{\max}=\frac{1.2P}{W}=\frac{32\times 1.2P}{\pi d^{3}}$$

故

$$P\leqslant\frac{\sigma_{-1}\pi d^{3}}{32\times 1.2\times 3}$$

解之得

$$P\leqslant 852\ \text{N}$$

二者取较小的,故许可载荷为 $P\leqslant 448$ N。

例 11.9　图 11.11 所示阶梯形圆轴,其上受变动扭矩作用。已知轴的工作安全因数为 2,最大扭矩和最小扭矩之比为 4,轴的材料为碳钢,$\sigma_{b}=700$ MPa,$\tau_{s}=240$ MPa。$\tau_{-1}=180$ MPa,$\beta=0.8$。试求最大及最小扭矩的许可值。

解　由题知　$\dfrac{r}{d}=\dfrac{3}{60}=0.05, \quad \dfrac{D}{d}=\dfrac{70}{60}=1.167$

查教材中图 11.8(d) 及表 11.1,得

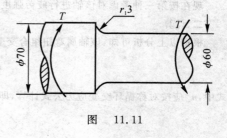

$$k_{\tau}=1.36, \quad \varepsilon_{\tau}=0.74, \quad \beta=0.8, \quad \psi_{\tau}=0.05$$

$$\tau_{a}=\frac{1}{2}\left(\tau_{\max}-\frac{1}{4}\tau_{\max}\right)=0.375\frac{T_{\max}}{W_{t}}$$

$$\tau_{m}=\frac{1}{2}\left(\tau_{\max}+\frac{1}{4}\tau_{\max}\right)=0.625\frac{T_{\max}}{W_{t}}$$

图　11.11

由非对称循环的强度条件,有

$$n_{\tau}=\frac{\tau_{-1}}{\dfrac{k_{\tau}}{\varepsilon_{\tau}\beta}\tau_{a}+\psi_{\tau}\tau_{m}}=\frac{180\times 10^{6}}{\left(\dfrac{1.36\times 0.375}{0.74\times 0.8}+0.05\times 0.625\right)\times\dfrac{T_{\max}}{W_{t}}}\geqslant n$$

解之得 $T_{\max}=4.28$ kN·m,$T_{\min}=1.069$ kN·m。

例 11.10　图 11.12 所示轮轴的直径 $d=40$ mm,轴的载荷图、扭矩图和弯矩图分别如图 11.12(b)(c)(d) 所示。图中:$T_{\max}=260$ N·m,$M_{\max}=160$ N·m。轴在工作中无反转,但启动频繁。轴材料为 45 号调质钢,其 $\sigma_{b}=800$ MPa,$\sigma_{-1}=360$ MPa,$\tau_{-1}=210$ MPa,$\psi_{\tau}=0.05$。轴在 C 处开有端铣加工均键槽。轴经过磨削加工,规定其疲劳安全因数 $n=2$,试按疲劳强度条件对该轴进行校核。

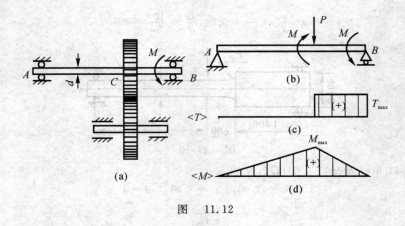

图　11.12

解　一、分析

由题意得,该轴属弯扭组合作用下构件的疲劳强度计算问题,但构件的工作安全因数如何计算,可有不同的考虑。

(1)因为在工作过程中 M_{max} 和 T_{max} 均不变。由于弯曲正应力按对称循环考虑,所以扭转切应力也应按对称循环考虑。即 n_σ 和 n_τ 均应按对称循环时构件的安全因数公式计算。

(2)因为弯曲正应力实际上按对称循环规律交变,而扭转切应力不交变,所以 n_σ 应按对称循环交变时的安全因数公式计算,而 n_τ 应按静载下的安全因数考虑。

(3) n_σ 按对称循环考虑,因为启动频繁,故 n_τ 按脉动循环交变应力时的安全因数公式计算。

在上述 3 种考虑中,均以对称循环的公式计算,是正确的。因为虽然弯矩 M_{max} 不变化,但 M_{max} 引起的弯曲正应力是对称循环交变应力。问题在于如何分析扭转切应力的变化规律。

对于第二种考虑,虽然轴无反转,但考虑到启动频繁,扭转切应力实际上经常处于 0 到 τ_{max} 之间交变。如按静载处理,显然是不安全的。

第三种考虑比较符合实际情况。虽然弯曲正应力与扭转切应力每次应力循环的时间并不相同(循环频率不同),但从长期的疲劳强度来考虑,这样的处理是比较合理的。

现在按第三种考虑对该轴进行疲劳强度校核。

二、计算

根据以上分析可知,该轴属弯扭组合交变应力作用,其疲劳强度条件为

$$n_{\sigma\tau} = \frac{n_\sigma n_\tau}{\sqrt{n_\sigma^2 + n_\tau^2}} \geqslant n$$

式中, n_σ 应按对称循环交变应力公式计算,即

$$n_\sigma = \frac{\varepsilon_\sigma \beta \sigma_{-1}}{k_\sigma \sigma_{max}}$$

n_τ 应按非对称循环(脉动循环)交变应力为式将 σ 换为 τ 计算,即

$$n_\tau = \frac{\tau_{-1}}{\frac{k_\tau}{\varepsilon_\tau \beta}\tau_a + \psi_\tau \tau_m}$$

(1)计算危险点应力 σ_{max} , τ_a 和 τ_m ,即

$$\sigma_{max} = \frac{M_{max}}{W_z} = \frac{32 \times 160}{\pi \times 40^3 \times 10^{-9}} = 25.5 \times 10^6 \text{ Pa} = 25.5 \text{ MPa}$$

$$\tau_{max} = \frac{T_{max}}{W_p} = \frac{16 \times 260}{\pi \times 40^3 \times 10^{-9}} = 20.7 \times 10^6 \text{ Pa} = 20.7 \text{ MPa}$$

扭转切应力按脉动循环考虑, $r = 0$,故

$$\tau_a = \tau_m = \frac{\tau_{max}}{2} = 10.3 \text{ MPa}$$

(2) 确定影响因数 $K_\sigma, K_\tau, \varepsilon_\sigma, \varepsilon_\tau, \beta$ 以及 ψ_τ。

对端铣加工键槽,当 $\sigma_b = 800$ MPa 时,查教材中图 11.8(a)(b)得有效应力集中因数 $K_\sigma = 2.01, K_\tau = 1.88$。查教材中表 11.1 得尺寸因数,当 $d > 30 \sim 40$ mm 时,对碳钢 $\varepsilon_\sigma = 0.88$,各种钢材,$\varepsilon_\tau = 0.81$。查教材中表 11.2 得对经过磨削加工表面的质量因数 $\beta = 1$;材料对非对称循环的敏感因数以 $\psi_\tau = 0.05$。

(3) 校核疲劳强度:

$$n_\sigma = \frac{0.88 \times 1 \times 350}{2.01 \times 25.5} = 6.01$$

$$n_\tau = \frac{210}{\frac{1.88}{0.81 \times 1} \times 10.3 + 0.05 \times 10.3} = 8.44$$

$$n_{\sigma\tau} = \frac{6.01 \times 8.44}{\sqrt{6.01^2 + 8.44^2}} = 4.9 > n$$

故齿轮轴满足疲劳强度要求。

【评注】 对于承受复杂载荷的构件,在进行疲劳强度计算时,首先,判断循环特征,正确确定计算公式;其次,判断危险截面位置,计算危险点处的应力值;第三,确定影响因数,当没有对应的参数时,可用插值法确定;最后,进行疲劳强度计算。

11.4　自学指导

交变应力问题是工程中常遇问题,此方面的理论概念特别多,符号也多,而且容易混淆,所以学习本章要从实例出发,先着重弄清下列概念:交变应力、持久(疲劳)极限(材料、构件)、循环特征、平均应力、应力幅、$S-N$ 曲线的获取、持久极限曲线及其简化折线的由来、给出持久极限曲线及 σ_a 和 σ_m 来判断是否引起疲劳等。然后再弄懂下述问题。

(1) 疲劳破坏的机理和特点,交变应力的应力幅度、平均应力和循环特性的概念和计算方法。

(2) 材料疲劳极限的概念,其测试原理与方法。

(3) 影响构件疲劳极限的主要因素,对称循环下构件的疲劳强度计算公式。

(4) 持久极限曲线的概念,不对称循环下构件的疲劳强度计算公式。

(5) 对称循环交变应力作用下弯扭组合变形构件的疲劳强度计算。

为了知道自己学习的效果,请认真做本书附的自测典型客观题,在此基础上再认真看懂典型例题 5 至 6 道,仔细地做 7 至 9 道习题,能一题多解的尽量一题多解,这样就能基本上达到学习本章的目的要求。

11.5　习题精选详解

11.1　火车轮轴受力情况如题 11.1 图示。$a = 500$ mm,$L = 1\,435$ mm,轮轴中段直径 $d = 150$ mm。若 $F = 50$ kN,试求轮轴中段某截面边缘上任一点的最大应力 σ_{max},最小应力 σ_{min},循环特征 r,并作出 $\sigma-t$ 曲线。

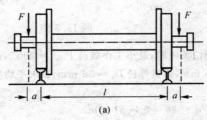

题 11.1 图

解　轮轴中段受纯弯曲作用,其弯矩 $M = Fa$。因此

$$\sigma_{max} = \frac{M}{W} = \frac{Fa}{\frac{\pi}{32}d^3} = \frac{32 \times 50 \times 10^3 \times 0.5}{\pi \times 0.15^3} = 75.5 \times 10^6\ \text{Pa} = 75.5\ \text{MPa}$$

当该点转至最下时,其应力大小也是 75.5 MPa,但为压应力,则

$$\sigma_{max} = 75.5\ \text{MPa}, \quad \sigma_{min} = -75.5\ \text{MPa}$$

循环特征 r 为

$$r = \frac{\sigma_{min}}{\sigma_{max}} = \frac{-75.5}{75.5} = -1$$

$\sigma - t$ 曲线如题 11.1(b) 图示。

11.2　柴油发动机连杆大头螺钉在工作时受到最大拉力 $F_{max} = 58.3$ kN,最小拉力 $F_{min} = 55.8$ kN。螺纹处内径 $d = 11.5$ mm。试求其平均应力 σ_m、应力幅 σ_a、循环特征 r,并作出 $\sigma - t$ 曲线。

解　最大应力 σ_{max} 为

$$\sigma_{max} = \frac{F_{max}}{A} = \frac{4F_{max}}{\pi d^2} = \frac{4 \times 58.3 \times 10^3}{\pi \times 0.0115^2} = 561 \times 10^6\ \text{Pa} = 561\ \text{MPa}$$

最小应力 σ_{min} 为

$$\sigma_{min} = \frac{F_{min}}{A} = \frac{4F_{min}}{\pi d^2} = \frac{4 \times 58.8 \times 10^3}{\pi \times 0.0115^2} = 537 \times 10^6\ \text{Pa} = 537\ \text{MPa}$$

平均应力 σ_m 为

$$\sigma_m = \frac{1}{2}(\sigma_{max} + \sigma_{min}) = \frac{1}{2} \times (561 + 537) = 549\ \text{MPa}$$

应力幅度 σ_a 为

$$\sigma_a = \frac{1}{2}(\sigma_{max} - \sigma_{min}) = \frac{1}{2} \times (561 - 537) = 12\ \text{MPa}$$

循环特征 r 为

$$r = \frac{\sigma_{min}}{\sigma_{max}} = \frac{537}{561} = 0.957$$

$\sigma - t$ 曲线如题 11.2 图所示。

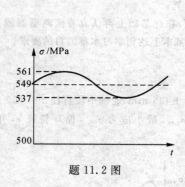

题 11.2 图

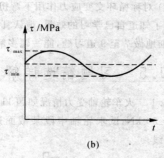

(a)　　题 11.3 图　　(b)

11.3　某阀门弹簧如题 11.3 图所示。当阀门关闭时,最小工作载荷 $F_{min} = 200$ N;当阀门顶开时,最大工作载荷 $F_{max} = 500$ N。设弹簧丝的直径 $d = 5$ mm,弹簧外径 $D_1 = 36$ mm,试求平均应力 τ_m、应力幅 τ_a、循环特征 r,并作出 $\tau - t$ 曲线。

解　弹簧平均直径为

$$D = D_1 - d = 36 - 5 = 31\ \text{mm}$$

$$c = \frac{D}{d} = \frac{31}{5} = 6.2$$

由公式,有

$$k = \frac{4c-1}{4c-4} + \frac{0.615}{c} = \frac{4 \times 6.2 - 1}{4 \times 6.2 - 4} + \frac{0.615}{6.2} = 1.24$$

并由

$$\tau = k\frac{8FD}{\pi d^3}$$

得

$$\tau_{max} = k\frac{8D}{\pi d^3}F_{max} = 1.24 \times \frac{8 \times 0.031}{\pi \times 0.005^3} \times 500 = 391.5 \times 10^6 \text{ Pa} = 391.5 \text{ MPa}$$

$$\tau_{min} = k\frac{8D}{\pi d^3}F_{min} = 1.24 \times \frac{8 \times 0.031}{\pi \times 0.005^3} \times 200 = 157 \times 10^6 \text{ Pa} = 157 \text{ MPa}$$

$$r = \frac{\tau_{min}}{\tau_{max}} = \frac{157}{391.5} = 0.4$$

$$\tau_m = \frac{1}{2}(\tau_{max} + \tau_{min}) = \frac{1}{2}(391.5 + 157) = 274 \text{ MPa}$$

$$\tau_a = \frac{1}{2}(\tau_{max} - \tau_{min}) = \frac{1}{2}(391.5 - 157) = 117 \text{ MPa}$$

作 $\tau - t$ 曲线如题 11.3(b) 图所示。

11.5 题 11.5 图所示为货车轮轴两端载荷 $F = 112$ kN,材料为车轴钢,$\sigma_b = 500$ MPa,$\sigma_{-1} = 240$ MPa。规定安全因数 $n = 1.5$。试交核 1-1 和 2-2 截面的疲劳强度。

解 1-1 截面,由题知

$$\frac{r}{d} = \frac{20}{108} = 0.185, \qquad \frac{D}{d} = \frac{133}{108} = 1.23$$

查教材中图 11.8(c) 得 $K_\sigma = 1.33$。查教材中表 11.1 得 $\varepsilon_\sigma = 0.70$。

弯矩为

$$M = F \times 82 \times 10^{-3} = 110 \times 10^3 \times 82 \times 10^{-3} = 9\,020 \text{ N} \cdot \text{m}$$

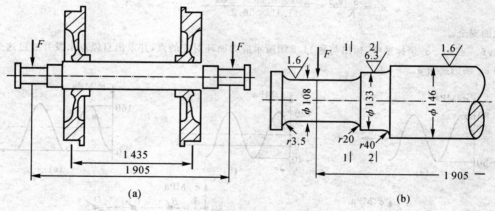

题 11.5 图

应力幅度为

$$\sigma_a = \frac{M}{W} = \frac{M}{\frac{\pi}{32}d^3} = \frac{32M}{\pi d^3} = \frac{32 \times 9\,020}{\pi \times 0.108^3} = 72.9 \times 10^6 \text{ Pa} = 72.9 \text{ MPa}$$

由教材中式(11.12),得

$$n_\sigma = \frac{\sigma_{-1}}{\frac{K_\sigma}{\varepsilon_\sigma \beta}\sigma_{max}}$$

查教材中表 11.2,得

$$\sigma_{b1} = 400\text{ MPa}, \quad \beta_1 = 0.95; \quad \sigma_{b2} = 800\text{ MPa}, \quad \beta_2 = 0.90$$

由内插法,得

$$\beta = \beta_1 - \frac{\sigma_b - \sigma_{b1}}{\sigma_{b2} - \sigma_{b1}}(\beta_1 - \beta_2) = 0.95 - \frac{500 - 400}{800 - 400} \times (0.95 - 0.90) = 0.94$$

于是有

$$n_\sigma = \frac{\sigma_{-1}\varepsilon_\sigma\beta}{K_\sigma\sigma_a} = \frac{240 \times 0.70 \times 0.94}{1.33 \times 72.9} = 1.63 > n = 1.5$$

该截面安全。

2-2 截面,则有

$$\frac{r}{d} = \frac{40}{133} = 0.3, \frac{D}{d} = \frac{146}{133} = 1.1$$

查教材中图 11.8(a),得 $K_\sigma = 1.15$。查教材中表 11.1,得 $\varepsilon_\sigma = 0.68$。查教材中表 11.2,得

$$\sigma_{b1} = 400\text{ MPa}, \quad \beta_1 = 0.85; \quad \sigma_{b2} = 800\text{ MPa}, \quad \beta_2 = 0.80$$

按内插法,得

$$\beta = \beta_1 - \frac{\sigma_b - \sigma_{b1}}{\sigma_{b2} - \sigma_{b1}}(\beta_1 - \beta_2) = 0.85 - \frac{500 - 400}{800 - 400} \times (0.85 - 0.80) = 0.84$$

弯矩为

$$M = F \times (82 + 36) \times 10^{-3} = 110 \times 10^3 \times (82 + 36) \times 10^{-3} = 12\,980\text{ N} \cdot \text{m}$$

应力幅度为

$$\sigma_a = \frac{M}{W} = \frac{M}{\frac{\pi}{32}d^3} = \frac{32 \times 12980}{\pi \times 0.133^3} = 56.2 \times 10^6\text{ Pa} = 56.2\text{ MPa}$$

由教材中式 11.12,得

$$n_\sigma = \frac{\sigma_{-1}\varepsilon_\sigma\beta}{K_\sigma\sigma_a} = \frac{240 \times 0.68 \times 0.84}{1.15 \times 56.2} = 2.12 > n = 1.5$$

故该截面安全。

11.6 在 $\sigma_m - \sigma_a$ 坐标系中,标出与题 11.6 图所示应力循环对应的点,并求出自原点出发并通过这些点的射线与 σ_m 轴的夹角 α。

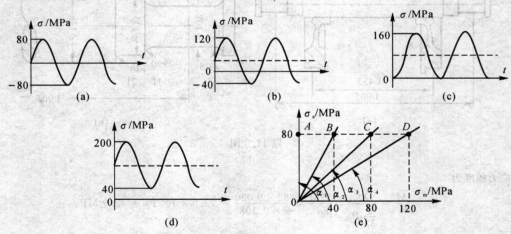

题 11.6 图

解 按题 11.6 图(a)所示,有

$$\sigma_{max} = 80\text{ MPa}, \quad \sigma_{min} = -80\text{ MPa}$$

于是有

$$\sigma_a = 80\text{ MPa}, \quad \sigma_m = 0$$

$$\tan\alpha_1 = \frac{\sigma_a}{\sigma_m} = \frac{80}{0} = \infty, \quad \alpha_1 = 90°$$

按题 11.6 图(b)所示,有

$$\sigma_{max} = 120 \text{ MPa}, \quad \sigma_{min} = -40 \text{ MPa}$$

于是有

$$\sigma_a = 80 \text{ MPa}, \quad \sigma_m = 40 \text{ MPa}$$

$$\tan\alpha_2 = \frac{\sigma_a}{\sigma_m} = \frac{80}{40} = 2, \quad \alpha_2 = 63.4°$$

按题 11.6 图(c)所示,有

$$\sigma_{max} = 160 \text{ MPa}, \quad \sigma_{min} = 0$$

于是有

$$\sigma_a = 80 \text{ MPa}, \quad \sigma_m = 80 \text{ MPa}$$

$$\tan\alpha_3 = \frac{\sigma_a}{\sigma_m} = \frac{80}{80} = 1, \quad \alpha_3 = 45°$$

按题 11.6 图(d)所示,有

$$\sigma_{max} = 200 \text{ MPa}, \quad \sigma_{min} = 40 \text{ MPa}$$

于是有

$$\sigma_a = 80 \text{ MPa}, \quad \sigma_m = 120 \text{ MPa}$$

$$\tan\alpha_4 = \frac{\sigma_a}{\sigma_m} = \frac{80}{120} = 0.666\ 7, \quad \alpha_4 = 33.7°$$

对应点如题 11.6 图(e)所示。

11.8　如题 11.8 图所示电动机轴直径 $d = 30$ mm,轴上开有端铣加工的键槽。轴的材料是合金钢,$\sigma_b = 750$ MPa,$\tau_b = 400$ MPa,$\tau_s = 260$ MPa,$\tau_{-1} = 190$ MPa。轴在 $n = 750$ r/min 的转速下传递功率 $P = 14.7$ kW。该轴时而工作,时而停止,但没有反向旋转。轴表面经磨削加工。若规定安全因数 $n = 2, n_s = 1.5$,试校核轴的疲劳强度。

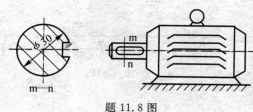

题 11.8 图

解　外力偶矩为

$$M_e = 9\ 549\ \frac{P}{n} = 9\ 549 \times \frac{14.7}{750} = 187.16 \text{ N} \cdot \text{m}$$

$$T = M_e = 187.16 \text{ N} \cdot \text{m}$$

$$\tau_{max} = \frac{T}{W_t} = \frac{T}{\frac{\pi}{16}d^3} = \frac{16T}{\pi d^3} = \frac{16 \times 187.16}{\pi \times 0.03^3} = 35.2 \times 10^6 \text{ Pa} = 35.2 \text{ MPa}$$

$$\tau_{min} = 0$$

$$\tau_a = \frac{1}{2}(\tau_{max} - \tau_{min}) = \frac{1}{2} \times (35.2 - 0) = 17.6 \text{ MPa}$$

$$\tau_m = \frac{1}{2}(\tau_{max} + \tau_{min}) = \frac{1}{2} \times (35.2 + 0) = 17.6 \text{ MPa}$$

由教材中图 11.9(b),得

$$K_\tau = 1.5$$

由教材中表 11.1,得 $\varepsilon_\tau = 0.89$;由教材中表 11.2,得 $\beta = 1$。取

$$\psi_\tau = 0.1$$

则有

$$n_\tau = \frac{\tau_{-1}}{\frac{K_\tau}{\varepsilon_\tau \beta}\tau_a + \psi_\tau \tau_m} = \frac{190}{\frac{1.5}{0.89 \times 1} \times 17.6 + 0.1 \times 17.6} = 6.03 > n = 2$$

$$n_s = \frac{\tau_s}{\tau_{max}} = \frac{260}{35.16} = 7.37 > n_s = 1.5$$

故强度足够。

11.9 如题11.9图所示圆杆表面未经加工,且因径向圆孔而削弱。杆受由0到F_{max}的交变轴向力作用。已知材料为普通碳钢,$\sigma_b = 600$ MPa,$\sigma_s = 340$ MPa,$\sigma_{-1} = 200$ MPa。取$\psi_\sigma = 0.1$,规定安全因数$n = 1.7$,$n_s = 1.5$,试求最大载荷F_{max}。

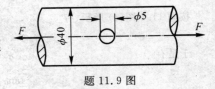

题11.9图

解 由

$$\frac{d_0}{d} = \frac{5}{40} = 0.125$$

查教材中图11.9(a),得$K_\sigma = 2.0$;查教材中表11.1,得$\varepsilon_\sigma = 0.88$,由教材中表11.2,得

$$\sigma_{b1} = 400 \text{ MPa}, \quad \beta_1 = 0.75; \quad \sigma_{b2} = 800 \text{ MPa}, \quad \beta_2 = 0.65$$

用线性内插法可知$\sigma_b = 600$ MPa,$\beta = 0.70$。

在弹性情形下,应力与外载荷成正比,由本题所给条件,有

$$\sigma_a = \sigma_m = \frac{1}{2}\sigma_{max}$$

由教材中公式,得

$$n_\sigma = \frac{\sigma_1}{\frac{K_\sigma}{\varepsilon_\sigma \beta}\sigma_a + \psi_\sigma \sigma_m} \geqslant n$$

$$\sigma_m = \sigma_a = \frac{1}{2}\sigma_{max} \leqslant \frac{\sigma_{-1}}{n\left(\frac{K_\sigma}{\varepsilon_\sigma \beta} + \psi_a\right)} = \frac{200}{1.7 \times \left(\frac{2}{0.88 \times 0.7} + 0.1\right)} = 35.2 \text{ MPa}$$

$$\sigma_{max} \leqslant 70.4 \text{ MPa} \tag{1}$$

由教材中公式,有

$$n_\sigma = \frac{\sigma_s}{\sigma_{max}} \geqslant n_s$$

$$\sigma_{max} \leqslant \frac{\sigma_s}{n_s} = \frac{340}{1.5} = 227 \text{ MPa}$$

因此强度条件由式(1)决定,故

$$F_{max} = \sigma_{max}A = \sigma_{max}\left(\frac{\pi}{4}d^2 - dd_0\right) \leqslant 70.4 \times 10^6 \times \left(\frac{\pi}{4} \times 0.04^2 - 0.04 \times 0.005\right) =$$

$$84.4 \times 10^3 \text{ N} = 84.4 \text{ kN}$$

11.12 卷扬机的阶梯轴的肩上需要安装一滚珠轴承,因滚珠轴承内座圈上圆角半径很小,如装配时不用定距环(见题11.12图(a)),则轴肩过度圆角半径应为$R_1 = 1$ mm,如用一定距环(见题11.12图(b)),则过渡圆角半径可增大到$R_2 = 5$ mm。已知材料为Q235钢,$\sigma_b = 520$ MPa,$\sigma_{-1} = 220$ MPa,$\beta = 1$,规定安全因数$n = 1.7$。试比较轴在两种情况下,对称循环许可弯矩$[M]$。

解 对称循环$r = -1$,$\sigma_a = \sigma_{max} = \frac{M}{W}$,$\sigma_m = 0$。

由教材中表11.1,得$\varepsilon_\sigma = 0.84$。

(1)如题11.12图(a)所示,有

$$\frac{r}{d} = \frac{1}{45} = 0.022, \frac{D}{d} = 1.22$$

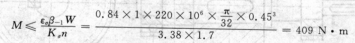

由教材中图 11.8(c),得 $K_\sigma = 2.38$,则

$$n_\sigma \frac{\sigma_{-1}}{\frac{K_\sigma}{\varepsilon_\sigma \beta} \sigma_a \psi_\sigma \sigma_m} = \geqslant n$$

代入 σ_a, σ_m,得

$$\frac{M}{W} \leqslant \frac{\varepsilon_\sigma \beta \sigma_{-1}}{K_\sigma n}$$

即

$$M \leqslant \frac{\varepsilon_\sigma \beta_{-1} W}{K_\sigma n} = \frac{0.84 \times 1 \times 220 \times 10^6 \times \frac{\pi}{32} \times 0.45^3}{3.38 \times 1.7} = 409 \text{ N} \cdot \text{m}$$

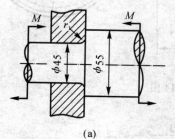 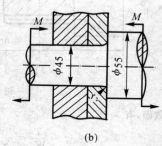

(a)　　　　　　　　　　(b)

题 11.12 图

(2) 如题 11.12 图(b)所示,有

$$\frac{r}{d} = \frac{5}{45} = 0.11, \qquad \frac{D}{d} = \frac{55}{45} = 1.22$$

查教材图 11.8(c),得 $\qquad K_\sigma = 1.53$

查教材表 11.1,得 $\qquad \varepsilon_\sigma = 0.84$

设 $\beta = 1$,由疲劳强度条件,得

$$n_\sigma = \frac{\sigma_{-1}}{\frac{K_\sigma}{\varepsilon_\sigma \beta} \sigma_a} \geqslant n$$

故

$$M \leqslant \frac{\sigma_{-1} W \varepsilon_\sigma \beta}{K_\sigma n} = \frac{220 \times 10^6 \times \frac{\pi}{32} \times 0.45^3 \times 084 \times 1}{1.53 \times 1.7} = 636 \text{ N} \cdot \text{m}$$

11.14 如题 11.14 图所示圆柱齿轮轴,左端由电机输入功率 $P = 29.4$ kW,转速 $n = 800$ r/min。齿轮圆周力为 F_1,径向力 $F_2 = 0.36F_1$。轴上两上键槽均为端铣加工。安装齿轮处轴径 $\phi 40$,左 $\phi 45$。轴的材料为 40Cr,$\sigma_b = 900$ MPa,$\sigma_{-1} = 410$ MPa,$\tau_{-1} = 240$ MPa。规定安全因数 $n = 1.8$,试校核轴的疲劳强度。

提示:把扭转切应力作为脉动循环。

解 齿轮轴传递的扭矩为

$$T = 7024 \frac{N}{n} = 7024 \times \frac{40}{800} = 351 \text{ N} \cdot \text{m}$$

由平衡条件,有 $\qquad T = F_1 \times \frac{D}{2}$

各啮合力为 $\qquad F_1 = \frac{2T}{D} = \frac{2 \times 351}{0.1} = 7\,020 \text{ N}$

径向力为 $\qquad F_2 = 0.36F_1 = 0.36 \times 7\,020 = 2\,530 \text{ N}$

刚齿轮承受的合力为

$$F = \sqrt{F_1^2 + F_2^2} = 7\,460 \text{ N}$$

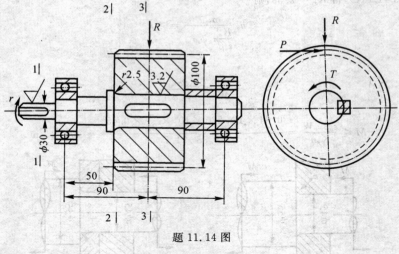

题 11.14 图

(1) 校核 1-1 截面,有

$$\tau_{max} = \frac{T}{W_t} = \frac{351}{\frac{\pi}{16} \times 0.03^3} = 66.2 \text{ MPa}$$

$$\tau_{min} = 0$$

则

$$\tau_m = \frac{1}{2}(\tau_{max} + \tau_{min}) = 33.1 \text{ MPa}$$

$$\tau_a = \frac{1}{2}(\tau_{max} - \tau_{min}) = 33.1 \text{MPa}$$

查表得各系数为

$$K_\tau = 2.06, \quad \varepsilon_\tau = 0.89, \quad \beta = 0.875, \quad \psi_\tau = 0.05$$

则

$$n_\tau = \frac{\tau_{-1}}{\frac{K_\tau}{\varepsilon_\tau \beta}\tau_a \psi_\tau \tau_m} = \frac{240}{\frac{2.06}{089 \times 0.875} \times 33.1 + 0.05 \times 33.1} = 2.69 > n = 1.8$$

故安全。

(2) 校核 2-2 截面,有

$$M = \frac{F}{2} \times 0.050 = \frac{7\,460}{2} \times 0.050 = 187 \text{ N} \cdot \text{m}$$

$$\sigma_{max} = \frac{M}{W} = \frac{187}{\frac{\pi}{32} \times 0.043} = 29.8 \text{ MPa}$$

$$\sigma_{min} = -\sigma_{max} = -29.8 \text{ MPa}$$

$$\tau_{max} = \frac{T}{W_t} = \frac{351.2}{\frac{\pi}{16} \times 0.04^3} = 28 \text{ MPa}$$

$$\tau_{min} = 0$$

$$\sigma_m = \sigma_a = \frac{1}{2}\sigma_{max} = 14.9 \text{ MPa}$$

$$\tau_m = \tau_a = \frac{1}{2}\tau_{max} = 14 \text{ MPa}$$

查表得

$$k_\tau = 1.36, \quad k_\sigma = 1.8, \quad \varepsilon_\tau = 0.81, \quad \varepsilon_\sigma = 0.77, \quad \psi_\sigma = 0.1, \quad \psi_\tau = 0.1$$

则

$$n_\sigma = \frac{\sigma_{-1}}{\frac{k_\sigma}{\varepsilon_\sigma \beta}\sigma_a + \psi_\sigma \sigma_m} = \frac{410}{\frac{1.8}{0.77 \times 0.875} \times 14.9 + 0.1 \times 14.9} = 9.92$$

$$n_\tau = \frac{\tau_{-1}}{\frac{k_\tau}{\varepsilon_\tau \beta}\tau_a + \phi_\tau \tau_m} = \frac{240}{\frac{1.36}{0.81 \times 0.875} \times 14 + 0.1 \times 14} = 9.67$$

$$n_{\sigma\tau} = \frac{n_\sigma n_\tau}{\sqrt{n_\sigma^2 + n_\tau^2}} = \frac{9.92 \times 9.697}{\sqrt{9.92^2 + 9.67^2}} = 6.92 > n = 1.8$$

故安全。

（3）校核 3-3 截面，有

$$M = \frac{F}{2} \times 0.09 = 336 \text{ N} \cdot \text{m}$$

$$\sigma_{\max} = \frac{M}{W} = \frac{336}{\frac{\pi}{32} \times 0.04^3} = 53.5 \text{ MPa} = -\sigma_{\min}$$

$$\tau_{\max} = \frac{T}{W_t} = \frac{351}{\frac{\pi}{16} \times 0.04^3} = 28 \text{ MPa}, \quad \tau_{\min} = 0$$

则

$$\tau_m = \tau_a = \frac{1}{2}\tau_{\max} = 14 \text{ MPa}$$

查表得

$$k_\tau = 2.07, \quad \varepsilon_\tau = 0.81, \quad \beta = 0.875, \quad \psi_\tau = 0.05$$

$$k_\sigma = 2.13, \quad \varepsilon_\sigma = 0.77, \quad \beta = 0.875$$

则

$$n_\sigma = \frac{\sigma_{-1}}{\frac{k_\sigma}{\varepsilon_\sigma \beta}\sigma_{\max}} = \frac{410}{\frac{2.13}{0.875 \times .77} \times 53.5} = 2.42$$

$$n_\sigma = \frac{\tau_{-1}}{\frac{k_\tau}{\varepsilon_\tau \beta}\tau_a + \phi_\tau \tau_\tau} = \frac{410}{\frac{2.07}{0.81 \times 0.875} \times 1 + 0.05 \times 14} = 5.77$$

$$n_{\sigma\tau} = \frac{n_\sigma n_\tau}{\sqrt{n_\sigma^2 + n_\tau^2}} = \frac{2.42 \times 5.77}{\sqrt{2.42^2 + 5.77^2}} = 2.23 > n = 1.8$$

故安全。

11.15 若材料持久极限曲线简化成题 11.15 图所示折线 $EDKJ$，G 点代表构件危险点的交变应力，OG 的延长线适与简化折线的线段 DK 相交，试求这一应力循环的工作安全因数。

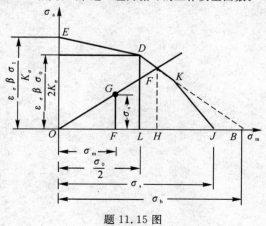

题 11.15 图

解 作辅助线 FH，由三角形 BDL 与 BFH 相似，得

$$\frac{FH}{DL} = \frac{BH}{BL}$$

$$BH = OB - OH = \sigma_b - \sigma_m$$

$$BL = OB - OL = \sigma_b - \frac{1}{2}\sigma_0, \quad DL = \frac{\varepsilon\beta\sigma_0}{2K_\sigma}$$

代入上式，得

$$FH = \sigma_{ra} = \frac{BH}{BL}DL = \frac{\varepsilon\beta\sigma_0}{2K_\sigma\left(\sigma_b - \frac{1}{2}\sigma_0\right)}(\sigma_b - \sigma_{rm}) \tag{1}$$

由三角形 OGF 与 OFH 相似，得

$$\frac{FH}{GF} = \frac{OH}{OF}$$

$$FH = \sigma_{ra} = \frac{OH}{OF}GF = \frac{\sigma_{rm}}{\sigma_m}\sigma_a \tag{2}$$

联立式(1)和式(2)，解出

$$\sigma_{rm} = \frac{\sigma_b\sigma_a}{\dfrac{K_\sigma\psi_\sigma}{\varepsilon\beta}\sigma_a + \sigma_m}, \quad \sigma_{ra} = \frac{\sigma_b\sigma_a}{\dfrac{K_\sigma\psi_\sigma}{\varepsilon\beta}\sigma_a + \sigma_m}$$

式中

$$\psi_\sigma = \frac{\sigma_b - \dfrac{1}{2}\sigma_0}{\dfrac{1}{2}\sigma_0}$$

$$n_\sigma = \frac{\sigma_{ra} + \sigma_{rm}}{\sigma_a + \sigma_m} = \frac{\dfrac{\sigma_b}{\dfrac{K_\sigma\psi_\sigma}{\varepsilon\beta}\sigma_a + \sigma_m}(\sigma_a + \sigma_m)}{(\sigma_a + \sigma_m)} = \frac{\sigma_b}{\dfrac{k_\sigma\psi_\sigma}{\varepsilon_a\beta}\sigma_a + \sigma_m}$$

第 12 章 能量方法

12.1 教学基本要求

12.1.1 内容概述

在固体力学中,把功与能的有关定理统称为能量原理。对于构件的变形及超静定结构的求解,能量原理都有重要的作用。变形固体在受外力作用而变形时,引起外力作用点沿着力作用方向的位移,外力因此做了功;另一方面,弹性固体因变形而具备了作功的能力,表明储存了变形能。若外力从零开始缓慢地增加到最终值,变形中的每一瞬间固体都处于平衡状态,动能和其他能量的变化皆可不计,则由功能原理知,固体的变形能 V 在数值上等于外力作的功 W,即 $V = W$。卡氏定理与虚功原理是本章的理论基础。

12.1.2 目的要求

(1) 会计算杆件的弹性变形能。
(2) 掌握功的互等定理和位移互等定理,会根据功能原理求位移。
(3) 掌握克拉贝隆原理和卡氏定理。
(4) 会运用莫尔积分法(单位载荷法)求位移。
(5) 会图形互乘法。

12.1.3 三基

(1) 基本概念:功,应变能,能量法,功的互等定理,广义力和广义位移,卡氏第二定理,单位荷载法和图乘法。
(2) 基本理论:克拉贝隆原理,卡氏定理,虚功原理,功的互等定理与位移互等定理。
(3) 基本方法:莫尔积分法,单位载荷法,图形互乘法。

12.1.4 重点难点

重点:能量的概念,功的互等定理与位移互等定理,卡氏定理,虚功原理,莫尔积分,单位载荷法,图乘法。
难点:用能量法求位移理念的建立,复杂组合图形的图乘法。

12.2 教学建议

12.2.1 教学单元划分

本章共 6 学时,分 3 个教学单元。
第一教学单元讲能量法概述,杆件应变能的计算,应变能的普遍表达式,互等定理。
第二教学单元讲卡氏定理,虚功原理。
第三教学单元讲单位载荷法,莫尔积分,计算莫尔积分的图乘法。

12.2.2 各单元重点教学内容建议

第一教学单元重点教学内容

三导

1. 能量法

物体受载荷作用而发生弹性变形,载荷作用点相应发生位移,载荷在其位移上做功。不计变形过程中能量的损耗,载荷做的功将全部转换为与变形相联系的能量而积蓄于物体内,此能量称为弹性变形能。利用变形能的概念,求解弹性结构的变形以及与变形有关问题的方法称为能量法。

2. 杆件的变形能计算

在线性弹性范围内,杆件若在长度 l 内其广义内力 F 为常量,δ 为与 F 对应的广义位移,根据功能原理,有

$$V_\epsilon = W = \frac{1}{2}F\delta = \frac{F^2 l}{2EA} \tag{12.1}$$

当沿杆件轴线轴力 F_N 为变量时,利用式(12.1)求出 dx 微段的变形能再积分求出杆件的变形能为

$$V_\epsilon = \int_l \frac{F_N^2(x)dx}{2EA(x)} \tag{12.2}$$

(1)拉伸时单位体积的变形能(比能)量为

$$V_\epsilon = \frac{\sigma^2}{2E} = \frac{1}{2}\sigma\epsilon$$

(2)纯剪功

$$V_\epsilon = \frac{\tau^2}{2\sigma} = \frac{1}{2}\tau\gamma \tag{12.3}$$

(3)圆轴扭转

$$V_\epsilon = \int_l \frac{T^2(x)dx}{2GI_p} \quad (\text{非圆对称时为 In}) \tag{12.4}$$

(3)弯曲

$$V_\epsilon = \int_l \frac{M^2(x)dx}{2EI} \quad (M,I \text{ 为同一坐标轴}) \tag{12.5}$$

(4)剪切

$$V_\epsilon = \int_l k\frac{F_S^2(x)dx}{2GA} \tag{12.6}$$

式(12.6)中,$k = \int_A \frac{(s_z^*)^2}{b^2}dA$,矩形截面 $k = \frac{5}{6}$;实心圆截面 $k = \frac{10}{9}$;薄壁圆截面 $k = 2$。对于一般的细长梁,剪切应变能与弯曲应变能相比,一般很小,因此剪切应变能可以忽略不计。

如果 $M(x)$ 在梁的各段内分别由不同的函数表示,上式积分应分段进行。然后求其总和,以上讨论都是线弹性的情况,对于非线性弹性固体,变形能在数值上仍然等于外力作的功,但力与位移的关系以及应力和应变的关系都不是线性的。

(5)杆件变形能的普遍表达式组合变形时,杆件横截面上同时作用几种内力分量,整个杆件的变形能为

$$V_\epsilon = \int_l \frac{N^2(x)dx}{2EA} + \int_l \frac{T^2(x)dx}{2GI_P} + \int_l \frac{M_y^2(x)dx}{2EI_y} + \int_l \frac{M_z^2(x)dx}{2EI_z} +$$
$$\int_l \frac{k_yQ_y^2(x)dx}{2GA} + \int_l \frac{k_zQ_z^2(x)dx}{2GA} \tag{12.7}$$

以上变形能具有下述特点。

(1)变形能的大小,决定于受力的最终状态,与加载的先后次序无关。

(2)当某一种基本变形能由两个或两个以上的载荷共同引起时,该变形能不等于这些载荷单独作用时分别引起的变形能的叠加。

(3)当杆件发生两种或两种以上的基本变形时,杆件的总变形等于各基本变形的变形能之和。

其解析方法为:首先确定构件在外力作用下的内力,当内力确定后即可代入应变能表达式进行计算。在多个外力作用下构件只发生同一种基本变形时,外力与应变能是非线性的,不能将各个外力单独作用下的应变能代数叠加,但不同基本变形的应变能可以进行线性叠加。

3. 广义力与广义位移

线弹性体的应变能等于每一个外力与其相应位移乘积的一半的总和,即

$$V_\epsilon = W = \sum_{i=1}^n \left(\frac{1}{2}F_i\delta_i\right) = \frac{1}{2}F_1\delta_1 + \frac{1}{2}F_2\delta_2 + \cdots + \frac{1}{2}F_i\delta_i + \cdots + \frac{1}{2}F_n\delta_n \tag{12.8}$$

称为克拉贝龙原理。注意上述广义位移是终值位移。广义力和广义位移的定义为:广义力可以是集中

力或集中力偶,甚至是虚设的附加力,而广义位移是广义力对应的位移,是广义力作用点与广义力方向一致的位移;广义力 F 与广义位移 Δ 对应的情况是:集中力对应其作用点沿力作用方向上的线位移分量,力偶对应力偶作用截面在力偶作用平面内角位移,一对大小相等、方向相反集中力对应一对力作用点沿力作用方向的相对线位移,一对大小相等、转向相反力偶对应一对力偶作用截面在一对力偶作用平面内的相对角位移。

应该注意,从表面上看,组合变形的变形能表达式是各个内力应变能的叠加;克拉贝隆公式是各个外力的外力功叠加。实际上,变形能和外力功是外力或者位移的二次齐次函数,因此变形能是不能叠加的。组合变形应变能的叠加形式是由于横截面内力仅在自身产生的变形上做功,其应变能与其他内力引起的变形无关。克拉贝龙公式中的广义位移是结构变形的终值。应变能的数值与结构加载的次序无关,仅与载荷终值有关。

4. 功的互等定理和位移互等定理

变形能等于外力做的功,功是广义力在其相应的广义位移上做的功。功的互等定理和位移互等定理仅适用于线弹性结构。第一组力 F_1 在第二组力引起的位移 δ_{12}(F_1 力作用点,由 F_2 力引起的位移)上所做的功,等于第二组力 F_2 在第一组力引起的位移 δ_{21}(F_2 力作用点,由 F_1 力引起的位移)上所做的功,即为功的互等定理,有

$$F_1\delta_{12} = F_2\delta_{21} \tag{12.9}$$

当 $F_1 = F_2$ 时,则

$$\delta_{12} = \delta_{21} \tag{12.10}$$

即为位移互等定理。即 F_1 作用点沿 F_1 方向因作用 F_2 而引起的位移,等于 F_2 作用点沿 F_1 方向因作用 F_1 而引起的位移。

应当指出:① 从变形能概念,当材料满足线弹性、小变形条件下,即可推出此定理,未涉及变形的特征,故对刚架、桁架、曲杆、板、壳等定理均适用;② 定理中的力和位移都应理解为广义的;③ 位移是指在结构不可能发生刚性位移的情况下,只是由变形引起的位移。

第二教学单元重点教学内容

1. 卡氏定理

这里所述的卡氏定理,实际上是指卡氏第二定理。对于线弹性结构,若将结构的变形能表达为载荷 F_1, F_2,$\cdots$,F_i,$\cdots$ 的函数,则变形能对任一载荷 F_i 的偏导数,等于 F_i 作用点沿 F_i 作用方向的位移 δ_i,即

$$\delta_i = \frac{\partial V}{\partial F_i} \tag{12.11}$$

式中,F_i,δ_i 均为广义力和广义位移。

在此需要强调的是:

(1)卡氏定理仅可以求力的作用点沿力的作用方向的位移。如果欲求位移的点无外力作用,或虽有外力作用但非所求位移所对应的力,可在该点附加一个和所求位移相对应的力(附加力法),该附加力同样要参与支反力,内力方程中去。

(2)公式在应用中,为减少计算工作量,一般不是先积分求应变能,然后求导计算结构位移,而是计算时先求导数后积分。积分与求导次序的颠倒,在数学上要求满足两个条件:积分函数与求导无关;积分函数求导后在积分区域连续。对于卡氏定理,微分和积分是对不同变量(对力微分,对 x 积分)进行,上述两个条件是完全满足的。因此,通常使用的卡氏定理表达式为

$$\delta_i = \int_l \frac{F_N(x)}{EA}\frac{\partial F_N(x)}{\partial F_i}dx + \int_l \frac{T(x)}{GI_p}\frac{\partial T(x)}{\partial F_i}dx + \int_l \frac{M_y(x)}{EI_y}\frac{\partial M_y(x)}{\partial F_i}dx +$$
$$\int_l \frac{M_z(x)}{EI_z}\frac{\partial M_z(x)}{\partial F_i}dx \tag{12.12}$$

(3)为了进一步简便计算,在写出各段内力方程后,即对相应载荷求偏导数(有附加力时,仅对附加力求偏导数),求完偏导数后,即可令附加力为零,然后代入式(10.9)积分。

(4) 卡氏定理中某一内力对指定载荷的偏导,同单位载荷法中单位力引起的内力一致,如对弯矩有 $\dfrac{\partial M(x)}{\partial F_i} = \overline{M}(x)$。

(5) 某一结构上作用若干个相同外载 F 或不同外载中含有同一种力 $(M = Fl)$。当要求其中一点的位移时,须给该点的载荷加一下标以便求导,否则所求位移则是若干个点不同类型位移的总和。

其解析方法为:用卡氏定理求位移时,当所求位移处没有与位移相应的载荷时,需要在相应位移方向上施加附加力,然后列出内力方程。在具体计算位移时有两种方法:一种是先求应变能,后求偏导数;另一种是先将内力表达式求导,再积分。无论采取哪种方法,都是求导后令附加力为零。对于计算结果,如果大于零,位移方向与外力(或附件力)的方向一致;否则,说明位移方向与外力(或附件力)的方向相反。

2. 虚功原理

(1) 外力作用下处于平衡状态的杆件,若因其他原因,例如另外的外力或温度变化等又引起杆件变形,则这种位移称为虚位移。

(2) 虚位移是在平衡位置上再增加的位移,在虚位移中,杆件的原有外力和内力保持不变,且始终是平衡的。

(3) 虚位移应满足边界条件和连续条件,并符合小变形要求。

(4) 在虚位移中,外力所作虚功等于内力在相应虚变形上所作虚功,这就是虚功原理。

第三教学单元重点教学内容

1. 单位载荷法莫尔积分

单位载荷法的基本方程可以根据虚功原理导出,所以该方法有时被称为虚功法,也被称为虚载荷法。称为虚功法是因为需要用虚载荷(即单位载荷)。

在单位力作用下某截面上的轴力、剪力、弯矩、扭矩分别为 $\overline{F}_N(x), \overline{F}_S(x), \overline{M}(x), \overline{T}(x)$,该截面在原有外力作用下的位移分别为 $\mathrm{d}(\Delta l), \mathrm{d}\lambda, \mathrm{d}\theta, \mathrm{d}\phi$,从虚功原理出发,得单位载荷法的基本方程为

$$1 \times \Delta = \int \overline{M}(x)\mathrm{d}(\Delta l) + \int \overline{F}_S(x)\mathrm{d}\lambda + \int \overline{M}(x)\mathrm{d}\theta + \int \overline{T}(x)\mathrm{d}\phi \qquad (12.13)$$

该方程是极为普遍的,不受任何材料或结构是否线性的限制。当结构材料服从胡克定律时,在上式中代入胡克定律,则得到材料为线弹性,且叠加原理成立,用来求结构任一点处的位移,其广义位移的表达式为

$$\Delta = \int \frac{F_N(x)\overline{F}_N(x)}{EA}\mathrm{d}x + \int \left(\frac{M(x)\overline{M}(x)}{EI} + \frac{T(x)\overline{T}(x)}{GI_n} \right)\mathrm{d}x + \int \frac{kF_S(x)\overline{F}_S(x)}{GA}\mathrm{d}x \qquad (12.14)$$

由于式中 $\overline{F}_N(x), \overline{M}(x), \overline{T}(x), \overline{F}_S(x)$ 均为由单位载荷引起的内力,故又称为单位载荷法或单位力法。

应当注意,单位载荷法中,$F_N(x), M(x), T(x), F_S(x)$ 是实际载荷作用下的横截面内力,而卡氏定理中 $F_N(x), M(x), T(x), F_S(x)$ 则有可能是实际外力与附加力共同作用下的内力。

单位载荷的施加,要由所求点及位移形式来确定,而截面的相对位移(转角)则要在对应截面施加一对单位力(力偶)。

其解析方法为:用单位力法求位移时,应首先在所求位移处加上与位移相应的单位力,列出构件在外力作用下、在单位力作用下的内力方程,然后代入莫尔积分表达式积分。如果计算结果大于零,位移方向与对应单位力的方向一致;否则,说明位移方向与单位力的方向相反。

2. 图形互乘法

图形互乘法是莫尔积分在线弹性直杆结构上的应用,是计算莫尔积分的图形解析法,因此不是一种独立的方法。其求解公式为

$$\Delta_i = \sum_k \frac{\omega_{FN}\overline{F}_{NC}}{EA} + \sum_k \frac{\omega_T\overline{T}_c}{GI_p} + \sum_k \frac{\omega_{My}\overline{M}_{yC}}{EI_y} + \sum_k \frac{\omega_{Mz}\overline{M}_{zC}}{EI_z} \qquad (12.15)$$

式中,$\omega_{FN}, \omega_T, \omega_{My}$ 和 ω_{Mz} 分别为相应内力分量的内力图面积,而 $\overline{F}_{NC}, \overline{T}_C, \overline{M}_{yC}, \overline{M}_{zC}$ 分别为内力图形心处对应的单位力产生的内力数值。

图形互乘法仅仅适用于直杆或者分段为直杆的结构,例如直梁、桁架和刚架等。

应用图形互乘法时应注意：

(1) 由于叠加原理成立,故可将内力图分解为若干个简单载荷作用下的内力图,以便图形面积和形心可以简便地确定。

(2) 内力(包括单位力引起的内力)的不连续点(如 $M(x)$,$M(z)$)都是图乘时的分段点,它们包括斜率的改变处、内力图正负号改变点、结构的变刚度面等,因此要分段应用图形互乘法。

(3) 图形互乘法是可逆的,即 $\omega \bar{M}_C$ 与 $\bar{\omega} M_C$ 可逆,也就是说,当 $M(x)$ 图为直线或折线时,而 $M(x)$ 图较为复杂时,可用单位载荷内力图的面积乘以其形心所对应的真实载荷内力图的数值。

(4) 各种真实载荷的内力图或单位载荷的内力图之一为直线时,均可图乘,但要注意的是同一平面内同类内力相乘,如 T 与 $\bar{T}$,M_y 与 $\bar{M}_y$,M_z 与 $\bar{m}_z$ 等;

(5) 面积 ω 与其形心对应的单位力图的内力数值均为代数值,二者同侧为正,异侧为负,因此要注意二者的正负问题。

其解析方法为：首先判断是否满足图乘法的应用条件,然后计算较复杂内力图的面积及该内力图面积形心所对应的另一线性变化内力图的内力值,最后代入图乘法公式计算。

12.2.3 考核内容

能量法及在静定结构中的应用是多学时课程的必考点,且往往为一份试卷的难点,能量法一般求直杆、曲杆、刚架某截面的位移或某两截面间的相对位移等。因为能量法中已介绍了多种解题方法,根据具体结构和读者的擅长可选用某一方法。一般而言,单位载荷(莫尔积分)法对各种情况都适用,但对直杆及刚架的情况,采用图形解析法 —— 图形互乘法更为方便。当限定某一方法解题时,往往要特别注意,例如限定用卡氏定理,就要注意大多会有几个相同的载荷。求相对位移(转角)时,注意施加一对对应的单位力等。能量法的另一考点是在动载荷中的应用,往往冲击中冲击点的静位移 Δ,以及冲击中静不定问题都可用能量法求解。其主要考试范围为：① 能量法基本概念。② 功的互等定理与位移互等定理。③ 卡氏定理及其应用。④ 莫尔积分与图乘法。

12.3 典型题解析

12.3.1 解题方法

1. 用卡氏定理求位移

(1) 用卡氏定理求解位移时,应考虑到弹性系统的全部变形能,如弹簧等弹性构件的变形能。

(2) 力是广义力,位移是广义位移,位移和力要对应,如相对角位移和一对力偶相对应。

(3) 用卡氏定理求解位移时,要特别注意与欲求位移对应的载荷应是"独立的力",若该载荷与结构中某些载荷的符号(数值)相同或有一定的倍数关系,在求导之前,应将它们用不同的符号区分开来,求导以后再将它们各自的符号(数值)代入计算,才可得到正确的结果。

(4) 用附加力法求位移时,计算中要把附加力与原载荷同样处理.为简化计算,在求导后可立即令附加力为零。

(5) 用卡氏定理求解位移时,对内力的符号没有严格的要求,只需在同一内力方程中,内力的符号采用相同的规则即可。

2. 用莫尔积分求位移

(1) 用莫尔积分求位移时,无论所求位移处有无对应的载荷,都必须附加对应的广义单位力,所加单位力与原载荷无关。

(2) 对内力符号的要求与卡氏定理同。

(3) 在计算莫尔积分时,不同积分号下的内力可取不同的坐标系;但同一积分号下的内力只能取相同的坐标系。

3.用图形互乘法求位移

(1)若单位力的内力图为折线时,应以转折点分界,分段图乘,然后求和。若载荷的内力图比较复杂时,可把载荷内力分成几个简单部分,分别图乘,然后求和。

(2)对于同一杆件,载荷内力图和单位力内力图的符号规则应相同。在图乘时,同侧内力图相乘为正,异侧内力图相乘为负。

4.用功与位移互等定理求位移

功和位移互等定理在力学领域里也是重要定理之一,应熟练应用。如选用其他方法解题除十分繁杂外,而且还很难得出正确的答案时,功的互等定理则提供了解此问题的一种简捷方法。

12.3.2 典型例题

例 12.1 如图 12.1 所示 AC 梁,支承在刚度分别为 K_1,K_2 的两弹簧上,试求该系统的变形能。

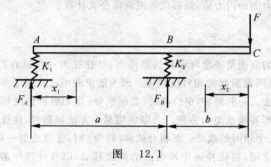

图 12.1

解 (1)支反力为
$$F_A = \frac{b}{a}F, \quad F_B = \frac{a+b}{a}F$$

(2)弯矩方程式为
$$M(x_1) = F_A x_1, \quad 0 \le x_1 \le a$$
$$M(x_2) = F x_2, \quad 0 \le x_2 \le b$$

(3)梁的变形能为
$$V_{梁} = \int_0^a \frac{M^2(x_1)}{2EI}dx_1 + \int_0^b \frac{M^2(x_2)}{2FI}dx_2$$

(4)弹簧支承的变形能为
$$V_{弹} = \frac{1}{2}k_1\Delta_1^2 + \frac{1}{2}k_2\Delta_2^2 = \frac{1}{2}\frac{F_A^2}{K_1} + \frac{1}{2}\frac{F_B^2}{K_2}$$

(5)系统的变形能为
$$V = V_{梁} + V_{弹} = \int_0^a \frac{M^2(x_1)}{2EI}dx_1 + \int_0^b \frac{M^2(x_2)}{2EI}dx_2 + \frac{1}{2}\frac{F_A^2}{K_1} + \frac{1}{2}\frac{F_B^2}{K_2} =$$
$$\left[\frac{ab^2+b^3}{6EI} + \frac{b^2}{2K_1 a^2} + \frac{(a+b)^2}{2K_2 a^2}\right]F^2$$

【评注】 梁的变形能可分段计算,然后相加;变形能与坐标系无关,因此分段计算变形能时,各段可以选用不同的坐标系。

例 12.2 求图 12.2(a)所示悬臂梁 A 点的挠度及 B 截面的转角,已知 EI 为常数。

解 (1)求 A 点挠度。由于 A 点无集中力作用,故用卡氏定理时需在此加附加力 F_f。用单位力法时,在 A 点施加垂直向下单位力,以便求得 A 点的垂直位移。悬臂梁为直梁,选用图形互乘法。为了方便弯矩图面积及形心的确定,利用叠加法画出外载的弯矩图 M,并作单位力引起的弯矩图 $\overline{M}$,如图 10.2(b)所示。两图相乘得 A 点挠度为
$$y_B = \frac{1}{EI}\left[l \times ql^2\left(-\frac{3}{2}l\right) + \frac{1}{3} \times 2l(-2ql^2) \times \frac{3}{4}(-2l)\right] = \frac{ql^4}{2EI}(\downarrow)$$

（2）求 B 截面转角。先将 AB 段外载向 B 点简化，并分别作出各载荷单独作用下的弯矩图。此步可不进行，直接应用图 10.2(b) 中 M 图，但均布载荷弯矩图在 BC 段的面积计算（① 二次曲线面积相减；② 左侧取矩形与抛物线叠加）很易出错。采用 ① 其形心不好确定，好在 $\overline{M}$ 为常数（见图 10.2(c)），不论形心在何处 $\overline{M_C} = 1$。而采用 ②，抛物线部分由于其顶点不在 B 截面处，尽管算法似乎无误，但结果必错。将图 10.2(c) 中 M 与 $\overline{M}$ 相乘，得 B 截面转角为

$$\theta_B = \frac{1}{EI}\left[l \times \frac{1}{2}ql^2(-1) + \frac{1}{3}l\left(-\frac{1}{2}ql^2\right)(-1) + \frac{1}{2}l(-ql^2)(-1)\right] = \frac{ql^3}{6EI}(\curvearrowleft)$$

本例若选用莫尔积分法，由于 B 截面集中力偶的存在，要求 B 截面转角，需在 B 截面加单位力偶，故弯矩方程必然要分两段描述，相对而言，图乘法计算简单，但求转角时图乘中易出问题的症结却一积避之。即

$$\theta_B = \frac{1}{EI}\int_l^{2l}\left(-\frac{1}{2}qx^2 + ql^2\right)(-1)\,dx = \frac{ql^3}{6EI}(\curvearrowleft)$$

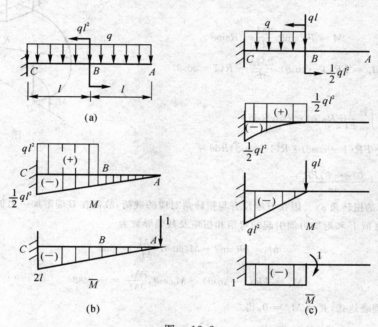

图　12.2

【评注】 同一题目可以采用不同的方法解决，但难易程度大不相同，为了简化计算，应根据题目特点选用较简单的计算方法。用卡氏定理计算位移时，与位移对应的力必须是独立的。用单位力法计算位移时应加相应的单位力。

例 12.3 如图 12.3 所示的刚架，EI 为常数，试求 A 点的水平位移。

解 本题在 A 点没有与所求位移相应的广义力，故应附加一个数值等于零的水平集中力 F_f。

（1）支反力为

$$F_A = 2F_f + 2qa, F_{Cy} = 2F_f + 2qa, F_{Cx} = F_f + 2qa$$

（2）弯矩方程及偏导数：

AB 段：　$M(x_1) = F_f x_1 + \frac{1}{2}qx_1^2, \dfrac{\partial M(x_1)}{\partial F_f} = x_1$

BC 段：$M(x_2) = F_{Cy}x_2 = (2F_f + 2qa)x_2, \dfrac{\partial M(x_2)}{\partial F_f} = 2x_2$

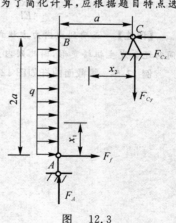

图　12.3

(3) 将弯矩方程及偏导数代入卡氏定理表达式并积分,得

$$\Delta_{AH} = \frac{\partial U}{\partial F_f}\bigg|_{F_f=0} = \int_0^{2a} \frac{1}{EI} \cdot \frac{1}{2} q x_1^2 \cdot x_1 \cdot \mathrm{d}x_1 +$$

$$\int_0^a \frac{1}{EI} 2qa x_2 \cdot 2x_2 \cdot \mathrm{d}x_2 = \frac{10qa}{3EI}(\rightarrow)$$

【评注】 用卡氏定理计算位移时,与位移对应的力必须是独立的。如果欲求位移的点无外力作用,或者虽有外力作用但非所求位移所对应的力,可在该点附加一个与所求位移相对应的力(附加力法),该附加力同样要参与支反力、内力方程中去。求偏导后令其等于零,即为所求位移。

例 12.4 如图 12.4 所示细长、弯曲的杆 AB,置于水平面上,其轴线是半径为 R 的四分之一圆周,在其自由端 B 有一铅垂载荷 F,求 B 端的铅垂位移和扭转角(已知杆的 EI 和 GI)。

解(1)求 B 端的铅垂位移 Δ_{BV}。由载荷 F 引起的弯矩和扭矩及其偏导数为

$$M = FR\sin\theta, \quad \frac{\partial M}{\partial F} = R\sin\theta$$

$$M_n = FR(1-\cos\theta), \quad \frac{\partial M_n}{\partial F} = R(1-\cos\theta)$$

故得

$$\Delta_{BV} = \frac{\partial U}{\partial F} = \int_0^{\frac{\pi}{2}} \frac{1}{EI} FR\sin\theta \cdot R\sin\theta R \, \mathrm{d}\theta +$$

$$\int_0^{\frac{\pi}{2}} \frac{1}{GI_p} FR(1-\cos\theta) \cdot R(1-\cos\theta) R \, \mathrm{d}\theta =$$

$$\frac{\pi FR^3}{4EI} + \frac{(3\pi-8)FR^3}{4\alpha_p}$$

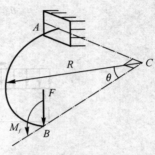

图 12.4

(2)求 B 端面的扭转角 ϕ_B。因在 B 端没有与扭转角对应的载荷,故需在 B 端附加一力偶 M_f,其作用面和杆轴线垂直。由载荷 F 和附加力偶引起的弯矩和扭矩及其偏导数为

$$M = FR\sin\theta + M_f\sin\theta, \quad \frac{\partial M}{\partial M_f} = \sin\theta$$

$$M_n = FR(1-\cos\theta) - M_f\cos\theta, \quad \frac{\partial M_n}{\partial M_r} = -\cos\theta$$

代入卡氏定理表达式,并令 $M_f = 0$,得

$$\phi_B = \int_0^{\frac{\pi}{2}} \frac{1}{EI} FR\sin\theta\sin\theta R \, \mathrm{d}\theta + \int_0^{\frac{\pi}{2}} \frac{1}{GI_p} FR(1-\cos\theta) \cdot (-\cos\theta) R \, \mathrm{d}\theta =$$

$$\frac{\pi FR^2}{4EI} + \frac{(\pi-4)FR^2}{4GI_p}$$

【评注】 正确列出内力方程式是求解本题的关键。垂直于曲杆平面的外力,不仅使曲杆发生弯曲变形,同时还会发生扭转变形,因此列内力方程式时,弯矩和扭矩都要考虑到。

例 12.5 等截面曲杆如图 12.5 所示,已知 EI 等于常数,试求 F 力作用处 A,E 两点的相对位移 Δ_{AE}。

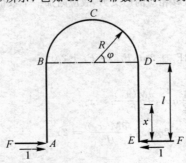

图 12.5

解　用莫尔积分求解：在 A,E 两点处加一对单位力，则杆的弯矩方程和单位力弯矩方程为

ED 直线段：
$$M(x) = Fx, \quad M^0(x) = x$$

DC 曲线段：
$$M(\phi) = FR\sin\phi + Fl$$

$$\Delta_{AE} = 2 \times \left[\int_0^L \frac{1}{EI} Fx^2 \, dx + \int_0^{\frac{\pi}{2}} \frac{1}{EI} (FR\sin\phi + Fl)(R\sin\phi + l)R \, d\phi \right] =$$

$$\frac{2F}{EI} \left[\frac{L^3}{3} + R\left(\frac{\pi l^2}{2} + \frac{\pi}{4} R^2 + 2Rl \right) \right]$$

【评注】　当杆件轴线有曲线和直线两种情况时，列内力方程式必须分段。

例 1.6　图 12.6(a) 所示曲杆 AB 的轴线是半径为 R 的 $\frac{1}{4}$ 圆弧，杆的横截面是直径为 d 的实心圆，且 d 远小于 R，杆的 A 端固定，B 端自由，并在 B 端作用垂直于杆轴线所在平面的集中力 F。已知材料的拉压弹性模量 E，剪切弹性模量 G 与许用拉应用力 $[\sigma]$。(1) 按第三强度理论，求许可载荷 $[F]$；(2) 在 F 力作用下，自由端绕杆轴线的转角 θ_B。

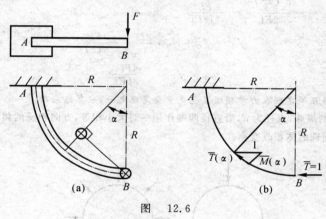

图　12.6

解 (1) 求许可载荷 $[F]$。在 α 截面处，其内力分量分别为

$$F_S = F, \quad M(\alpha) = FR\sin\alpha, \quad T(\alpha) = FR(1 - \cos\alpha)$$

不计剪力，且当 $\alpha = \frac{\pi}{2}$ 时，$M(\alpha), T(\alpha)$ 达到最大，故危险截面为 A 截面，且

$$M_{\max} = T_{\max} = FR$$

根据第三强度理论，有
$$\sigma_{r3} = \frac{1}{W} \sqrt{M^2 + T^2} = \frac{32\sqrt{2}}{\pi d^3} FR \leqslant [\sigma]$$

故
$$[F] = \frac{\sqrt{2} \pi d^3 [\sigma]}{64R}$$

(2) 求自由端转角 θ_B。依题意，这里 θ_B 应指 B 截面的转角，故在 B 端加单位扭矩 $\overline{T} = 1$。在 α 截面处，$\overline{M}(\alpha) = 1 \times \sin\alpha, \overline{T}(\alpha) = 1 \times \cos\alpha$。由于是曲杆结构，故选用莫尔积分法求解。

$$\theta_B = \frac{1}{EI} \int_0^{\frac{\pi}{2}} M(\alpha)\overline{M}(\alpha)R \, d\alpha + \frac{1}{GI_p} \int_0^{\frac{\pi}{2}} T(\alpha)\overline{T}(\alpha)R \, d\alpha =$$

$$\frac{1}{EI} \int_0^{\frac{\pi}{2}} FR^2 \sin^2\alpha \, d\alpha - \frac{1}{GI_p} \int_0^{\frac{\pi}{2}} FR^2(1 - \cos\alpha)\cos\alpha \, d\alpha =$$

$$\frac{\pi FR^2}{4EI} + \frac{FR^2}{GI_p}\left(1 - \frac{\pi}{4}\right) = \frac{16FR^2}{d^4}\left(\frac{1}{E} + \frac{4-\pi}{2\pi G}\right)$$

【评注】　(1) 对于曲杆结构，不能选用图乘法。功能原理、卡氏定理及莫尔积分则应视具体情况决定。

(2) 曲杆结构中重要的工作是求解分析横截面的内力。由于曲杆横截面内力相对复杂，一般都是组合变

形问题,通常根据平衡关系得到横截面的内力,然后将其沿杆轴线分解可以得到相应轴力、扭矩和弯矩等。

（3）内力分析前,首先应该建立能够描述任意横截面的坐标系。根据坐标系求解弯矩方程。在能量法分析中,坐标系的选取是任意的,但是一旦选定,所有内力都必须在统一坐标系下计算。如何确定自由端的垂直位移,请读者自己完成。其值为

$$y_B = \frac{\pi F R^3}{4FI} + \frac{(3\pi - 8)F R^3}{4GI_p}$$

例 12.7 试求图 12.7 所示悬臂梁 B 点的挠度 y_B。

解 根据位移互等定理,B 点的挠度 y_B 等于大小和方向相同的力作用在 B 点时,在 C 点所引起的挠度为

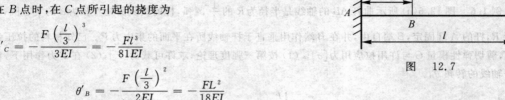

$$y'_c = -\frac{F\left(\frac{l}{3}\right)^3}{3EI} = -\frac{Fl^3}{81EI}$$

$$\theta'_B = -\frac{F\left(\frac{l}{3}\right)^2}{2EI} = -\frac{Fl^2}{18EI}$$

图 12.7

故
$$y'_c = y'_B + r'_B \cdot \frac{2l}{3} = -\frac{4Fl^3}{81EI}$$

$$y_B = y'_c = -\frac{4Fl^3}{81EI}$$

【评注】 功和位移互等定理在力学领域里也是重要定理之一,应熟练应用。

例 12.8 轴承中的滚珠,直径为 d,沿直径两端作用一对大小相等、方向相反的集中力 F,材料的弹性常数 E,μ 均已知。试求圆珠的体积改变率。

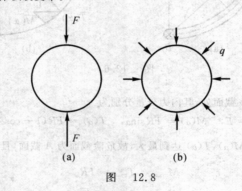

图 12.8

解 设原结构为第一状态（见图 10.8(a)）。为了应用功的互等定理,设滚珠作用均匀法向压力 q 为第二状态（见图 10.8(b)）。在第一状态下滚珠的体积改变量为 $(\Delta V)_F$,第二状态下滚珠直径的改变量为 $(\Delta d)_q$,由功的互等定理,有

$$q(\Delta V)_F = F(\Delta d)_q$$

对于第二状态,滚珠受各个方向均匀压缩,因此滚珠内部任一点的应力状态相同,而且均为三向等值压缩,即 $\sigma_1 = \sigma_2 = \sigma_3 = -q$。根据广义胡克定律,得

$$(\Delta d)_q = \frac{1}{E}(-q + 2\mu q)d = -\frac{1}{E}(1 - 2\mu)qd$$

故
$$(\Delta V)_F = \frac{F}{q}(\Delta d)_q = -\frac{1 - 2\mu}{E}Fd$$

式中,负号表明体积的改变是在压力的作用下减小。

【评注】 如选用其他方法解此题除十分繁杂外,而且很难得出正确的答案,功的互等定理则提供了解此问题的一种简捷方法。

例 12.9　刚架各段杆的 EI 相同,受力如图 12.9 所示。(1)用能量法计算 A,E 两点的相对位移 δ_{AE};(2) 欲使 A,E 间无相对线位移,试求 Q 与 F 的比值;(3)试大致绘出刚架在 A,E 间无相对位移情况下的变形曲线。

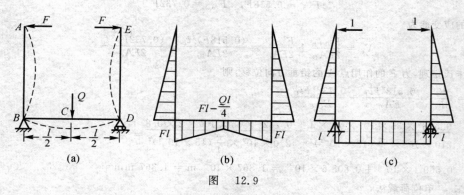

图　12.9

解　刚架各段均为直杆,且仅受集中力作用,故选用图乘法更为简便。作刚架弯矩图如图12.9(b)所示。欲求 A,E 间相对位移,在 A,E 点施加一对单位力,作弯矩图如图 12.9(c)所示。图 12.9(b)(c) 两图相乘,即

$$\delta_{AE} = \frac{1}{EI}\left[2\times\frac{1}{2}l\times Fl\times\frac{2}{3}l + \left(F-\frac{Q}{4}\right)l^3 + 2\times\frac{1}{2}\times\frac{l}{2}\times\frac{Q}{4}l^2\right] =$$

$$\frac{l^3}{24EI}(40F-3Q)　(分开)$$

欲试 A,E 间无相对位移,即令 $\delta_{AE}=0$,故有 $40F-3Q=0$,即 Q 与 F 的比值为 $Q:F=40:3$。A,E 间无相对位移时的变形曲线绘于图 12.9(a) 中。

【评注】　本结构为对称性结构,其位移也是对称的,且本题讨论的相对位移为水平位移,为减少工作量,可将 C 面固定,取其一半讨论,读者不妨一试。

例 12.10　图 12.10(a)所示,实心圆钢杆 AB 和 AC 在 A 点以铰相连接,在 A 点作用有铅垂向下的力 $F=35$ kN。已知杆 AB 和 AC 的直径分别为 $d_1=12$ mm 和 $d_2=15$ mm,钢的弹性模量 $E=210$ GPa。试求 A 点在铅垂方向的位移。

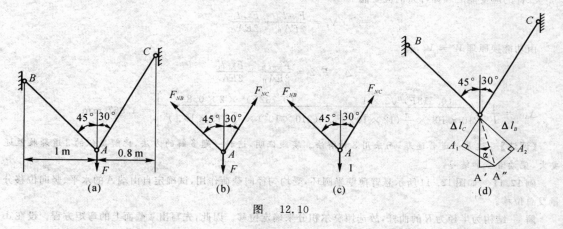

图　12.10

解　解法一　应用卡氏定理:
取铰接点 A 为研究对象,作受力图,如图 12.10(b)所示。应用静力学平衡条件,有

$$\sum F_x = 0,　-F_{NB}\sin45° + F_{NC}\sin30° = 0$$

$$\sum F_y = 0, \quad F_{NB}\cos 45° + F_{NC}\cos 30° - F = 0$$

求解得杆 AB 和 AC 的轴力分别为

$$F_{NB} = 0.518F, \quad F_{NC} = 0.732F$$

杆系的应变能为

$$V_\varepsilon = \frac{F_{NB}^2 l_B}{2EA_B} + \frac{F_{NC}^2 l_C}{2EA_C} = \frac{(0.518F)^2 l_B}{2EA_B} + \frac{(0.732F)^2 l_C}{2EA_C}$$

应用卡氏定理,力 F 的作用点 A 的铅垂方向位移,则

$$\Delta_{AV} = \frac{\partial V_\varepsilon}{\partial F} = \frac{0.518^2 F l_B}{EA_B} + \frac{0.732^2 F l_C}{EA_C} =$$

$$\frac{0.518^2 \times 35 \times 10^3 \times \sqrt{2} \times 1}{210 \times 10^9 \times \frac{\pi}{4}(12 \times 10^{-3})^2} + \frac{0.732^2 \times 35 \times 10^3 \times 2 \times 0.8}{210 \times 10^9 \times \frac{\pi}{4}(15 \times 10^{-3})^2} =$$

$$0.559\,1 \times 10^{-3} + 0.808\,6 \times 10^{-3} = 1.367 \times 10^{-3}\ \text{m} = 1.367\ \text{mm}$$

解法二　单位荷载法

(1) 计算荷载 F 产生的轴力。步骤同解法一,$F_{NB} = 0.518F, F_{NC} = 0.732F$。

(2) 计算单位荷载产生的轴力。取铰接点 A 为研究对象,在点 A 作用以单位荷载1,如图12.12(c)所示。则由静力学平衡条件得杆 AB, AC 的轴力为

$$\overline{F}_{NB} = 0.518, \quad \overline{F}_{NC} = 0.732$$

点 A 的铅垂位移为

$$\Delta_{AV} = \sum \frac{\overline{F}_N F_N l}{EA} = \frac{\overline{F}_{NB} F_{NB} l_B}{EA_B} + \frac{\overline{F}_{NC} F_{NC} l_C}{EA_C} =$$

$$\frac{0.518 \times 0.518F \times \sqrt{2} \times 1}{210 \times 10^9 \times \frac{\pi}{4}(12 \times 10^{-3})^2} + \frac{0.732 \times 0.732F \times 2 \times 0.8}{210 \times 10^9 \times \frac{\pi}{4}(15 \times 10^{-3})^2} = 1.367\ \text{mm}$$

解法三　应用功能转换原理

计算杆 AB, AC 的轴力,其步骤与解法一相同,$F_{NB} = 0.518F, F_{NC} = 0.732F$。设在外力 F 作用下,点 A 的铅垂方向的位移为 Δ,则外力 F 作功为

$$W = \Delta \times F/2$$

二杆的应变能之和即杆系的应变能

$$V_\varepsilon = \frac{F_{NB}^2 l_B}{2EA_B} + \frac{F_{NC}^2 l_C}{2EA_C}$$

由功能换原理 $W = V_\varepsilon$,有

$$\Delta \times F/2 = \frac{F_{NB}^2 l_B}{2EA_B} + \frac{F_{NC}^2 l_C}{2EA_C}$$

$$\Delta_{AV} = \frac{1}{F}\left[\frac{(0.518F)^2 \sqrt{2} \times 1}{210 \times 10^9 \times \frac{\pi}{4}(12 \times 10^{-3})^2} + \frac{(0.732F)^2 \times 2 \times 0.8}{(210 \times 10^9) \times \frac{\pi}{4}(15 \times 10^{-3})^2}\right] = 1.367\ \text{mm}$$

【评注】　这是一道普通题,而采用3种解法。实践证明,这种一题多解的方法,比解类似的3道题收益还要大,望读者多加练习。

例12.11　如图12.11所示悬臂薄壁半圆环,受均匀径向载荷作用,试确定自由端 A 的水平、竖向位移分量及总位移。

解　结构为半径为 R 的曲杆,故选用莫尔积分来确定位移。因此,先写出 ϕ 截面上的弯矩方程。设在 ds 段上的外力为 $qR\text{d}\theta$,该外力在 ϕ 面上产生的弯,则

$$\text{d}M(\phi) = qR\text{d}\theta R\sin(\phi - \theta)$$

故

$$M(\phi) = \int_0^\phi qR^2 \sin(\phi - \theta)\text{d}\theta = qR^2(1 - \cos\phi)$$

（1）自由端水平位移。自由端加水平方向单位力，其单位力弯矩方程为 $\overline{M}(\phi) = R\sin\phi$。故

$$x_B = \frac{1}{EI}\int_0^\pi M(\phi)\overline{M}(\phi)R\mathrm{d}\phi = \frac{1}{EI}\int_0^\pi qR^3(1-\cos\phi)\sin\phi R\mathrm{d}\phi = \frac{2qR^4}{EI}(\leftarrow)$$

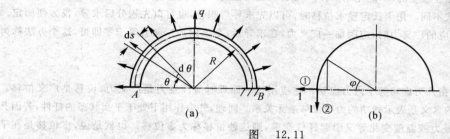

图　12.11

（2）自由端垂直位移。自由端加垂直向下单位力，其单位力弯矩方程为

$$\overline{M}(\varphi) = -R(1-\cos\varphi)$$

故

$$y_B = \frac{1}{EI}\int M(\phi)\overline{M}(\phi)R\mathrm{d}\phi = -\frac{1}{EI}\int_0^\pi qR^4(1-\cos\phi)^2\mathrm{d}\phi = -\frac{3\pi qR^4}{2EI}(\uparrow)$$

结果表明实际位移方向与所加单位力方向相反，位移向上。

（3）A 端总位移为

$$f_A = \sqrt{x_B^2 + y_B^2} = \frac{qR^4}{2EI}\sqrt{16+9\pi^2}$$

【评注】　能量法的解题方法有卡氏定理法、莫尔积分法、单位载荷法与功能法。拿到一个题目具体用什么方法要视具体情况而定，因为有的方法能用，有的方法不能用，且同一个题目用不同的方法繁简情况大不一样，所以应该那种方法简单就采用那种方法，并且通过作题自己总结出 4 种方法的解题规律。

12.4　自学指导

物体受载荷作用而发生弹性变形，载荷作用点相应发生位移，载荷在其位移上要做功。不计变形过程中能量的损耗，载荷做的功将全部转换为与变形相联系的能量而积蓄于物体内，此能量称为弹性变形能。利用弹性变形能的概念，求解弹性结构的变形以及与变形有关问题的方法，称为能量法。

在固体力学中，把功与能的有关定理，统称为能量原理。对于杆件的变形及超静定结构的计算，能量原理都有着重要的作用。能量法的特点是定义、定理、概念多，但只要弄懂这些定理、定义、概念，那么解题也就变容易了。在自学中特别提醒应注意下述问题。

1. 变形能的计算

在用能量法进行工程计算时，首先遇到的是各种变形能的计算，所以必须熟练掌握各种变形能的计算方法。最好记住常见变形能的计算公式。

2. 互等定理

变形能等于外力做的功，功是由广义力在其相应广义位移上做的功。第一组力 F_1 在第二组力引起的位移 δ_{12} 上所做的功，等于第二组力 F_2 在第一组力引起的位移 δ_{21} 上所做的功，即 $F_1\delta_{12} = F_2\delta_{21}$，称为功的互等定理。当 $F_1 = F_2$ 时，则 $\delta_{12} = \delta_{21}$，即为位移互等定理。即 F_1 作用点沿 F_1 方向因作用 F_2 而引起的位移，等于 F_2 作用点沿 F_1 方向因作用 F_1 而引起的位移。

应当指出：① 从变形能概念，当材料满足线弹性、小变形条件下，即可推出上述定理，未涉及变形的特征，故对刚架、桁架、曲杆、板、壳等定理均适用；

② 位移是指在结构不可能发生刚性位移的情况下，只是由变形引起的位移 。故功的互等定理和位移互等定理仅适用于线弹性结构。

3. 卡氏定理

卡氏定理是用杆件变形能求偏导,来计算结构位移的一种方法。它仅限制线弹性系统。应用卡氏定理时,应注意各载荷是相互独立的,不能互相依赖。 在计算变形能时,可以随意选取坐标系。但应注意,对不同的坐标系,内力表达式不同。用卡氏定理求位移时,可以先求导后积分,也可以先积分后求导,视方便而定。当所求位移处没有相应的广义力时,应附加一广义力,在求导后,令该附加广义力等于零即可,这个方法称为"附加力法"。

4. 虚功原理

所谓虚功原理是指外力虚功等于内力虚功。在应用这一原理时应注意力是广义力,位移是广义位移。这里虚功的"虚"字的含义是表示做功的力与位移毫无关系。同理,外力作用下处于平衡状态的杆件,若因其他原因,例如另外的外力或温度变化等又引起杆件变形,则这种位移称为虚位移。也就是说,虚位移是在平衡位置上再增加的位移,在虚位移中,杆件的原有外力和内力保持不变,且始终是平衡的。虚位移应满足边界条件和连续条件,并符合小变形要求。此概念比较抽象,应细细去体会。

5. 莫尔积分

用莫尔积分求位移时,无论有否相应的广义力,都应附加一与该位移相应的广义单位力。由莫尔积分得到的位移,是在原力系作用下单位力作用点沿单位力作用方向的广义位移。莫尔积分为正值时,所求得位移和单位力同向。原力系的内力方程和单位力的内力方程应取同一坐标系和相同的符号规则。因为虚设的单位力为单位载荷,故常将此求位移的方法称为单位载荷法。在此特别注意单位载荷的加法。

6. 图形互乘法

图形互乘法是莫尔积分在线弹性直杆结构上的应用,是计算莫尔积分的图形解析法,因此不是一种独立的方法。图形互乘法仅仅适用于直杆或者分段为直杆的结构,例如直梁、桁架和刚架等。在应用中,关键是正确加相应单位载荷,迅速正确作出内为图,熟练掌握图乘法。图乘法难点是复杂组合图形的图乘,攻克方法是将复杂组合图形分解为简单规则图形,然后分别图乘求和。

为了检查自已的学习效果,请认真看相应内容的 5 至 7 道习题,在此基础上再认真仔细地做 8 至 12 道习题,能一题多解的尽量一题多解,这样就能基本上达到学习本章的目的要求。

12.5 习题精选详解

12.1 两根圆截面直杆的材料相同,作用的载荷相同,尺寸如题 12.1 图所示,其中一根为等截面杆,另一根为变截面杆。试比较两杆的变形能。

解 题 12.1(a) 图所示为等截面直杆,且杆件轴力 F_N 恒等于 F,故此杆的弹性变形能为

$$V_{e1} = \int_l \frac{F_N^2(x)\mathrm{d}x}{2EA} = \int_0^l \frac{F^2\mathrm{d}x}{2EA} = \frac{F^2 l}{2EA} = \frac{2F^2 l}{\pi Ed^2}$$

题 12.1(b) 图所示变截面杆,但在 3 段内轴力恒等,则此杆的弹性变形能为

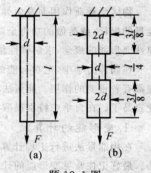

题 12.1 图

$$V_{e2} = \sum_{i=1}^{3} \frac{F_{Ni}^2 l_i}{2EA_i} = 2\frac{F^2 \times \frac{3}{8}l}{2\pi Ed^2} + \frac{2F^2 \times \frac{1}{4}l}{\pi Ed^2} = \frac{7F^2 l}{8\pi Ea^2}$$

故两杆的变形能之比为

$$\frac{V_{e1}}{V_{e2}} = \frac{16}{7}$$

12.3 计算题 12.3 图所示各杆的变形能。

解 如题 12.3 图(a)所示,有

$$V_{ea} = \sum_{i1}^{2} \frac{F_{Ni}^2 l_i}{2FA} = \frac{F^2 l}{2EA}\left(1+\frac{1}{2}\right) = \frac{3F^2 l}{4EA}$$

如题 10.3 图(b)所示,有

$$V_{\varepsilon b} = \int_l \frac{M^2(x)\mathrm{d}x}{2EI} = \int_0^{\frac{l}{3}} \frac{\left(\frac{m}{l}x_1\right)^2 \mathrm{d}x_1}{2EI} + \int_0^{\frac{2l}{3}} \frac{\left(\frac{m}{l}x_2\right)^2 \mathrm{d}x_2}{2EI} = \frac{m^2 l}{18EI}$$

如题 10.3 图(c)所示,有

$$V_{\varepsilon c} = \int_0^{\frac{\pi}{2}} \frac{M^2(\theta)R\mathrm{d}\theta}{2EI} = \int_0^{\frac{\pi}{2}} \frac{(FR\sin\theta)^2 R\mathrm{d}\theta}{2EI} = \frac{\pi FR^3}{8FI}$$

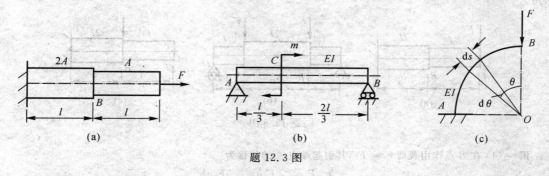

题 12.3 图

12.4 传动轴受力情况如题 12.4 图所示。轴的直径为 50 mm,材料为 45 钢,$E = 210$ GPa,$G = 80$ GPa。试计算轴的应变能。

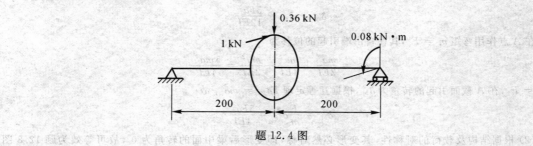

题 12.4 图

解 $V_{\varepsilon} = \int_l \frac{T^2\mathrm{d}x}{2GI_p} + \int_l \frac{M_z^2(x)\mathrm{d}x}{2EI_z} + \int_l \frac{M_y^2\mathrm{d}x}{2EI_y} =$

$$\frac{T^2 l}{2GI_p} + \frac{2}{2EI_z}\int_0^l \left(\frac{1}{2}F_1 x\right)^2 \mathrm{d}x + \frac{2}{2EI_y}\int_0^l \left(\frac{1}{2}F_2 x\right)^2 \mathrm{d}x =$$

$$\frac{T^2 l}{2GI_p} + \frac{F_1^2 l^3}{12FI_z} + \frac{F_2^2 l^3}{12EI_y} = 24.7 \text{ N} \cdot \text{mm}$$

12.6 车床主轴可简化为常量的当量轴,如题 12.6 图所示。试用互等定理求在载荷 F 作用下,截面 C 的挠度和前轴承 B 处的截面转角。

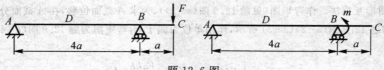

题 12.6 图

解 设 $F_1 = F, F_2 = m$。查教材中表 6.1,得在 m 作用下梁 C 点的挠度为

$$\delta_{12} = \frac{m(4a)a}{3EI} = \frac{4ma^2}{3EI}$$

得 $$\theta_B = \delta_{21} = \frac{F_1}{F_2}\delta_{12} = \frac{F}{m} \times \frac{4ma^2}{3EI} = \frac{4Fa^2}{3EI}(\leftarrow)$$

于是，在 F 力作用下 C 点的挠度相当于将 BC 梁作为悬臂梁时 C 点的挠度与 B 点转过 θ 角后引起的 C 点挠度的叠加，即

$$\Delta_C = \theta_B a + \frac{Fa^3}{3EI} = \frac{4Fa^2}{3FI} \times a + \frac{Fa^3}{3EI} = \frac{5Fa^3}{3EI}(\downarrow)$$

12.8   如题 12.8 图所示为变截面梁，试用互等定理求在 F 力作用下截面 B 的竖向位移和截面 A 的转角。

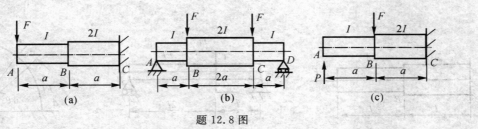

题 12.8 图

解   （1）在 B 点作用载荷 $F = F_2$，其引起端点 A 的位移为

$$\delta_{12} = \frac{F_2 a^3}{6EI} + \frac{F_2 a^3}{4EI} = \frac{5F_2 a^3}{12EI}$$

在 A 点 $F = F_1$ 作用下 B 点的位移 δ_{21} 为

$$\delta_{12} = \delta_{21} = \frac{5Fa^3}{12EI}$$

在 A 点作用弯矩 $m = F_2$，其在自由端引起的位移为

$$\delta_{12} = \frac{ma^2}{2EI} + \frac{ma^2}{4EI} + \frac{ma^2}{2EI} = \frac{5ma^2}{4EI}$$

故 $F = F_1$，在 A 截面引起的转角为 δ_{21}，根据互等定理 $F\delta_{12} = m\delta_{21}$ 故

$$\delta_{21} = \frac{F}{m}\delta_{12} = \frac{5Fa^2}{4EI}$$

（2）根据结构及载荷的对称性，其变形必然对称，即变形后梁中面的转角为 0°，故可等效为题 12.8 图 (c)。由题 12.8 图 (a) 可知 F_A 在 B 点引起的位移为

$$W_{B1} = \frac{5Fa^3}{12EI}(\uparrow)$$

而 B 点作用力 F 引起 B 点的位移为

$$W_{B2} = \frac{Fa^3}{6EI}(\downarrow)$$

故 $$W_B = W_{B1} - W_{B2} = \frac{Fa^3}{4EI}(\uparrow)$$

12.9   如题 12.9 图所示刚架的各杆的 EI 相等，试求截面 A,B 的位移和截面 C 的转角。

解   （1）用图形互乘法。作弯矩图（见题 12.9 图（a-1）），为求 A 截面位移，在 A 截面分别作用铅垂及水平单位力，M 图如题 12.9 图（a-2）（a-3）所示，作用单位力偶于 C，弯矩图为题 12.9 图（a-4），故 A 截面铅垂位移为

$$y_A = \frac{1}{EI}Fbh(-a) = -\frac{Fabh}{EI}(\uparrow)$$

A 截面水平位移为 $$x_A = \frac{1}{EI}Fbh\frac{h}{2} = \frac{Fbh^2}{2EI}(\rightarrow)$$

C 截面转角为 $$\theta_C = \frac{1}{EI}\left[\frac{1}{2}Fb^2 \times 1 + Fbh \times 1\right] = \frac{Fb}{2EI}(b+2h)(\curvearrowleft)$$

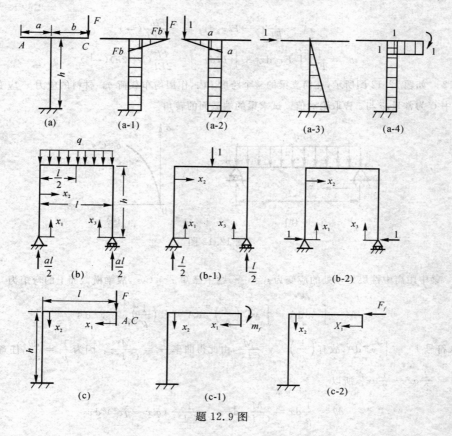

题 12.9 图

（2）用莫尔积分法。在 A,B 截面处分别作用单位为 1，如题 10.9 图（b-1）（b-2）所示。分别写出各段弯矩方程为

$$M(x_1) = 0, \quad \overline{M}(x_1) = 0, \quad \overline{M}(x_1) = -x_1$$

$$M(x_2) = \frac{ql}{2}x_2 - \frac{1}{2}qx_2^2, \quad \overline{M}(x_2) = \frac{1}{2}x_2, \quad \overline{M}(x_2) = -h$$

$$M(x_3) = 0, \quad \overline{M}(x_3) = 0, \quad \overline{M}(x_3) = -x_3$$

故

$$y_A = \frac{2}{EI}\int_0^{\frac{l}{2}}\left(\frac{ql}{2}x_2 - \frac{1}{2}qx_2^2\right)\left(\frac{1}{2}x_2\right)\mathrm{d}x_2 = \frac{2}{EI}\left[\frac{ql}{12}x_2^3 - \frac{q}{16}x_2^4\right]_0^{\frac{l}{2}} = \frac{5ql^4}{384EI}(\downarrow)$$

$$x_B = \frac{1}{EI}\int_0^l\left(\frac{1}{2}qlx_2 - \frac{1}{2}qx_2^2\right)(-h)\mathrm{d}x_2 = -\frac{ql^3h}{12FI}(\rightarrow)$$

（3）用卡氏定理。在 A,C 截面加附加载荷 F_f, m_f 如题 10.9 图（c-1）（c-2）所示，写出各段弯矩方程为

$$M(x_1) = -Fx_1 - m_f, \quad \frac{\partial M(x_1)}{\partial F} = -x_1$$

$$\frac{\partial M(x_1)}{\partial F_f} = 0, \quad \frac{\partial M(x_1)}{\partial m_f} = -1$$

$$M(x_2) = -Fl + F_f x_2 - m_f, \quad \frac{\partial M(x_2)}{\partial F} = -l$$

$$\frac{\partial M(x_2)}{\partial F_f} = x_2, \quad \frac{\partial M(x_2)}{\partial m_f} = -1$$

求完偏导数，令 F_f, m_f 为 0，积分得

$$y_A = \left[\int_0^l Fx_1^2\,\mathrm{d}x_1 + \int_0^h Fl^2\,\mathrm{d}x_2\right] = \frac{Fl^2}{3EI}(l+3h)(\downarrow)$$

$$x_A = \frac{1}{EI}\int_0^h - Flx_2\,\mathrm{d}x_2 = -\frac{Flh^2}{2EI}(\rightarrow)$$

$$\theta_c = \frac{1}{EI}\left[\int_0^l Fx_1\,\mathrm{d}x_1 + \int_0^h Fl\,\mathrm{d}x_2\right] = \frac{Fl}{2EI}(l+2h)(\hookleftarrow)$$

12.12 如题 12.12 图所示，在简支梁的整个跨度 l 内，作用均布载荷 q。材料的应力－应变关系为 $\sigma = C\sqrt{\varepsilon}$。式中 C 为常量，σ 与 ε 皆取绝对值。试求梁的端截面的转角。

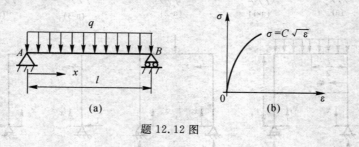

题 12.12 图

解 梁中距离中性层为 y 处的应变为 $\varepsilon = \dfrac{y}{\rho}$，题中已知 $\sigma = C\sqrt{\varepsilon}$，故梁横截面上的弯矩为

$$M = \int_A y\sigma\,\mathrm{d}A = \int_A yC\left(\frac{y}{\rho}\right)^{\frac{1}{2}}\,\mathrm{d}A = C\left(\frac{1}{\rho}\right)^{\frac{1}{2}}\int_A y^{\frac{3}{2}}\,\mathrm{d}A$$

引入符号 $I^* = \int_A y^{\frac{3}{2}}\,\mathrm{d}A$，故有 $\left(\dfrac{1}{\rho}\right)^{\frac{1}{2}} = \dfrac{M}{CI^*}$，由此得曲率 $\dfrac{1}{\rho} = \dfrac{M^2}{C^2 I^{*2}}$。因为 $\dfrac{1}{\rho} = \dfrac{\mathrm{d}\theta}{\mathrm{d}x}$，任意截面上的弯矩 $M(x) = \dfrac{1}{2}qlx - \dfrac{1}{2}qx^2$，所以

$$\mathrm{d}\theta = \frac{1}{\rho}\mathrm{d}x = \frac{M^2}{C^2 I^{*2}}\mathrm{d}x = \frac{1}{4C^2 I^{*2}}(qlx - qx^2)^2\,\mathrm{d}x$$

用单位力法，在梁的右端面作用单位力偶 $\overline{M} = 1$，求得 $\overline{M}(x) = \dfrac{x}{l}$，故右端面 B 的转角为

$$\theta_B = \int \overline{M}(x)\mathrm{d}\theta = \int_0^l \frac{x}{l}\frac{l}{4C^2 I*2}(qlx - qx^2)\,\mathrm{d}x = \frac{q^2 l^5}{240(CI^*)^2}$$

根据对称性知，左端截面转角 $\theta_A = -\theta_B$。

12.15 已知题 12.15 图所示刚架 AC 和 CD 两部分的 $I = 3\times 10^3\ \mathrm{cm}^4$，$E = 200\ \mathrm{GPa}$，$F = 12\ \mathrm{kN}$，$l = 1\ \mathrm{m}$。试求截面 D 的水平位移和转角。

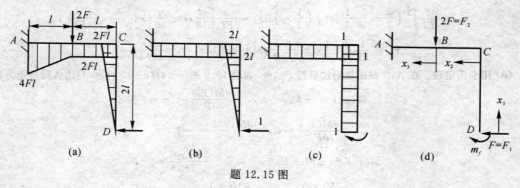

题 12.15 图

解 (1)用图乘法。作内力图及单位力图分别为题 12.15 图(a)(b)(c)。图(a)与图(b)相乘，得 x_D，则

$$x_D = \frac{1}{EI}\left[\frac{1}{2}\times 2l\times 2Fl\times \frac{4}{3}l + 2l\times 2Fl\times 2l + \frac{1}{2}L\times 2Fl\times 2l\right] =$$

$$\frac{38Fl^3}{3EI} = 2.11 \times 10^{-2} \text{ m} = 25.2 \text{ mm}(\leftarrow)$$

图(a)与图(c)相乘,得 θ_D,则

$$\theta_D = \frac{1}{EI}\left[\frac{1}{2} \times 2l \times 2Fl \times 1 + 2l \times 2Fl \times 1 + \frac{1}{2}l \times 2Fl \times 1\right] =$$

$$\frac{7Fl^2}{EI} = 1.4 \times 10^{-2} \text{ rad } (\curvearrowleft)$$

(2)用卡氏定理。卡氏定理中对某个载荷的偏导数,得该载荷作用点沿作用线方向的位移,故为了区别 B,D 点载荷 F,先为其上加上序号。而为求其转角,在 D 截面附加弯矩 m_f。列各段内力方程为

DC： $\quad C(x_1) = -F_1 x_1 - m_f, \quad \dfrac{\partial M(x_1)}{\partial F_1} = -x_1, \quad \dfrac{\partial M(x_1)}{\partial m_f} = -1$

CB： $\quad M(x_2) = -2F_1 l - m_f, \quad \dfrac{\partial M(x_2)}{\partial F_1} = -2l, \quad \dfrac{\partial M(x_2)}{\partial m_f} = -1$

BA： $\quad M(x_3) = -2F_1 l - F_2 x_3 - m_f, \quad \dfrac{\partial M(x_3)}{\partial F_1} = -2l, \quad \dfrac{\partial M(x_3)}{\partial m_f} = -1$

故

$$x_A = \frac{1}{EI}\left[\int_0^{2l} Fx_1^2 dx_1 + \int_0^l 4Fl^2 dx_2 + \int_0^l (4Fl^2 + 4Flx_3)dx_3\right] =$$

$$\frac{1}{EI}\left(\frac{8Fl^3}{3} + 4Fl^3 + 4Fl^3 + 2Fl^3\right) = \frac{38Fl^3}{3EI} = 25.2 \text{ mm}(\leftarrow)$$

$$\theta_A = \frac{1}{EI}\left[\int_0^{2l} Fx_1 dx_1 + \int_0^l 2Fl dx_2 + \int_0^l (2Fl + 2Fx_3)dx_3\right] =$$

$$\frac{1}{EI}(2Fl^2 + 2Fl^2 + 2Fl^2 + FL^2) = \frac{7Fl^2}{EI} = 1.4 \times 10^{-2} \text{ rad}(\curvearrowleft)$$

12.17 如题 12.17 图所示桁架,各杆材料相同,截面面积相等。在载荷 F 作用下,试求节点 B 与 D 间的相对位移。

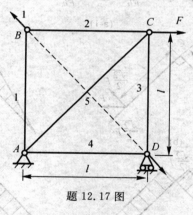

题 12.17 图

解 求出各杆内力 F_{Ni},并沿 BD 施加一对单位力,求出各杆的内力 $\bar{F}_{Ni}$,列于表 12.1 中。

表 12.1

杆件编号	F_{Ni}	$\bar{F}_{Ni}$	l_i	$F_{Ni}\bar{F}_{Ni}l_i$
1	0	$\dfrac{\sqrt{2}}{2}$	l	0
2	0	$\dfrac{\sqrt{2}}{2}$	l	0

续表

杆件编号	F_{Ni}	$\overline{F}_{Ni}$	l_i	$F_{Ni}\overline{F}_{Ni}l_i$
3	$-F$	$\dfrac{\sqrt{2}}{2}$	l	$-\dfrac{\sqrt{2}}{2}Fl$
4	0	$\dfrac{\sqrt{2}}{2}$	l	0
5	$\sqrt{2}\,F$	-1	$\sqrt{2}\,l$	$-2Fl$
				$-\dfrac{Fl}{2EA}(4+\sqrt{2})$

BD 的相对位移为

$$\delta_{BD} = -\frac{Fl}{2EA}(4+\sqrt{2}) = -2.71\frac{Fl}{EA}$$

负号表明 BD 间的相互靠近,与所加单位力方向相反。

12.18 刚架各部分的 EI 相等,试求在题 12.18 图所示一对 F 力作用下,A,B 两点之间的相对位移,A,B 两截面的相对转角。

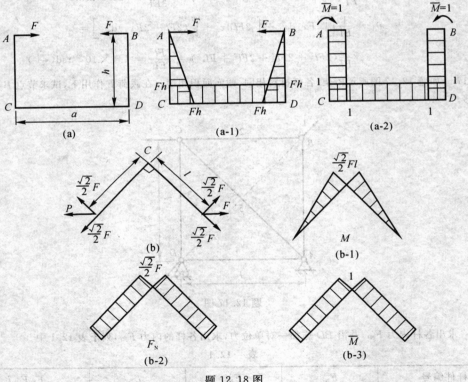

题 12.18 图

解 用图乘法。如题 12.18 图(a)所示,作内力图如题 10.18 图(a-1)所示,令 $\overline{F}=1$,即得 A,B 面加单位力时的内力图,两图相乘,即

$$\delta_{AB} = \frac{1}{EI}\left[\frac{1}{o}hFh\,\frac{2}{2}h\times 2 + aFhh\right] = \frac{Fh^2}{3EI}(2h+3a)$$

即靠近。

在 A,B 两截面加单位力偶 $M=1$，作内力图为题 10.18 图（a-2）所示，题 12.8 图（a-1）与图（a-2）相乘，得两截面相对转角 θ_{AB}，即

$$\theta_{AB} = \frac{1}{EI}\left[\frac{1}{2}hFh \times 1 \times 2 + aFh \times 1\right] = \frac{Fh}{EI}(h+a)$$

如题 12.18（b）图所示，作弯矩及轴力图如题 12.18 图（b-1）和（b-2）所示。在 A,B 两点加水平单位力 $\bar{F}=1$，作单位力内力图，即题 12.18 图（b-2），令 $F=1$，得

$$\delta_{AB} = \frac{2}{EI}\left[\frac{1}{2}l\frac{\sqrt{2}}{2}Fl \times \frac{2}{3}\frac{\sqrt{2}}{2}l\right] + \frac{2}{EA}\left[l\frac{\sqrt{2}}{2}F \times \frac{\sqrt{2}}{2}\right] = \frac{Fl^3}{3EI} + \frac{Fl}{EA}$$

当不计轴力时，上式中第二项略去。

在 A,B 两截面加单位力偶 $\bar{M}=1$，作内力 $\bar{M}$ 图为题 12.18 图（b-3）。题 12.18 图（b-1），（b-2）分别和 $\bar{M}$ 图和 $\bar{F}_N$ 图（恒等于零）相乘，得两截面之间相对转角 θ_{AB}，即

$$\theta_{AB} = \frac{2}{EI}\left(\frac{1}{2}l \times \frac{\sqrt{2}}{2}Fl \times 1\right) = \frac{\sqrt{2}Fl^2}{2EI}$$

12.20　题 12.20 图所示简易吊车的吊重 $F=3$ kN。撑杆 AC 长为 2 m，截面的惯性矩为 $I=8.53 \times 10^6$ mm^4。拉杆 BD 的横截面面积为 600 mm^2。如撑杆只考虑弯曲的影响，试求 C 点的垂直位移。设 $E=200$ GPa。

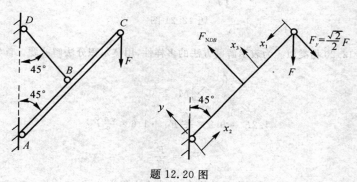

题 12.20 图

解　求 DB 杆的轴力 F_{NDB}，对 A 点求矩有 $\sum M_A = 0$，即 $F \times \sqrt{2} = F_{NDB} \times 1$，所以 $F_{NDB} = \sqrt{2}F$。

因为此题中仅有外载荷 F，且求 F 作用点沿 F 方向的位移，可直接用功能原理、卡氏定理、莫尔积分、图乘法均可。先用卡氏定理求解。

CB 或 AB 段：弯矩为

$$M(x_1) = \frac{F}{\sqrt{2}}x_1, \quad \frac{\partial M(x_1)}{\partial F} = \frac{x_1}{\sqrt{2}}$$

轴力为

$$F_N = \frac{F}{\sqrt{2}}, \quad \frac{\partial N}{\partial F} = \frac{1}{\sqrt{2}} \quad \text{（题中已不计此值）}$$

DB 段轴力为

$$F_{NDB} = \sqrt{2}F, \quad \frac{aF_{NDB}}{\partial F} = \sqrt{2}$$

故 C 点的垂直位移为

$$\delta_C = \frac{2}{EI}\int_0^l \frac{F}{2}x_1^2 dx_1 + \frac{1}{EA}\int_0^l 2F dx_3 = \frac{Fl^3}{3EI} + \frac{2Fl}{EA} =$$

$$\frac{3 \times 10^3 \times 1^3}{3 \times 200 \times 10^9 \times 8.53 \times 10^{-6}} + \frac{2 \times 3 \times 10^3 \times 1}{200 \times 10^9 \times 600 \times 10^{-6}} =$$

$$0.636 \times 10^{-3} \text{ m} = 0.636 \text{ mm}$$

用功能原理求解,有

$$\frac{1}{2}F\delta_c = \int_0^l \frac{M^2(x)\,\mathrm{d}x}{2EI} + \int_0^l \frac{F_N^2(x)\,\mathrm{d}x}{2EA} = \frac{1}{EI}\frac{F^2}{2}\frac{l^3}{3} + \frac{F^2 l}{EA}$$

故

$$\delta_c = \frac{Fl^3}{3EI} + \frac{2Fl}{EA}$$

12.21　如题 12.21 图所示钢索绕过无摩擦滑轮,钢索的截面面积为 76. 36 mm²,$E_{\text{索}} = 177$ GPa,$F = 18$ kN。在题 2.28 中求 F 力作用点 C 的位移时,曾假设横梁 $ABCD$ 为刚体。若把该梁看作变形体,且已知其抗弯刚度为 $EI = 1\ 440$ kN·m²,试再求 C 点的铅垂位移。

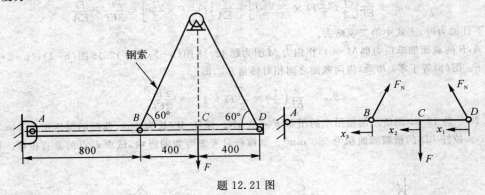

题 12.21 图

解　此题同题 12.20 相类似。为表示解题方法的多样性,用莫尔积分法解此题。首先对 A 点求矩,解出钢索的内力,有

$$\sum M_A = 0$$

即

$$1.2F = 0.8 \times \frac{\sqrt{3}}{2}F_N + 1.6 \times \frac{\sqrt{3}}{2}F_N$$

解出

$$F_N = \frac{F}{\sqrt{3}}$$

写出各段内力方程,并在 C 点加垂直向下单位力,其内力方程为

DC 段:

$$M(x_1) = F_N \cos 30° x_1 = \frac{F}{2}x_1, \quad \overline{M}(x_1) = \frac{1}{2}x_1$$

DB 段:

$$M(x_2) = \left(0.2 - \frac{x_2}{2}\right)\cdot F, \quad \overline{M}(x_2) = \left(0.2 - \frac{x_2}{2}\right)$$

BA 段:

$$M(x_3) = 0, \overline{M}(x_3) = 0$$

BD 段:

$$F_N = \frac{F}{\sqrt{3}}, \quad \overline{F}_N = \frac{1}{\sqrt{3}}$$

故

$$\delta_c = \frac{1}{EI}\left[\int_0^{0.4} \frac{F}{4}x_1^2\,\mathrm{d}x_1 + \int_0^{0.4}\left(0.2 - \frac{x_2}{2}\right)^2 F\,\mathrm{d}x_2\right] + \frac{1}{EA}\int_0^{1.6}\frac{F}{3}\,\mathrm{d}x_4 =$$

$$\frac{0.4^3 F}{6EI} + \frac{1.6F}{3EA} = 0.844 \times 10^{-3}\text{ m} = 0.844\text{ mm}\quad (\text{向下})$$

12.25　如题 12.25 图所示等截面曲杆 BC 的轴线为 3/4 圆周。若 AB 视为刚性杆,试求在 F 力作用下,截面 B 的水平位移和垂直位移。

解　将 F 力等效平移至 B 截面为垂直力 F 及力偶 FR,并分别在 B 截面加垂直及水平单位力,其对应内力 $M(\phi)$,$\overline{M}_F(\phi)$,$\overline{M}_M(\phi)$ 为

$$M(\phi) = FR - FR(1 - \cos\phi) = FR\cos\phi$$

$$\overline{M}_F(\phi) = -R(1 - \cos\phi), \quad \overline{M}_M(\phi) = -R\sin\phi$$

故 B 截面的垂直位移为

$$y_B = \frac{1}{EI}\int_s M(\phi)\,\overline{M}_F(\phi)\mathrm{d}s = \frac{1}{EI}\int_0^2 = -FR^3(1-\cos\phi)\cos\phi\,\mathrm{d}\phi =$$

$$-\frac{FR^3}{EI}\int_0^{\frac{3\pi}{2}}(\cos\phi - \cos^2\phi)\mathrm{d}\phi = \left(1+\frac{3\pi}{4}\right)\frac{FR^3}{EI} =$$

$$3.36\frac{FR^3}{EI}(\downarrow)$$

B 截面的水平位移为

$$x_B = \frac{1}{EI}\int_s M(\phi)\,\overline{M}_M(\phi)\mathrm{d}s = \frac{1}{EI}\int_0^2 = -FR^3\cos\phi\sin\phi\,\mathrm{d}\phi =$$

$$-\frac{FR^3}{2EI}\int_0^{\frac{3\pi}{2}}\sin2\phi\,\mathrm{d}\phi = \frac{FR^3}{2EI}(\leftarrow)$$

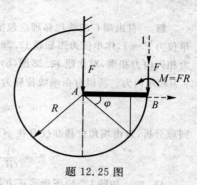

题 12.25 图

12.26　在题 12.26 图所示曲拐的端点 C 上作用集中力 F。设曲拐两段材料相同且均为同一直径的圆截面杆,$\angle ABC$ 为直角,试求 C 点的垂直位移。

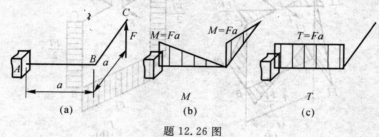

题 12.26 图

解　由题意知,整个曲拐中 EI,GI_p 均为常数。由于曲拐两段为直杆,故图乘法更简捷。作内力图如题 10.26 图(b) 和(c)所示。在 C 点加单位向上力 $\overline{F}=1$,内力图相当于上述内力图中令 $F=1$,故得

$$\delta_c = \frac{1}{EI}\left[\frac{1}{2}aFa\times\frac{2}{3}a\times 2\right]+\frac{1}{GI_p}[Faaa]Fa^3 = \left(\frac{2}{3EI}+\frac{1}{GI_p}\right)(\uparrow)$$

12.28　如题 12.28 图所示折杆的横截面为圆形。在力偶矩 m 的作用下,试求折杆自由端的线位移和角位移。

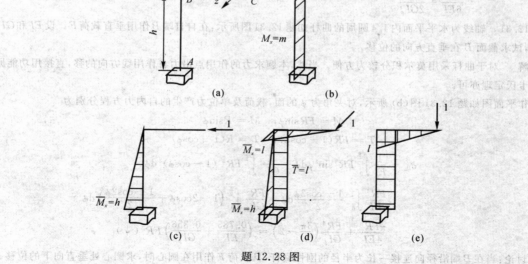

题 12.28 图

解 自由端 C 的线位移理应包括 $\delta_x, \delta_y, \delta_z$,而线位移 $\delta = \sqrt{\delta_x^2 + \delta_y^2 + \delta_z^2}$,故在 C 截面沿 x,y,z 分别作用单位力 $\bar{F} = 1$,作单位力图如题 12.28 图(c)(d)(e)所示。当用卡氏定理、莫尔积分等方法,积分时或图乘时仅为相同内力相乘,对比题 12.28 图(b)(c)(d)(e)知,仅有题 12.28 图(b)中 $M_x = m$ 和题 10.28 图(d)中 $\bar{M}_x = y$ 为相同内力。所以自由端线位移为

$$\delta_c = \delta_{Cz} = \frac{1}{EI}\left[m \times h \times \frac{h}{2}\right] = \frac{32mh^2}{E\pi d^4} \quad (\text{向前})$$

同理分析,自由端角位移亦仅有在 yOz 面内转角。用题 12.28 图(b)同该图中令 $\bar{m} = 1$ 的图相乘,得

$$\theta_c = \frac{1}{GI_p}[\pi l \times 1] + \frac{1}{EI}[mh \times 1] = \frac{64m}{\pi d^4}\left(\frac{1}{2G} + \frac{h}{E}\right)$$

12.30 如题 12.30 图所示正方形刚架各部分的 EI 相等,GI_p 也相等。E 处有一切口,在一对垂直于刚架平面的水平力 F 的作用下,试求切口两侧的相对水平位移 δ。

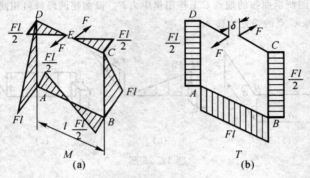

题 12.30 图

解 求刚架切口 E 处的相对水平位移。由于在切口处水平面内作用有一对 F 力,故用卡氏定理对弯矩方程中的 F 求导即可求得 δ,此处不必区分 F 力。但用图乘法更为方便,作内力图后再令 $\bar{F} = 1$,两内力图相乘即可求得 δ,即

$$\delta = \frac{1}{EI}\left[\frac{1}{2} \cdot \frac{l}{2} \cdot \frac{Fl}{2} \times \frac{2}{3} \cdot \frac{l}{2} \times 4 + \frac{1}{2}lFl \times \frac{2}{3}l \times 2\right] + \frac{1}{GI_p}\left[l\frac{Fl}{2}\frac{l}{2} \times 2 + lFll\right] =$$

$$\frac{5Fl^3}{6EI} + \frac{3Fl^3}{2GI_p}$$

12.31 轴线为水平平面内 1/4 圆周的曲杆如题 12.31 图所示,在自自端 B 作用垂直载荷 F。设 EI 和 GI_p 已知,试求截面 B 在垂直方向的位移。

解 对于曲杆采用莫尔积分较为方便。当然,本题求力的作用点沿力自作用线方向的移,直接用功能原理或卡氏定理亦可。

作平面图如题 12.31 图(b)所示,对夹角为 ϕ 的面,载荷及单位力产生的自内力方程分别为

$$M = FR\sin\phi, \quad \bar{M} = R\sin\phi$$
$$T = FR(1-\cos\phi), \quad \bar{T} = R(1-\cos\phi)$$

故

$$\delta_B = \frac{1}{EI}\int_0^{\frac{\pi}{2}} FR^3\sin^2\phi\,d\phi + \frac{1}{GI_p}\int_0^{\frac{\pi}{2}} FR^3(1-\cos\phi)^2\,d\phi =$$

$$\frac{FR^3}{EI}\int_0^{\frac{\pi}{2}}\frac{1-\cos2\phi}{2}\,d\phi + \frac{FR^3}{GI_p}\int_0^{\frac{\pi}{2}}\left(1-2\cos\phi+\frac{1+\cos2\phi}{2}\right)d\phi =$$

$$\frac{\pi FR^3}{4EI} + \frac{FR^3}{GI_p}\left(\frac{3\pi}{4}-2\right) = \left(\frac{0.785}{EI} + \frac{0.356}{GI_p}\right)FR^3(\downarrow)$$

讨论:当在 B 端沿径向连接一长为半径的刚性直杆,且载荷 F 作用在圆心时,求圆心处垂直向下的位移。把载荷等效平移至 B 截面,有扭矩 $T = FR$ 及铅垂载荷 F。欲求 O 点位移,需求出 B 点的垂直位移及扭转角。

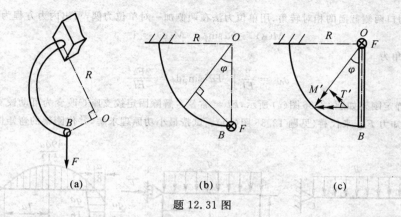

(a)　　　　　　　(b)　　　　　　　(c)

题 12.31 图

铅垂载荷 F 对夹角为 ϕ 的面产生的内力如题12.31图(c)所示。而等效扭矩分解到 φ 面包含两部分即 T'，M'，在 O 点加单位力所得内力方程可令 $F=1$ 得到。在 ϕ 面上，则有

$$M(\phi) = FR\sin\phi - FR\sin\phi = 0, \quad \overline{M}(\phi) = 0$$
$$T(\phi) = FR(1-\cos\phi) + FR\cos\phi = FR, \quad \overline{T}(\phi) = R$$

以上分析可以看出，此种受力下在曲杆任意截面上除剪力外仅有内力扭矩，且扭矩恒为 $T=FR$，故

$$\delta_o = \frac{1}{GI_p}\int_0^{\frac{\pi}{2}} FR^3\,\mathrm{d}\phi = \frac{\pi FR^3}{2GI_p}(\downarrow)$$

然后，对题 12.31 图(c)中求 O 点垂直位移，最简单的方法是直接用教材中式(3.24)弹簧的变形公式，令 $n=\frac{1}{4}$ 即可。

12.33　如题 12.33 图(a)所示，平均半径为 R 的细圆环，截面为圆形，其直径为 d。F 力垂直于圆环中线所在平面。试求两个 F 力作用点的相对线位移。

解　写出 θ 面上的内力方程并对下求偏导，得

$$M(\theta) = FR\sin\theta, \quad \frac{\partial M(\theta)}{\partial F} = R\sin\theta$$
$$T(\theta) = FR(1-\cos\theta), \quad \frac{\partial T(\theta)}{\partial F} = R(1-\cos\theta)$$

故

$$\delta = 2\left[\int_0^\pi \frac{FR^3\sin^2\theta\,\mathrm{d}\theta}{EI} + \int_0^\pi \frac{FR^3(1-\cos\theta)^2\,\mathrm{d}\theta}{EI}\right] = \frac{\pi FR^3}{EI} + \frac{3\pi FR^3}{GI_p}$$

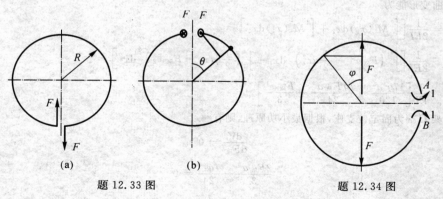

(a)　　　　　　　(b)　　　　　　　　　

题 12.33 图　　　　　　题 12.34 图

12.34　如题 12.34 图所示，圆形曲杆的横截面尺寸远小于曲杆的半径 a，试求切口两侧截面的相对转角。

解　欲求切口两侧截面的相对转角,用单位力法在两侧加一对单位力偶,写出内力方程为

$$M(\phi) = Fa\sin\phi, \quad \overline{M}(\phi) = 1$$

故两侧面相对转角为

$$\delta_{AB} = \frac{2}{EI}\int_0^{\frac{\pi}{2}} Fa^2\sin\phi\,d\phi = \frac{2Fa^2}{EI}$$

12.36　超静定刚架如题 12.36 图(a)所示,EI = 常量。解除固定铰支座 C 改变为可动铰支座,并将解除的约束用多余未知力 F_{RC} 来代替(见题 12.36 图(b))。试按最小功原理求解,并作刚架的弯矩图。

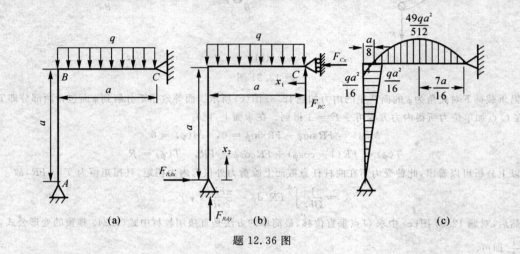

题 12.36 图

解　解除多余约束,在 q,F_{RC} 作用下,其支座反力为

$$F_{RCx} = \frac{1}{2}qa - F_{RC}$$

$$F_{RAy} = qa - F_{RC}, \quad F_{RAx} = F_{RCx} = \frac{1}{2}qa - F_{RC}$$

刚架的内力方程为

CB 段：

$$M(x_1) = F_{RC}x_1 - \frac{1}{2}qx_1^2$$

AB 段：

$$M(x_2) = F_{RAx}x_2 = \frac{1}{2}qax_2 - F_{RC}x_2$$

故刚架的弯曲变形能为

$$V = \frac{1}{2EI}\left[\int_0^a M^2(x_1)\,dx_1 + \int_0^a M^2(x_2)\,dx_2\right] =$$

$$\frac{1}{2EI}\left[\int_0^a \left(F_{RC}x_1 - \frac{1}{2}qx_1^2\right)^2 dx_1 + \int_0^a \left(\frac{1}{2}qax_2 - F_{RC}x_2\right)^2 dx_2\right] =$$

$$\frac{1}{EI}\left[\frac{17q^2a^5}{120} - \frac{7qF_{RC}a^4}{24} + \frac{F_{RC}^2a^3}{3}\right]$$

由于刚架 C 端为固定铰支座,根据最小功原理,则有

$$\frac{dV}{dF_{RC}} = 0$$

即

$$\frac{2F_{RC}a^3}{3} - \frac{7qa^4}{24} = 0$$

解之得

$$F_{RC} = \frac{7}{16}qa$$

将 F_{RC} 代入,求得各支座反力为

$$F_{RCx} = \frac{1}{16}qa, \quad F_{RAy} = \frac{9}{16}qa, \quad F_{RAx} = \frac{1}{16}qa$$

作内力图如题 12.36 图(c)所示，其中 $M(x_1) = F_{RC}x_1 - \frac{1}{2}qx_1^2$。

求微分得 $M(x_1) = F_{RC} - qx_1 = 0$，故当 $x_1 = \dfrac{F_{RC}}{q} = \dfrac{7}{16}a$ 时弯矩有最大值，其最大值为

$$M(x_1) = F_{RC}x_1 - \frac{1}{2}qx_1^2 \Big|_{x_1 = \frac{7}{16}a} = \frac{49qa^2}{512}$$

三导

第 13 章　超静定结构

13.1　教学基本要求

13.1.1　内容概述

当结构的支反力或内力,仅用独立的平衡方程不能全部求出时,该结构称为超静定结构。根据多余未知力的性质,超静定结构分为外部超静定、内部超静定和外部及内部都是超静定三类问题。关于超静定结构的算法,材料力学中一般采用力法。力法是最早出现的一种计算超静定结构的基本方法。它的原理是,首先解除多约束得到基本结构,利用变形的连续条件,便可得到含多余未知力的方程式,解方程求出多余未知力,由超静定结构变成静定结构。在求解过程中还可以利用对称和反对称的性质进行简化计算。关于连续梁的计算问题,一般讲用力法计算较困难,用三弯矩方程求解较方便。此外,在本章还将介绍超静定结构的特性。

13.1.2　目的要求

(1) 能正确地判断静定结构和超静定结构,准确地确定超静定次数。

(2) 掌握力法的基本原理和解题思路。

(3) 理解基本结构的作用,掌握选取基本结构的原则,能熟练地选择合理的基本结构。

(4) 掌握力法的计算步骤,能用力法计算简单超静定梁、超静定桁架和超静定刚架内力。

(5) 了解对称结构与对称荷载的概念,掌握对称结构的计算方法。

(6) 会用三弯矩方程计算连续梁的内力。

(7) 了解超静定结构的特性。

13.1.3　三基

(1) 基本概念:超静定结构,超静定次数,力法基本结构、基本体系,力法正则方程,三弯矩方程。

(2) 基本理论:力法基本原理,结构对称性原理。

(3) 基本方法:计算超静定结构的力法,计算连续梁的三弯矩方程法。

13.1.4　重点难点

重点:力法基本原理(包括基本未知量、基本结构和力法方程等 3 个基本概念)和力法的计算步骤及各步骤的简化技巧(如选取合理的基本结构,对称性的利用等)。

难点:力法方程的物理意义,基本结构的合理选择(包括正确选择对称的基本结构)以及内力图的叠加。

13.2 教学建议

13.2.1 单元划分

本章 6 个教学时,分 3 个教学单元。

第一教学单元讲超静定结构概述,用力法解超静定结构;

第二教学单元讲对称与反对称性质的利用,力法解题习题课;

第三教学单元讲连续梁及三弯矩方程,超静定结构特性。

13.2.2 各单元教学重点内容建议

第一教学单元重点讲授内容

1. 超静定基本概念和超静定次数

超静定结构可划分为三类。一类是支座反力超过结构的平衡方程数目,使得支座反力不能通过静力平衡条件求解,称为外部超静定问题;第二类是结构的内力不能通过截面法计算,称为内力超静定问题;第三类是结构的内力和支座反力都不能通过静力平衡方程得到,属于外力和内力超静定问题。

结构总的多余约束反力与独立平衡方程数的差称为超静定次数。对于外力超静定结构,可以根据支座反力的总数与静力平衡方程的差确定。如果为平面问题,超过 3 个约束反力的就是超静定结构;空间问题,超过 6 个约束反就是静不定结构。对于内力超静定结构,如果为平面问题,单个封闭框架为内力 3 次超静定;空间结构为 6 次超静定。每增加一个封闭框架,平面结构就增加 3 次超静定,空间结构增加六次超静定。其他形式的刚架超静定问题,可以按封闭刚架类推,在此需要特别强调。

(1) 当结构中存在中间铰时,不能笼统地认为提供了 $M = 0$ 一个条件,而要看铰接的杆数而定。如图 13.1 所示内外超静定结构,除 A, B 为固定端有 6 个约束反力外,又有一个封闭框架。若为平面受力,则有 3 个未知内力,独立的静力平衡方程仅有 3 个,但 C 点铰接处连系着 3 根杆。当中间铰连系两根杆时,它提供了一个 $M = 0$ 的条件;当它连接 n 个杆系时,它提供了 $n - 1$ 个条件。C 点即提供了两个条件,即 AC 和 CD 杆在 C 点的弯矩都为零,故该结构为四次超静定结构。

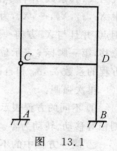

图 13.1

(2) 超静定结构的超静定次数,是结构本身惟一确定的。至于根据结构的对称性和载荷的正、反对称性使超静定次数降阶,则是求解问题中一个简化过程,并不是结构本身超静定次数的降低,故在回答有关问题时必须注意。

2. 超静定结构的求解方法

(1) 正确判断结构是否为超静定结构,如果是超静定结构应该确定结构的超静定次数。

(2) 将超静定结构的多余约束去除,使得超静定结构成为静定的基本结构。然后将去除的多余约束用相应的约束反力来代替,施加外力和约束反力于静定结构,变为基本体系。

(3) 将基本体系与原超静定结构比较。为了使基本体系满足原结构的位移边界条件,需要对基本体系施加一些附加位移条件。这些位移附加条件就是变形协调方程。

(4) 用能量法或者其他方法将变形协调方程转换为关于未知外力和内力的补充方程,求解结构的多余约束反力。这里还需要强调以下几点:

1) 基本结构的选择首先应是静定的,其次是几何不变的。

2) 基本体系是在基本结构上作用外载荷和去除多余约束后的约束反力所形成的系统,该系统与原超静定结构在变形和受力上是完全相当的,也称为相当体系。

3) 基本结构选择的多样性,要视问题的简化程度及读者熟悉的方法选定,如图 13.2(a) 所示,可选基本体系为图 13.2(b) 或图 13.2(c)。

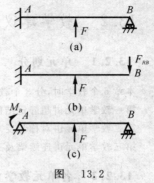

图 13.2

4) 变形几何条件包括连续条件,即变形后梁的挠曲线光滑连续和满足边界条件,这里变形协调条件是关键。图 13.2(b) 中变形协调条件为 $f_B = 0$,而图 13.2(c) 中变形协调条件为 $\theta_A = 0$。

3. 用力法计算超静定结构的具体方法

在材料力学中,求解超静定结构以力作为基本未知量的方法,称为力法。用力法计算超静定结构有两种形式。

(1) 变形比较法。它主要用于简单超静定系统,例如一次超静定问题。建立基本体系并且与原超静定结构比较,可以得到基本体系需要施加一些附加的位移条件,以满足原结构的位移边界条件,即变形协调关系。将变形协调关系转换成关于未知外力和内力的补充方程,联立静力平衡方程可以求解超静定问题。

(2) 力法正则方程法。对于超静定次数比较高的结构,可使用力法正则方程求解。力法正则方程的基础也就是变形协调条件,每一个方程表达一个或者一对约束反力对应的广义位移为零。通过能量法求解力和位移的关系,这样可以将变形协调方程导出的补充方程写成正则方程的形式,如一次超静定结构的正则方程为

$$\delta_{13} X_1 + \Delta_{1F} = 0 \tag{13.1}$$

二次超静定的正则方程为

$$\delta_{11} X_1 + \delta_{12} X_2 + \Delta_{1F} = 0$$
$$\delta_{21} X_1 + \delta_{22} X_2 + \Delta_{2F} = 0 \tag{13.2}$$

依次类推。力法正则方程形式统一,便于计算机求解。当然,由于力法正则方程是变形协调条件的具体表达式,其系数计算具有规律性,而且无需作变形图。因此,力法正则方程比变形比较法应用更为方便。其中 $X_1, x_2, X_3, \cdots, X_n$,为未知约束反力;$\delta_{13}, \delta_{21}, \cdots, \delta_{ij}$ 为单位载荷产生的位移,第一脚标 1 表示位移是 X_1 作用点,并且与 X_1 方向一致的位移;第二脚标 j 表示位移是 $X_j = 1$ 引起的;$\Delta_{1F}, \Delta_{2F}, \cdots, \Delta_{iF}, \cdots$ 表示外力产生的位移,第一脚标 i 表示位移是 X_i 作用点并与其方向一致且由 F 力引起的位移,F 表示实际外载荷。力法正则方程的系数 δ_{ii}, δ_{ij} 和自由项 Δ_{iF} 使用单位载荷法或者图乘法求得。

再次强调:

① 不同的方程表示不同的多余约束方向的变形条件。对外超静定,指绝对线、角位移为零,而内超静定,则相对移动、转动为零。

② 同一方程中的不同项表示不同多余约束力(载荷)在同一多余约束方向上引起的位移。

③ 单位位移 δ_{ij} 可用能量法求得,但对曲杆卡氏定理、莫尔定理较方便,而直杆系图乘法更为方便。

④ 求单位位移时,单位力分别加在基本结构的不同多余约束力方向。

⑤ 变形协调方程不一定总是为零,应视相当系统与静不定系统在该多余约束处的变形而定,即等于该多余约束处的位移。

第二教学单元重点讲授内容

1. 超静定结构对称性的利用

(1) 在求解超静定结构时,对于对称结构,要尽可能利用结构的对称性,以便简化计算。

(2) 对于封闭框架或圆环等结构,应从对称截面切开,作为相当系统。

在超静定结构的分析中,正确利用结构的对称性,可以简化计算。这对于依赖大量计算工作的超静定问题意义重大。

结构的对称性,是指结构具有一个或者若干个对称轴。相对于对称轴,结构的材料,几何形状和横截面面积,约束条件等对称。假如这样的结构,如果作用外力相对于对称轴也是对称的,如图 13.3(a) 所示,则结构为正对称结构。正对称结构的所有物理量是关于对称轴对称的。因此,在对称面上,非对称物理量均为0。例如转角必然为0。在以对称轴截开的横截面上,反对称内力(剪力、扭矩)为0,其切应力亦为0。假如结

构的外力关于对称结构的对称轴是反对称的,则其所有的物理量也是关于对称轴反对称的。如图 13.3(b)所示。在对称轴上,则所有对称物理量均为 0。例如对称面上的垂直位移和相对扭转角必然为 0。在以对称轴截开的横截面上,对称内力(弯矩、轴力)为 0,相应的正应力也为 0。

由于材料力学求解超静定问题使用的是力法,因此主要是利用对称轴截面的内力性质,利用结构的对称性质,可以使得高阶超静定问题降阶。

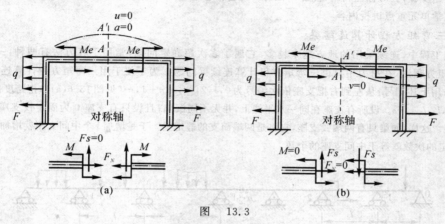

图　13.3

在对称结构中,对于非对称载荷,有的可能将其分解为对称载荷与反对称载荷的组合,然后分别对两个刚架进行计算,再将所得结果叠加即可求出原刚架的内力。图 13.4 所示刚架结构以轴线为对称,但外载荷 F, M 并不对称作用。通过适当变换可以将其分解为图 13.4(b)对称载荷和图 13.4(c)反对称载荷两种形式,然后利用对称性及反对称性性质求解。

图 13.5 所示对称封闭刚架,同样可分解为对称载荷及反对称载荷的组合。而对称载荷图13.5(c),在小变形条件下,可以证明 BC 段内仅有轴力而没有弯矩,其他杆无内力。因此问题则演化为图 13.5(b)叠加上 BC 段轴力得到的压力。

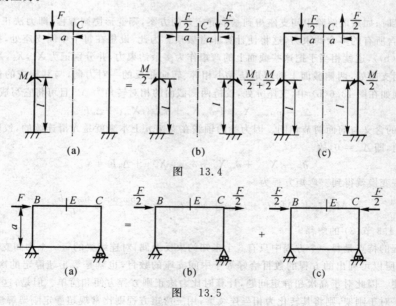

图　13.4

图　13.5

其解析方法为:① 对称结构、对称载荷。约束反力、内力、变形具有对称性。在对称轴截面上,对称性内

力 F_N,M 不为零;反对称内力 F_s 为零;轴向位移和转角为零,横向位移不为零。② 对称结构、反对称载荷。约束反力、内力、变形具有反对称性。在对称轴截面上,对称性内力 F_N,M 为零;反对称 F_s 力不为零;轴向位移和转角不为零,横向位移为零。

2.力法解题习题课

明确解题步骤,会对称性利用,会解一、二、三次超静定问题。

第三教学单元重点讲授内容

1.用三弯矩方程计算连续梁

在近代工程中,连续梁用的地方越来越多,它属于多次超静定问题,常用手算方法有两种:一力矩分配法,二三弯矩方程法,在材力中只讲三弯矩方程计算连续梁问题。为了便于用三弯矩方程计算连续梁,对连续梁今后采用下述记号:从左到右把支座依次编号为 $0,1,2,\cdots,n,n+1,\cdots$(见图 13.6(a)),把跨度依次编号为 $l_1,l_2,l_3,\cdots,l_n,l_{n+1},\cdots$。设所有支座在同一水平线上,并无不同沉陷;且设只有支座 0 为固定铰支座,其余皆为可动铰支座。这样,如梁只有两端铰支座,它将是两端简支的静定梁。于是增加 1 个中间支座就增加了 1 个多余约束,超静定的次数就等于中间支座的个数。

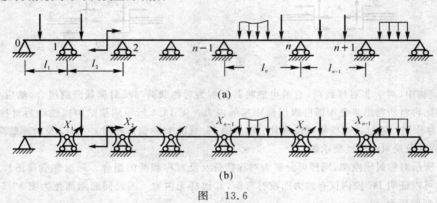

图 13.6

求解连续梁时,如采取解除中间支座得到基本静定系的方案,则变形协调方程(即力法正则方程)的每一方程中,都将包含所有的多余约束力,这将使计算非常繁琐。为此,设想在每个中间支座处,把梁切开并装上铰链(见图 13.6(b)),这就相当于把这些截面上的弯矩作为多余约束力,并分别记为 $X_1,X_2,X_3,\cdots,X_n,X_{n+1}$,$\cdots$。在任一中间支座处,两侧截面上的弯矩是大小相等、转向相反的一对力偶,与其相应的位移是两侧截面的相对转角。例如在图 13.6(b)中,支座 n 处,铰链两侧截面的相对转角为 Δ_n,且可将它写成:

$$\Delta_n = \delta_{n(n-1)}X_{n-1} + \delta_{nn}X_n + \delta_{n(n+1)}X_{n+1} + \Delta_n F$$

式中,所用记号的含义与前面两节相同。因为梁的轴线在支座 n 上本来就是光滑连续的,铰链 n 两侧的截面不应有相对转角,即 $\Delta_n = 0$,故

$$\delta_{n(n-1)}X_{n-1} + \delta_{nn}X_n + \delta_{n(n+1)}X_{n+1} + \Delta_n F = 0$$

再经过一些变换就得到三弯矩方程为

$$M_{n-1}l_n + 2M_n(l_n + l_{n+1}) + M_{n+1}l_{n+1} = -\frac{6\omega_n a_n}{l_n} - \frac{6\omega_{n+1}b_{n+1}}{l_{n+1}} \qquad (13.3)$$

式中字母同 13.1.3 节(3)的解释。

三弯矩方程的特点是每一个方程中只有 3 个未知约束反力偶,对连续梁的每一个中间支座都可以列出一个三弯矩方程,所以可列出的方程的数目恰好等于中间支座的数目,也就是等于超静定的次数,这就给计算带来一定的方便。因此对于高次超静定问题,计算时比力法正则方程方便和简单。但是,这种方法一般多用于连续梁问题。对于刚架,则将其转化为相当连续梁,用三弯矩方程则比常规超静定刚架解法要简单得多。

2.超静定问题的特点

超静定结构的刚度一定比同类静定结构的刚度大,即结构位移小。在一般条件下,超静定结构的强度也

比同类静定结构的强度高。

超静定结构的各个构件的内力和构件的刚度有关,其各个构件刚度的变化将影响结构内力的分配。因此对于超静定系统的截面设计问题,最后结果必须按照预先规定的面积比值设计。

对于超静定结构,温度变化、构件的加工尺寸不准确以及支座的沉陷等问题均会使得结构出现内力。

13.2.3 考核内容

超静定结构是材料力学中的难点。对于力学、机械、建工、材料等专业多学时来说,一套试题中的难点大都出于此章的内容,一般以超静定梁为基本,稍深则以超静定刚架命题。常常会利用对称性使问题大大简化,大部分由于时间的限制,以一次超静定或可化为一次超静定的问题为主。至于如何解超静定问题,一般对具体解法不作限制。但这类问题有很大的灵活性,读者应掌握其原则并在练中学会应用。另外,超静定问题常和冲击问题组合出题,有时还伴有压杆的稳定性,使问题变得更为复杂。

13.3 典型例题

13.3.1 解题方法

1. 超静定次数的判定

(1) 支反力超静定次数的判定:根据约束性质确定支反力的个数,根据结构所受力系的类型确定独立静力平衡方程个数,二者之差即为结构的超静定次数。

(2) 内力超静定次数的判定:一个平面封闭框架(载荷和结构在同一平面内)为 3 次内力超静定;平面桁架的内力超静定次数等于杆数加三减两倍节点数。

2. 用力法正则方程解超静定问题的步骤

(1) 正确判定超静定次数,确定合适的相当系统,解除多余约束(内约束或外约束),代之以多余未知力。

(2) 利用多余约束处的变形协调条件列出力法正则方程。

(3) 求出力法正则方程的系数值 δ_{ij} 和 Δ_{iF}。系数的计算可用莫尔积分,对于直梁、直杆组成的刚架等用"图乘法"比较简便。计算时利用 $\delta_{ij} = \delta_{ji}$ 这一特点,可减少计算工作量。

(4) 求解补充方程,即可求得多余未知力。

(5) 在基本结构上求解强度、刚度问题。

3. 用三弯矩方程解题步骤

(1) 支座编号,取相当结构。

(2) 作基本体系的内力图。

(3) 分别列三弯矩方程,并求解。

(4) 按单跨静定梁作内力图。

4. 对称性的应用

(1) 在求解超静定结构时,对于对称结构要尽可能利用结构的对称性,以便简化计算;

(2) 对于封闭框架或圆环等结构,应从对称截面切开,作为基本结构。

13.3.2 典型例题

例 13.1 如图 13.7(a)所示梁的右端为弹性约束,设弹簧刚度为 K。AB 段可视为刚体,并与梁 CB 刚性连接,EI 为已知,试求 B 截面上的弯矩。

解 此梁为一次超静定,选取图 13.7(b)所示相当系统,在 X_1 作用处沿 X_1 方向加一单位力,如图 13.7(c)所示。力法正则方程为

$$\delta_{11}X_1 + \Delta_{1F} = 0$$

在单位力和载荷 F 单独作用下的弯矩图分别如图 13.7(d) 和 (e) 所示,则

$$\delta_{11} = \frac{1}{EI}\left(\frac{1}{2} \cdot a \cdot l \frac{2a}{3}\right) + \frac{1}{K} = \frac{a^2 l}{3EI} + \frac{1}{K}$$

$$\Delta_{1F} = -\frac{1}{EI}\left[\left(\frac{l}{2} \cdot l \frac{F}{4}\right) \cdot \frac{a}{2}\right] = -\frac{Fal^2}{16EI}$$

代入力法正则方程,得

$$X_1 = -\frac{\Delta_{1F}}{\delta_{11}} = \frac{\dfrac{Fal^2}{16EI}}{\dfrac{a^2 l}{3EI} + \dfrac{1}{K}} = \frac{3Fl^2 aK}{16(3EI + a^2 lK)}$$

故

$$M_B = X_1 a = \frac{3Fl^2 a^2 K}{16(3EI + a^2 lK)}$$

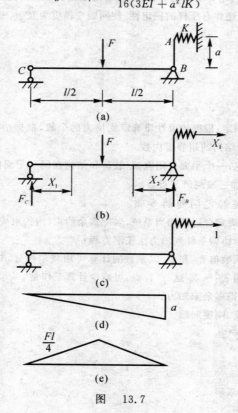

图　13.7

【评注】 弹簧刚度 K 为单位伸长所用的力,在求主系数 δ_{13} 时不要忘了弹簧刚度 K 的影响,除按常规单位弯矩图自乘外,还要加上 $\dfrac{1}{K}$。

例 13.2 试求图 13.8(a) 所示刚架的弯矩图。

解 图 13.8(a) 所示刚架,A,B 两端均为固定铰支座,故结构属一次超静定问题,且结构与外力均对称。因此初学者极易从 C 截面截开,利用结构对称、外力对称条件去解此题,而忽视了所取基本结构必须是静定结构,而不能是机构这一前提,酿成错误。

方法一 不利用对称性,取相当结构如图 13.8(b) 所示并分别作 M_F 图、M_1 图如图13.8(c)(d) 所示,令图 13.8(d) 中 $X_1 = 1$,则 M_1 图即为单位力 $\overline{M}_1$ 图。

根据变形协调条件,B 点的水平位移为零,故力法正则方程为

$$\delta_{11} X_1 + \Delta_{1F} = 0$$

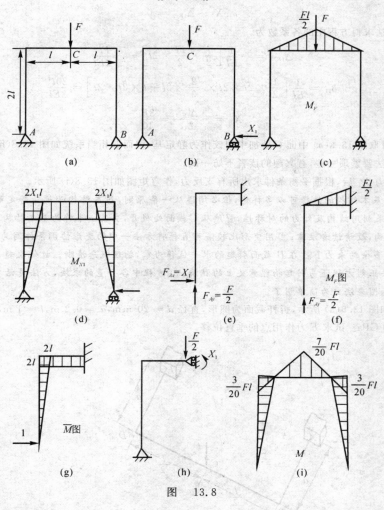

图　13.8

从内力图中可以看出,刚架各段的内力图均为线性函数,故利用图乘法求得方程中各系数为

$$\Delta_{1F} = -\frac{1}{EI}\left[\frac{l}{2} \times \frac{Fl}{2} \times 2l \times 2\right] = -\frac{Fl^3}{EI}$$

$$\delta_{11} = \frac{1}{EI}\left[\frac{1}{2} \times 2L \times 2l \times \frac{2}{3} \times 2l \times 2 + 2l \times 2l \times 2l\right] = \frac{40l^3}{3EI}$$

故

$$X_1 = -\frac{\Delta_{1F}}{\delta_{11}} = \frac{3}{40}F$$

根据平衡方程 $\Sigma M_A = 0$, $\Sigma F_y = 0$,求得

$$F_{Ay} = F_{By} = \frac{F}{2}$$

根据平衡方程 $\Sigma F_x = 0$,求得

$$F_{Ar} = X_1 = \frac{3}{40}F(\rightarrow)$$

方法二　根据结构对称、外力对称条件可知,刚架的变形亦对称,故中面 C 处转角为零。根据对称性可知 $F_{Ay} = F_{By} = \frac{F}{2}$,且 $F_{Ar} = -F_{Br}$。因此可选取相当系统如图 13.8(e)所示,作外载内力图及单位力图分别

如图 13.8(f)(g) 所示。在此相当系统下,变形协调条件为铰支处 A 的水平位移为零。力法正则方程为

$$\delta_{11}X_1 + \Delta_{1F/2} = 0$$

仍利用图乘法求得方程中的各系数为

$$\Delta_{1F/2} = -\frac{1}{EI}\left[\frac{l}{2} \times \frac{Fl}{2} \times 2l\right] = -\frac{Fl^3}{2EI}$$

$$\delta_{11} = \frac{1}{EI}\left[\frac{1}{2} \times 2l \times 2l \times \frac{2}{3} \times 2l + l \times 2l \times 2l\right] = \frac{20l^3}{3EI}$$

$$X_1 = -\frac{\Delta_{1F/2}}{\delta_{11}} = \frac{3F}{40}$$

当然,同样可取图 13.8(a) 中面 C 处加中间铰作为静定基,继而取相当系统如图 13.8(h) 所示,此种方法相对于前两种方法要繁琐一些,有兴趣的读者不妨一试。

求出多余内力 X_1 后,根据平衡条件求出所有支反力,作弯矩图如图 13.8(i) 所示。

【评注】 ① 基本结构的选择可以多样化,但必须遵从一条原则,基本结构必须是静定的,而不应是可动机构或其他。如果利用结构及外力的对称性,冒然从 C 截面处截开,去其一半作为基本结构,则所取基本结构是无法稳定的机构,故请读者注意;② 用变形比较法可直接将方法一中的变形协调条件写为 $\Delta_{BF} + \Delta_{BF_{Br}} = 0$,即由外载荷 F 及多余约束力 F_{Br} 在 B 截面引起的水平位移为零,物理概念清晰。故低次超静定或一、二次超静定结构,用力法正则方程还易引起物理意义上的混淆;③ 方程中各分量的求法,方法灵活多样,直杆且内力图线性的条件下,图乘法更为简单明了。

例 **13.3** 如图 13.9(a) 所示,折杆截面为圆形,直径 $d = 20$ mm,$a = 0.2$ m,$l = 1$ m,$F = 650$ N,$E = 200$ GPa,$G = 80$ GPa。试求 F 力作用点的垂直位移。

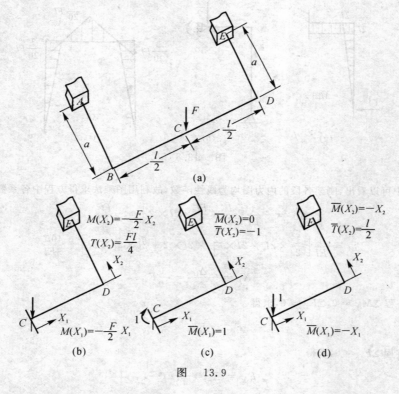

图 13.9

解 图 13.9(a) 所示结构为一平面结构,作用有垂直于结构平面的外力,按空间问题处理应为六次超静定问题。但是对于这种结构的轴线在变形前也像平面系统一样位于同一平面内,但外力则作用在与此平面

垂直的平面内,称其为平面—空间结构。在小变形条件下,这种结构的特征是:在结构中所有杆件的横截面上,凡是作用在结构所在平面的内力均等于零(读者可自行证明。此刚架为平面—空间结构,所有作用在刚架平面内的内力(轴力、刚架平面内剪力、弯矩)三者均为零,在杆件的横截面上只有在与刚架平面相垂直的平面内的弯矩、扭矩和剪力。将 F 力一分为二,作用在 C 截面相距 δ 的一段内,使刚架成为结构对称,载荷对称的结构,故其对称面上的反对称内力(剪力、扭矩)亦应为零。所以在其对称面上仅存在一个未知内力,作用于铅垂平面的弯矩 X_1,取相当系统如图 13.9(b) 和(c)(令 $X_1 = 1$)所示。

由于对称截面处转角为零,故有

$$\delta_{11} X_1 + \Delta_{1F} = 0$$

求各系数,有

$$\delta_{11} = \frac{1}{EI} \int_0^{\frac{l}{2}} \frac{l}{2}_1 \times 1 \times \mathrm{d}x + \frac{1}{GI_D} \int_0^a (-1) \times (-1) \mathrm{d}x = \frac{l}{2EI} + \frac{a}{GI_p}$$

$$\Delta_{1F} = \frac{1}{EI} \int_0^{\frac{l}{2}} -\frac{F}{2} X_1 \times 1 \times \mathrm{d}x + \frac{1}{GI_D} \int_0^a \frac{Fl}{4} \times (-1) \mathrm{d}x = -\frac{Fl^2}{16EI} - \frac{Fla}{4GI_p}$$

$$X_1 = -\frac{\Delta_{1F}}{\delta_{11}} = \frac{\dfrac{Fl^2}{16EI} + \dfrac{Fla}{4GI_P}}{\dfrac{l}{2EI} + \dfrac{a}{GI_p}} = \frac{Fl(XI_P + 4aEI)}{8(lI_P + 2aEI)}$$

$$I_p = \frac{\pi d^4}{32} = \frac{\pi \times 2^4}{32} \times 10^{-8} = \frac{\pi}{2} \times 10^{-8} m^1 = 2I_z$$

$$EI = 200 \times 10^9 \times \frac{\pi}{4} \times 10^{-8} = 500\pi \ \mathrm{N \cdot m^2}$$

$$GI_p = 80 \times 10^9 \times \frac{\pi}{2} \times 10^{-8} = 400\pi \ \mathrm{N \cdot m^2}$$

代入上式,得

$$X_1 = 108.3 \ \mathrm{N \cdot m}$$

其次,求 C 点的垂直位移,一般是在基本结构上加单位力,求得在单位力作用点沿其方向的位移。单位力及内力方程如图 13.9(d) 所示,故

$$\Delta c = \frac{1}{EI} \left[\int_0^{\frac{L}{2}} \left(-\frac{F}{2} X_1 + 108.3 \right) \times (-X_1) \mathrm{d}X_1 \right] + \int_0^a \left(-\frac{F}{2} X_2 \right) \times (-X_2) \mathrm{d}X_2 +$$

$$\frac{1}{GI_p} \int_0^a \left(\frac{Fl}{4} - 108.3 \right) \times \frac{l}{2} \mathrm{d}X_2 = 4.86 \times 10^{-3} \ \mathrm{m}$$

【评注】 对于图 13.9 所示的平面—空间结构,也可取图 13.10 所示的平面—空间结构计算,则由结构的对称性和载荷的反对称性,将在刚架垂直平面内作用的扭矩 T、弯矩 M 和剪力 F_S 中的对称内力(弯矩 M)判断为零,故可将该问题简化为对称面上仅有剪力和扭矩的二次超静定问题。当泊松比 $\mu = 0.3$ 时,解得 $X_1 = 0.222F$,$X_2 = 0.009Fl$,具体计算读者自己完成。

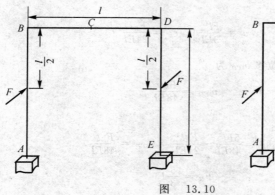

图 13.10

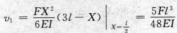

例 13.4 图 13.11(a) 所示 AB 和 CD 梁的长度为 L，并有相同的抗弯刚度 EI。两梁水平放置，垂直相交，CD 梁为简支梁，AB 梁的 A 端固定，B 端自由的悬臂梁。加载前两梁在中点无内力接触，不计梁的自重。试求在 F 力作用下梁 B 端的铅垂位移。

解 悬臂梁 AB 若无简支梁 CD 在下支撑，则是一个静定梁，由于 CD 的存在，使得 AB 多余了一个约束（弹性支撑），故系统为一次超静定问题，只有求解出超静定问题，才能求得 B 截面的铅垂位移。

(1) 求解一次超静定问题。对于这样比较简单的问题，利用梁变形的现成结果，用变形比较法相当简单。此题变形协调条件为 $\delta_{EAB} = \delta_{ECD}$，利用梁变形的结果，悬臂梁 X 截面（悬臂端作用外力 F）的位移 v_1 为

$$v_1 = \frac{FX^2}{6EI}(3l - X)\Big|_{X=\frac{l}{2}} = \frac{5Fl^3}{48EI}$$

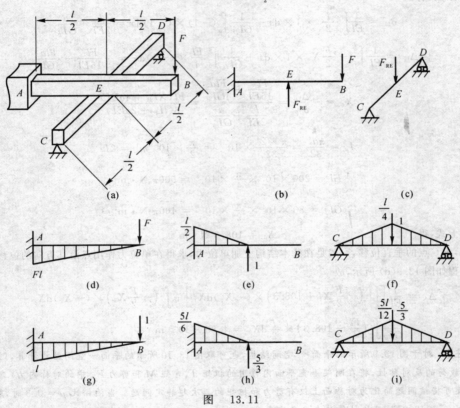

图 13.11

悬臂梁外力作用点的位移 v_2 为

$$v_2 = \frac{Fl'_3}{3EI}\Big|_{\substack{F=F_R \\ l'=\frac{l}{2}}} = \frac{F_R l^3}{24EI}$$

简支梁中面受集中力，其中面的位移 v_{ECD} 为

$$v_{ECD} = \frac{F_R l^3}{48EI}$$

代入变形协调方程，有

$$v_{EAB} = \frac{5Fl^3}{48EI} - \frac{F_R l^3}{24EI} = v_{ECD} = \frac{F_R l^3}{48EI}$$

解之得

$$F_R = \frac{5}{3}F$$

亦可直接用力法正则方程，有

$$\delta_{11}X_1 + \Delta_{1F} = \delta_{11}X_1$$

求各系数,有

$$EI_{\delta_{11}} = \frac{1}{2} \times \frac{l}{2} \times \frac{l}{2} \times \frac{2}{3} \times \frac{l}{2} = \frac{l^3}{24}$$

$$EI_{\Delta_{1F}} = -\frac{1}{2} \times \frac{l}{2} \times \frac{l}{2} \times \frac{5}{6}Fl = -\frac{5Fl^3}{48}$$

$$EI_{\delta_{11}} = \frac{1}{2} \times \frac{l}{2} \times \frac{l}{4} \times \frac{2}{3} \times \frac{l}{4} \times 2 = \frac{l^3}{48}$$

代入正则方程,即 $\frac{l^3}{24}X_1 - \frac{5Fl^3}{48} = -\frac{l^3}{48}X_1$(要冠以负号,因为 δ_{13} 是以向上为正),解得 $X_1 = \frac{5}{3}F$。

(2)求 B 端的铅垂位移。用单位力法。在 B 端加单位力方向向下,内力图相当于令图 13.11(d) 中 $F=1$,并令图 13.11e 中 $\overline{X}_1 = 1 = X_1$,相乘得

$$\delta_B = \frac{\frac{1}{2} \times l \times Fl \times \frac{2}{3}l - \frac{1}{2} \times \frac{l}{2} \times \frac{l}{2} X_1 \times \frac{5}{6}l}{EI} = \frac{23Fl^3}{144EI}(\downarrow)$$

注意:在求解超静定问题后,若再要求某截面位移,则只需将单位力加在基本结构对应的截面上,此单位力产生的内力方程与外载荷,多余约束 X 产生的内力相乘($M,\overline{M}$),莫尔积分或图乘法均可。

当然,将单位力加在原超静定结构上,问题同样可解决,但要变得复杂一些。如本例将单位力加在原结构 B 端,则单位力引起的弯矩图为图 13.11(g)(h)(i) 所示。令图 13.11(e)(f) 图中 $1 = \frac{5}{3}F$,并图 13.11(d)(e)(f) 分别同图 11.11(g)(h)(i) 相乘,向下为“一”,得

$$\delta_B = \frac{1}{EI}\left(\frac{-1}{3}Fl^3 + \frac{1}{2} \times \frac{l}{2} \times \frac{5L}{6} \times \frac{2}{3} \times \frac{5}{6}Fl - \frac{1}{2} \times \frac{l}{2} \times \frac{5i}{12} \times \frac{2}{3} \times \frac{5}{12}Fl \times 2\right) =$$

$$\frac{-1}{FI}\left(\frac{1}{3} - \frac{25}{108} + \frac{25}{432}\right)FL^3 = -\frac{23Fl^3}{144EI}(\downarrow)$$

【评注】 需要注意的一个问题是,在变形协调条件中对弹性支承的处理,弹性支承可以是另一个梁,一个杆,一个弹簧等,这里的位移条件不再是零,而是弹性支承点的位移量。

例 13.5 (考研题)图 13.12(a)所示一半径为 $R = 0.3$ m 的圆环,沿圆环直径装一直杆 AB,AB 杆加工短了 $\Delta = 3 \times 10^{-4}$ m。试求装配后杆 AB 中力的大小。已知杆 AB 的 $EA = 3 \times 10^5$ kN,圆环的 $EI = 2 \times 10^3$ kN·m²(不考虑剪力及轴力的影响)。

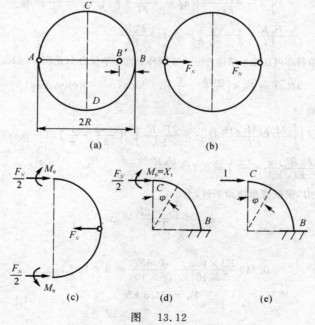

图　13.12

解 设 AB 杆装配后其轴力为 F_N，问题则变换为在一对 F_N 力作用下，圆环 A,B 间的相对位移 $\Delta = \dfrac{F_N \times 2R}{EA}$，而圆环受一对轴向力作用，其相对位移的求解是非常熟悉的问题。

(1) 内力分析，写出正则方程。根据问题的对称性知，在结构的对称面上反对称内力（剪力）为零，对称内力 F_N,M 不为零。同时结构又上下对称，必有 $F_{N0} = F'_{N0}$。利用平衡关系，求得 $F_{N0} = \dfrac{F_N}{2}$。现在对求解圆环而言，未知的多余约束力 $M_0 = X_1$，解出 X_1，即可求得在一对 F_N 力作用下圆环直径的改变，利用变形协调关系，就可求出轴力 F_N。

由于对称截面 $B(A)$ 和 $C(D)$ 的转角均为零，将 B 截面取为固定端，C 截面的转角为零作为变形协调条件，即 $\delta_{11}X_1 + \Delta_{1F} = 0$。

(2) 求解正则方程。在图 13.12(d) 中，$\dfrac{F_N}{2}$ 作用下（外载），有

$$M(\phi) = -\frac{F_N R}{2}(1-\cos\phi)$$

令 $M_0 = X_1 = 1$，则 $\overline{M} = -1$，得

$$\Delta_{1F} = \int_0^{\frac{\pi}{2}} \frac{M(\phi)\overline{M}(\phi)}{EI}R\,d\phi = \frac{F_N R^2}{2EI}\int_0^{\frac{\pi}{2}}(1-\cos\phi)\,d\phi = \frac{F_N R^2}{2EI}\left(\frac{\pi}{2}-1\right)$$

$$\delta_{11} = \int_0^{\frac{\pi}{2}} \frac{\overline{M}\,\overline{M}R}{EI}\,d\phi = \frac{R}{EI}\int_0^{\frac{\pi}{2}}d\phi = \frac{\pi R}{2EI}$$

故 $X_1 = -\dfrac{\Delta_{1F}}{\delta_{11}} = -F_N R\left(\dfrac{1}{2}-\dfrac{1}{\pi}\right)$，即与假设方向相反，曲杆中 X_1 为正。

1/4 圆环上任一截面处的弯矩为

$$M(\phi) = -\frac{F_N R}{2}(1-\cos\phi) + F_N R\left(\frac{1}{2}-\frac{1}{\pi}\right) = F_N R\left(\frac{\cos\phi}{2}-\frac{1}{\pi}\right)$$

(3) 求 A,B 间的相对位移。当 A,B 作用轴力 F_N 时，已知 1/4 圆环上弯矩 $M(\phi)$ 的表达式，为求 A,B 间的相对位移，在 A,B 两点作用单位力，在单位力作用下 1/4 圆环的弯矩为 $\overline{M}(\phi) = R\left(\dfrac{\cos\phi}{2}-\dfrac{1}{\pi}\right)$。用莫尔积分求 A,B 间的相对位移 δ，积分遍及整个圆环，则

$$\delta_{A/B} = 4\int_0^{\frac{\pi}{2}} \frac{M(\varphi)\overline{M}(\varphi)}{EI}R\,d\phi = \frac{4F_N R^3}{FI}\int_0^{\frac{\pi}{2}}\left(\frac{\cos\phi}{2}-\frac{1}{\pi}\right)^2 d\phi =$$

$$\frac{F_N R^3}{EI}\left(\frac{\pi}{4}-\frac{2}{\pi}\right) = 0.149\frac{F_N R^3}{EI}$$

当然，求 A,B 间相对位移亦可在基本结构——1/4 圆环上施加单位力 1（见图 13.12(e)），这时

$$M(\phi) = F_N R\left(\frac{\cos\phi}{2}-\frac{1}{\pi}\right), \quad \overline{M}(\phi) = -R(1-\cos\phi)$$

对称的 AC 段同理，则

$$\delta_{A/B} = 2\int_0^{\frac{\pi}{2}} \frac{M(\phi)\overline{M}(\phi)R}{EI}d\phi = -\frac{2F_N R^3}{EI}\int_0^{\frac{\pi}{2}}\left(\frac{\cos\phi}{2}-\frac{1}{\pi}\right)(1-\cos\phi)\,d\phi =$$

$$\frac{F_N R^3}{EI}\left(\frac{\pi}{4}-\frac{2}{\pi}\right) = 0.149\frac{F_N R^3}{EI}$$

(4) 求 AB 杆中的内力，根据变形协调条件，有

$$\delta_{A/B} + \frac{F_N \times 2R}{EA} = \Delta$$

代入有关数据，有

$$0.149\frac{F_N \times 0.3^3}{2\times 10^3} + \frac{0.6F_N}{3\times 10^5} = 3\times 10^{-4}\ \text{m}$$

解之得

$$F_N = 74.8\ \text{kN}$$

【评注】 此题是一个装配应力问题,问题的核心是当 BB' 连接后产生的装配应力。计算思路是将此问题转换成一圆环在一对拉力作用下的相对位移问题。再者,此结构为对称结构,利用结构的对称性,这样使问题变得更容易了。

例 13.6 (同济大学考研题)图 13.13(a)所示半径为 R 的半圆形小曲率杆 ADB 和杆件 BC 铰接而成。A,C 分别为固定铰支座,B 为活动铰支座。曲杆的抗弯刚度为 EI,BC 杆的抗拉(压)刚度为 EA,两杆材料的热膨胀系数均为 α,结构在无初应力时装配。设结构工作时两杆温度都下降 $T(℃)$,并在 D 面处受铅垂力 F 作用,试求杆 BC 的轴力。

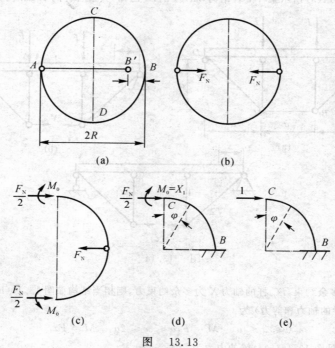

图 13.13

解 由于 BC 杆的存在,限制了 B 点的水平位移,故本结构为一次超静定结构,取相当结构如图13.13(b)所示。变形协调条件为支座 B 处的位移,即曲杆 ADB 在支座 B 处的水平位移等于杆件 BC 的变形。设 B 点的水平位移为 X_B,BC 杆的伸长(缩短)量为 Δl_{BC},则变形协调方程为 $X_B = \Delta l_{BC}$。

设 B 支座处的水平约束力为 F_N,则

$$M(\alpha) = -\left[\frac{F}{2}R(1-\cos\alpha) + F_N R\sin\alpha\right]$$

欲求 B 点水平位移,在 B 点沿 F_N 向加单位力,即

$$\overline{M}(\alpha) = -R\sin\alpha$$

由于左右对称,故

$$X_B = \frac{2}{EI}\int_0^{\frac{\pi}{2}} R^3\left[\frac{F}{2}(1-\cos\alpha) + F_N\sin\alpha\right]\sin\alpha d\alpha - 2R\Delta T\alpha = \frac{FR^3}{EI} + \frac{F_N\pi R^3}{2EI} - 2RT\alpha$$

其中最后一项为温度下降引起的 B 点向左的移动。因为温度变化使得半径的改变量为 ΔR,则

$$\Delta l_t = \pi(R + \Delta R) - \pi R = \pi RT\alpha$$

即 $\Delta R = RT\alpha$。故水平位移为 $2\Delta R = 2RT\alpha$。

在轴力 F_N 及温度变化下,杆 BC 的缩短量为 $\Delta l_{BC} = T\alpha l - \frac{F_N l}{EA}$,代入变形协调方程,得

$$\frac{FR^3}{EI} + \frac{F_N\pi R^3}{2EA} - 2RT\alpha = T\alpha l - \frac{F_N l}{EA}$$

解出

$$F_N = \frac{T\alpha(l + 2R) - \dfrac{FR^3}{EI}}{\dfrac{\pi R^3}{2EI} + \dfrac{l}{EA}}$$

【评注】 力法方程的变形协调条是多种多样的,不都是变形协调条件为零。此处为水平杆由温度变化产生的水平变形,要根据温度变化及产生的内力确定多余杆件的变形量作为位移协调条件,列出力法方程求解。

例 13.7 如图13.14(a)所示梁杆混合结构,AD 梁的 EI 已知,其余各杆的 EA 相同,试求 BC 杆的内力。

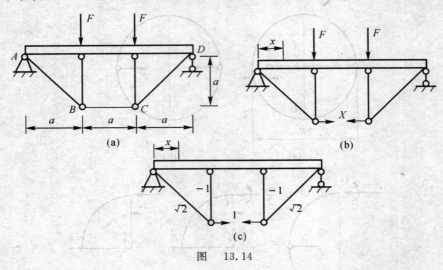

图　13.14

解 以 BC 杆为多余约束,BC 杆的轴力 X 为多余约束力,则相当结构如图 13.14(b) 所示。在载荷 F 作用下,梁的内力(不计梁的轴力和剪力)为

$$0 \leqslant x \leqslant a, \quad M = Fx \qquad a \leqslant x \leqslant 2a, \quad M = Fa$$

在单位力作用下(见图 13.14(c)),梁的内力为

$$0 \leqslant x \leqslant a, \quad M^0 = -x \qquad a \leqslant x \leqslant 2a, \quad M^0 = -a$$

则

$$\Delta_{1F} = \int_s \frac{MM^0}{EI}\mathrm{d}x = 2\int_0^a \frac{Fx}{EI}(-x)\mathrm{d}x + \int_a^{2a} \frac{Fa}{EI}(-a)\mathrm{d}x = -\frac{5Fa^3}{3EI}$$

$$\delta_{11} = \int_s \frac{M^0 M^0}{EI}\mathrm{d}x + \sum \frac{N_i^0 N_i^0}{E_1 A_i}l_i = 2\int_0^a \frac{(-x)^2}{EI}\mathrm{d}x + \int_a^{2a} \frac{(-a)^2}{EI}\mathrm{d}x +$$

$$2\frac{(\sqrt{2})^2}{EA}(\sqrt{2}a) + 2\frac{(-1)^2}{EA}a + \frac{1}{EA}a =$$

$$\frac{5a^3}{3EI} + (3 + 4\sqrt{2})\frac{a}{EA}$$

代入力法正则方程,有

$$\delta_{11}X + \Delta_{1F} = 0$$

可得

$$X = -\frac{\Delta_{1F}}{\delta_{11}} = \frac{\dfrac{5Fa^3}{3EI}}{\dfrac{5a^3}{3EI} + (3 + 4\sqrt{2})\dfrac{a}{EA}}$$

故 BC 杆的轴力为

$$F_{NBC} = X = \frac{5Fa^2}{5a^2 + 3(3 + 4\sqrt{2})\dfrac{I}{A}}$$

【评注】 对于桁梁组合结构的超静定问题,都是将多余链杆轴力作为多余未知力,在计算正则方程的系数和自由项时,梁式杆与链杆分别考虑,梁式杆只考虑弯矩,链杆只有轴力。

例 13.8　如图 13.15(a) 所示的两端固定梁 AB。(1) 作梁的弯矩图;(2) 试求中点 C 的挠度;(3) 对计算结果进行校核。

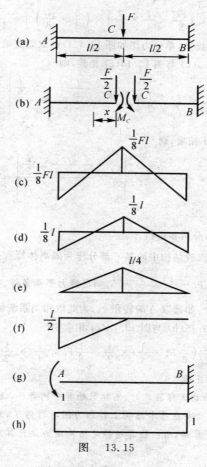

图　13.15

解　(1) 由于结构对称,载荷对称,因此在对称的中间截面上只有对称内力,而没有反对称内力。在不计轴向伸长变形时,中间 C 截面上将只有弯矩,因此可取相当系统如图 13.15(b) 所示,取其左半部分来分析,有

$$M(x) = \frac{1}{2}Fx + M_C, \quad \frac{\partial M(x)}{\partial M_C} = 1$$

由于中间截面转角为零,故变形几何条件为

$$\theta = \frac{\partial V}{\partial M_C} = 0$$

即

$$\frac{\partial V}{\partial M_C} = \int_0^{l/2} \frac{M(x)}{EI} \frac{\partial M(x)}{\partial M_r} \mathrm{d}x = \int_0^{l/2} \frac{1}{EI}\left(\frac{1}{2}Fx + M\right) \cdot 1 \cdot \mathrm{d}x = 0$$

由上式可求得

$$M_c = -\frac{1}{8}Fl$$

故

$$M(x) = \frac{1}{2}Fx - \frac{1}{8}Fl$$

$$M_A = M(x)\,|_{x=\frac{l}{2}} = \frac{F}{2} \times \frac{l}{2} - \frac{1}{8}Fl = \frac{1}{8}Fl, \quad F_{Ay} = \frac{F}{2}$$

梁的弯矩图如图 13.15(c) 所示。

(2) 求中点 C 的挠度求解位移时,可以用卡氏定理,也可以用莫尔积分,现用莫尔积分进行求解。为求 C

点的挠度,就在 C 点加单位力,加单位力的方法有两种:

1) 单位力加在原超静定结构上,此时的单位力图形状与 M_F 图相似,如图 13.15(d) 所示,则

$$y_C = \frac{1}{EI}\left[4 \times \left(\frac{Fl}{8} \times \frac{l}{4} \times \frac{1}{2}\right) \times \left(\frac{2}{3} \times \frac{l}{8}\right)\right] = \frac{Fl^3}{192EI}(\downarrow)$$

2) 单位力可加在不同的相当系统上,单位力图如图 13.15(e)(取简支梁为相当系统)或图 13.15(f)(取悬臂梁为相当系统)均可。若用图 13.5(e) 与图 13.15(c) 相乘,则

$$y_C = 2 \times \frac{1}{EI}\left[\left(\frac{l}{4} \times \frac{l}{2} \times \frac{1}{2}\right) \times \left(\frac{Fl}{8} \times \frac{\frac{l}{4} - \frac{1}{3} \times \frac{l}{2}}{\frac{l}{4}}\right)\right] = \frac{Fl^3}{192EI}(\downarrow)$$

若用图 13.15(f) 与图 13.15(c) 相乘,则

$$y_C = \frac{1}{EI}\left(\frac{1}{2} \times \frac{l}{2} \times \frac{l}{2}\right) \times \left[\frac{Fl}{8} \times \frac{\frac{l}{4} - \frac{1}{3} \times \frac{l}{2}}{\frac{l}{4}}\right] = \frac{Fl^3}{192EI}(\downarrow)$$

所得结果相同。

(3) 超静定问题求解后的校核,分两步进行。

1) 静力平衡校核:可任取一结点或结构中的某一部分作为隔离体检查是否平衡,如取 AC 部分 $\sum F_y = \frac{F}{2} - \frac{F}{2} = 0$, $\sum M_A = \frac{1}{8}Fl + \frac{1}{8}Fl - \frac{F}{2} \times \frac{l}{2} = 0$,满足静力平衡条件。

2) 检查位移是否满足边界条件:如选取 A 端转角 θ_A,为此取相当系统如图 13.15(g) 所示的悬臂梁,其单位力图如图 13.15(h) 所示,用图 13.15(h) 与图 13.15(c) 相乘,有

$$\theta_A = \frac{2}{EI}\left(\frac{1}{8}Fl \times \frac{1}{4}l \times \frac{1}{2} - \frac{1}{8}Fl \times \frac{1}{4}l \times \frac{1}{2}\right) = 0$$

与原固定端条件一致。即计算结果正确。

【评注】 用力法计算超静定结构进行验算时,不能只验算平衡条件,还必须验算变形的协调条件。这是因为即使是多余未知力计算错了,只要在基本结构上作内力图时作对了,照样满足平衡条件;只有满足变形协调条件才能保证多余未知力不会算错,所以验算超静定结构用力法计算对否时,必须同时验算平衡条件与变形协调条件。

例 13.9 试求图 13.16(a) 所示刚架的支反力。设各段 EI 相同。

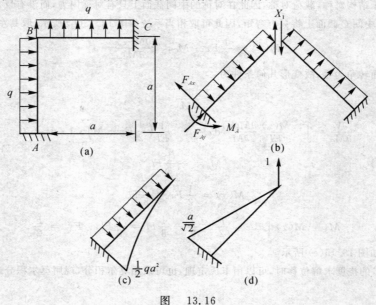

图　13.16

解　这是 3 次超静定问题。由于结构关于 B 点沿 45° 方向的轴线对称，载荷反对称，因此在对称的截面 B 上只有一个反对称力，而没有对称力，从而降为一次超静定问题，故取相当系统如图 13.6(b) 所示，这里的反对称力 X_1，是沿对称平面的，力法正则方程为

$$\delta_{11}X_1 + \Delta_{1F} = 0$$

取刚架一半研究，作载荷弯矩图如图 13.6(c) 和单位力弯矩图如图 13.16(d) 所示，利用图乘法有

$$\delta_{11} = \frac{1}{2} \times \frac{a}{\sqrt{2}} \times a \times \frac{2}{3} \times \frac{a}{\sqrt{2}EI} = \frac{a^3}{6EI}$$

$$\Delta_{1F} = -\frac{1}{3} \times a \times \frac{1}{2}qa^2 \times \frac{3}{4} \times \frac{a}{\sqrt{2}EI} = -\frac{qa^1}{8\sqrt{2}EI}$$

代入正则方程，有 $X_1 = \dfrac{3qa}{4\sqrt{2}}$。

将 X_1 再沿轴线和垂直于轴线分解为两个力，利用相当系统很容易求出固端的支反力 $F_{Ax} = \dfrac{5}{8}qa$，$F_{Ay} = -\dfrac{3}{8}qa$，$M_A = \dfrac{1}{8}qa^2$。

【评注】　对称轴不一定通过横截面，通过什么截面皆可，先算出此截面的内力，再根据需要换算成所需截面的内力。

例 13.10　等截面连续梁上，载荷如图 13.17(a) 所示。已知 $[\sigma] = 160 \text{ MPa}$。试选择适用的工字形梁。

解　支座编号如图 13.17(a) 所示，$l_1 = 8\text{m}$，$l_2 = 4\text{m}$，$L_3 = 8\text{m}$。相当系统的每个跨度均为简支梁，其在外载作用下的弯矩图如图 13.17(c) 所示。由此求得

$$\omega_1 a_1 = \left(\frac{1}{2} \times 2 \times 80 \times 2 + 80 \times 4\right) \times 4 = 1\,920 \text{ kN} \cdot \text{m}^3$$

$$\omega_2 a_2 = \omega_2 b_2 = 0$$

$$\omega_3 b_3 = \frac{2}{3} \times 8 \times 80 \times 4 = \frac{5120}{3} \text{ kN} \cdot \text{m}^3$$

题中可见：
$$M_3 = -10 \text{ kN} \cdot \text{m}$$

三弯矩方程为

$$M_{n-1}l_n + 2M_n(l_n + l_{n+1}) + M_{n+1}l_{n+1} = -\frac{6\omega_n a_n}{l_n} - \frac{6\omega_{n+1}b_{n+1}}{l_{n+1}}$$

对于 l_1，l_2 两跨：$n = 1$，$M_{n-1} = M_0 = 0$，$M_n = M_1$，$M_{n+1} = M_2$，$l_n = l_1 = 8\text{ m}$

对于 l_2，l_3 两跨：$n = 2$，$M_{n-1} = M_1$，$M_n = M_2$，$M_{n+1} = M_3 = 10 \text{ kN} \cdot \text{m}$，$l_n = l_2 = 4\text{ m}$

代入三弯矩方程，得

$$6M_1 + M_2 = -360 \text{ kN} \cdot \text{m}$$

$$M_1 + 6M_2 = -300 \text{ kN} \cdot \text{m}$$

解出

$$M_1 = -53.14 \text{ kN} \cdot \text{m}, \quad M_2 = -41.14 \text{ kN} \cdot \text{m}$$

对图 13.17(b) 中 0,1,2 各支座处求矩，并求铅垂方向力的平衡，即

$$\sum M_l = 0, \quad \sum F_y = 0$$

0 点：
$$F'_1 = 46.6 \text{ kN}, \quad F_0 = 33.4 \text{ kN}$$

1 点：
$$F'_2 = -3 \text{ kN}, \quad F''_1 = 3 \text{ kN}$$

2 点：
$$F'_3 = 36.1 \text{ kN}, \quad F''_2 = 43.9 \text{ kN}$$

因此，各支座的反力为

$$F_0 = 33.4 \text{ kN}(\uparrow), \quad F_1 = 49.6 \text{ kN}(\uparrow)$$

$$F_2 = 40.9 \text{ kN}(\uparrow), \quad F_3 = 36.1 \text{ kN}(\uparrow)$$

作内力图如图 13.17(d)(e) 所示。图中可知 $M_{max} = 66.8 \text{ kN} \cdot \text{m}$，故

$$W \geqslant \frac{M_{max}}{[\sigma]} = \frac{66.8 \times 10^3}{160 \times 10^6} = 4.17 \times 10^{-4} \ m^3 = 417 \ cm^3$$

查表知 No. 25b, $W = 423 \ cm^3$, 故选用 No. 25b 工字钢。

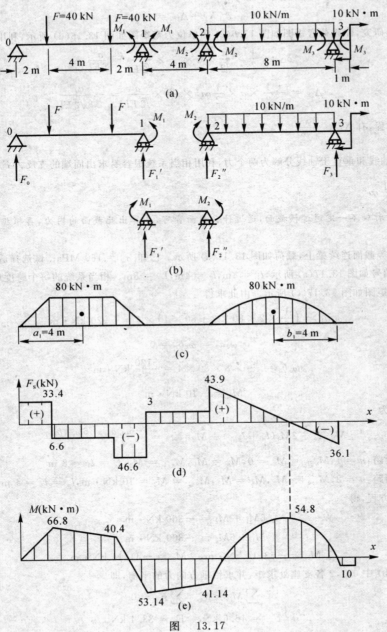

图　13.17

【评注】 三弯矩方程属于力法范畴,它主要适合于计算连续梁。实践证明,同样一架连续梁用它计算比用力法正则方程要简化些;若学习了力矩分配法,计算连续梁还是用力矩分配法好,因为它不需要解联立方程,能直接计算出杆端弯矩。

13.4　自学指导

超静定结构的内力计算是材料力学的重点内容,也是上述章节有关内容的综合应用,读者一定要弄清本章重点内容的来龙去脉,来个综合复习。

超静定结构的计算主要是内力计算,其计算方法已有几十种,如力法、位移法、力矩分配法、三弯矩方程法、迭代法、分层法、近似法、电算法等,其基本方法只有两种,一是以多余未知力为基本未知力的力法,二是以结点广义位移为未知数的位移法。本章只介绍力法及属于力法范畴的三弯矩方程法。怎样自学呢?请注意下述 5 个问题。

1.超静定结构的概念及超静定次数的确定

超静定结构就是有多余约束的几何不变体系,它的内力不能只由平衡条件求出,还必须借助变形的协调条件。若用力法求解,它的基本未知力的个数就是超静定次数,所以一定会判定超静定结构的超静定次数。

2.弄懂力法原理,会根据超静定次数列力法正则方程

力法的基本原理就是先去掉多余约束,使原超静定结构变成静定的基本结构,将外力及多余约束未知力添加到基本结构上变成基本体系,使基本体系与原超静定结构变形一样,而列出变形协调方程,即力法正则方程,从而求出多余未知约束力,使超静定结构变成静定结构,用前面求静定结构内力的方法求出超静定结构内力,这就是力法的基本原理。

3.正则方程的应用

用力法计算超静定结构的基本原理,其力法正则方程完全能体现出来,今后用力法计算超静定结构只运用正则方程就行了。 应用力法正则方程求解高次超静定问题,求正则方程的系数和自由项是一大难题,常采用方法是对于曲杆采用卡氏定理和莫尔积分法,对于直杆或分段阶梯直杆而采用图乘法。

4.应用卡氏定理求解超静定问题

卡氏定理应用比较广泛,应熟练掌握。用它解决超静定问题时,应正确计算"系统"的全部应变能,然后对多余未知力求偏导。求出多余约束力后,在相当系统上求位移时,仍可把多余约束力作为独立变量,以使计算简化。

5.应用三弯矩方程计算连续梁

三弯矩方程法是力法的一种派生方法,应用三弯矩方程计算连续梁是一种简便方法,掌握它也不难,关键在于理解三弯矩方程属于力法范畴,它的基本结构跟力法是一样的,再者要深刻了解三弯矩方程公式中各种符号的含义。另外,再自己亲手具体算一二题就能完全掌握。在此还要明确的是,这种方法不仅用于连续梁问题,对于刚架及其他形式的超静定结构,只要将其转化为相当连续梁,用三弯矩方程方法计算要比常规计算法简单得多。

为了晓得自己学习的效果,请认真看上述内容相应的典型例题 5 至 7 道,在此基础上再认真仔细地做相应内容的 8 至 12 道习题,能一题多解的尽量一题多解,这样就能基本上达到学习本章的目的要求。

13.5　习题精选详解

13.1　试用力法解题。

(一)题 13.1 图示结构中 1,2 两杆的抗拉刚度同为 EA。

(1)若将横梁 AB 视为刚体,试求 1,2 两杆的轴力。

(2)若考虑横梁的变形,且抗弯刚度为 EI,试求 1,2 两杆的轴力。

解　受力情况如题 13.1 图(1)所示。AB 梁是否为刚体,结构均为 1 次超静定问题。

(1)AB 杆为刚体。视杆 2 为多余约束,其轴力 F_{N2} 为多余约束力。对 A 点取矩,有

$$F_{N1} + 2F_{N2} = F$$

①

用力法求解,剔除多余约束 $F_{N2} = X_2$,对静定基本结构求平衡,$\sum M_A = 0$,知 $F_{N1} = F$,再加单位力

$F_{X_2} = 1$ 于静定基本结构上,求得 $F_{N2} = 2$,故

$$EA\delta_{21} = 2 \times l \times 2 + l \times 1 \times 1 = 5l$$

$$EA\Delta_{2F} = l \times F \times 2 + 0 \times l \times 1 = 2Fl$$

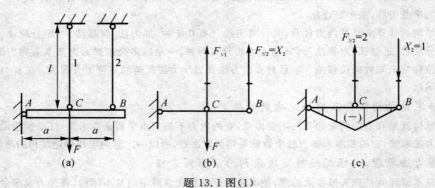

题 13.1 图(1)

将上二值代入力法正则方程,得

$$\delta_{21} X_2 + \Delta_{2F} = 0$$

解之得

$$X_2 = -\frac{\Delta_{2F}}{\delta_{21}} = -\frac{2}{5}F$$

实际内力方向与题 13.1 图(1)(c)中所加单位力方向相反,为拉力,即 $F_{N2} = \frac{2}{5}F$ 代入式 ① 求得

$$F_{N1} = \frac{1}{5}F$$

(2)若考虑梁的变形,则由题 13.1 图(1)(b)(去掉多余约束),得

$$\Delta_{2F} = \frac{2Fl}{EA}$$

$$\delta_{21} = \frac{1 \times l \times 1}{EA} + \frac{2 \times l \times 2}{EA} + \frac{2}{EI}\left(\frac{1}{2} \times a \times a \times \frac{2}{3}a\right) = \frac{5l}{EA} + \frac{2a^3}{3EI}$$

代入力法正则方程,得

$$\delta_{21} X_2 + \Delta_{2F} = 0$$

解之得

$$X_2 = -\frac{\Delta_{2F}}{\delta_{21}} = -\frac{\dfrac{2Fl}{EA}}{\dfrac{5l}{EA} + \dfrac{2a^3}{3EI}} = -\frac{6lIF}{15lI + 2Aa^3} = F_{N2}$$

负号同样表明所加单位力与实际内力方向相反为拉力。代入平衡方程式 ①,得

$$F_{N1} = F - 2F_{N2} = \frac{(3LI2 + a^3A)F}{15LI + 2Aa^3}$$

式中,F_{N2} 代正值,因为题 13.1 图(1)(b)中 F_{N2} 设为拉力。要注意内力方向假设的任意性,但也要注意结构外载确定的唯一性。不论假设怎样,用何种方法求解,此时内力唯一确定。

(二)题 13.1 图(2)所示结构中,梁为 16 号工字钢;拉杆的截面为圆形,$d = 10$ mm。两者均为 Q235 钢,$E = 200$ GPa。试求梁及拉杆内的最大正应力。

解 如题 13.1 图(2)(b)所示。欲求梁及杆中的最大正应力,必先求出二者内力。分析结构知为一次超静定问题,视 BC 杆为多余约束,令

$$F_{NBC} = X_1 = 1, \quad M(x) = -\frac{1}{2}qx^2, \quad \overline{M}(x) = x$$

$$\delta_{11} = \frac{1}{EI}\int_0^4 x^2 \, dx + \frac{1}{EA}\int_0^5 1 \times 1 \, dx = \frac{64}{3EI} + \frac{5}{EA}$$

$$\Delta_{1F} = \frac{1}{EI}\int_0^4 \left(-\frac{1}{2}qx^2\right)x\,dx = -\frac{32q}{EI}$$

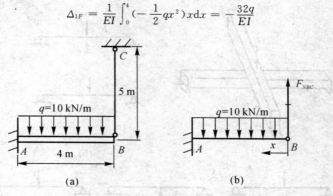

题 13.1 图（2）

依题意得

$$EI = 200\times10^9\times1\,130\times10^{-8} = 2.26\times10^6 \text{ N}\cdot\text{m}^2$$

$$EA = 200\times10^9\times\frac{\pi}{4}\times10^2\times10^{-6} = 15.7\times10^6 \text{ N}$$

代入上式求得 δ_{13}，Δ_{1F} 并代入力法正则方程，由于 BC 杆中任一截面的相对位移皆为零，得

$$\delta_{11}X_1 + \Delta_{1F} = 0$$

故

$$X_1 = -\frac{\Delta_{1F}}{\delta_{11}} = \frac{0.14}{9.76}\times10^6 = 14.5\times10^3 \text{ N} = 14.5 \text{ kN}$$

杆内最大拉应力为

$$\sigma_{max} = \frac{X_1}{A} = \frac{14.5\times10^3}{\frac{\pi}{4}\times10^2\times10^{-6}} = 185\times10^6 \text{ Pa} = 185 \text{ MPa}$$

梁内弯矩为

$$M(x) = X_1 x - \frac{1}{2}qx^2, \quad M'(x) = X_1 - qx = 0$$

当 $x = 1.45$ m 时，M 达到极值，但最大值在梁固定端处，且 $M_{max} = 22$ kN·m（一），梁内最大正应力为

$$\sigma_{max} = \frac{22\times10^3}{141\times10^{-6}} = 156\times10^6 \text{ Pa} = 156 \text{ MPa}$$

式中，$W_x = 141\times10^{-6}$ m³ 是从型钢表中查得的。

【评注】　如果以 B 点位移为变形协调条件，则正则方程为

$$\delta_{11}X_1 + \Delta_{1F} = -\frac{X_1 l_{Ex}}{EA}\text{（向上为正）}\quad \text{或者}\quad f_h - f_{BX_1} = \Delta l_{BC}$$

（三）如题 13.1 图（3）所示两根梁的材料相同，截面惯性矩分别为 I_1 和 I_2。在无载荷时两梁刚好接触。试求在 F 力作用下，两梁分别承担的载荷。

解　这是个一次静不定问题。将二梁拆开，它们之间的接触用约束反力来代替相当系统，如题 13.1 图（3）(b)所示。用图乘法求解 δ_{13} 和 Δ_{1F}。

$$\delta_{11} = \sum\frac{1}{EI}W\overline{M_C} = \frac{2}{EI_1}\left[\left(\frac{1}{2}\times\frac{l_1}{4}\times\frac{l_1}{2}\right)\times\left(\frac{2}{3}\times\frac{l_1}{2}\right)\right] + $$
$$\frac{2}{EI_2}\left[\left(\frac{1}{2}\times\frac{l_2}{4}\times\frac{l_2}{2}\right)\times\left(\frac{2}{3}\times\frac{l_2}{4}\right)\right] = \frac{l_1^3}{48EI_1} + \frac{l_2^3}{48EI_2}$$

$$\Delta_{1F} = \frac{1}{EI_1}W\overline{M_C} = -\frac{1}{EI_1}\left[\left(\frac{Fl_1}{4}\times\frac{l_1}{2}\times\frac{I_1}{2}\right)\times\left(\frac{2}{3}\times\frac{l_1}{4}\right)\times2\right] = -\frac{Fl_1^3}{48EI_1}$$

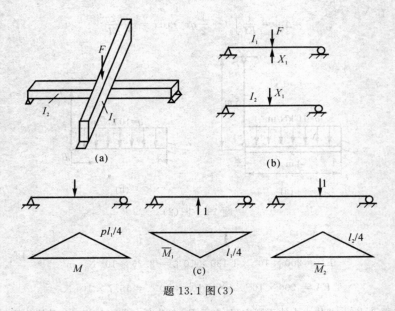

题 13.1 图（3）

正则方程为
$$\delta_{11}X_1 + \Delta_{1F} = 0$$

$$\left(\frac{l_1 3}{48EI_1} + \frac{l_2^3}{48EI_2}\right)X_1 - \frac{Fl_1^3}{48EI_1} = 0$$

解之得
$$X_1 = \frac{I_2 l_1^3 F}{I_2 l_1^3 + I_1 l_2^3}$$

再由平衡条件求得各梁所负担的载荷为

$$F_1 = \frac{I_1 l_2^3 F}{I_2 l_1^3 + I_1 l_2^3}, \quad F_2 = \frac{I_2 l_1^3 F}{I_2 l_1^3 + I_1 l_2^3}$$

13.3 试求题 13.3 图所示超静定梁的两端约束力。设固定端沿梁轴线的约束力可省略。

解 此题可直接用变形比较法或利用力法正则方程求解。当相当结构选定之后，具体求解可视梁的情况及读者所熟悉的某一方法。鉴于此，对题 13.3 图（a）利用对称性更为简便。略去轴力，问题简化为一次超静定问题，对题 13.3 图（a-1），列出 x 面上内力方程为

$$M(x) = M_C - \frac{1}{2}qx^2, \quad \overline{M} = 1$$

变形协调要求 C 面转角为零，故在 C 截面加单位力偶。用单位力法，则有

$$\theta_C = \frac{1}{EI}\int_0^{\frac{l}{2}}\left(M_C - \frac{1}{2}qx^2\right)dx = \frac{1}{EI}\left(M_C\frac{l}{2} - \frac{1}{48}ql^3\right) = 0$$

解之得
$$M_C = \frac{1}{24}ql^2 i$$

故两端的支反力为

$$M_A = -\frac{ql^2}{12}(\leftarrow\!\!\!\rfloor), \quad M_B = \frac{ql^2}{12}(\leftarrow\!\!\!\rfloor), \quad F_A = F_B\frac{ql}{2}(\uparrow)$$

对题 13.3 图（b）取相当结构如题 13.3 图（b-1）所示。依题意变形协调关系为 $y_B = 0, \theta_B = 0$。分别作内力图为题 13.3 图（b-2）~（b-4），单位力图分别令 $F_B = 1, M_B = 1$ 即是。采用图乘法，有

$$EIy_B = -\frac{a}{2}\times Fa\left(b+\frac{2a}{3}\right) + \frac{l}{2}\times F_Bl\times\frac{2l}{3} + M_Bl\times\frac{l}{2} = 0$$

$$EI\theta_B = -\frac{a}{2}\times Fa\times 1 + \frac{1}{2}F_Bl^2\times 1 + M_Bl\times 1 = 0$$

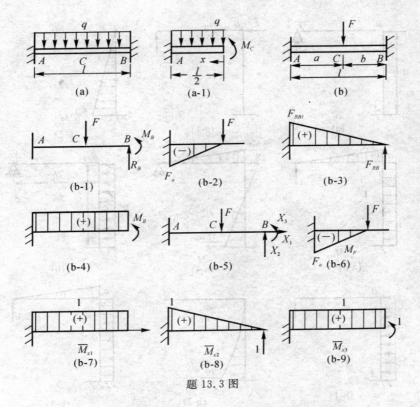

题 13.3 图

解之得

$$M_B = \frac{Fa^2 b}{l^2}(\leftarrow) , \quad M_A = \frac{Fab^2}{l^2}(\uparrow)$$

$$F_B = \frac{Fa^2(l+2b)}{3}(\uparrow) , \quad F_A = \frac{Fb^2(l+2a)}{3}(\uparrow)$$

如果用力法正则方程，且不忽略轴力，各系数为

$$EA\delta_{11} = l \times 1 = l , \quad EI\delta_{22} = \frac{1}{2}l^2 \times \frac{2}{3}l = \frac{1}{3}l^3$$

$$EI\delta_{33} = l \times 1 \times 1 = l , \quad EI\delta_{23} = EI\delta_{32} = l \times 1 \times \frac{l}{2} = \frac{l^2}{2}$$

$$EI\delta_{12} = 0 = EI\delta_{21} , \quad EI\Delta_{1F} = 0$$

$$EI\Delta_{2F} = -\frac{a}{2} \times Fa \left(b + \frac{2}{3}a\right) EI\Delta_{3F} = -\frac{a}{2} \times Fa \times 1$$

代入力法正则方程，得

$$X_1 l + 0 + 0 + 0 = 0 \Rightarrow X_1 = 0 \quad （小变形下轴力为 0）$$

$$0 + X_2 \times \frac{l^3}{3} + X_3 \times \frac{l^2}{2} - \frac{Fa^2}{2}\left(b + \frac{2}{3}a\right) = 0$$

$$0 + X_2 \times \frac{l^2}{2} + X_3 \times l - \frac{1}{2}Fa^2 = 0$$

将 $X_2 = F_B, X_3 = M_B$ 代入，即为前述两式。

13.4　作题 13.4 图所示刚架的弯矩图。设刚架各杆的 EI 皆相等。

解　题 13.4 图（a）为一次超静定问题。取相当结构如题 13.4 图（a-1），多余约束反力为 $F_C = X_1$，作载荷、多余约束产生的内力图（见题 13.4 图（a-2）（a-3）），则

$$EI\delta_{11} = \frac{a^3}{3} + a^3 = \frac{4}{3}a^3$$

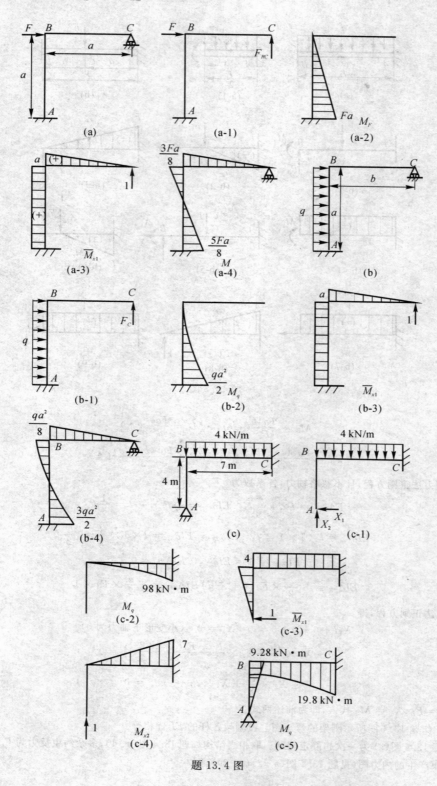

题 13.4 图

$$EI\Delta_{1F} = -\frac{a^2}{2}\times Fa = -\frac{1}{2}Fa^3$$

代入力法正则方程,有 $\delta_{11}X_1 + \Delta_{1F} = 0$,解之得

$$X_1 = -\frac{\Delta_{1F}}{\delta_{11}} = \frac{3}{8}F$$

将插入端 A 截处, $M_A = \frac{3}{8}Fa - Fa = -\frac{5}{8}Fa$,作弯矩图如题 13.4 图(a-4)所示。

题 13.4 图(b)为一次超静定问题。取相当结构如题 13.4 图(b-1),多余约束反力 $F_C = X_1$,作载荷、多余约束反力产生的内力图如题 13.4 图(b-2)(b-3)所示,故

$$EI\delta_{11} = \frac{4}{3}a^3$$

$$EI\Delta_{1F} = \frac{1}{3}a\times\frac{1}{2}qa^2(-a) = -\frac{1}{6}qa^4$$

代入力法正则方程,有 $\delta_{11}X_1 + \Delta_{1F} = 0$,解之得

$$X_1 = -\frac{\Delta_{1F}}{\delta_{11}} = \frac{1}{8}qa = F_C$$

将插入端 A 处, $M_A = \frac{1}{8}qa^2 - \frac{1}{2}qa^2 = -\frac{3}{8}qa^2$,作内力图如题图 13.4(a-4)所示。

题 13.4 图(c)为二次超静定问题。设 A 支座处水平及垂直反力分别为 X_1, X_2,作载荷及多余约束的单位力图分别为题 13.4 图(c-2)～(c-4)。确定各系数为

$$EI\delta_{11} = \frac{1}{2}\times 4\times 4\times\frac{2}{3}\times 4 + 7\times 4\times 4 = \frac{400}{3}$$

$$EI\delta_{22} = \frac{1}{2}\times 7\times 7\times\frac{2}{3}\times 7 = \frac{343}{3}$$

$$EI\delta_{12} = 4\times 7\times\frac{7}{2} = 98 = \delta_{21}$$

$$EI\Delta_{1F} = -\frac{1}{3}\times 7\times 98\times 4 = -\frac{2\,744}{3}$$

$$EI\Delta_{2F} = -\frac{1}{3}\times 7\times 98\times\frac{3}{4}\times 7 = -\frac{2\,401}{2}$$

代入力法正则方程,同约去 EI,得

$$\frac{400}{3}X_1 + 98X_2 - \frac{2744}{3} = 0$$

$$98X_1 + \frac{343}{3}X_2 - \frac{2401}{2} = 0$$

解之得　　　　　$X_1 = -2.32\ \text{kN},\quad X_2 = 12.5\ \text{kN}$

X_1 为负,即表明支座处水平反力实际方向向右。作内力图如题 13.4 图(c-5)所示.

$$M_{\max} = M_C = 2.32\times 4 + \frac{1}{2}\times 4\times 7^2 - 12.5\times 7 = 19.8\ \text{kN}\cdot\text{m}$$

13.7　为改善桥式起重机大梁的刚度和强度,在大梁的下方增加预应力拉杆 CD。梁的计算简图如题 13.7 图(b)所示。由于 CC' 和 DD' 两杆甚短,且刚度较大,其变形可以不计。求拉杆 CD 因吊重 F 而增加的内力。

解　由于拉杆 CD 的存在,结构为一次超静定问题。取相当系统如题 13.7 图(c)所示。在外载荷及多余约束作用下的内力图分别如题 13.7 图(a)(e)所示。设梁与拉杆材料相同,横截面积分别为 A, A_1,则

$$\delta_{11} = \frac{le^2}{EI} + \frac{l\times 1\times 1}{EA} + \frac{l\times 1\times 1}{EA_1} = \frac{le^2}{EI} + \frac{l}{EA} + \frac{l}{EA_1}$$

$$\Delta_{1F} = \left[\frac{1}{2}\times\frac{l}{2}\times\frac{FL}{4} - \frac{1}{2}\left(\frac{L}{2}-\frac{l}{2}\right)^2\times\frac{F}{2}\right]\frac{2(-e)}{EI} = -\frac{Fle}{8EI}(2L-l)$$

$$X_1 = -\frac{\Delta 1F}{\delta_{11}} = \frac{Fe(2L-l)}{8I\left(\frac{e^2}{I} + \frac{1}{A} + \frac{1}{A_1}\right)}$$

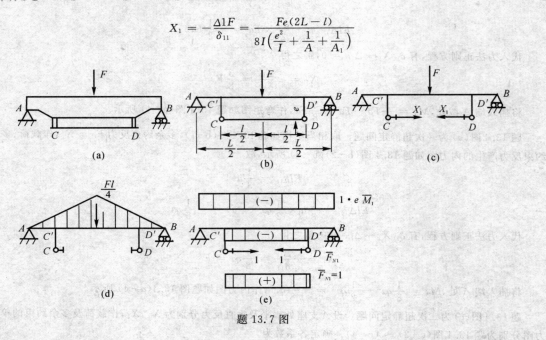

题 13.7 图

13.8 如题 13.8 所示刚架的 A,B 两点由拉杆 AB 相连接,拉杆的抗拉刚度为 EA。试作刚架的弯矩图。

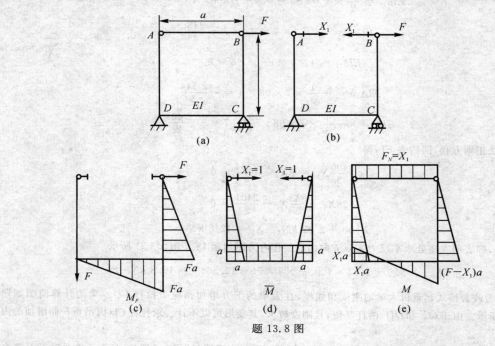

题 13.8 图

解 结构属于一次内力超静定问题,取相当结构如题 13.8 图(b)所示。作外载及单位力图,如题 13.8 图(c)(d)所示,有

$$\delta_{11} = \frac{2 \times \frac{1}{2}a \times a \times \frac{2}{3}a + a^3}{EI} + \frac{1^2 \times a}{EA} = \frac{5a^3}{3EI} + \frac{a}{EA}$$

$$\Delta_{1F} = \frac{-\frac{1}{2}a \times Fa \times \frac{2}{3}a - \frac{1}{2}a \times Fa \times a}{EI} = -\frac{5Fa^3}{6EI}$$

$$X_1 = -\frac{\Delta_{1F}}{\delta_{11}} = \frac{5Aa^2F}{10Aa^2 + 6I}$$

作刚架弯矩图如题 13.8 图(e)所示。

如果将图中框架上下颠倒,求 A,B 间的相对位移,读者不妨一试。

13.10　链条的一环如题 13.10 图所示。试求环内最大弯矩。

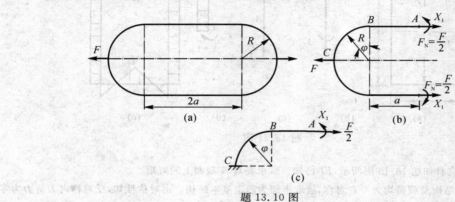

题 13.10 图

解　结构属 3 次超超静定问题,根据结构及载荷的对称性,知在对称面上反对称内力(剪力)为零。由于结构对称于水平轴线,知 $X_1 = X_1$,$F_N = F'_N$,并 $\Sigma F_x = 0$,知 $F_N = \frac{F}{2}$。

结构简化为一次超静定问题,即正则方程为 $\delta_{11}X_1 + \Delta_{1F} = 0$。

写出各段的内力方程及加单位力偶的内力方程:

AB 段:　　　　$M(x) = 0,\quad F_N(x) = \frac{F}{2},\quad \overline{M}(x) = 1$

BC 段:　　　　$M(\phi) = -\frac{F}{2}R(1-\cos\phi),\quad F_N(\phi) = \frac{F}{2\cos\phi},\quad \overline{M}(\phi) = 1$

$$EI\delta_{11} = a \times 1 \times 1 + \frac{\pi}{2}R \times 1 \times 1 = a + \frac{\pi R}{2}$$

$$EI\Delta_{1F} = \int_0^a 0 \times 1 \times \mathrm{d}x + \int_0^{\frac{\pi}{2}} -\frac{FR^2}{2}(1-\cos\phi)\mathrm{d}\phi = -\frac{FR^2}{2}\left(\frac{\pi}{2}-1\right)$$

$$X_1 = -\frac{\Delta_{1F}}{\delta_{11}} = \frac{FR^2(\pi-2)}{2(2a+\pi R)}$$

故环内最大弯矩为　　　　$M_{\max} = X_1 - \frac{FR}{2} = \frac{(R+a)FR}{2a+\pi R}$

13.11　压力机机身或轧钢机机架可以简化成封闭的矩形刚架(见题 13.11 图(a))。设刚架横梁的抗弯刚度为 EI_1,立柱的抗弯刚度为 EI_2。作刚架的弯矩图。

解　本题和习题 13.10 相类似。依据同样分析,可将 3 次超静定问题化为一次超静定问题。同时由于结构与变形的对称性,取相当结构如题 13.11 图(b)所示,并作 M_F,$\overline{M}_1$ 图如题 13.11 图(c)(d)所示,用图乘法求,得

$$\delta_{11} = \frac{1}{EI_2}\frac{l_2}{2} \times 1 \times 1 + \frac{1}{EI_1}\frac{l_1}{2} \times 1 \times 1 = \frac{L_1}{2EI_1} + \frac{l_2}{2EI_2}$$

$$\Delta_{1F} = -\frac{1}{EI_1} \times \frac{1}{2} \times \frac{L_1}{2} \times \frac{Fl_1}{4} \times 1 = -\frac{Fl_1^2}{16EI_1}$$

故

$$X_1 = -\frac{\Delta_{1F}}{\delta_{11}} = \frac{Fl_1^2 I_2}{8(I_1 l_2 + I_2 l_1)} \quad (\text{与假设内力方向相同})$$

$$M_B = X_1 - \frac{F}{2} \times \frac{l_1}{2} = -\frac{FL_1}{8}\left(1 + \frac{I_1 L_2}{I_2 L_1 + I_1 L_2}\right)$$

弯矩图如题 13.11 图(e)所示。

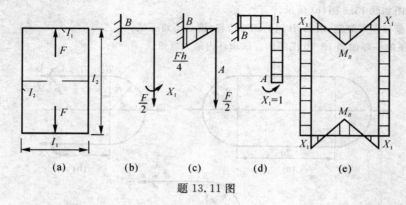

题 13.11 图

13.13   车床夹具如题 13.13 图所示，EI 已知。试求夹具 A 截面上的弯矩。

解   方法一：结构及载荷均为左右对称，故取半圆为静定基本结构。由对称性知，反对称内力剪力为零，取多余约束力为 X_l，X_2，其正则方程为

$$\delta_{11} X_1 + \delta_{12} X_2 + \Delta_{1F} = 0$$
$$\delta_{21} X_1 + \delta_{22} X_2 + \Delta_{2F} = 0$$

先写出载荷及单位力引起的内力方程，即

$$M_F = -FR\sin(\phi - 60°) = -\frac{FR}{2}(\sin\phi - \sqrt{3}\cos\phi)$$

$$\overline{M}_1 = R(1 - \cos\phi) \quad \overline{M}_2 = 1$$

各系数为

$$EI\delta_{11} = \int_0^\pi \overline{M}R\mathrm{d}\phi = R^3 \int_0^\pi (1 - \cos\phi)^2 \mathrm{d}\phi = \frac{3\pi R}{2}$$

$$EI\delta_{12} = \int_0^\pi \overline{M}_1 \overline{M}_2 \mathrm{d}s = R^2 \int_0^\pi (1 - \cos\phi)\mathrm{d}\phi = \pi R^2 = EI\delta_{21}$$

$$EI\delta_{22} = \int_0^\pi \overline{M}_2 R\mathrm{d}\phi = R\int_0^\pi \mathrm{d}\phi = \pi R$$

$$EI\Delta_{1F} = \int_0^\pi M_P \overline{M}_1 R\mathrm{d}\phi = -\frac{FR^3}{2}\int_{\frac{\pi}{3}}^\pi (\sin\phi - \sqrt{3}\cos\phi)(1 - \cos\phi)\mathrm{d}\phi = -2.407FR^3$$

$$EI\Delta_{2F} = \int_0^\pi M_F \overline{M}_2 R\mathrm{d}\phi = -\frac{FR^2}{2}\int_{\frac{\pi}{3}}^\pi (\sin\phi - \sqrt{3}\cos\phi)\mathrm{d}\phi = -\frac{3}{2}FR^2$$

代入正则方程，得

$$\frac{3}{2}\pi R^3 X_1 + \pi R^2 X_2 - 2.407FR^3 = 0$$

$$\pi R^2 X_1 + \pi \cdot 2 - \frac{3}{2}FR^2 = 0$$

解得 $X_1 = 0.577F$，即 A 截面轴力，$X_2 = 0.099FR$，即 A 截面弯矩，与题 13.13 图(c)中方向相反。

方法二：结构及载荷以载荷所在直径为 3 条对称轴线，故取其 1/3 为静定基本结构，其相当结构如题13.13 图(f)所示，相当结构关于载荷 F 对称，则

$$X_1 = X'_1, \quad X_2 = X'_2$$

$$\Sigma F_F = 0, \quad 2X_1 \cos 30° = F$$

得

$$x = \frac{F}{\sqrt{3}} = 0.577F$$

问题简化为一次超静定问题。写出弯矩方程,即

$$M(\phi) = X_1 R(1-\cos\phi) = \frac{FR}{\sqrt{3}}(1-\cos\phi), \quad 0 < \phi < 60°$$

$$\overline{M}_2 = 1$$

故

$$EI\delta_{22} = 2\int_0^{\frac{\pi}{3}} 1^2 \times Rd\phi = \frac{2\pi R}{3}$$

$$EI\Delta_{2F} = 2\int_0^{\frac{\pi}{3}} \frac{FR^3}{\sqrt{3}}(1-\cos\phi)d\phi = \frac{2\pi FR^2}{3\sqrt{3}} - FR^2$$

$$X_2 = -\frac{\Delta_{2F}}{\delta_{22}} = -0.099FR$$

即 A 截面上的弯矩。

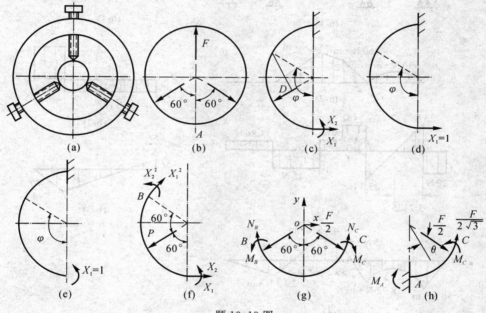

题 13.13 图

方法三:取相当结构如题 13.13 图(g)所示。

由对称性或对 x,y 方向力的平衡可知 $F_{NB} = F_{Nc} = F_N, M_B = M_C = M$,且 $F_N = \frac{F}{2\sqrt{3}}$。

根据 A 截面为对称面,故该面的转角一定为零。取相当结构如题 13.13 图(h)所示,故内力方程为

$$M(\theta) = -\frac{FR}{2}\sin\theta + M + \frac{FR}{2\sqrt{3}}(1-\cos\theta)$$

在 C 截面加单位力矩 $\overline{M} = 1$,该截面为对称面之一,转角为零,则

$$EI\theta = \int_0^{\frac{\pi}{3}} M(\theta)\overline{M}d\theta = \int_{-0}^{*}[-\frac{FR}{2}\sin\theta + M + \frac{FR}{2\sqrt{3}}(1-\cos\theta)]Rd\theta =$$

$$-\frac{FR^2}{4} + \frac{\pi}{3}MR + \frac{\pi FR^2}{6\sqrt{3}} - \frac{FR^2}{4} = 0$$

解之得 $\qquad M_c = 0.188\,79FR$

$$M_A = -\frac{FR}{2}\sin 60° + M_C + F_N R(1 - \cos 60°) =$$

$$-\frac{FR}{2} \times \frac{\sqrt{3}}{2} + 0.188\,79FR + \frac{FR}{2\sqrt{3}}\left(1 - \frac{1}{2}\right) = -0.099FR$$

13.21 作题 13.21 图所示各梁的剪力图和弯矩图。设 $EI =$ 常量。

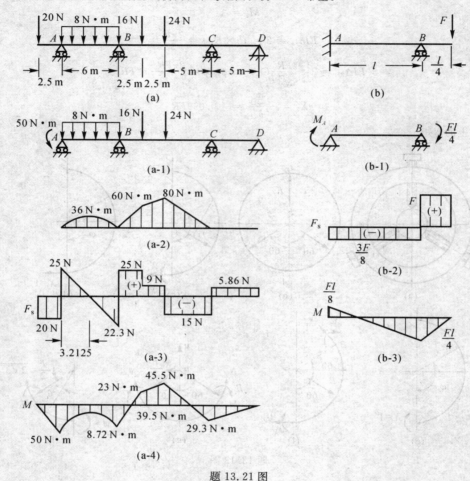

题 13.21 图

解 用三弯矩方程求解。

(1) 如题 13.21 图(a)所示，有

$$M_0 = M_A = -20 \times 2.5 = -50 \text{ N·m}, \quad M_1 = M_B, \quad M_2 = M_c,$$

$$M_3 = M_D = 0, \quad l_1 = 6 \text{ m}, \quad l_2 = 10 \text{ m}, \quad l_3 = 5 \text{ m}$$

基本结构的每个跨度均为简支梁，其在外载作用下的弯矩图如题 13.21 图(a-2)所示。由此求得

$$\omega_1 a_1 = \frac{2}{3} \times 36 \times 6 \times 3 = 432 \text{ N·m}^3, \quad \omega_3 b_3 = 0$$

$$\omega_2 a_2 = \frac{1}{2} \times 60 \times 2.5 \times \frac{2}{3} \times 2.5 + 60 \times 2.5 \times \left(2.5 + \frac{2.5}{2}\right) + \frac{1}{2} \times 20 \times 2.5 \times$$

$$\left(2.5 + \frac{2}{3} \times 2.5\right) + \frac{1}{2} \times 80 \times 5 \times \left(5 + \frac{5}{3}\right) = 2\,125 \text{ N·m}^3$$

$$\omega_2 b_2 = \frac{1}{2} \times 60 \times 2.5 \times \left(\frac{2.5}{3} + 7.5\right) + 60 \times 2.5 \times \left(\frac{2.5}{2} + 5\right) + \frac{1}{2} \times 20 \times 2.5 \times$$

$$\left(5 + \frac{2.5}{3}\right) + \frac{1}{2} \times 80 \times 5 \times \frac{2}{3} \times 5 = 2\ 375 \text{ N} \cdot \text{m}^3$$

将以上结果代入教材中三弯矩方程式,得

$$-50 \times 6 + 2M_1 \times (10 + 6) - M_2 \times 10 = -\frac{6 \times 432}{6} - \frac{6 \times 2\ 375}{10}$$

$$M_1 \times 10 + 2M_2(10 + 5) = -\frac{6 \times 2125}{10}$$

于是得联立方程:

$$32M_1 + 10M_2 = -1\ 557$$

$$10M_1 + 30M_2 = -1\ 275$$

解之得 $\qquad M_1 = M_B = -39.5 \text{ N} \cdot \text{m}, \quad M_2 = M_c = -29.3 \text{ N} \cdot \text{m}$

对题 13.21 图(a-1)中 A, B, C, D 各支座处求矩,并求铅垂方向力的平衡,即

$$\Sigma M_i = 0, \quad \Sigma F_y = 0$$

A 点: $\qquad F_A = 45.7 \text{ N}(\uparrow)$

B 点: $\qquad F'_B = 22.3 \text{ N}, \quad F''_B = 25 \text{ N}, \quad F_B = 47.3 \text{ N}(\uparrow)$

C 点: $\qquad F'_C = 15 \text{ N}(\uparrow), \quad F''_C = 5.86 \text{ N}(\uparrow), \quad F_c = 20.9 \text{ N}(\uparrow)$

D 点: $\qquad F_D = 5.86 \text{ N}(\downarrow)$

剪力图和弯矩图如题 13.21 图(a-3)、(a-4)所示。

(2) 如题 13.21 图(b)所示。令 $n = 0$,则

$$M_0 = M_A, \quad M_1 = M_B = -F \times \frac{l}{4} = -\frac{Fl}{4}$$

基本结构的每个跨度均为简支梁,其在外载作用下的弯矩图如题 13.21 图(b-1)所示,由于该段无外载,故 $M \equiv 0$,由此求得 $\omega_1 b_1 = 0$。

将以上结果代入教材中三弯矩方程式,得

$$2M_0 l - M_1 l = 0$$

于是有

$$M_0 = M_A = \frac{FL}{8}$$

由平衡方程,得

$$F_A = \frac{3}{8}F(\downarrow), \quad F_B = \frac{11}{8}F(\uparrow)$$

剪力图和弯矩图如题 13.21 图(b-3)(b-4)所示。

(3) 如题 13.21 图(c)所示。从中间铰 E 处将梁分开,由 AE 段平衡可知 $F_s = \frac{1}{2}qa$,于是

$$M_0 = M_B = -\frac{1}{2}qa \times a - qa \times \frac{a}{2} = -qa^2, M_1 = M_C$$

$$M_2 = M_D = 0, l_1 = 3a, l_2 = 3a$$

基本结构的每个跨度均为简支梁,其在外载作用下的弯矩图如题 13.21 图(c-2)所示。由此求得

$$\omega_1 a_1 = 0$$

$$\omega_2 b_2 = \frac{1}{2} \times \frac{2qa^2}{3} \times a \times \left(2a + \frac{a}{3}\right) + \frac{1}{2} \times \frac{2qa^2}{3} \times 2a \times \frac{2}{3} \times 2a = \frac{15}{9}qa^4$$

将以上结果代入教材中三弯矩方程式,得

$$-qa^2 \times 3a + 2M_1(3a + 3a) = -\frac{6 \times \frac{15}{9}qa^4}{3a} = -\frac{10}{3}qa^3$$

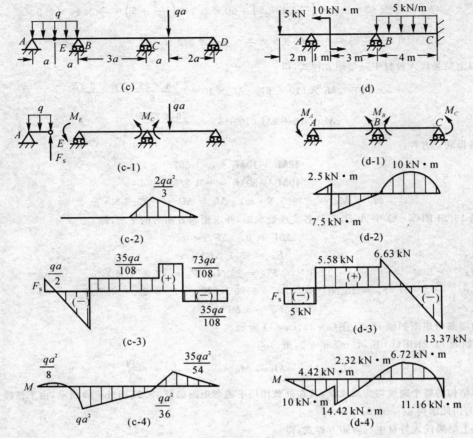

题 13.21 图(续)

解之得

$$M_1 = M_C = -\frac{1}{36}qa^2$$

对题 13.21 图(c-1)席 B, C, D 各支座处求矩,并求铅垂方向力的平衡,即

$$\Sigma M_i = 0, \quad \Sigma F_y = 0$$

B 点: $\qquad\qquad F_B = \frac{197}{108}qa (\uparrow)$

C 点: $\qquad F'_C = -\frac{35}{108}qa (\downarrow), \quad F'_C = \frac{7 \cdot 3}{108}qa (\uparrow), \quad F_C = \frac{38}{108}qa (\uparrow)$

D 点: $\qquad\qquad F_D = \frac{35}{108}qa (\uparrow)$

由 AE 段平衡可知,A 点支反力 $F_A = \frac{1}{2}qa (\uparrow)$。剪力图和弯矩图如题 13.21 图(c-3),(c-4) 所示。

(4) 如题 13.21 图(d) 所示,有

$$M_0 = M_A = -5 \times 10^3 \times 2 = -10 \times 10^3 \text{ N} \cdot \text{m}$$

$$M_1 = M_B, \quad M_2 = M_C, \quad l_1 = 4 \text{ m}, \quad l_2 = 4 \text{ m}$$

基本结构的每个跨度均为简支梁,其在外载作用下的弯矩图如题 13.21 图(d-2) 所示。由此求得

$$\omega_1 a_1 = \frac{1}{2} \times 2.5 \times 10^3 \times 1 \times \frac{2}{3} - \frac{1}{2} \times 7.5 \times 10^3 \times 3 \times \left(1 + \frac{3}{3}\right) = -21.7 \times 10^3 \text{ N} \cdot \text{m}^3$$

$$\omega_2 a_2 = \omega_2 b_2 = \frac{2}{3} \times 10 \times 10^3 \times 4 \times 2 = 53.3 \times 10^3 \text{ N} \cdot \text{m}^3$$

将以上结果代入教材中三弯矩方程式,得

$$-10 \times 10^3 \times 4 + 2M_1(4+4) + M_2 \times 4 = -\left(\frac{-6 \times 21.7 \times 10^3}{4}\right) - \frac{6 \times 53.7 \times 10^3}{4}$$

$$M_1 \times 4 + 2M_2 \times 4 = -\frac{6 \times 53.7 \times 10^3}{4}$$

解得 $M_1 = M_B = 2.32 \times 10^3$ N·m,$M_2 = M_C = -11.16 \times 10^3$ N·m。

对题 13.21 图(d–1)中 A,B,C 各支座处求矩,并求铅垂方向力的平衡,即

$$\Sigma M_i = 0, \quad \Sigma F_y = 0$$

A 点：$\qquad\qquad\qquad F_A = 10.6 \times 10^3$ N(↑)

B 点：$\quad F'_B = 5.58 \times 10^3$ N(↓),$\quad F''_B = 6.63 \times 10^3$ N(↑),$\quad F_B = 1.05 \times 10^3$ N(*)

C 点：$\qquad\qquad\qquad F_C = 13.4 \times 10^3$ N(↑)

剪力图和弯矩图如题 13.21 图(d–3),(d–4)所示。

13.22　车床的主轴简化成直径为 $d = 90$ mm 的等截面当量轴,此轴有 3 个支座,在垂直平面内的受力情况如题 13.22 图所示。F_b 和 F_z 分别是传动力和切削力简化到轴线上的分力,且 $F_b = 3.9$ kN,$F_z = 2.64$ kN。若 $E = 200$ GPa,试求 D 点的挠度。

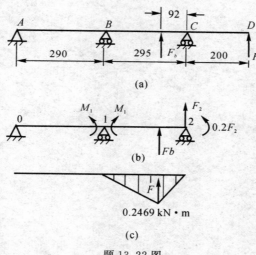

(a)

(b)

(c)

题 13.22 图

解　用教材中三弯矩方程求解,有

$$M_0 = M_A = 0, \quad M_1 = M_B$$

$$M_2 = M_C = F_z \times 0.2 = 2.64 \times 10^3 \times 0.2 = 528 \text{ N·m}$$

$$l_1 = 0.29 \text{ m}, \quad l_2 = 0.295 \text{ m}$$

基本结构的每个跨度均为简支梁,在外载作用下的弯矩图如题 13.22 图(c)所示。由此求得

$$\omega_1 a_1 = 0$$

$$\omega_1 b_2 = \frac{1}{2} \times 247 \times (0.295 - 0.092) \times \left(0.092 + \frac{0.295 - 0.092}{3}\right) +$$

$$\frac{1}{2} \times 247 \times 0.092 \times \frac{2}{3} \times 0.092 = 4.7 \text{ N·m}^3$$

将以上结果代入教材中三弯矩方程式,得

$$2M_1(0.29 + 0.295) + 528 \times 0.295 = -\frac{6 \times 4.7}{0.295}$$

解之得 $\qquad\qquad\qquad\qquad M_1 = M_B = -215$ N·m

$$EI = E \times \frac{\pi d^4}{64} = 200 \times 10^9 \times \frac{\pi \times 0.09^4}{64} = 6.44 \times 10^5 \ \text{N} \cdot \text{m}^2$$

查表附录 D 简宣载荷下梁的挠度与转角，得

$$\theta_C = \frac{M_B l_2}{6EI} + \frac{M_C l_2}{3EI} - \frac{P_b ab(l_2 + a)}{6EI l_2} = \frac{1}{EI}\left[-\frac{215 \times 0.295}{6} + \frac{528 \times 0.295}{2} - \right.$$

$$\left. \frac{3900 \times 0.203 \times 0.092 \times (0.295 + 0.203)}{6 \times 0.295} \right] = \frac{21}{EI}$$

$$f_D = \theta_C l_{CD} + \frac{F_z L^3}{3EI} = \frac{1}{EI}\left(21 \times 0.2 + \frac{2\,640 \times 0.2^3}{3} \right) = 0.019\,9 \times 10^{-3} \ \text{m} = 0.019\,9 \ \text{mm}$$

附录 Ⅰ 平面图形的几何性质

Ⅰ.1 教学基本要求

Ⅰ.1.1 内容概述

材料力学主要研究杆件的强度、刚度和稳定问题,研究这些问题的基础是杆件的内力和应力,在推导四种基本变形的应力公式时,出现了一些与横截面尺寸、形状有关的几何量,如静矩,惯性矩,惯性半径,惯性积,形心主惯性轴和形心主惯性矩等,它们对于杆件的承载能力有着极为重要的作用,在工程中将这些量称为平面图形的几何性质。本附录就是专门研究这些几何性质的。

Ⅰ.1.2 目的要求

(1)理解平面图形的静矩,形心;惯性矩,惯性半径,极惯性矩,惯性积;形心主惯性轴和形心主惯矩的概念;熟悉相应计算公式与量纲(单位)。
(2)熟练掌握组合图形的静矩和形心的计算。
(3)掌握平行移轴公式,并能熟练地应用它计算组合图形的惯性矩和惯性积。
(4)了解转轴公式。会计算组合截面的形心主惯性轴和形心主惯性矩。
(5)会使用型钢表。

Ⅰ.1.3 三基

(1)基本概念:形心,静矩,惯性矩,惯性半径,惯性积,形心主惯性轴,形心主惯性矩。
(2)基本理论:平行移轴定理和转轴定理。
(3)基本方法:积分法、组合图形惯性矩计算的化整为零法。

Ⅰ.1.4 重点难点

重点:静矩、惯性矩,惯性积的概念,平行移轴公式与转轴公式,组合图形惯性矩的计算。
难点:组合图形形心主轴与形心主惯性矩的计算。

Ⅰ.2 教学建议

本章教学形式多样,不同的教师可有不同的处理方法,比如有的放在扭转强度前一起讲,有的是讲到什么力学内容,需要什么几何性质时就讲什么几何性质,边讲边用;也有的先讲一部分内容先用着,等到再用其他内容时再讲另一部分等。但不管什么讲课方式,本章还是分单元来写,实践证实,它都可以适应上述情况。

Ⅰ.2.1 单元划分

本章共 4 学时,分为 2 个教学单元。
第一单元讲静矩和形心,惯性矩和惯性半径,惯性积及简单图形惯性矩、惯性积的计算。
第二单元讲平行移轴定理和组合图形惯性矩的计算,转轴公式与形心主惯性轴及形心主惯性矩的计算。

三导

333

I.2.2　各单元重点教学内容建议

第一单元教学重点内容

1.静矩和形心

(1)静矩。平面图形(见图 I.1)对 y 轴和 Z 轴的静矩分别为

$$s_y = \int_A z\,\mathrm{d}A \qquad s_z = \int_A y\,\mathrm{d}A \tag{I.1}$$

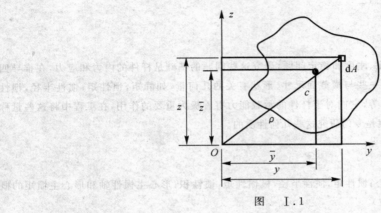

图　I.1

量纲为长度的三次方。静矩也称为图形的静面矩、一次矩。 平面图形的静矩是对某一坐标轴而言的,同一图形对不同的坐标轴,其静矩不同。静矩的数值是代数量,可以为正值、负值或零。

(2)形心。在图 I.1 所示的 Oyz 坐标系中,平面图形的形心坐标为

$$\bar{y} = \frac{\displaystyle\int_A y\,\mathrm{d}A}{A} \qquad \bar{z} = \frac{\displaystyle\int_A z\,\mathrm{d}A}{A} \tag{I.2}$$

当一个平面图形是由几个简单图形(如矩形、圆形等)组成时,由静矩的定义知,图形各组部分对某一轴静矩的代数和,等于整个图形对同一轴的静矩,即

$$s_z = \sum_{i=1}^{n} A_i \bar{y}_i \, ; s_y = \sum_{i=1}^{n} A_i \bar{z}_i \tag{I.3}$$

式中,A_i 和 $\bar{y}_i$、$\bar{z}_i$ 分别表示任一组成部分的面积及其形心坐标。n 表示图形由 n 个部分组成。图形的静矩是对于一定轴而言的,其值可正、可负,也可为零,量纲为长度的三次方。

组合图形的形心坐标为

$$\bar{y} = \frac{\displaystyle\sum_{i=1}^{n} A_i \bar{y}_i}{\displaystyle\sum_{i=1}^{n} A_i}, \qquad \bar{z} = \frac{\displaystyle\sum_{i=1}^{n} A_i \bar{z}_i}{\displaystyle\sum_{i=1}^{n} A_i} \tag{I.4}$$

若平面图形对某一轴的静矩为零,则该轴必然通过图形的形心;反之,若某一轴通过形心,则图形对该轴的静矩等于零。截面图形的形心,与和其形状相同的均质等厚薄板的重心重合。

2.惯性矩、惯性半径、极惯性矩

平面图形对 y 轴和 z 轴的惯性矩分别为

$$I_y = \int_A z^2\,\mathrm{d}A, \qquad I_z = \int_A y^2\,\mathrm{d}A \tag{I.5}$$

其量纲为长度的四次方,惯性矩又称为图形的二次矩。 惯性矩的数值恒为正,其值随不同的坐标轴变化。图形对坐标原点 O 的极惯性矩为

$$I_p = \int_A \rho^2 \, \mathrm{d}A \tag{Ⅰ.6}$$

式中，ρ 表示微面积 $\mathrm{d}A$ 到坐标原点的距离（见图 Ⅰ.1）。极惯性矩 I_p 和惯性矩 I_y，I_z 之间有以下关系：

$$I_p = I_y + I_z \tag{Ⅰ.7}$$

图形对 y 轴和对 z 轴的惯性半径为

$$i_y = \sqrt{\frac{I_y}{A}}, \quad i_z = \sqrt{\frac{I_z}{A}} \tag{Ⅰ.8}$$

量纲为长度的一次方。

3. 惯性积

平面图形对 y,z 轴的惯性积为

$$I_{yz} = \int_A yz \, \mathrm{d}A \tag{Ⅰ.9}$$

量纲为长度的四次方。惯性积的数值可正，可负，也可为零。当坐标系的两个坐标轴中有一个为图形的对称轴时，则图形对这一坐标系的惯性积为零。

第 2 单元教学重点内容

1. 平行移轴公式

平行移轴公式表明，图形对两根相互平行的坐标轴（其中一根坐标轴通过图形的形心）惯性矩之间的关系。

图 Ⅰ.2 为一任意截面图形，c 点为图形的形心，y_c、z_c 轴为分别与任意一对坐标轴 y 轴和 z 轴平行的形心轴，两对轴的间距分别为 b 和 a。图形对这相互平行的两对坐标轴惯性矩及惯性积之间的关系为

$$I_y = I_{y_c} + b^2 A \tag{Ⅰ.10}$$

$$I_z = I_{z_c} + a^2 A \tag{Ⅰ.11}$$

$$I_{zy} = I_{z_c} + ab A \tag{Ⅰ.12}$$

上式称为平行移轴公式。

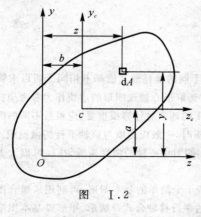

图 Ⅰ.2

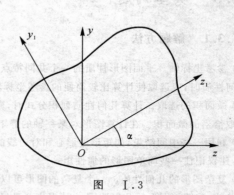

图 Ⅰ.3

2. 转轴公式、主惯性轴与主惯性矩

（1）转轴公式。如图 Ⅰ.3 所示，由坐标轴 y，z 轴转 α 角得到一对新坐标轴 y_1，z_1，图形对这两对坐标轴的惯性矩及惯性积之间的关系为

$$I_{y_1} = \frac{I_z + I_y}{2} + \frac{I_z - I_y}{2} \cos 2\alpha - I_{zy} \sin 2\alpha \tag{Ⅰ.13}$$

$$I_{z_1} = \frac{I_z + I_y}{2} - \frac{I_z - I_y}{2} \cos 2\alpha I_{zy} \sin 2a \tag{Ⅰ.14}$$

$$I_{z_1 y_1} = \frac{I_z - I_y}{2} \sin 2\alpha + I_{zy} \cos 2\alpha \tag{Ⅰ.15}$$

式中，α 角逆时针为正。

(2) 主惯性轴与主惯性矩。如对于某一 α_0 角得到一对坐标轴 $yO，zO$，图形对这对坐标轴的惯性积等于零，这一对坐标轴称为主惯性轴（简称主轴），图形对于主惯性轴的惯性矩称为主惯性矩。α_0 角可由下式求得：

$$\tan 2\alpha_0 = -\frac{2 I_{zy}}{I_z - I_y} \qquad (\text{I}.16)$$

主惯性矩是图形对通过同一点各轴的惯性矩中的最大值和最小值。

过形心的主惯性轴称为形心主惯性轴，图形对其惯性矩称为形心主惯性矩。形心主惯性矩的公式为

$$I_{y0} = \frac{I_z + I_y}{2} + \frac{1}{2}\sqrt{(I_z - I_y)^2 + 4I_{zy}^2} \qquad (\text{I}.17)$$

$$I_{z0} = \frac{I_z + I_y}{2} - \frac{1}{2}\sqrt{(I_z - I_y)^2 + 4I_{zy}^2} \qquad (\text{I}.18)$$

I.2.3　考试内容

平面图形的几何性质在强度、刚度和稳定性分析中是必不可少的一个内容，因此在每套试题中都会有图形几何性质方面的计算题。有时是单独计算图形几何性质的试题，有时是在其他题中（如弯曲强度）加有图形几何性质的计算内容。无论试题采用哪一种形式，都要求读者熟练掌握简单图形（矩形、圆形等）和由简单图形组成的组合图形（如 I、T、U 形等）的几何性质的求解，尤其是图形形心位置的确定以及静矩、形心主惯性矩的计算。其具体有以下考核内容。

(1) 利用客观题考几何性质的基本概念。

(2) 计算组合图形的静矩和形心。

(3) 利用平行移轴公式和转轴公式计算组会图形的惯性矩和惯性积。

(4) 主惯性轴的确定。求解形心主轴和形心主惯性矩。

I.3　典型例题

I.3.1　解题方法

(1) 参考坐标轴。平面图形性质的一个共同特点，就是对不同的坐标轴其值都不相同。所以求解平面图形的几何性质时，应选取使计算比较简便的参考坐标轴。通常选取形心轴或图形的边线作为参考坐标轴。

(2) 微面积的选取。计算几何性质列积分式时，微面积 dA 的选取对计算很重要，应根据不同的图形和坐标轴选取恰当的微面积。在计算图形对某一轴的静矩和惯性矩时，一般应选取与该轴平行的微面积。

(3) 利用一些中间结果，如矩形过形心和对边线的惯性矩，圆对中心轴的惯性矩等，往往可以大大提高计算速度，建议记住一些简单图形的惯性矩。

(4) 复杂图形的几何性质。一个复杂的图形可以分解为若干个简单的基本图形，再利用求组合图形几何性质的公式，求解该图形的几何性质。读者应熟悉经常用到的平行移轴公式及圆形、矩形等基本图形的几何性质。使用移轴公式时，两平行轴中，必须有一轴为形心轴。截面图形对所有平行轴的惯性矩中，以对通过形心轴的主轴为最小。在一些情况下，利用"负面积法"可使计算大为简化。

(5) 型钢表的查用。工程上常需计算型钢组合图形的几何性质，在查型钢表时，应特别注意表中的坐标轴和所求坐标轴的对应关系。

I.3.2　典型例题

例 I.1　试确定图 I.4 所示截面的形心位置。

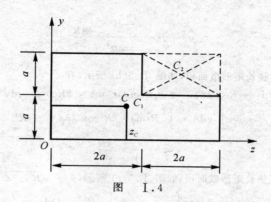

图　I.4

解　(1) 选取图 I.4 所示坐标系,并把图形看成是由一个 $4a \times 2a$ 的大矩形(形心在 C_1),割去 $2a \times a$ 的小矩形(虚线所示,形心在 C_2)而成。

(2) 计算截面图形对 y, z 轴的静矩 s_y, s_z,有

$$s_y = \sum_{i=1}^{2} A_i \bar{z}_i = 4a \times 2a \times 2a - 2a \times a \times 3a = 10a^3$$

$$s_z = \sum_{i=1}^{2} A_i \bar{y}i = 4a \times 2a \times a - 2a \times a \times \frac{3}{2}a = 5a^3$$

(3) 计算截面形心 C 的坐标,有

$$\bar{y}_C = \frac{s_z}{A} = \frac{5a^3}{4a \times 2a - 2a \times a} = \frac{5}{6}a$$

$$\bar{z}_C = \frac{s_y}{A} = \frac{10a^3}{4a \times 2a - 2a \times a} = \frac{10}{6}a$$

【评注】　本例采所用的方法为负面积法,这种处问题的方法,对于具有槽、孔的截面是很有实用价值的。

例 I.2　图 I.5(a) 所示半圆图形的半径为 R,试求半圆的形心的位置其对形心轴 z 的惯性矩。

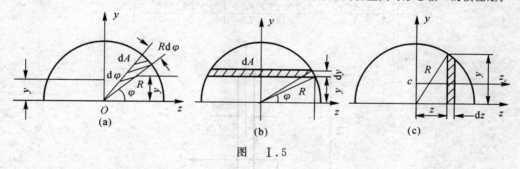

图　I.5

解　(1) 形心的位置

选取图 I.5(a) 中所示坐标系,z 轴和图形底边重合,y 轴为半圆的对称轴。这样半圆的形心必在对称轴 y 上,即 $z = 0$。只需计算形心坐标。

计算形心坐标时,应先计算半圆图形对 z 轴的静矩 s_z,以下选取 3 种不同的微面积进行计算:

1) 微面积 1。如图 I.5(a) 所示,选取扇形微面积,扇形可看成底为 $Rd\phi$ 和高为 R 的三角形,其形心到坐标原点的距离为 $2R/3$,形心的坐标为 $y = (2R\sin\phi)/3$,面积 $dA = (R^2 d\phi)/2$,则

$$s_z = \int_A y dA = \int_0^{\pi} \frac{2}{3}R\sin\phi \cdot \frac{1}{2}R^2 d\phi = \frac{2}{3}R^3$$

半圆形心坐标为

$$y = \frac{s_z}{A} = \frac{\frac{2}{3}R^3}{\frac{1}{2}\pi R^2} = \frac{4R}{3\pi}$$

2) 微面积 2。选取水半狭长矩形微面积,如图 Ⅰ.5(b) 所示,有

$$y = R\sin\phi, \quad dy = R\cos\phi d\phi, \quad z = R\cos\phi, \quad dA = 2R\cos\phi, \quad dy = 2R^2\cos^2\phi d\phi$$

故

$$s_z = \int_A y dA = \int_0^{\frac{\pi}{2}} R\sin\phi \cdot 2R^2\cos^2\phi d\phi = \frac{2}{3}R^3$$

半圆形心坐标为

$$\bar{y} = \frac{s_z}{A} = \frac{4R}{3\pi}$$

3) 微面积 3。选取竖直狭长矩形徽面积,如图 Ⅰ.5(c) 所示,$y = \sqrt{R^2 - Z^2}$,$dA = y dz$。

故

$$s_z = \int_A y \cdot dA = \int_A y \cdot y dz = \int_0^R (R^2 - z^2)dz = \frac{2}{3}R^3$$

半圆形心坐标为

$$\bar{y} = \frac{s_z}{A} = \frac{4R}{3\pi}$$

(2) 对形心轴 z_C 的惯性矩。半圆对 z 轴的惯性矩等于整圆的一半,即

$$I_z = \frac{1}{2} \cdot \frac{\pi D^4}{64} = \frac{\pi D^4}{128} = \frac{\pi R^4}{8}$$

由平行移轴公式得半圆对形心辅 z_C 的惯性矩

$$I_{zC} = I_z - a^2 A = \frac{\pi R^4}{8} - \left(\frac{4R}{3\pi}\right)^2 \cdot \frac{\pi R^2}{2} = R^4\left(\frac{\pi}{8} - \frac{8}{9\pi}\right)$$

【评注】 (1) 由本题计算可以看出,在计算截面图形几何性质时,选择合适的微面积可简化计算。(2) 本题的解题方法可用来求解任意角度扇形面积的形心和惯性矩。

例 Ⅰ.3 一 T 形截面如图 Ⅰ.6 所示。试确定其形心 c 的位置,并计算图形对其形心轴的惯性矩。

解 (1) 形心 c 的位置。把截面看成 1,2 两个矩形组成,选取坐标系如图 Ⅰ.6 所示,以 y 轴为对称轴,z 轴平行于底边,并通过矩形 2 的形心。截面形心必在对称轴 y 上,只需确定形心在 y 轴上的位置。由组合图形的形心公式,得

$$y = \frac{A_1\bar{y}_1 + A_2\bar{y}_2}{A_1 + A_2} = \frac{140 \times 20 \times 80 + 100 \times 20 \times 10}{140 \times 20 + 100 \times 20} = 46.7 \text{ mm}$$

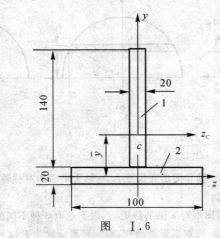

图 Ⅰ.6

(2) 截面对其形心轴的惯性矩。因为 y 轴过两个矩形的形心,截面对 y 轴的惯性矩就等于两个矩形对其形心轴惯性矩之和,则

$$I_y = I_{y1} + I_{y2} = \frac{140 \times 20^3}{12} + \frac{20 \times 100^3}{12} = 1.76 \times 10^6 \ \text{mm}^4$$

利用平行移轴公式可得到截面对 z 轴的惯性矩,有

$$I_z = I_{z1} + a_1^2 A_1 + I_{z2} + a_2^2 A_2 =$$

$$\frac{20 \times 140^3}{12} + (80 - 6.7)^2 \times 20 \times 140 + \frac{100 \times 20^3}{12} + 20 \times 100 \times 46.7^2 =$$

$$12.12 \times 10^6 \ \text{mm}^4$$

【评注】　通常把组合图形分解为几个矩形或圆形,利用这些基本图形的形心位置及对其形心轴的惯性矩,并利用平行移轴公式,即可求组合图形的形心位置及惯性矩。本题也可用"负面积法",读者可试做。

例 Ⅰ.4　试计算图 Ⅰ.7 所示槽形截面的形心主惯性矩。

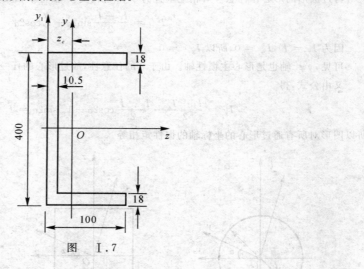

图　Ⅰ.7

解　(1)确定形心位置。计算形心坐标 z_C,有

$$z_C = \frac{S_{z1}}{A} = \frac{10.5 \times 400 \times \frac{10.5}{2} + 2 \times 89.5 \times 18 \times \left(\frac{89.5}{2} + 10.5\right)}{10.5 \times 400 + 2 \times 89.5 \times 18} = 26.9 \text{mm}$$

(2)确定形心主惯性轴。由于 z 轴为对称轴,故 z 轴即为形心主惯性轴,另一条形心主惯性轴通过形心与 z 轴相垂直。形心主惯性轴 z 和 y 均表示于图 Ⅰ.7 中。

(3)形心主惯性矩计算:

$$I_z = \frac{10.5 \times 400^3}{12} + 2 \times \left[\frac{89.5 \times 18^3}{12} + 89.5 \times 18 \times (200 - 9)^2\right] =$$

$$1.736 \times 10^8 \ \text{mm}^4 = 1.736 \times 10^{-4} \ \text{m}^4$$

$$I_y = \frac{400 \times 10.5^3}{12} + 400 \times 10.5 \times \left(26.9 - \frac{10.5}{2}\right)^2\Big] +$$

$$2 \times \left[\frac{18 \times 89.5^3}{12} + 18 \times 89.5 \times \left(10.5 + \frac{89.5}{2} - 26.9\right)^2\right] = 675 \times 10^{-8} \ \text{m}^4$$

【评注】　本例若用负面积法进行计算,则运算就较为简单。也就是说,可以将该槽形截面看作为 $400 \ \text{mm} \times 100 \ \text{mm}$ 的大矩形被挖去 $89.5 \ \text{mm} \times 364 \ \text{mm}$ 小矩形的一个截面图形,据此有

$$I_z = \frac{100 \times 400^3}{12} - \frac{89.5 \times 364^3}{12} = 1.736 \times 10^8 \ \text{mm}^4 = 1.736 \times 10^{-4} \ \text{m}^4$$

$$I_y = \left[\frac{400 \times 00^3}{12} + 400 \times 100 \times \left(\frac{100}{2} - 26.96\right)^2\right] -$$

$$\left[\frac{364 \times 89.5^3}{12} + 364 \times 89.5 \times \left(100 - 26.96 - \frac{89.5}{2}\right)^2\right] =$$

$$6.75 \times 10^6 \ \text{mm}^4 = 6.75 \times 10^{-8} \ \text{m}^4$$

例 I.5　试证圆形、正方形、等边三角形(图 I.8)的任一对形心轴都是形心主惯性轴,且截面对这些轴的形心主惯性矩均相同,并由此推出一般性结论。

解　(1)圆形图形。对过圆形形心一对相互垂直的形心轴 y,z,其形心主惯性矩为

$$I_y = I_z = \frac{\pi D^4}{64}$$

由于 y,z 轴是对称轴,其惯性积 $I_{yz} = 0$。

再过圆形的形心作任意一对相互垂直的 y',z' 轴,设 y' 轴与 y 轴夹角为 α,根据转轴公式,得

$$I_{y'z'} = \frac{I_y - I_z}{2}\sin2\alpha + I_z\cos2\alpha$$

因为 $I_y = I_z$,$I_{yz} = 0$,所以 $I_{y'z'} = 0$

可见,$y'z'$ 轴也是形心主惯性轴。由于 α 的任意性,故过形心的任一对轴都是形心轴。

又由公式,得

$$I_{y'} = \frac{I_y + I_z}{2} + \frac{I_v - I_z}{2}\cos2\alpha - 1_{yz}\sin2\alpha = I_y = I_z = I_{z'}$$

所以图形对所有通过形心的坐标轴的惯性矩相等。

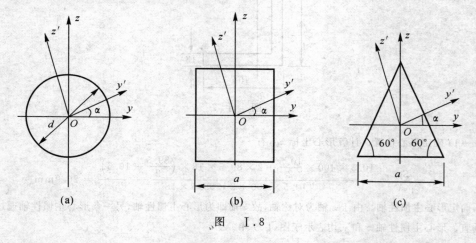

图　I.8

(2)正方形。过图形形心作相互垂直的 y,z 轴(图 I.8(b)),则正方形对 y,z 轴的惯性矩为

$$I_y = I_z = \frac{a^4}{12}$$

而且

$$I_{yz} = 0$$

证法同上,可得过形心的任一对轴都是形心主惯性矩。

(3)正三角形。过图 I.8(c)所示正三角的形心作 y,z 轴,可由积分法求出三角形对 y,z 轴的惯性矩为

$$I_y = I_z = \frac{\sqrt{3}}{96}a^4$$

由于 z 轴是对称轴,$I_{yz'} = 0$,所以 y,z 轴是形心主惯性轴。

过形心作 y',z' 轴,y' 轴与 y 轴的夹角为 α,利用转轴公式同上可证得

$$I_{y'z'} = 0$$

且

$$I_{y'} = I_{z'} = I_y = I_z$$

即 $y'z'$ 轴也是形心主惯性轴,由于 α 的任意性,所以过正三角形形心的任一对轴都是形心主惯轴,且形心主惯

性矩均相等。

【评注】 凡是平面图形对其两个形心主惯性轴的惯性相等时,则图形的任一形心轴都是形心主惯性轴,且形心主惯性矩均相等。任意正多边形的形心轴皆为形心主惯性轴。

例 Ⅰ.6 图 Ⅰ.9示 L 型截面,已知 $a = 100$ mm,$b = 150$ mm,$t = 25$ mm,形心 c 坐标 $\bar{x} = 54.17$ mm、$\bar{y} = 29.17$ mm. 试求截面的形心主惯性轴及形心主惯性矩。

解(1)计算对形心轴的惯性矩、惯性积

过形心 C 取坐标轴 x_c,y_c 轴(见图 Ⅰ.9)。利用平行移轴公式,图形对 z_c,y_c 轴的惯性矩和惯性积为

$$I_{xx} = \frac{150 \times 25^3}{12} + 150 \times 25 \times \left(29.17 - \frac{25}{2}\right)^2 + \frac{25 \times (100-25)^3}{12} +$$

$$75 \times 25 \times \left(25 + \frac{100-25}{2} - 29.17\right)^2 = 4.20 \times 10^6 \text{ mm}^4$$

$$I_{yx} = \frac{25 \times 150^3}{12} + 150 \times 25 \left(\frac{150}{2} - 54.17\right)^2 + \frac{(100-25) \times 25^3}{12} +$$

$$75 \times 25 \times \left(54.17 - \frac{25}{2}\right)^2 = 12.0 \times 10^6 \text{ mm}^4$$

$$I_{xyc} = 150 \times 25 \left(\frac{150}{2} - 54.17\right) \left[-\left(29.17 \times \frac{25}{2}\right)\right] + 75 \times 25 \times$$

$$\left[-\left(54.17 - \frac{25}{2}\right)\right] \times \left(25 + \frac{100-25}{2} - 29.1\right) = -3.91 \times 10^6 \text{ mm}^4$$

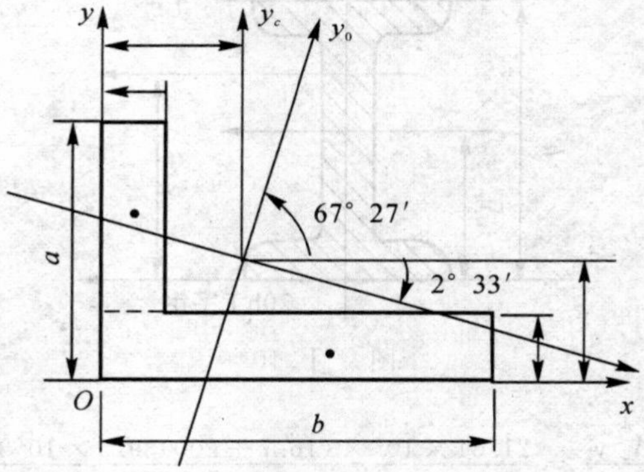

图 Ⅰ.9

(2)形心主惯性轴方位:

$$\tan 2\alpha_0 = -\frac{2I_{xyc}}{I_{xx} - I_{yx}} = -\frac{2(-3.91 \times 10^6)}{(4.2 - 12) \times 10^6} = 7.003$$

$$2\alpha_0 = -45°6' \quad 134°54'$$

$$\alpha_0 = -22°33' \quad 67°27'$$

(3)形心主惯性矩:

$$I_{max} \frac{(4.2 + 12.0) \times 10^6}{2} + \sqrt{\frac{(4.2 - 12.0)^2}{2} + (-3.91)^2} = 13.6 \times 10^6 \text{ mm}^4$$

$$I_{min} \frac{(42 + 12.0) \times 10^6}{2} - \sqrt{\frac{(4.2 - 12.0)^2}{2} + (-3.91)^2} = 2.6 \times 10^6 \text{ mm}^4$$

由主惯性轴在图中位置可判定:

$$I_{y_0} = I_{max} = 13.6 \times 10^6 \text{ mm}^4$$

$$I_{x_0} = I_{min} = 2.6 \times 10^6 \text{ mm}^4$$

【评注】 主惯性轴的方位确定后,判定图形对哪根主惯性轴的惯性矩最大,可采用:① 直观判断图形离

哪根轴远的面积大,则图形对该轴的惯性矩最大;② 当直观判断有困难时,可在 $|2\alpha_0| < \pi/2$ 的条件下,若 $I_{zc} > I_{yc}$,从 x_c 转动 α_0 到 x_0 轴,此时,$I_{xD} = I_{max}$;若 $I_{xC} < I_{yC}$,则 $I_{x0} = I_{min}$。

例 I.7 试计算图 I.10 所示组合图形对其形心轴的惯性矩 I_{yc} 和 I_{xc}。

解 图形由14b槽钢和20b工字钢组成。查型钢表得14b槽钢对其形心轴的惯性矩、面积及形心到图形底边的距离分别为

$$I_{yc1} = 609.4 \times 10^4 \text{ mm}^4$$
$$I_{xc1} = 61.1 \times 10^4 \text{ mm}^4$$
$$A_1 = 21.31 \times 10^2 \text{ mm}^2, \quad \bar{y}_1 = 16.7 \text{ mm}$$

20b工字钢的相应量为

$$I_{yc2} = 169 \times 10^4 \text{ mm}^4$$
$$I_{Zc2} = 2\,500 \times 10^4 \text{ mm}^4, \quad A_2 = 39.5 \times 10^2 \text{ mm}^2$$
$$\bar{y}_2 = 100 \text{ mm}, \quad h = 200 \text{ mm}$$

组合图形的形心选用 y_c,z 为参考坐标轴,y_C 为组合图形的对称轴,所以有 $\bar{z} = 0$。

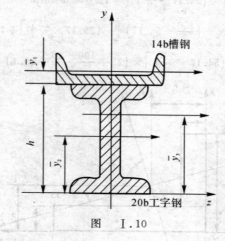

图　I.10

$$\bar{y} = \frac{A_1(\bar{y}_1 + h) + A_2\bar{y}_2}{A_1 + A_2} = \frac{21.31 \times 10^2 \times (16.7 + 200)39.5 \times 10^2 \times 100}{2.31 \times 10^2 + 39.5 \times 10^2} = 140.9 \text{ mm}$$

计算惯性矩 I_{yc} 和 I_{xc},有

$$I_{yc} = I_{yc1} + I_{yc2} = 609.4 \times 10^4 + 169 \times 10^4 = 778.4 \times 10^4 \text{ mm}^4$$
$$I_{xc} = I_{Zc1} + [(h + \bar{y}_1) - \bar{y}]^2 A_1 + I_{xc2} + (\bar{y} - \bar{y}_2)^2 A_2 =$$
$$61.1 \times 10^4 + [(200 + 16.7) - 140.9]^2 \times 21.31 \times 10^2 +$$
$$2\,500 \times 10^4 + (140.9 - 100)^2 \times 39.5 \times 10^2 =$$
$$44.46 \times 10^6 \text{ mm}^4$$

【评注】 在计算由槽钢、角钢等型钢组成的截面图形的几何性质时,应先从型钢表查出各组成截面的几何性质。查表时要特别注意表中坐标轴的位置及其符号,这些易于出错。

例 I.8 求图 I.11 所示槽钢 N018a 和等边角钢 90×10 组合截面图形的形心主惯性矩 I_{y0},I_{z0}。

解 (1)基本数据。由型钢表查得 N018a 槽钢:

$$A_1 = 25.69 \text{ cm}^2 \approx 25.7 \text{ cm}^2$$
$$I_{y1} = 1\,272.7 \text{ cm}^4 \approx 1273 \text{ cm}^4$$
$$I_{z1} = 98.6 \text{ cm}^4, \quad y_1 = 1.88 \text{ cm}$$

90×10 等边角钢:

$$A_2 = 17.167\ \mathrm{cm}^2 \approx 17.17\ \mathrm{cm}^2$$

$$I_{y2} = I_{z2} = 128.58\ \mathrm{cm}^4 \approx 128.6\ \mathrm{cm}^4$$

$$y_2 = z_2 = 2.59\ \mathrm{cm}$$

（2）确定形心坐标。将参考坐标的原点置于槽钢截面形心 C_1 处，利用形心公式得组合截面形心 C 的坐标为

$$y_C = \frac{A_1 y_{1C} + A_2 y_{2C}}{A_1 + A_2} = \frac{0 + 17.17 \times (1.88 + 2.59)}{25.7 + 17.17} = 1.79\ \mathrm{cm}$$

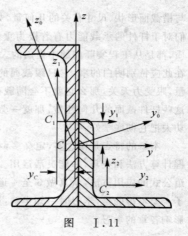

$$Z_c = \frac{A_1 z_{1C} + A_2 z_{2C}}{A_1 + A_2} = \frac{0 + 17.17 \times \left(-\dfrac{18}{2} + 2.59\right)}{25.7 + 17.17} = -2.57\ \mathrm{cm}$$

图　I.11

过组合截面形心 C 作 y, z 轴。

（3）计算组合截面图形的 I_y，I_z 和 I_{yz}。利用平行移轴公式，得

$$I_y = (I_{y1} + a_1^2 A_1) + (I_{y2} + a_2^2 A_2) = (1273 + 257^2 \times 25.7) +$$
$$\left[128.6 + \left(\frac{18}{2} - 259 - 2.57\right)^2 \times 17.17\right] = 1825\ \mathrm{cm}^4$$

$$I_z = (I_{z1} + b_1^2 A_1) + (I_{z2} + b_2^2 A_2) = (98.6 + 179^2 \times 25.7) +$$
$$\left[128.6 + (1.88 + 259 - 1.79)^2 \times 17.17\right] = 443\ \mathrm{cm}^4$$

$$I_{yz} = (I_{y_1 z_1} + a_1 b_1 A_1) + (I_{y_2 z_2} + a_2 b_2 A_2)$$

因为 y_1, z_1 轴是槽钢截面的形心主轴，故 $I_{y1z1} = 0$，而 y_2，z_2 不是角钢截面的形心主轴，需计算 I_{y2Z2}。若用 y_{02}，z_{02} 表示角钢截面形心主轴，由型钢表可知

$$I_{y02} = 53.26\ \mathrm{cm}^4 \approx 53.3\ \mathrm{cm}^4$$

$$I_{z02} = 203.90\ \mathrm{cm}^4 \approx 204\ \mathrm{cm}^4$$

应用转轴公式，得

$$I_{y_2 z_2} = \frac{I_{y02} - I_{z02}}{2}\sin 2\alpha + I_{y_0 z_0}\cos 2\alpha = \frac{53.3 - 204}{2}\sin 90° = -75.4\ \mathrm{cm}^4$$

组合截面对 y，z 轴的惯性积由平行移轴公式，得

$$I_{yr} = (I_{y1z1} + a_1 b_1 A_1) + (I_{y2z2} + a_2 b_2 A_2) =$$
$$[0 + (-1.79) \times 2.57 \times 25.7] + [-75.4 - (9 - 2.59 - 2.57) \times$$
$$(1.88 + 2.59 - 1.79) \times 17.17] = -370\ \mathrm{cm}^4$$

（4）计算形心主惯性矩。由公式得组合截面形心主惯性矩为

$$I_{y0} = \frac{I_y + I_z}{2} + \sqrt{\left(\frac{I_y + I_z}{2}\right)^2 + I_{yz}^2} = \frac{1825 + 433}{2} + \sqrt{\left(\frac{1825 - 433}{2}\right)^2 + 370^2} = 1917\ \mathrm{cm}^4$$

$$I_{z0} = \frac{I_y + I_z}{2} - \sqrt{\left(\frac{I_y + I_z}{2}\right)^2 + I_{yz}^2} = \frac{1825 + 433}{2} - \sqrt{\left(\frac{1825 - 433}{2}\right)^2 + 370^2} = 341\ \mathrm{cm}^4$$

由公式，得

$$\tan 2\alpha_0 = -\frac{2 I_{yz}}{I_y - I_z} = \frac{-2(-370)}{1825 - 433} = 0.532$$

$$2\alpha_0 = 28°, \quad \alpha_0 = 14°$$

由此确定的形心主惯性轴 y_0，z_0 的方向如图 I.11 中所示。

【评注】　由槽钢、角钢等型钢组成的截面是常见的截面形式，在计算这种图形的几何性质时，应首先从型钢表查出各组成截面的几何性质。查表时要特别注意表中坐标轴的位置、尺寸单位及其符号，这些都是容易出错的地方。

I.4　自学指导

材料力学主要研究的问题是杆件的强度、刚度和稳定计算，在推导它们相关的应力公式时，出现了一些

与横截面形状、尺寸有关的几何量,如静矩,惯性矩,惯性半径,惯性积,形心主惯性轴和形心主惯性矩等,它们对于杆件的承载能力有着极为重要的影响,在工程中将这些量,称为平面图形的几何性质。这些几何性质,都是从工程实际问题中提出的。它们是各种应力计算的一个重要因素,也是学习材料力学的一个难点。在此应特别明白的事,它只跟截面的形状、尺寸有关,与受力无关,是一个纯几何量。既然它是一个纯几何量,跟受力无关,那么它就不会随载荷千变万化,它就是工程中各种杆件截面几何性质的集合。只要会计算这些杆件截面的几何性质,那就一劳永逸了。所以学习截面几何性质的捷径,就是不学则已,要学就要下点功夫把它彻底学好。

本章的特点是概念多,定义多,相互间联系较少。学习中应抓住各种概念的定义及其计算公式,熟练掌握计算方法和技巧,并能灵活运用。所以学习截面几何性质的最好方法,就是知道各种几何性质的由来,知道公式的应用方法,认真做 3 至 4 道习题,熟练掌握计算方法和技巧,会查会用常见截面几何性质表格就行了。要不得的是,学习时一知半解,用时稀里糊涂,什么时侯用到什么时侯感到棘手,永远觉得是一个疑点,影响各章的学习。

Ⅰ.5　习题精选详解

Ⅰ.1　在题 Ⅰ.1 中,取微面积 $dA = dydz$,试用二重积分解该题。

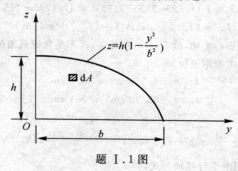

题 Ⅰ.1 图

解　由　$s_y = \int_A z dA = \int_0^b \int_0^{h\left(1-\frac{y^2}{b^2}\right)} z dz dy = \int_0^b \frac{1}{2} h^2 \left(1 - \frac{y^2}{b^2}\right)^2 dy = \frac{1}{2} h^2 \int_0^b \left(1 - 2\frac{y^2}{b^2} + \frac{y^4}{b^4}\right) dy =$

$\frac{1}{2} h^2 \left(b - 2 \cdot \frac{1}{3}\frac{b^3}{b^2} + \frac{1}{5 b^4} b^5\right) = \frac{4}{15} b h^2$

$s_z = \int_A y dA = \int_0^b y \int_0^{h\left(1-\frac{y^2}{b^2}\right)} dz dy = \int_0^b y \cdot h\left(1 - \frac{y^2}{b^2}\right) dy = h\left(\frac{1}{2}b^2 - \frac{1}{4}b^2\right) = \frac{1}{4} b^2 h$

$A = \int_A^d A = \int_0^b \int_0^{h\left(1-\frac{y^2}{b^2}\right)} dz dy = \int_0^b h\left(1 - \frac{y^2}{b^2}\right) dy = h\left(b - \frac{1}{3}b\right) = \frac{2}{3} bh$

设形心坐标 (y_c, z_c),则

$$y_c = \frac{s_z}{A} = \frac{\frac{1}{4} b^2 h}{\frac{2}{3} bh} = \frac{3}{8} b, \quad z_c = \frac{s_y}{A} = \frac{\frac{4}{15} b^2 h}{\frac{2}{3} bh} = \frac{2}{5} b$$

Ⅰ.2　试确定题 Ⅰ.2 图示各图形形心的位置。

解　图(a)由对称性知形心在对称轴 z 上。建辅助轴 y(见图(a)),则

$$s_y = \Sigma s_{yi} = \frac{1}{2}(b-a)h\frac{h}{3} + ah\frac{h}{2} = \frac{1}{6}bh^2 + \frac{1}{3}ah^2$$

$$A = \frac{1}{2}(b-a)h + ah = \frac{1}{2}(a+b)h$$

$$z_c = \frac{s_y}{A} = \frac{\frac{1}{6}bh^2 + \frac{1}{3}ah^2}{\frac{1}{2}(a+b)h} = \frac{(b+2a)h}{3(a+b)}$$

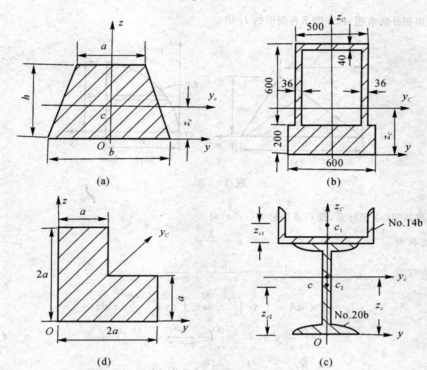

题 Ⅰ.2 图

图(b) 由对称性可知形心在对称轴 z 上。建辅助轴 y 在底边上,有

$$s_y = 200 \times 600 \times 100 + 600 \times 500 \times (300 + 200) - (500 - 2 \times 36) \times$$
$$(600 - 40) \times (200 + 300 - 20) = 47 \times 10^6 \text{ mm}^3$$

$$A = 200 \times 600 + 600 \times 500 - (500 - 2 \times 36) \times (600 - 40) = 18 \times 10^4 \text{ mm}^2$$

$$z_c = \frac{s_y}{A} = \frac{47 \times 10^6}{18 \times 10^4} = 261 \text{ mm} = 0.261 \text{ m}$$

图(c) 建辅助轴在工字钢底边。查型钢表,得

槽钢:　　　　　　　$A_1 = 21.316 \text{ cm}^2$,　　$z_{02} = \frac{1}{2}h = 10 \text{ cm}$

工字钢:　　　　　　$A_2 = 39.578 \text{ cm}^2$,　　$z_{02} = \frac{1}{2}h = 10 \text{ cm}$

$$z_c = \frac{s_y}{A} = \frac{A_1(h + z_{01}) + A_2 z_{02}}{A_1 + A_2} =$$
$$\frac{21.316 \times (20 + 1.67) + 39.578 \times 10}{39.578 + 21.316} = 14.06 \text{ cm} = 0.140\,6 \text{ m}$$

图(d) 形心应在对称轴 y_c 上,则

$$s_y = 2a \times a \times a \times a^2 \times \frac{a}{2} = \frac{5}{2}a^3$$

$$A = 2a^2 + a^2 = 3a^2$$

$$z_c = \frac{s_y}{A} = \frac{5}{6}a$$

由对称性,得

$$y_c = \frac{5}{6}a$$

Ⅰ:3　试用积分法求题Ⅰ.3图示各图形的 I_y 值。

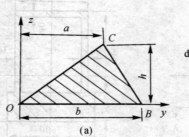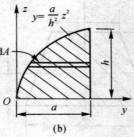

题 Ⅰ.3 图

解　(1) 建如图(a)坐标系,设 C 点坐标为 (c,h),则

OC 直线方程为
$$z = \frac{h}{c}y$$

CB 直线方程为
$$z = -\frac{h}{b-c}y + \frac{hb}{b-c}$$

$$I_y = \int_A z^2\,\mathrm{d}A = \int_0^c \mathrm{d}y \int_0^{\frac{h}{c}y} z^2\,\mathrm{d}z + \int_c^b \mathrm{d}y \int_0^{\frac{h}{b-c}y+\frac{hb}{b-c}} z^2\,\mathrm{d}z =$$

$$\frac{1}{3}\int_0^c \frac{h^3}{c^3}y^3\,\mathrm{d}y + \frac{1}{3}\int_c^b \left(-\frac{h}{b-c}y + \frac{hb}{b-c}\right)^3\,\mathrm{d}y =$$

$$\frac{1}{12}\frac{h^3}{c^3}c^4 + \frac{h^3}{3(b-c)^3}\int_c^b (b-y)^3\,\mathrm{d}y =$$

$$\frac{1}{12}ch^3 + \frac{h^3}{3(b-c)^3}(-1)\int_{b-c}^0 (b-y)^3 \int (b-y)^3\,\mathrm{d}(b-y) =$$

$$\frac{1}{12}ch^3 + \frac{h^3}{12(b-c)^3}(b-c)^4 = \frac{1}{12}bh^3$$

(2) 建如图(b)坐标系,有

$$\mathrm{d}A = \left(a - \frac{a}{h^2}z^2\right)\cdot\mathrm{d}z$$

$$I_y = \int_A z^2\,\mathrm{d}A = \int_0^h z^2\left(a - \frac{a}{h^2}z^2\right)\mathrm{d}z = a\left[\frac{1}{3}h^3 - \frac{1}{5}h^3\right] = \frac{2}{15}ah^3$$

Ⅰ.6　计算题Ⅰ.6图示图形对 y,z 轴的惯性积 I_{yz}。

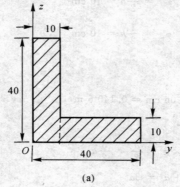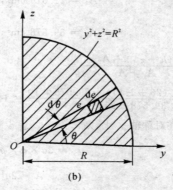

题 Ⅰ.6 图

解 (1) 视图形为两个矩形的组合,则

$$I_{yz} = 40 \times 10 \times x \times 5 + (40-10) \times 10 \times 5 \times \left(10 + \frac{40-10}{2}\right) =$$

$$7.75 \times 10^4 \text{ mm}^4 = 7.75 \times 10^{-8} \text{ m}^4$$

(2)

$$dA = \rho d\rho d\theta$$

$$y = \rho\cos\theta, \quad z = \rho\sin\theta$$

$$I_{yz} = \int_A yz \, dA = \int_0^R \rho^3 \, d\rho \int_0^{\frac{\pi}{2}} \cos\theta\sin\theta d\theta = \frac{1}{4}R^4 \cdot \frac{1}{2} = \frac{1}{8}R^4$$

I.7 计算题 I.7 图形对 y, z 轴的惯性矩 I_y, I_z 以及惯性积 I_{yz}。

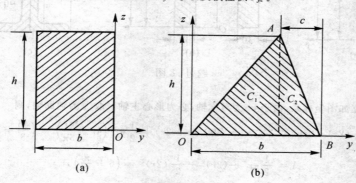

题 I.7 图

解 (a)

$$I_y = \frac{1}{12} bh^3 + bh\left(\frac{h}{2}\right)^2 = \frac{1}{3} bh^3$$

同理

$$I_z = \frac{1}{3} hb^3$$

$$I_{yz} = hb\left(-\frac{b}{2}\right)\left(\frac{h}{2}\right) = -\frac{1}{4} b^2 h^2$$

(b) OA 直线方程:

$$z = \frac{h}{b-c} y$$

AB 直线方程:

$$z = \frac{h}{c}(b-y)$$

由题 I.2 可知:

$$I_y = \frac{1}{12} bh^3$$

$$I_z = \frac{1}{12}hc^3 - \frac{1}{2}hc\left(\frac{c}{3}\right)^2 + \frac{1}{2}hc\left(b-c+\frac{c}{3}\right)^2 + \frac{1}{3}h(b-c)^3 - \frac{1}{12}h(b-c)^3 =$$

$$\frac{bh}{12}(3b^2 - 3cb + c^2)$$

$$I_{yz} = \int_A yz \, dA = \int_0^{b-c} y dy \int_0^{\frac{h}{b-c}y} z dz + \int_{b-c}^b y dy \int_0^{\frac{h}{c}(b-y)} z dz =$$

$$\int_0^{b-c} \frac{1}{2}\frac{h^2}{(b-c)^2} y^3 \, dy + \int_{b-c}^b \frac{1}{2}\frac{h^2}{c^2} y(b-y)^2 \, dy =$$

$$\frac{1}{8}h^2(b-c)^2 + \int_{bh}^b \frac{h^2}{2c^2}(b-y)^3 \, d(b-y) - \int_{b-x}^b \frac{h^2}{2c^2}b(b-y)^2 \, dy =$$

$$\frac{1}{8}h^2(b-c)^2 - \frac{h^2}{8c^2}c^4 + \frac{h^2 b}{6c^2}c^3 = \frac{1}{8}b^2 h^2 - \frac{1}{4}bch^2 + \frac{1}{6}bch^2 =$$

$$\frac{bh^2(3b-2c)}{24}$$

Ⅰ.8 试确定题Ⅰ.8图示平面图形的形心主惯性轴的位置,并求形心主惯性矩。

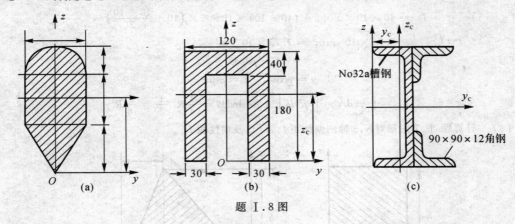

题Ⅰ.8图

解 图(a)建立如图坐标系,由于 z_c 为对称轴,必为形心主轴。取 y 为辅助轴,则

$$s_y = \frac{1}{2}(2r) \cdot (2r) \times \frac{2}{3}(2r) + (2r)^2(r+2r) + \frac{1}{2}\pi r^2\left(4r + \frac{4r}{3\pi}\right) = \left(\frac{46}{3} + 2\pi\right)r^3$$

$$A = \frac{1}{2}\pi r^2 + (2r)^2 + \frac{1}{2}(2r)^2 = \left(6 + \frac{\pi}{2}\right)r^2$$

$$z_c = \frac{s_y}{A} = \frac{\left(\frac{46}{3} + 2\pi\right)}{\left(6 + \frac{\pi}{2}\right)}r = 2.85r$$

$$I_x = \frac{\pi}{8}r^4 + \frac{1}{12}(2r)^4 + 2\times\frac{1}{12}\times 2r\times r^3 = \left(\frac{\pi}{8} + \frac{4}{3} + \frac{1}{3}\right)r^4 = 2.06r^4$$

$$I_{yc} = \frac{1}{4}(2r)^2 + \frac{1}{3}\cdot 2r\cdot(4r)^3 - \frac{1}{3}(2r)^4 + \left(\frac{\pi}{128} - \frac{1}{18\pi}\right)(2r)^4$$

$$\frac{\pi}{2}r^2\left(4r + \frac{4r}{3\pi}\right)^2 - \left(6 + \frac{\pi}{2}\right)r^2\times z_c^2 = \left[4 + \frac{112}{3} + \frac{\pi}{8} - \frac{8}{9\pi} + 8\pi\left(1 + \frac{1}{3\pi}\right)^2\right]r^4 -$$

$$\frac{\left(\frac{46}{2} + 2\pi\right)^2}{\left(6 + \frac{\pi}{2}\right)}r^4 = 10.47r^4$$

(b)建立如图坐标系,z 为对称轴,必为形心主轴,取 y 为辅助轴,则

$$s_y = 120\times 180\times 90 - 60\times 140\times 70 = 1.356\times 10^6 \text{ mm}^3$$

$$A = 120\times 180 - 60\times 140 = 1.32\times 10^4 \text{ mm}^2$$

$$z_c = \frac{S_y}{A} = 102.7 \text{ mm}$$

$$I_x = \frac{1}{12}\times 180\times 120^3 - \frac{1}{12}\times 140\times 60^3 = 2.34\times 10^7 \text{ mm}^4$$

$$I_{yc} = \frac{1}{12}\times 120\times 180^3 - \frac{1}{3}\times 60\times 140^3 - 1.32\times 10^4\times 102.7^2 = 3.91\times 10^7 \text{ mm}^4$$

图(c)建立如图坐标系,y_c 为对称轴,过槽钢角取 z 为辅助轴。

查型钢表:

角钢:

$$A_1 = 20.306 \text{ cm}^2, \quad z_{01} = 2.67 \text{ cm}$$

$$I_{x1} = 128.58 \text{ cm}^4, \quad I_x = 149.2 \text{ cm}^4$$

槽钢：

$$A_2 = 48.513 \text{ cm}^2, \quad z_{02} = 2.242 \text{ cm}, \quad b = 8.8 \text{ cm}$$

$$I_{x2} = 7600 \text{ cm}^4, \quad I_{y2} = 305 \text{ cm}^4, \quad I_{y12} = 552 \text{ cm}^4$$

形心坐标为

$$y_c = \frac{48.5 \times (8.8 - 2.242) + 2 \times 20.306 \times (8.8 + 2.67)}{48.5 + 2 \times 20.306} = 8.79 \text{ cm}$$

$$z_c = 0$$

对形心坐标轴的惯性矩为

$$I_{yc} = I_{x2} + 2[I_{z1} + A_1 \times (16.0 - 2.67)^2] = 7600 + 2[128.58 + 20.306 \times 13.33^2] =$$

$$1.501 \times 10^4 \text{ cm}^4 = 1.501 \times 10^{-4} \text{ m}^4$$

$$I_{zc} = 2(I_x + A_1 \times z_{01}^2) + I_{y12} = 2 \times (149.2 + 20.3 \times 2.67)^2 + 552 =$$

$$1140 \text{ cm}^4 = 1.140 \times 10^{-5} \text{ m}^4$$

I.9 试确定题 I.9 图所示图形通过坐标原点 O 的主惯性轴的位置，并计算主惯性矩 I_{y0} 和 I_{z0} 值。

解 建辅助坐标系 yOz 如图 I.9 所示，有

$$I_y = \frac{1}{3} \times 30 \times 10^3 + \frac{1}{3} \times 10 \times 60^3 = 7.3 \times 10^5 \text{ mm}^4$$

$$I_z = \frac{1}{3} \times 50 \times 10^3 + \frac{1}{3} \times 10 \times 40^3 = 2.3 \times 10^5 \text{ mm}^4$$

$$I_{yz} = 40 \times 10 \times 5 \times 20 + 50 \times 10 \times 5 \times 35 =$$

$$40\,000 + 87\,500 = 1.275 \times 10^5 \text{ mm}^4$$

$$\tan 2\alpha_0 = -\frac{2I_{yz}}{I_y - I_z} = \frac{2 \times 1.275}{2.3 - 7.3} = -0.51$$

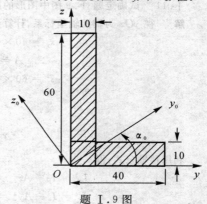

题 I.9 图

$\alpha_0 = 76.5°$，对应 y_0, I_{min}；

$\alpha_0 = -13.5°$ 对应 z_0, I_{max}

$$I_{max} = \left[\frac{1}{2}(7.3 + 2.3) + \sqrt{\frac{1}{4}(7.3 - 2.3)^2 + 1.275^2}\right] \times 10^5 =$$

$$[4.8 + 2.8] \times 10^5 \text{ mm}^4 = 7.6 \times 10^5 \text{ mm}^4$$

$$I_{min} = \left[\frac{1}{2}(7.3 + 2.3) - \sqrt{\frac{1}{4}(7.3 - 2.3)^2 + 1.275^2}\right] \times 10^5 =$$

$$[4.8 - 2.8] \times 10^5 \text{ mm}^4 = 19.9 \times 10^4 \text{ mm}^4$$

I.10 求题 I.10 图所示三角形的形心主惯性矩，并确定形心主惯性轴的位置。

解 建坐标系如图所示，则

$$I_{yc} = \frac{1}{36} \times 40 \times 20^3 = \frac{1}{9} \times 80\,000 \text{ mm}^4$$

$$I_{zc} = \frac{1}{36} \times 20 \times 40^3 = \frac{1}{9} \times 320\,000 \text{ mm}^4$$

$$I_{yzc} = \frac{1}{24} \times 40^2 \times 20^3 - \frac{1}{2} \times 20 \times 40 \times \frac{40}{3} \times \frac{20}{3} = -\frac{1}{9} \times 80\,000 \text{ mm}^4$$

$$I_{max} = \frac{1}{2} \times \frac{1}{9} \times 40\,0000 + \sqrt{\frac{1}{4} \times \frac{1}{81}(80\,000 - 320\,000)^2 + \frac{1}{81} \times 80\,000^2} =$$

$$\frac{1}{9} \times (200\,000 + 144\,222) = 38\,247.0 \text{ mm}^4$$

$$I_{min} = \frac{1}{9} \times [200\,000 - 144\,222] = 6\,197.5 \text{ mm}^4 = 6\,197.5 \text{ mm}^4$$

$$\tan 2\alpha_0 = -\frac{-2 \times \frac{1}{9} \times 80\,000}{\frac{1}{9} \times 80\,000 - \frac{1}{9} \times 320\,000} = -\frac{6}{9} = -\frac{2}{3}$$

三导

$$\alpha_0 = -16.8° \quad 或 \quad \alpha_0 = 73.15°$$

$-16.8°$ 对应 I_{min}，而 $73.15°$ 对应 I_{max}。

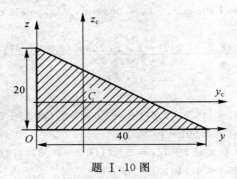

题 I.10 图

I.11　试确定题 I.9 图中图形的形心主惯性矩及形心主惯性轴。

解　视 yOz 为辅助轴坐标系，计算形心坐标。

$$s_y = 40 \times 10 \times 5 + 50 \times 10 \times 35 = 19\,500 \text{ mm}^3$$
$$A = 40 \times 10 + 50 \times 10 = 900 \text{ mm}^2$$
$$s_z = 60 \times 10 \times 5 + 30 \times 10 \times 25 = 10\,500 \text{ mm}^3$$
$$z_c = \frac{s_y}{A} = \frac{19500}{900} = 21.7 \text{ mm}$$
$$y_c = \frac{s_z}{A} = \frac{10500}{900} = 11.7 \text{ mm}$$

利用移轴公式，得

$$I_{yc} = I_y - Az_c^2 = 73 \times 10^4 - 900 \times 21.7^2 = 30.6 \times 10^4 \text{ mm}^4$$
$$I_{zc} = I_z - Ay_c^2 = 23 \times 10^4 - 900 \times 11.7^2 = 10.7 \times 10^4 \text{ mm}^4$$
$$I_{yczc} = I_{yz} - Ay_c z_c = 12.75 \times 10^4 - 900 \times 21.7 \times 11.7 = -10.1 \times 10^4 \text{ mm}^4$$

计算形心主轴与水平线夹角，有

$$\tan 2\alpha_0 = \frac{2I_{yczc}}{I_{yc} - I_{zc}} = \frac{-2 \times 10.1 \times 10^4}{30.6 \times 10^4 - 10.7 \times 10^4} = 1.015$$
$$\alpha_0 = 22.7° \quad 或 \quad -112°$$

形心主惯性矩为

$$I_{max} = \frac{1}{2}(I_{yc} + I_{zc}) + \sqrt{\left(\frac{I_{yc} - I_{zc}}{2}\right)^2 + I_{yczc}^2} =$$
$$\left[\frac{1}{2} \times (30.6 + 10.7) + \sqrt{\left(\frac{30.6 - 10.7}{2}\right)^2 + (-10.1)^2}\right] \times 10^4 =$$
$$34.9 \times 10^4 \text{ mm}^4$$

$$I_{min} = \frac{1}{2}(I_{yc} + I_{zc}) - \sqrt{\left(\frac{I_{yc} - I_{zc}}{2}\right)^2 + I_{yczc}^2} =$$
$$\left[\frac{1}{2} \times (30.6 + 10.7) - \sqrt{\left(\frac{30.6 - 10.7}{2}\right)^2 + (-10.1)^2}\right] \times 10^4 =$$
$$6.6 \times 10^4 \text{ mm}^4$$

$\alpha_0 = 22.7°$ 与 I_{max} 对应。

I.12　花键轴截面及带有花键孔的轴截面如题 I.12 图所示。试证通过形心的任一坐标都是形心主惯性轴，且形心主惯性矩等于常量。并问任意正多角形是否也有相同的性质？

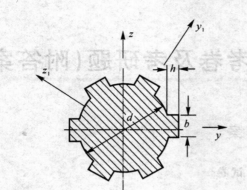

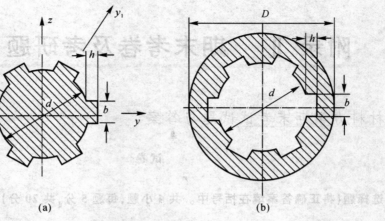

题 Ⅰ.12 图

解　设 yz 为一组对称轴，$y_1 z_1$ 为另一组对称轴。

$$I_{y_1 z_1} = \frac{I_v - I_z}{2}\sin 2\alpha + I_{yz}\cos 2\alpha$$

由于

$$I_{yz} = 0,\quad I_{y_1 z_1} = 0,\quad \sin 2\alpha \neq 0$$

故 $I_y = I_z$。

对于介于 yz 与 $y_1 z_1$ 之间的任一组与 yz 夹角为 α' 的形心轴轴 y',z'，有

$$I_{y'z'} = \frac{I_y - I_z}{2}\cdot \sin 2\alpha' + 1 = \cos 2\alpha' = 0$$

过形心的任一坐标轴都是形心主惯性轴，得

$$I_y' = \frac{1}{2}(I_y + I_z) + \frac{1}{2}(I_y - I_z)\cos 2\alpha - I_{yz}\sin 2\alpha = I_y = 常量$$

因此形心主惯性矩为常量。故对任意正多角形也有相同性质。

附录 Ⅱ   期末考卷及考研题(附答案)

A. 材料力学期末考试试题与答案

试卷一

一、选择题(将正确答案填在括号中。共 4 小题,每题 5 分,共 20 分)

1. 如图所示等截面直杆两端固定,无外力及初始应力作用。当温度升高时,关于杆内任意横截面上任意点的正应力和正应变有如下论述,试判断哪一种是正确的。(   )

(A)$\sigma \neq 0, \varepsilon \neq 0$ (B)$\sigma \neq 0, \varepsilon = 0$

(C)$\sigma = 0, \varepsilon = 0$ (D)$\sigma = 0, \varepsilon \neq 0$

2. 承受相同弯矩的 3 根直梁,其截面组成方式如图(a)(b)(c)所示。图(a)中的截面为一整体,图(b)中的截面由两个矩形截面并列而成(未粘接),图(c)中的截面由两矩形截面上下叠合而成(未粘接)。3 根梁中的最大正应力分别为 $\sigma_{max}(a), \sigma_{max}(b), \sigma_{max}(c)$。关于三者之间的关系有 4 种答案,试判断哪一种是正确的。(   )

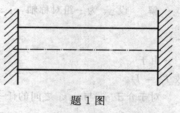

题 1 图

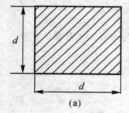 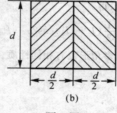 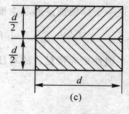

题 2 图

(A)$\sigma_{max}(a) < \sigma_{max}(b) < \sigma_{max}(c)$ (B)$\sigma_{max}(a) = \sigma_{max}(b) < \sigma_{max}(c)$

(C)$\sigma_{max}(a) < \sigma_{max}(b) = \sigma_{max}(c)$ (D)$\sigma_{max}(a) = \sigma_{max}(b) = \sigma_{max}(c)$

3. 等截面直杆,其支承和受力如图所示。关于其轴线在变形后的位置(图中虚线所示)有 4 种答案,根据弹性体的特点,试分析哪一种是合理的。(   )

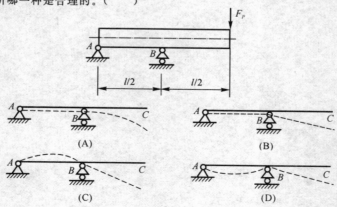

题 3 图

4.若材料服从虎克定律,且物体的变形满足小变形条件,则该物体的(   )与载荷之间呈非线性关系。
(A)内力   (B)应力(C)位移(D)应变能

二、计算题(80分)

1.T形截面外伸梁,受力与截面尺寸如图所示,其中 C 为截面形心,$I_z = 2.136 \times 10^7 \ \mathrm{mm}^4$。梁的材料为铸铁,抗拉许用应力$[\sigma_t] = 30 \ \mathrm{MPa}$,抗压许用应力$[\sigma_c] = 60 \ \mathrm{MPa}$。试校核该梁是否安全(尺寸单位为mm)。(20分)

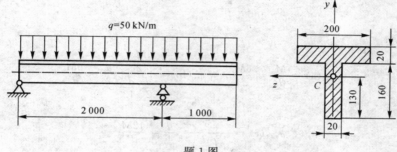

题1图

2.轴 AB 和 CD 用法兰连接,A、D 两处为固定约束,受力及尺寸(单位为 mm)如图所示,材料的 $G = 80 \ \mathrm{GPa}$。试求轴 AB 和 CD 中的最大切应力。(20分)

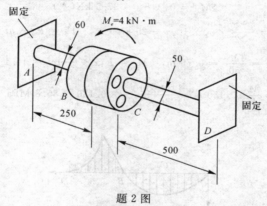

题2图

3.如图所示,托架中杆 AB 的直径 $d = 40 \ \mathrm{mm}$,长度 $L = 800 \ \mathrm{mm}$,两端可视为球铰链约束,材料为 Q235钢,$\lambda_1 = 100$,$\lambda_2 = 62$,其经验公式为 $\sigma_{cr} = 235 - 0.006\ 8\lambda^2$。试求托架的临界载荷 F_{cr},(尺寸单位为 mm)。(20分)

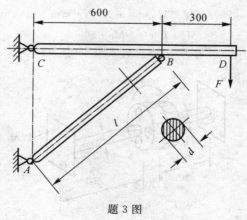

题3图

4.边长 $a = 20$ mm 的正方形截面杆受力与支承如图所示。已知材料的$[\sigma] = 50$ MPa,试求载荷$[P]$。(20 分)

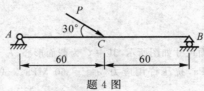

题 4 图

参考答案:

一、1.(B)

2.(B)。提示:

$$\sigma_{\max}(a) = \frac{M_z}{\frac{d^3}{6}} = \frac{6M_z}{d^3}, \quad \sigma_{\max}(b) = \frac{\frac{M_z}{2}}{\frac{d}{2} \cdot \frac{d^3}{12}} \cdot \frac{d}{2} = \frac{6M_z}{d^3}$$

$$\sigma_{\max}(c) = \frac{\frac{M_z}{2}}{\frac{d\left(\frac{d}{2}\right)^3}{12}} \cdot \frac{d}{4} = \frac{12M_z}{d^3}$$

3.(C)　　4.(D)

二、1.解　　$\Sigma M_B = 0, \quad F_A = 37.5$ kN(↑)

$$M_B = -\frac{1}{2} \times 50 \times 1^2 = -25 \text{ kN} \cdot \text{m}, \quad F_S = F_A - qx = 0$$

$$x = \frac{F_A}{q} = \frac{37.5}{50} = 0.75 \text{ m}, \quad M_C = F_A x - \frac{1}{2}qx^2 = 14.1 \text{ kN} \cdot \text{m}$$

$$\sigma_{t\max} = \frac{M_C}{I_z} \cdot 0.130 = \frac{14.1 \times 10^3}{21.36 \times 10^{-5}} \times 0.130 = 85.8 \text{ MPa} > [\sigma_t]$$

不安全。

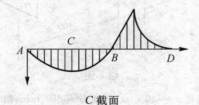

C截面

2.解　　$M_A + M_D - T = 0$

$$M_A + M_D = 4 \times 10^6 \text{ N} \cdot \text{mm} \tag{1}$$

$$\frac{M_A \cdot 250}{G \frac{\pi}{32} \times 60^4} - \frac{M_D \cdot 500}{G \frac{\pi}{32} \times 50^4} = 0 \tag{2}$$

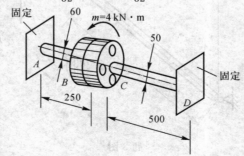

式(2) 代入式(1)

$$3.971\,6 \times 10^{-3} M_A = 12\,800$$

$$M_A = 3\,222\,878.5\ \text{N} \cdot \text{mm} \tag{3}$$

AB：

$$\tau_{max} = \frac{3\,222\,879.5}{\dfrac{\pi}{16} \times 60^3} = 75.99\ \text{MPa}$$

式(3) 代入式(1)

$$M_D = 4 \times 10^6 - 3\,222\,878.5 = 777\,121.5\ \text{N} \cdot \text{mm}$$

CD：

$$\tau_{max} = \frac{777\,121.5}{\dfrac{\pi}{16} \times 50^3} = 31.66\ \text{MPa}$$

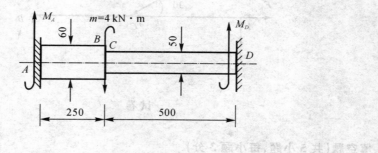

3. 解 ① 图(a)

$$\sin\theta = \frac{\sqrt{7}}{4}$$

$$\Sigma M_C = 0\quad 900 F_P = 600 F_{AB} \sin\theta, \quad F_P = \frac{2}{3} F_{AB} \sin\theta = \frac{\sqrt{7}}{6} F_{AB}$$

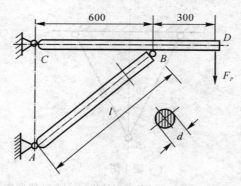

②

$$i = \frac{d}{4} = 10\ \text{mm}, \quad \lambda = \frac{aL}{i} = \frac{2 \times 800}{10} = 80 < \lambda_p,\ \text{中柔度杆}$$

$$\sigma_{cr} = 235 - 0.006\,8\lambda^2 = 191.5\ \text{MPa}$$

$$F_{ABcr} = \sigma_{cr} \cdot A = \sigma_{cr} \frac{\pi d^2}{4} = 191.5 \times \frac{\pi}{4} \times 40^2 = 240.6\ \text{kN}$$

$$F_{Pcr} = \frac{\sqrt{7}}{6} F_{ABcr} = 106\ \text{kN}$$

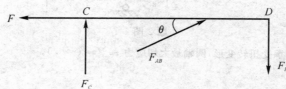

4. 解

$$\Sigma F_x = 0, \quad F_{Ax} = P\cos 30°$$

$$\Sigma M_A = 0, \quad P \times \frac{1}{2} \times 60 = 120 F_{By}$$

$$F_{By} = 0.25P, \quad F_N = F_{Ax} = 0.866P$$

$$M_{max} = M_C = 0.015P, \quad \sigma_{max} = \frac{F_{Ax}}{A} + \frac{M_C}{W} \leqslant [\sigma]$$

$$P \leqslant 3.73 \text{ kN}$$

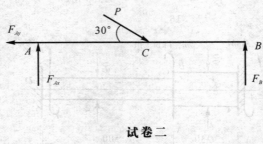

试卷二

一、填空题(共 5 小题,每小题 3 分)

1. 图示结构 AB 杆为钢制杆,热胀系数为 α_1,弹性模量为 E_1;BC 杆为铜制杆,热胀系数为 α_2,弹性模量为 E_2。已知 $\alpha_2 > \alpha_1$,$E_1 > E_2$,两杆的长度均为 L,截面积均为 A。当环境温度升高 ΔT 时,铜杆 BC 的热应力为
( )。

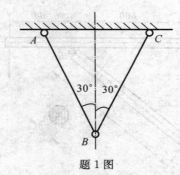

题 1 图

2. 图示倒 T 形截面梁,若已知 A−A 截面上、下表面处沿 x 方向的线应变分别是 $\varepsilon_{上} = -0.000\,4$,$\varepsilon_{下} = 0.000\,2$,则此截面中性轴位置 $y_C = ($ $)h$。

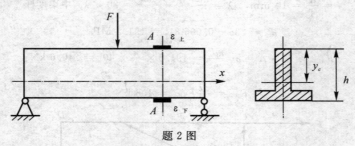

题 2 图

3. 图示阶梯形实心圆轴承受扭转变形,圆轴最大切应力 $\tau_{max} = ($ $)$。

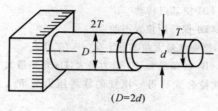

(D=2d)

题 3 图

4.钢质阶梯形圆轴如图所示,其有效应力集中因数 K_d 将随 D/d 的（　　）而增大,也将随 r/d 的增大而（　　）。

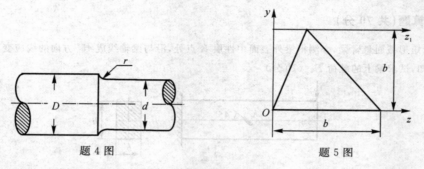

题 4 图　　　　　　　　　题 5 图

5.图示三角形截面,已知其对底边的惯性矩为 I_z,则其对与底边平行的 Z_1 轴的惯性矩 $I_{Z1}=$（　　）。

参考答案:1. 0,2. 2/3,3. $\dfrac{16}{\pi d^2}$,4.增大;减小,5. $I_z+\dfrac{bh^3}{6}$

二、单项选择题（共 5 小题,每小题 3 分）

6.一内外径之比 $\alpha=d/D$ 的空心圆轴,当两端承受扭转力偶矩时,横截面上最大切应力 τ,则内圆周处的切应力为（　　）。

(A)τ　　　　　(B)$\alpha\tau$ (C)$(1-\alpha^3)\tau$ (D)$(1-\alpha^4)\tau$

7.图示木接头,水平杆与斜杆成 α 角,其挤压面积 A_{bS} 为（　　）。

(A)bh　　　　(B)$bh\tan\alpha$ (C)$bh/\cos\alpha$ (D)$bh/(\cos\alpha\sin\alpha)$

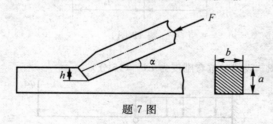

题 7 图

8.图示一端固定,一端受均匀拉力的等直杆,若变形前在直杆外表面划一条斜直线 KK,则变形过程中,直线 KK 的运动形式为（　　）。

题 8 图

(A) 平行移动　　　　　(B) 绕某点转动

(C) 平行移动和转动的组合运动　保持原位置不动

9. 等截面直梁在弯曲变形时,挠曲线最大曲率发生在(　　)处。

(A) 挠度最大　　　　(B) 转角最大(C) 剪力最大(D) 弯矩最大

10. 在稳定性计算中,若用欧拉公式算得一压杆的临界压力为 F_{cr},而实际上该压杆属于中柔度杆,则(　　)。

(A) 实际的临界压力 $= F_{cr}$(B) 实际的临界压力 $> F_{cr}$,是偏予安全的

(C) 实际的临界压力 $> F_{cr}$,是偏于实际的临界压力 $< F_{cr}$,是偏不安全的

参考答案:6. B　7. C　8. C　9. D　10. D

三、计算题(共 70 分)

11. 图示矩形截面悬臂梁,今测得梁外表面中性层 K 点处,沿与梁轴线成 $45°$ 方向的线应变 $\varepsilon_{45°}$,梁材料的 E、μ 均为已知,试求梁上的载荷 F。(10 分)

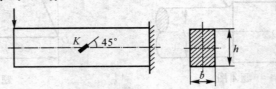

题 11 图

12. 图示等截面圆杆,已知 $F_1 = 12$ kN,$F_2 = 0.8$ kN,直径 $d = 40$ mm,$L_1 = 500$ mm,$L_2 = 700$ mm,$[\sigma] = 160$ MPa。试求:① 确定危险截面和危险点,并以单元体画出危险点的应力状态;② 用第三强度理论校核圆杆的强度。(15 分)

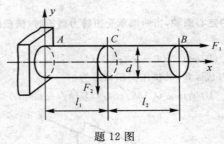

题 12 图

13. 试作图示梁的弯矩图。设梁的抗弯刚度为 EI。(15 分)

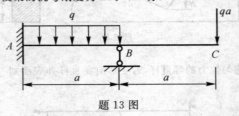

题 13 图

14. 图示结构中,AB 杆和 CB 梁材料相同,均为 Q235 钢制成。CB 梁为矩形截面,受均布载荷 q 作用;AB 杆为圆形截面杆,两端均为球铰链。已知:CB 梁截面 $h = 100$ mm,$b = 80$ mm;AB 杆直径 $d = 180$ mm。材料的 $\sigma_P = 200$ MPa,$\sigma_S = 240$ MPa,$E = 200$ GPa,$a = 304$ MPa,$b = 1.12$ MPa,$[\sigma] = 160$ MPa,规定的稳定安全因数 $[n_w] = 3$,试确定许可载荷 q 值。(15 分)

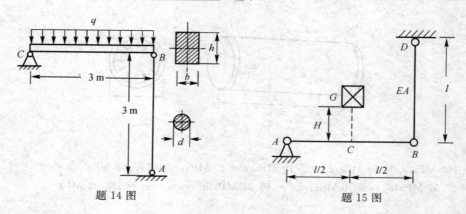

题 14 图　　　　　　　　　　题 15 图

15.图示结构中,已知 BD 杆的抗拉刚度为 EA,梁 AB 的抗弯刚度为 EI,试求当重物 G 自由下落冲击 AB 梁时 C 点的挠度。(15 分)

答案:

11.$\dfrac{2bhE \cdot \varepsilon_{45}}{3(1+\mu)}$　　　12.$\sigma_{r3} = 111. 43$ MPa $<$ $[\sigma]$,圆杆的强度足够。

14. 18. 96 kN/m　　15.$\left[1 + \sqrt{1 + \dfrac{2H}{\dfrac{Gl^3}{48EI} + \dfrac{Ga}{4EA}}}\right]\left(\dfrac{Gl^3}{48EI} \cdot \dfrac{Ga}{4FA}\right)$

B.材料力学考研题及答案

同济大学

适用专业:起重机,混凝土强度理论,桥梁结构空间分析理论,建筑材料标准化,桥梁空间作用分析(做一至五题),随机疲劳强度(做一、二、四、五、六题)

一、简支梁 AB 的荷载、截面形状和尺寸如附图示,若 $q = 20$ kN/m,截面形心 O 距底边 $y_c = 82$ mm,试求:

(1) 作 F_S,M 图;(10 分)

(2) 梁内最大正应力和最大切应力,并绘出危险截面上正应力和切应力分布图。(10 分)

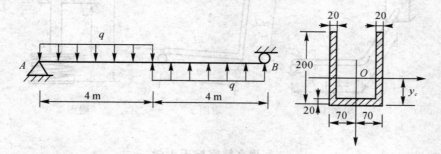

答案:$F_{Smax} = 40$ kN,$M_{max} = 40$ kN · m,$I_z = 39.7 \times 10^6$ mm⁴,$\sigma_{max} = 119$ MPa,$\tau_{max} = 7.01$ MPa

二、薄壁容器,受力如附图示。已知内压力 $p = 10$ MPa,扭转力偶 $M_T = 2.12$ kN · m,平均直径 $D = 20$ cm,壁厚 $\delta = 1$ cm,钢材料 $[\sigma] = 160$ MPa。试计算内壁处单元体上的主应力和最大切应力的值,并校核其强度。(20 分)

359

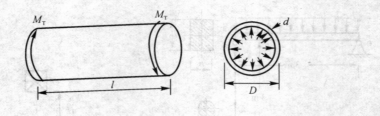

答案：

$\sigma_t = 100 \text{ MPa}, \sigma_a = 50 \text{ MPa}, \sigma_r = -10 \text{ MPa}, \tau = 40 \text{ MPa}, \sigma_1 = 122.43 \text{ MPa}$

$\sigma_2 = 27.57 \text{ MPa}, \sigma_3 = -10 \text{ Mpa}, \tau_{\max} = 66.22 \text{ MPa}, \sigma_3^* = \sigma_1 - \sigma_3 = 132.43 \text{ MPa}$

安全。

三、有一薄壁圆管和一实心圆杆，其材料及横截面的面积均相同，承受扭转力偶作用，当这两杆中的最大切应力相同时，求圆管的应变能和实心圆杆的应变能的比值。（20 分）

答案：$E/G = 2.5$。

四、实心圆截面的直角形的折杆 ABC，A 端固定，C 端简支，如附图 1 示。在 BC 中点受竖向力 F 作用，求支点 C 处的反力 F_C。（20 分）

答案：$F_C = \dfrac{52}{94} F = 0.553 F$

五、杆件 AB 与 AC 在 A 点刚接，受力如附图 2 所示，求杆 AC 的临界压力 F_{Cr}。（20 分）

答案：$F_{Cr} = \dfrac{1.42 FI}{L^2}$

六、重量为 P 的重物从高处自由落下，冲击在 AB 杆下端的弹簧上（见附图 3），已知弹的刚度为 C，冲击物的下落高度为 h，试导出动荷系的计算式，并求杆的最大伸长及横截面上的最大应力。（20 分）

答案：$K_q = 1 + \sqrt{1 + \dfrac{2h}{\dfrac{PL}{EA} + \dfrac{P}{C}}}$ $\qquad$ $\delta_q = K_q \delta_C$ $\qquad$ $\sigma_q = K_q \sigma_C$

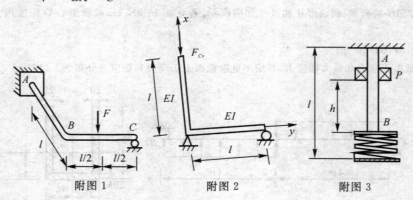

附图 1 $\qquad\qquad$ 附图 2 $\qquad\qquad$ 附图 3

北京航空航天大学

适用专业：一般机械类

一、附图示圆截面轴，长度为 L，直径为 d，在 AB 段受均布力偶的作用。设单位长度上的力偶矩为 m，材料的剪切弹性模量为 G，试绘出轴的扭矩图，并计算横截面 A 的扭转角 φ_A。（20 分）

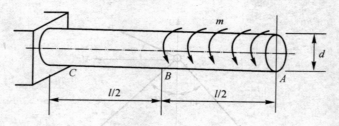

答案:扭矩图

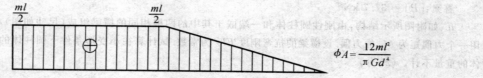

$$\phi_A = \frac{12ml^2}{\pi Gd^4}$$

二、如附图示桁架,承受载荷 F 的作用,杆 1 和杆 2 均为等截面直杆,它们的抗拉(压)刚度均为 EA,试求出各杆的轴力和节点 C 的水平位移。(20 分)

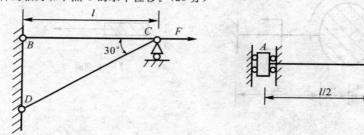

答案:二杆轴力　　　　　　$F_1 = \dfrac{8F}{8+3.3}$(拉),　$F_2 = \dfrac{6F}{8+3\cdot3}$(拉)

C 点水平位移　　　　　　$x_C = \dfrac{8FL}{(8+3\sqrt{3})EA}$(→)

三、如附图示梁 AB,A 端固定在滑块上,在跨度中点截面 C 处,承受载荷 F 的作用。设梁的抗弯刚度 EI 为常量,试作出梁的剪力图和弯矩图,并计算截面 A 的垂直位移。(20 分)

答案:$y_A = \dfrac{11FL^3}{48EI}$(↓)

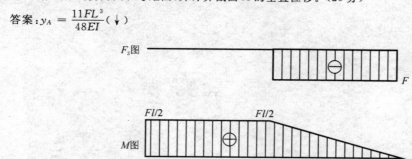

四、如附图示桁架,由两根材料相同的圆截面杆组成,该桁架在节点 C 处受载荷 P 的作用,其方位角 θ 可在 $0°$ 与 $90°$ 间变化,即 $O \leqslant \theta \leqslant \pi/2$。已知:1,2 杆的直径分别为 $d_1 = 20$ mm,$d_2 = 30$ mm,它们的杆长 $L_1 = L_2 = 1$ m,材料的屈服极限 $\sigma_S = 240$ MPa,比例极限 $\sigma_p = 196$ MPa,弹性模量 $E = 200$ GPa,屈服安全系数 $n_s = 2.0$,稳定安全系数 $n_w = 2.0$。试计算载荷 P 的最大允许值 $[P]$。(20 分)

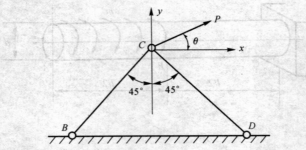

答案:$[P] = 37.7$ kN

五、如附图所示结构,由刚性圆柱体和一端嵌于其中的两根相同的横梁组成(尺寸如图),在圆柱体上作用一个力偶矩为 M_0 的力偶.设横梁的抗弯刚度 EI_z 为常数.试计算在小变形条件下圆柱体的角位移 θ.圆柱体的重量不计。(20分)

答案:$\theta = \dfrac{9a}{56} \dfrac{M_0}{EI_z}$(逆时时)

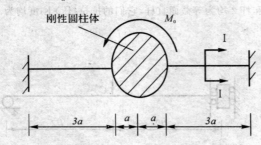

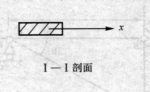

	截面形状	形心位置	惯性矩
1		截面中心	$I_z = \dfrac{bh^3}{12}$
2		截面中心	$I_z = \dfrac{bh^3}{12}$
3		$y_c = \dfrac{h}{3}$	$I_z = \dfrac{bh^3}{36}$
4		$y_c = \dfrac{h(2a+b)}{3(a+b)}$	$I_z = \dfrac{h^3(a^2+4ab+b^2)}{3b(a+b)}$

续 表

	截面形状	形心位置	惯性矩
5		圆心处	$I_z = \dfrac{\pi d^4}{64}$
6		圆心处	$I_z = \dfrac{\pi(D^4 - d^3)}{64} = \dfrac{\pi D^4}{64}(1 - a^4)$ $a = d/D$
7		圆心处	$I_z = \pi R_0^3 \delta$
8		$y_c = \dfrac{4R}{3\pi}$	$I_z = \dfrac{(9\pi^2 - 64)R^4}{72\pi} = 0.109\,8R^4$
9		$y_c = \dfrac{2R\sin\alpha}{3\alpha}$	$I_z = \dfrac{R^4}{4}\left(\alpha + \sin\alpha\cos\alpha - \dfrac{16\sin^2\alpha}{9\alpha}\right)$
10		椭圆中心处	$I_z = \dfrac{1}{4}\pi ab^3$ $I_y = \dfrac{1}{4}\pi a^3 b$

附录 Ⅳ　简单载荷下梁的挠度与转角

序　号	梁的简图	挠曲轴方程	挠度和转角
1		$E = \dfrac{Fx^2}{6EI}(x - 3l)$	$W_B = -\dfrac{Fl^3}{3EI}, \theta_B = -\dfrac{Fl^2}{2EI}$
2		$W = \dfrac{Fx^2}{6EI}(x - 3a)(0 \leqslant x \leqslant a)$ $W = \dfrac{Fa^2}{6EI}(a - 3x)(a \leqslant x \leqslant l)$	$W_B = -\dfrac{Fa^2}{6EI}(3l - a)$ $\theta_B = -\dfrac{Fa^2}{2EI}$
3		$W = \dfrac{qx^2}{24EI}(4lx - 6l^2 - x^2)$	$W_B = -\dfrac{ql^4}{8EI}$ $\theta_B = -\dfrac{ql^3}{6EI}$
4		$W = -\dfrac{M_e x^2}{2EI}$	$W_B = -\dfrac{M_e l^2}{2EI}$ $\theta_B = -\dfrac{M_e l}{EI}$
5		$W = -\dfrac{M_e x^2}{2EI}(0 \leqslant x \leqslant a)$ $W = -\dfrac{M_e a}{EI}\left(\dfrac{a}{2} - x\right)(a \leqslant x \leqslant l)$	$W_B = -\dfrac{M_e a}{EI}\left(l - \dfrac{a}{2}\right)$ $\theta_B = -\dfrac{M_e a}{EI}$
6		$W = \dfrac{Fx}{12EI}\left(x^2 - \dfrac{3l^2}{4}\right)$ $\left(0 \leqslant x \leqslant \dfrac{l}{2}\right)$	$W_C = -\dfrac{Fl^3}{48EI}$ $\theta_A = -\theta_B = -\dfrac{Fl^2}{16EI}$
7		$W = \dfrac{Fbx}{6lEI}(x^2 - l^2 + b^2)$ $(0 \leqslant x \leqslant a)$ $W = \dfrac{Fa(l-x)}{6lEI}(x^2 + a^2 - 2lx)$ $(a \leqslant x \leqslant l)$	$\delta = -\dfrac{Fb(l^2 - a^2)^{\frac{3}{2}}}{9\sqrt{3}\,lEI}$ $\left(\text{位于 } x = \sqrt{\dfrac{l^2 - b^2}{3}} \text{ 处}\right)$ $\theta_A = -\dfrac{Fb(l^2 - b^2)}{6lEI}$ $\theta_B = \dfrac{Fa(l^2 - a^2)}{6lEI}$

续表

序 号	梁的简图	挠曲轴方程	挠度和转角
8		$W = \dfrac{qx}{24EI}(2lx^2 - x^3 - l^3)$	$\delta = -\dfrac{5ql^4}{384EI}$ $\theta_A = -\theta_B = -\dfrac{ql^3}{24EI}$
9		$W = \dfrac{M_e x}{6lEI}(l^2 - x^2)$	$\delta = \dfrac{M_e l^2}{9\sqrt{3}\,EI}$ （位于 $x = l/\sqrt{3}$ 处） $\theta_A = \dfrac{M_e l}{6EI}$ $\theta_B = \dfrac{M_e l}{3EI}$
10		$W = \dfrac{M_e x}{6lEI}(l^2 - 3b^2 - x^2)$ $(0 \leqslant x \leqslant a)$ $W = \dfrac{M_e(l-x)}{6lEI}(3a^2 - 2lx + x^2)$ $(a \leqslant x \leqslant l)$	$\delta_1 = \dfrac{M_e(l^2 - 3b^2)^{\frac{3}{2}}}{9\sqrt{3}\,lEI}$ （位于 $x = \sqrt{l^2 - 3b^2}/\sqrt{3}$ 处） $\delta_2 = -\dfrac{M_e(l^2 - 3a^2)^{\frac{3}{2}}}{9\sqrt{3}\,lEI}$ （位于距 B 端 $x = \sqrt{l^2 - 3a^2}/\sqrt{3}$ 处） $\theta_A = \dfrac{M_e(l^2 - 3b^2)}{6lEI}$ $\theta_B = \dfrac{M_e(l^2 - 3a^2)}{6lEI}$ $\theta_C = \dfrac{M_e(l^2 - 3a^2 - 3b^2)}{6lEI}$

附录 V 常用材料的力学性能

　　材料的性质与制造工艺、化学成分、内部缺陷、使用温度、受载历史、服役时间、试件尺寸等因素有关。本附录给出的材料性能参数只是典型范围值。用于实际工程分析或工程设计时,请咨询材料制造商或供应商。

　　除非特别说明,本附录给出的弹性模量、屈服强度均指拉伸时的值。

表 V-1 材料的弹性模量、泊松比、密度和热膨胀系数

材料名称	弹性模量 E/GPa	泊松比 ν	密度 ρ/(kg/m³)	热膨胀系数 α/(10^{-6}/℃)
铝合金	70～79	0.33	2 600～2 800	23
黄铜	96～110	0.34	8 400～8 600	19.1～21.2
青铜	96～120	0.34	8 200～8 800	18～21
铸铁	83～170	0.2～0.3	7 000～7 400	9.9～12
混凝土(压)	17～31	0.1～0.2		7～14
普通			2 300	
增强			2 400	
轻质			1 100～1 800	
铜及其合金	110～120	0.33～0.36	8 900	16.6～17.6
玻璃	48～83	0.17～0.27	2 400～2 800	5～11
镁合金	41～45	0.35	1 760～1 830	26.1～28.8
镍合金(蒙乃尔铜)	170	0.32	8 800	14
镍	210	0.31	8 800	13
塑料				
尼龙	2.1～3.4	0.4	880～1 100	70～140
聚乙烯	0.7～1.4	0.4	960～1 400	140～290
岩石(压)				5～9
花岗岩、大理石、石英石	40～100	0.2～0.3	2 600～2 900	
石灰石、沙石	20～70	0.2～0.3	2 000～2 900	
橡胶	0.000 7～0.004	0.45～0.5	960～1 300	130～200
沙、土壤、砂砾			1 200～2 200	
钢		0.27～0.30		10～18
高强钢				14
不锈钢	190～210		7 850	17
结构钢				12

续表

材料名称	弹性模量 E/GPa	泊松比 ν	密度 ρ/(kg/m^3)	热膨胀系数 α/(10^{-6}/℃)
钛合金	100～120	0.33	4 500	8.1～11
钨	340～380	0.2	1 900	4.3
木材(弯曲)				
杉木	11～13		480～560	
橡木	11～12		640～720	
松木	11～14		560～640	

表 V-2　材料的力学性能

材料名称/牌号	屈服强度 σ_s/MPa	抗拉强度 σ_b/MPa	伸长率 δ_s/(%)	备　注
铝合金	35～500	100～550	1～45	
LY12	274	412	19	硬铝
黄铜	70～550	200～620	4～60	
青铜	82～690	200～830	5～60	
铸铁(拉伸)	120～290	69～480	0～1	
HT150		150		
HT250		250		
铸铁(压缩)		340～1 400		
混凝土(压缩)		10～70		
铜及其合金	55～760	230～830	4～50	
玻璃		30～1 000		
平板璃璃		70		
玻璃纤维		7 000～20 000		
镁合金	80～280	140～340	2～20	
镍合金(蒙乃尔铜)	170～1 100	450～1 200	2～50	
镍	100～620	310～760	2～0	
塑料				
尼龙		40～80	20～100	
聚乙烯		7～28	15～300	
岩石(压缩)				
花岗岩、大理石、石英石		50～280		
石灰石、沙石		20～200		
橡胶	1～7	7～20	100～800	

续表

材料名称/牌号	屈服强度 σ_s/MPa	抗拉强度 σ_b/MPa	伸长率 δ_s/(%)	备　注
普通碳素钢				
Q215	215	335～450	26～31	旧牌号 A2
Q235	235	375～500	21～26	旧牌号 A3
Q255	255	410～550	19～24	旧牌号 A4
Q275	275	490～630	15～20	旧牌号 A5
优质碳素钢				
25	275	450	23	25 号钢
35	315	530	20	35 号钢
45	355	600	16	45 号钢
55	380	645	13	55 号钢
低合金钢				
15MnV	390	530	18	15 锰钒
16Mn	345	510	21	16 锰
合金钢				
20Cr	540	835	10	20 铬
40Cr	785	980	9	40 铬
30CrMnSi	885	1 080	10	30 铬锰硅
铸钢				
ZG200～400	200	400	25	
ZG270～500	270	500	18	
钢线	280～1 000	550～1 400	5～40	
钛合金	760～1 000	900～1 200	10	
钨		1 400～4 000	0～4	
木材(弯曲)				
杉木	30～50	40～70		
橡木	30～40	30～50		
松木	30～50	40～70		

附录 Ⅵ 量度单位换算表

科学计算和工程设计中经常遇到不同量度单位制之间的转换问题。本附录列出了目前使用的不同量度单位制的转换系数，并以列表形式给出了工程中常用单位的简写、简称，以方便读者查找。

表Ⅵ-1 量度单位换算表

长 度	
$1\ m = 10^{10}\ \text{Å}$	$1\text{Å} = 10^{-10}\ m(\text{米})$
$1m = 10^{9}\ nm(\text{纳米})$	$1nm = 10^{-9}\ m(\text{米})$
$1m = 10^{6}\ \mu m(\text{微米})$	$1\mu m = 10^{-6}\ m(\text{米})$
$1m = 10^{3}\ mm(\text{毫米})$	$1mm = 10^{-2}\ m(\text{米})$
$1m = 10^{2}\ cm(\text{厘米})$	$1cm = 10^{-2}\ m(\text{米})$
$1mm = 0.039\ 4in(\text{英寸})$	$1in = 25.4mm(\text{毫米})$
$1cm = 0.394in(\text{英寸})$	$1in = 2.54cm(\text{厘米})$
$1m = 39.4in = 3.28ft(\text{英尺})$	$1ft = 12in = 0.304\ 8m(\text{米})$
$1mm = 39.37mil(\text{密尔})$	$1mil = 10^{-3}in = 0.025\ 4\ mm = 25.4\mu m$
$1\mu m = 39.37\mu in(\text{微英寸})$	$1\mu in = 0.025\ 4\mu m(\text{微米})$

面 积	
$1m^{2} = 10^{4}\ cm^{2}(\text{平方厘米})$	$1cm^{2} = 10^{-4}\ m^{2}(\text{平方米})$
$1cm^{2} = 10^{2}\ mm^{2}(\text{平方毫米})$	$1mm^{2} = 10^{-2}\ mm^{2}(\text{平方厘米})$
$1m^{2} = 10.76ft^{2}(\text{平方英尺})$	$1ft^{2} = 0.093m^{2}$
$1cm^{2} = 0.155\ 0in^{2}(\text{平方英寸})$	$1in^{2} = 6.452cm^{2}$

体 积	
$1m^{3} = 10^{6}\ cm^{3}(\text{立方厘米})$	$1cm^{3} = 10^{-6}\ m^{3}(\text{立方米})$
$1cm^{3} = 10^{3}\ mm^{3}(\text{立方毫米})$	$1mm^{3} = 10^{-3}\ cm^{3}(\text{立方厘米})$
$1m^{3} = 35.32ft^{3}(\text{立方英尺})$	$1ft^{3} = 0.028\ 3m^{3}(\text{立方米})$
$1cm^{3} = 0.061\ 0in^{3}(\text{立方英寸})$	$1in^{3} = 16.39cm^{3}(\text{立方厘米})$

质 量	
$1Mg = 1t = 10^{3}\ kg(\text{千克})$	$1kg = 10^{-3}t(\text{吨}) = 10^{-3}\ Mg(\text{兆克})$
$1kg = 10^{3}\ g(\text{克})$	$1g = 10^{-3}\ kg(\text{千克})$

三号

续 表

1kg＝2.205 lbm(磅质量)	1lbm＝0.453 6kg(千克)
1g＝2.205×10^{-3}lbm(磅质量)	1lbm＝453.6g(克)
1g＝0.035oz(盎司)	1oz＝28.35g(克)

密 度

1kg/m^3＝10^{-3}g/cm^3	1g/cm^3＝10^{3}kg/m^3
1Mg/m^3＝1t/m^3＝1g/cm^3	1g/cm^3＝1t/m^3＝1Mg/m^3
1kg/m^3＝0.062 4lbm/ft^3	1lbm/ft^3＝16.02kg/m^3
1g/cm^3＝62.4lbm/ft^3	1lbm/ft^3＝1.602×10^{-2}g/cm^3
1g/cm^3＝0.036 1lbm/in^3	1lbm/in^3＝27.7g/cm^3

力

1N＝0.102kgf(公斤力)	1kgf＝9.801N(牛)
1N＝10^{5}dyn(达因)	1dyn＝10^{-5}N＝10μN(微牛)
1N＝0.2248lbf(磅力)	1lbf＝4.448N(牛)
1N＝0.000 224 8k(kip)	1k＝1 000lbf＝4.448kN(千牛)

压力、应力、压强

1Pa＝1N/m^2＝10dyn/cm^2	1dyn/cm^2＝0.10Pa(帕)
1MPa＝145psi(磅力每平方英寸)	1psi＝1lbf/in^2＝6.90×10^{-3}MPa(兆帕)
1MPa＝0.102kgf/mm^2(公斤力每平方毫米)	1kgf/mm^2＝9.807Pa(帕)
1kgf/mm^2＝1 442psi(磅力每平方英寸)	1psi＝7.03×10^{-4}kgf/mm^2(公斤力每平方毫米)
1kPa＝0.009 87atm(大气压)	1atm＝101.325kPa(千帕)
1kPa＝0.01ba(巴)	1bar＝100kPa＝0.1MPa(兆帕)
1Pa＝0.007 5torr(托)＝0.007 5mmHg(毫米汞柱)	1torr＝1mmHg＝133.322Pa(帕)
1Pa＝145ksi(kip per square inch)	1ksi＝6.90MPa(兆帕)

断裂韧性

1MPa·(m)$^{1/2}$＝910psi·(in)$^{1/2}$	1psi·(in)$^{1/2}$＝1.099×10^{-3}MPa·(m)$^{1/2}$

能量、功、热

1J＝10^{7}erg(尔格)	1erg＝10^{-7}J(焦)
1J＝6.24×10^{18}eV(电子伏)	1eV＝1.602×10^{-19}J(焦)
1J＝0.239cal(卡路里,卡)	1cal＝4.187J(焦)
1J＝9.48×10^{-4}Btu(英热量单位)	1Btu＝1 054J(焦)
1J＝0.738ft·lbf(英尺·磅力)	1ft·lbf＝1.356J(焦)
1eV＝3.82×10^{-20}cal(卡)	1cal＝2.61×10^{19}eV(电子伏)
1cal＝3.97×10^{-3}Bru(英热量单位)	1Btu＝252.0cal(卡)

续表

功　率	
1W＝1.01kgf・m/s	1kfg・m/s＝9.807W(瓦)
1W＝1.36×10⁻³马力	1 马力＝735.5W(瓦)
1W＝0.239cal/s(卡每秒)	1cal/s＝4.187W(瓦)
1W＝3.414Btu/h(英热量单位每小时)	1Btu/h＝0.293W(瓦)
1cal/s＝14.29Btu/h(英热量单位每小时)	1Btu/h＝0.070cal/s(卡每秒)
1W＝10⁷erg/s(尔格每秒)＝1J/s(焦每秒)	1erg/s＝10⁻⁷W(瓦)

$$1W=1.36\times10^{-3}马力$$

黏　度	
1Pa・s＝10P(帕)	1P＝0.1Pa・s(帕・秒)
1mPa・s＝1cP(厘泊)	1cP＝10⁻³Pa・s(帕・秒)

温度 T	
$T(K)=273.15+T(℃)$	$T(℃)=T(K)-273.15$
$T(K)=\frac{5}{9}[T(℉)-32]+273.15$	$T(℉)=\frac{9}{5}[T(K)-273.15]+32$
$T(℃)=\frac{5}{9}[T(℉)-32]$	$T(℉)=\frac{9}{5}[T(℃)+32]$

比热容	
1J/(kg・K)＝2.29×10⁻⁴cal/(g・K)	1cal/(g・K)＝4 184J/(kg・K)
1J/(kg・K)＝2.29×10⁻⁴Btu/(lbm・℉)	1Btu/(lbm・℉)＝4 184J/(kg・K)
1cal/(g・℃)＝1.0Btu(1bm・℉)	1Btu/(lbm・℉)＝1.0cal/(g・K)

热导率	
1W/(m・K)＝2.39×10⁻³cal/(cm・s・K)	1cal/(cm・s・K)＝418.4W/(m・K)
1W/(m・K)＝0.578Btu/(ft・h・℉)	1Btu/(ft・h・℉)＝1.730W/(m・K)
1cal/(cm・s・k)＝241.8Btu/(ft・h・℉)	1Btu/(ft・h・℉)＝4.136×10⁻³cal/(cm・s・K)

表Ⅵ-2　单位符号及其中文名称

A,安(培)	Gb,吉(伯)	mm,毫米
Å,埃	Gy,戈(瑞)	nm,纳米
bar,巴	h,(小)时	N,牛(顿)
Btu,英热量单位	H,亨(利)	Oe,奥(斯特)
C,库(仑)	Hz,赫(兹)	psi,磅每平方英寸
℃,摄氏度	in,英寸	P,泊
cal,卡(路里)	J,焦(耳)	Pa,帕(斯卡)
cm,厘米	K,开(尔文)	rad,拉德

续 表

cP,厘泊	kgf,千克力	s,秒
dB,分贝	kpsi,千磅每平方英寸	S,西(门子)
dyn,达因	L,升	T,特(斯拉)
erg,尔格	lbf,磅力	torr,托
eV,电子伏	lbm,磅(质量)	min,分钟
F,法(拉)	m,米	V,伏(特)
°F,华氏度	Mg,兆克	W,瓦(特)
ft,英尺	MPa,兆帕	Wb,韦(伯)
g,克	mil,密耳	Ω,欧(姆)

表Ⅵ-3 国际单位制中常用的词头的符号

因　数	词　头		
	英文名称	中文名称	符　号
10^9	giga	吉	G
10^6	mega	兆	M
10^3	kilo	千	k
10^{-2}	centi	厘	c
10^{-3}	mili	毫	m
10^{-6}	micro	微	μ
10^{-9}	nano	纳	n
10^{-12}	pico	皮	p

表Ⅵ-4 常用其他符号

ppm	1×10^{-6}
ppb	1×10^{-9}

三导

参 考 文 献

[1] 刘鸿文. 材料力学Ⅰ.5版. 北京:高等教育出版社,2012.

[2] 刘鸿文. 材料力学Ⅱ.5版. 北京:高等教育出版社,2012.

[3] 刘鸿文. 简明材料力学.2版. 北京:高等教育出版社,2008.

[4] 闵行,武广号,刘书静. 材料力学要点与解题. 西安:西安交通大学出版社,2006.

[5] 陈平. 材料力学Ⅰ辅导及习题精解. 西安:陕西师范大学出版社,2004.

[6] 苟文选. 材料力学导教、导学、导考. 西安:西北工业大学出版社,2004.

[7] 王长连. 建筑力学学习与考核指导. 北京:高等教育出版社,2012.

[8] 王长连. 土木工程力学答疑. 北京:高等教育出版社,2013.

[9] 孟庆东. 材料力学简明教程. 北京:机械工业出版社,2011.

[10] 秦飞. 材料力学. 北京:科学出版社,2012.

[11] 蒋永莉,梁小燕,王正道. 材料力学学习指导. 北京:清华大学出版社、北京交通大学出版社,2006.

[12] 潘丽娜. 材料力学Ⅰ(第五版)同步辅导及习题全解. 北京:中国水利水电出版社,2012.

[13] 刘达. 常见题型解析及考研辅导材料力学. 西安:西北工业大学出版社,2000.

[14] 孟磊松. 材料力学辅导与习题解. 北京:机械工业出版社,2012.

[15] 王永廉. 材料力学学习指导与题解. 北京:机械工业出版社,2012.

[16] 赵诒枢. 材料力学习题详解. 武汉:华中科技大学出版社,2005.

[17] 王长连. 建筑力学辅导. 北京:清华大学出版社,2009.

[18] 蔡乾煌. 材料力学精要与典型例题讲解. 北京:清华大学出版社,2004.

[19]   苏志平. 材料力学全程辅导. 北京:中国建材工业出版社,2004.

[20] R c Hibbeler. Mechanics of Materials[M]. 北京:电子工业出版社,2006.